EXCEL에 의한 조사방법 및 통계분석

한울출판사

머리말

현대사회는 많은 정보가 넘쳐나고 글로벌하게 고도화된 정보사회이다. 여러 가지 요인이 복잡하게 얽혀 생기는 현상에 대해서 진짜로 영향을 미치고 있는 요인을 발견하고, 변수와 변수의 인과관계를 해명하는 것이 중요해지고 있다.

그때에는 객관적인 데이터에 의거한 분석을 실행할 수 있는 능력이 중요하다. 일상생활로부터 기업활동에 있어서 가는 곳마다 데이터 처리, 데이터 분석을 실행할 수 있는 능력이 강력하게 요구되고 있다. 컴퓨터의 성능이 향상되고, 많은 통계 소프트웨어가 개발되는 가운데, 지금까지 난해하게만 여겨져 왔던 다변량 데이터의 분석을 간단히 실행할 수 있는 환경이 정비되고 있다. 그리하여 다변량분석에 관한 서적이나 통계 소프트웨어의 입문서 등이 다수 출판되어, 사회적으로 다변량 데이터 분석에 대한 니즈도 높아지고 있다. 그러나 실제로는 "이 수치나 데이터를 어떻게 다루면 좋을까"라고 고민하는 경우가 많다.

이 책의 목적은 이러한 고민을 해결하여, 독자 스스로 다변량분석의 각 수법을 충분히 구사할 수 있도록 하는 데 있다. 이 책에서는 특정의 현상에 영향을 미치고 있는 변수가 무엇인지 찾고자 할 때, 변수와 변수의 인과관계를 분명히 하고 예제를 통해 상세히 해설했다. 다변량분석의 수법을 능숙하게 사용할 수 있도록 각각의 수법에 대한 개념, 사용방법, 결과해석의 방식을 논리적으로 이해하기 쉽게 해설하도록 노력했다.

다변량분석의 각 수법은 데이터의 형식으로부터 크게 나누어서 두 가지로 분류할 수 있다. 하나는 목적변수(외적기준)를 갖는 수법이고, 다른 하나는 목적변수(외적기준)를 갖지 않는 수법이다.

전자는 신제품의 팔림새를 몇 가지의 조건(가격, 디자인, 브랜드, 소재 등)으로부터 구하는 수법 등, 최종적으로 구하고 싶은 변량(목적변수)과 그것을 구하기 위해서(설명하기 위해서) 필요로 하는 변량(설명변수)이 있는 수법이다. 이들 수법은 특정의 현상에 영향을 미치고 있는 변수가 무엇인지를 탐색하여 변수와 변수의 인과관계를 분명히 해서, 관리·통제를 실시하기 위한 방침이나 전략을 매듭으로서 기술하고 싶을 때에 이용하면 유효한 수법이라고 할 수 있다.

한편 후자의 수법은 모든 변수로부터 몇 개의 중요한 정보를 추출하기 위한 수법 등, 다수의 변수를 정리·분류해서 사물을 단순화하는 데 적합한 수법이다. 이들 수법의 목표는 대량의 데이터로부터 중요한 정보를 추출하는 데 있다. 또한 데이터로부터 흥미 있는 가설을 발견하는 데 적합하다.

실제로 데이터 분석을 실시하는 경우, 지금까지의 체험이나 경험에 의해 얻어진 데이터를 기초로 "어떤 요인을 통제하면 정말로 목표를 달성할 수 있을까", "어떤 행동을 예측하려면 어느 요인이 중요한가"라고 가설을 검증하는 경우가 많다. 따라서 데이터의 정밀도나 분석과정을 충분히 검토한 다음에 어떠한 행동을 취하면 좋을까라고 하는 가설을 유도하는 수법보다도, 지금까지의 경험이나 식견에 의거한 가설을 검증함으로써 구체적으로 관리·통제를 실시하기 위한 방침이나 전략을 제언할 수 있는 수법 쪽이 더 중요하다고 할 수 있다.

해설할 때에는 오해를 초래하는 것을 피하기 위해 최저한의 수식은 이용하지만, 가능한 한 그림이나 언어로 수법의 이미지를 전하도록 했다.

이 책은 다변량분석을 별도의 소프트웨어를 사용하지 않고 Excel의 매크로나 해 찾기, 통계함수를 이용함으로써 배울 수 있도록 배려했다.

이 책이 실무에서 데이터 분석에 몰두하고 있는 사람이나 다변량분석을 처음 접하는 초심자에게 참고가 되고 도움이 되는 동시에 다변량분석의 각 수법을 이해하는 데 길잡이가 된다면 다행이다.

끝으로 어려운 여건 하에서도 이 책의 출간을 기꺼이 허락해 주신 한올출판사 임순재 사장님과 관계자 여러분의 노고에 감사의 말씀을 드린다.

2010년 1월
저자 씀

CONTENTS

제1부 조사방법

조사의 개요 1

제1절 조사란 무엇인가 ··· 3

제2절 조사의 종류 ··· 4

1. 면접조사법 ··· 4
2. 우송조사법 ··· 5
3. 전화조사법 ··· 6
4. 관찰조사법 ··· 7

제3절 표본조사법 ··· 9

1. 전수조사와 표본조사 ··· 9
2. 표본의 크기 결정방법 ··· 11

제4절 조사표의 설계 ··· 26

1. 조사표의 구성 ··· 26
2. 조사표 설계상의 기본적인 주의사항 ··· 27
3. 회답의 형식 ··· 28
4. 순서매김의 방법 ··· 31

표본추출법 2

제1절 표본추출의 기본개념 ··· 33

제2절 무작위추출법 ··· 34

1. 단순무작위추출법(simple random sampling) ··· 35
2. 계통추출법(systematic sampling) ··· 35
3. 집락추출법(cluster sampling) ··· 35
4. 층별추출법(stratified sampling) ··· 36
5. 다단추출법(multi-stage sampling) ··· 36

제3절 유의선출법 ··· 37

제4절 표본추출의 실제 ··· 38

CONTENTS

조사표의 집계 3

제1절 척도의 수준 ········· 45
제2절 척도의 성질 ········· 46
제3절 그래프의 사용 ········· 47
제4절 단순집계의 방법 ········· 52
제5절 크로스 집계의 방법 ········· 64

제2부 통계분석

다변량분석의 개요 4

제1절 분석방법의 종류 ········· 75
제2절 다변량분석의 종류 ········· 77
1. 기준변수분석 ········· 77
2. 상호의존변수분석 ········· 79
3. 새로 개발된 분석 ········· 80
제3절 다변량분석의 활용 ········· 80
1. 활용분야 ········· 80
2. 마케팅에서의 활용 예 ········· 81
제4절 다변량분석의 목적별 용도 ········· 85
1. 분석목적에 적합한 수법의 선택 ········· 85
2. 수법의 적용에 따르는 시행착오 ········· 86

단회귀분석 5

제1절 서론 ········· 89
제2절 회귀분석의 개요 ········· 90
제3절 단회귀분석의 적용 ········· 92
제4절 Excel에 의한 단회귀분석의 실행 ········· 96

CONTENTS

제5절 단회귀분석의 사고방식과 결과의 해석 ··· 104
1. 최소자승법에 의한 예측식의 산출 ··· 104
2. 결정계수 ··· 106
3. 회귀계수의 검정 ··· 110
4. 잔차의 검토 ··· 114
5. 예측식에 의거한 예측 ··· 118
제6절 로버스트 회귀분석 ··· 120

중회귀분석 6

제1절 서론 ··· 133
제2절 중회귀분석의 개요 ··· 133
제3절 중회귀분석의 적용 ··· 135
제4절 Excel에 의한 중회귀분석의 실행 ··· 141
제5절 중회귀분석의 사고방식과 결과의 해석 ··· 145
1. 결정계수와 조정된 결정계수 ··· 145
2. 편회귀계수의 검정 ··· 149
3. 변수선택과 다중공선성 ··· 158
4. 편회귀계수와 표준편회귀계수 ··· 165
5. 분산분석표 ··· 168
6. 잔차분석 ··· 171
제6절 질적인 설명변수를 포함하는 경우의 중회귀분석 ··· 173

판별분석 7

제1절 서론 ··· 183
제2절 판별분석의 개요 ··· 184
제3절 판별분석의 적용 ··· 187
1. 판별적중률 ··· 199
2. 계수의 검정 ··· 203
제4절 마하라노비스의 거리에 의거한 판별분석의 사고방식과 구조 ·· 217

CONTENTS

1. 마하라노비스의 거리 ··· 217
2. 분산공분산이 같지 않은 경우의 마하라노비스 거리에 의거한 판별분석 ··· 219
3. 분산공분산이 같은 경우의 마하라노비스 거리에 의거한 판별분석 ··· 226
4. 등분산성의 가정에 대한 검증 ··· 233

수량화이론 8

제1절 서론 ··· 237
제2절 수량화 I 류 ··· 238
1. 수량화 I 류의 적용예 ··· 239
2. Excel에 의한 수량화 I 류의 실행 ··· 246
3. 카테고리 수량의 표준화 ··· 253
4. 결정계수 ··· 257
5. 각 아이템의 범위 ··· 259
제3절 수량화 II 류 ··· 261
1. 수량화 II 류의 적용예 ··· 262
2. 수량화 II 류의 사고방식과 구조 ··· 266
3. 카테고리 수량의 표준화 ··· 273
4. 각 아이템의 범위 ··· 276

정준상관분석 9

제1절 서론 ··· 279
제2절 정준상관분석의 개념 ··· 280
제3절 정준상관분석의 적용예 ··· 282
제4절 상관비에 의거한 정준상관분석의 실행 ··· 285
제5절 유효한 정준상관계수의 개수 결정 ··· 296

CONTENTS

주성분분석 10

제1절 주성분분석의 기초지식 ······ 301
1. 주성분분석의 개요 ······ 301
2. 제1주성분 ······ 307
제2절 주성분분석의 계산원리 ······ 311
1. 제1주성분의 산출 ······ 311
2. 주성분득점의 산출 ······ 319
제3절 주성분분석의 실제 ······ 322
1. 주성분분석의 적용예 ······ 322
2. 주성분분석의 결과해석 ······ 330

요인분석 11

제1절 요인분석의 기초지식 ······ 335
제2절 요인분석의 실제 ······ 341

컨조인트분석 12

제1절 서론 ······ 359
제2절 컨조인트분석의 개념 ······ 360
제3절 컨조인트 분석의 적용예 ······ 364
제4절 Excel에 의한 컨조인트 분석의 실행 ······ 369

■ 참고문헌 ······ 377

■ 찾아보기 ······ 378

제 1 부

조사방법

제1장 조사의 개요

제2장 표본추출법

제3장 조사표의 집계

1 조사의 개요

제1절 조사란 무엇인가

조사란 사회집단에 있어서의 사회현상에 관한 데이터를 과학적으로 수집·분석함으로써 사회현상의 해명에 도움이 되는 정보를 제공하는 것이다. 사회적인 상태·여론을 효율적으로 파악하기 위하여 사용되며, 정책결정의 판단재료에도 이용되고 있다.

조사는 효율적으로 여론을 파악하는 것이 가능한 방법이기 때문에 국민의 의견을 반영하는 것이 요구되는 관공서에서 자주 실시되며, 그 결과의 대부분은 연감이나 백서를 통해서 사회에 환원되고 있다. 관공서 이외에도 연구소·조사회사·신문사·방송국 등에서 조사는 빈번히 실시되며, 여기에는 전문적으로 조사를 생업으로 하는 직종이 확립되어 있다. 조사를 주된 사업으로 하고 있지 않은 많은 일반기업 내에서도 시장조사를 실시하고 있고, 제품개발을 담당하는 부서에는 일상적으로 조사에 종사하는 사람들이 있게 마련이다. 또한 학교·직장·자치회 등에서는 구성원의 의견수집을 목적으로 자주 앙케트가 실시되고 있다. 이와 같이 조사를 전문적인 생업으로 실시하는 사람이 아니더라도 개인의 연구나 보고서 작성을 위해서 스스로 조사를 기획·실시하는 경우는 물론이며 직접 조사에 관여하지 않더라도 조사방법의 지식은 필요한 것이다.

각종 매스컴이 발달한 오늘날 신문이나 TV, 잡지 등에서는 많은 조사결과가 발표되고 있다. 매일같이 발표되는 조사결과를 정확히 이해하고 타당한 해석을 내리며 그 정보를 올바르고 효과적으로 활용하기 위하여 조사방법의 지식이 필요하다. 믿을 만한 조사인지 아닌지를 어떻게 판정하며, 조사결과로부터 얻어진 결론이 부당하게 일반화되어 있지는 않은지 확인하기 위하여 조사방법의 지식이 불가결하다.

또한 수학을 사용하여 언뜻 보기에는 옳은 것처럼 보이는 속임수를 간파하기 위해서 조사방법·통계분석법 등의 지식이 필요하다.

제2절 조사의 종류

조사방법의 개요를 알기 위해서는 몇 가지의 관점에서 조사를 분류하는 것이 유효하다. 조사의 분류방법에는 여러 가지가 있을 수 있다. 본서에서는 현재 자주 이용되는 조사의 종류를 여러 각도에서 분류하고, 그 구체적인 방법·장단점·주의점 등을 상술하여 방법 선택에 도움이 되도록 한다.

1. 면접조사법

미리 훈련받은 조사원(혹은 면접원)이 지정된 조사대상을 방문·면접하여, 정해진 조사표를 통해서 필요한 정보를 구하는 방법을 **면접조사법**(interview survey)이라고 한다. 이 방법은 유능한 조사원을 얻을 수 있고 또한 충분한 훈련을 실시할 수 있는 경우에는 가장 좋은 조사법이라고 할 수 있다. 면접조사법에는 다음의 두 가지 방식이 있다.

(1) **타계식(他計式) 조사 :** 조사표에 의거해서 조사원이 구두로 질문을 하고, 조사대상의 회답을 조사원이 조사표에 기입하는 방법

(2) **자계식(自計式) 조사 :** 조사대상 자신이 조사표상의 질문을 읽고, 회답을 조사대상 자신의 손으로 조사표에 기입해 받는 방법. 자기식(自記式) 조사라고도 한다.

관청의 통계조사에서는 자계식의 경우가 상당히 많지만, 시장조사나 여론조사에서는 타계식이 많다. 그러나 조사항목이 극히 많은 경우, 특히 옴니버스(omnibus) 형식의 경우에는 자계식이 많다. 그리고 조사표상의 질문 중 어떤 것은 자계식으로, 다른 것은 타계식으로 양쪽을 병용하는 경우도 적지 않다. 국세조사는 그 전형적인 예이다.

면접조사법의 장점

① 조사대상을 만날 수 있다면, 대개의 경우는 회답을 얻을 수 있다. 즉, 회답률이 비교적 높다는 것이다. 시장조사 · 여론조사 등의 민간조사기관이 실시하는 경우에도 면접이 가능했을 때의 회답률은 90% 이상에 달하는 경우가 많다.

② 심리적 효과를 고려하여 가장 적절한 순서에 따른 질문을 실시하도록 조사표를 만드는 것이 가능하다. 질문의 순서가 결정적으로 중요한 의미를 갖는 형식의 정보가 있는데, 이와 같은 정보를 취하려면 타계식(他計式)의 면접조사법이 가장 적합하다.

③ 조사대상이 질문의 의미를 잘 이해하고 있지 못한 경우에는 조사원이 설명으로 보충할 수 있다.

④ 정보의 종류에 따라서는 질문보다는 조사원의 관찰에 의해서 구하는 쪽이 보다 적절한 경우도 있다. 조사대상의 남녀구별, 생활정도 등이 이에 해당된다.

면접조사법의 단점

① 일반적으로 비용이 많이 든다. 특히 조사대상이 넓은 지역에 산재해 있을 때 조사비용은 상당히 고액이 된다.

② 조사원이 방문했을 때 만일 조사대상이 자리에 없으면 조사가 불가능한 것은 말할 필요도 없지만, 가령 자리에 있더라도 바쁠 때에는 협력을 기대하기 어렵다. 따라서 자리에 있을 것 같은 때나 혹은 한가한 때를 가늠하여 재삼 방문을 거듭할 필요도 있다.

③ 조사원의 개입이 정보를 왜곡시킨다거나 수집하기 어렵게 하는 경우도 있다.

2. 우송조사법

조사표를 조사대상에게 우송하여 조사표의 기입 및 반송을 의뢰하는 방법을 **우송조사법**(mail survey)이라고 한다. 이 방법을 적용하는 데 있어서는 조사표와 함께 협조전을 동봉하여 조사에 대한 협력을 구할 것과 조사표의 기입요령을 알기 쉽게 전할 필요가 있다. 그리고 내용이 간단한 경우에는 왕복엽서를 이용하는 것도 지장이 없지만, 전술한 바와 같이 협조를 구하는 인사말과 기입요령의 기재를 게을리 해서는 안된다. 우송조사법의 우편 대신에 최근에는 E-mail이나 인터넷을 이용하는 방법도 도입되고 있다.

우송조사법의 장점

① 조사비가 싸게 든다. 우송비는 면접조사인 경우의 조사원 수당·교통비에 비하면 훨씬 싸고, 특히 조사대상이 광범위하게 산재해 있을 때에는 유리하다.

② 조사대상이 부재인 경우가 많더라도 회답을 기대할 수 있다.

③ 조사원이 개입하지 않기 때문에 조사원의 오해, 조사원에 대한 스스럼 등에 의한 정보의 왜곡이 없다. 특히 익명으로 반송할 수 있도록 해 놓으면, 조사대상에게 있어서 다소 비밀에 속하는 정보라고 할지라도 제공하기 쉬워진다.

우송조사법의 단점

① 일반적으로 발송한 조사표의 수에 비하여 회답되는 수(회답률)는 적다. 따라서 처음에 발송하는 조사표의 1매당 비용은 싸더라도 반송된 조사표(유효표) 1매당의 비용은 비싸게 된다.

② 회답률이 낮은 결과로서 무회답의 오차(치우침)가 클 가능성이 있으며, 게다가 그것을 평가할 수 없는 경우도 있다. 이것은 회답자만의 집단 특성이 조사대상 전체의 집단 특성과 다름으로써 일어나는 것인데, 두 집단 사이에 차이가 있는지 어떤지를 조사로부터는 알 수 없기 때문이다. 이것이 우송조사법의 최대 단점이다. 그러나 이것을 극복하는 수단으로서 무회답 집단으로부터 일부분을 추출하여 그것에 면접조사를 실시하는 수법을 생각할 수 있다.

③ 미리 우송의 상대방을 명백히 한 명부 등이 없는 한, 이 방법은 이용할 수 없다.

④ 조사원이 없기 때문에 조사표에 있는 질문의 의미를 조사대상이 잘 이해했는지 어떤지를 확인할 수 없다. 그런 의미에서 우송조사의 조사표는 간단한 내용의 것에 한정할 필요가 있다. 또한 외적 관찰에 의해서 정보를 보충하는 것도 불가능하다.

⑤ 조사표의 기입이 조사대상 자신에 의해 이루어졌는지, 그렇지 않으면 다른 사람에 의해서 혹은 다른 사람의 협력에 의해서 이루어졌는지 알 수 없다. 개인을 대상으로 한 조사에서는 미리 정한 조사대상 자신의 회답이 필요한 것인데, 이 점이 마음에 걸린다.

3. 전화조사법

전화를 통해서 조사대상을 접하여 필요한 정보를 구하는 방법을 **전화조사법**(telephone survey)이라고 한다. 조사대상의 수가 많은 경우에는 다수의 조사원을 동원

해서 그들의 전화를 통하여 조사를 실시하는 것이 보통이다.

전화조사법의 장점

① 조사대상과의 접촉이 가장 간단히 실시될 수 있다.
② 조사대상이 동일한 시내에 한정되는 경우에는 조사비용이 별로 들지 않는다.
③ 특정한 시점에서 현재 일어나고 있는 사항에 대하여 비교적 정밀도가 높은 정보가 얻어진다. 예를 들면 현재 방송중인 특정 TV 프로의 시청상황 등을 파악하는 데에 편리하다.
④ 면접조사법과 마찬가지로 심리효과를 고려한 가장 적절한 순서의 질문을 실시할 수 있다.

전화조사법의 단점

① 전화를 갖고 있는 대상에게밖에 접할 수 없다. 그러나 요즘에는 전화의 보급률이 매우 높으므로 이 점은 별로 문제가 되지 않는다.
② 전화에 의한 질문조사가 너무 오래 걸려서는 적당하지 않다. 따라서 이 방법으로는 간단한 정보밖에 수집할 수 없다고 일반적으로는 생각되고 있다. 그러나 조사원의 적당한 인선·교육·훈련을 통해서 이 단점은 어느 정도까지 극복할 수 있다.
③ 면접조사와 같이 조사원의 관찰에 의거한 정보로 질문조사의 정보를 보충할 수 없다.

4. 관찰조사법

조사원의 눈이나 귀에 의한 직접적인 관찰에 의거해서 필요한 정보를 수집한다거나 계측기나 그 밖의 기계장치에 의한 자동적인 관측·측정에 의거해서 데이터를 취하는 방법을 말한다. 전술한 바와 같이 면접조사에서도 조사원의 관찰에 의해서 조사대상의 남녀구별·개략적인 연령·생활정도·주거의 종류 등을 조사표에 기록하게 하는 방법이 널리 이용되고 있지만, 이것은 관찰조사법을 보조적으로 이용한 것에 지나지 않는다.

현재 시장조사법에서 오로지 이 관찰조사법에 의거해서 정보를 수집하고 있는 분야가 있다. 그 대표적인 예로서 소매점감사법(小賣店監査法)이라고 불리는 것과 TV 프로 시청률조사가 있는데, 이들 두 가지에 대해서 설명한다.

소매점감사법

초콜릿·캔디·껌·그 밖의 봉지 과자, 인스턴트 커피·홍차, 조미료, 통조림, 문구류 등 상품의 소매점에 대한 월말 재고, 월간 판매량의 합계치, 판매단가 등을 상표마다 구하는 것을 목적으로 한 조사로서, 표본으로 뽑힌 소매점의 각각에 대해서 조사원이 직접 관찰을 실시하여 데이터를 수집하는 방법이다. 조사원이 각각 담당 소매점을 매월 정한 날에 방문하여 점두 및 창고의 재고량을 조사하고, 한편 과거 1개월간의 매입량을 매입전표로부터 조사하여 계산식

$$\text{월간 매출량} = \text{지난 달 재고} + \text{월간 매입량} - \text{이번 달 재고}$$

로 추정치가 구해진다. 또한 평균 판매가격은 점두에서 관찰한 표시가격으로부터 구해진다.

이 방법은 미국의 드러그 스토어(소규모의 슈퍼마켓)를 대상으로 한 조사가 그 원조로서, 전문적인 조사기관도 있다. 구미의 소비재 메이커 중에서는 이 조사결과가 상당히 이용되고 있다고 한다. 자세한 상품의 상표별 시장점유율의 추이를 손쉽게 알 수 있는 장점이 있다. 그러나 소매점의 종류가 한정되며 게다가 고정되기 때문에 시장 전체의 상표별 시장점유율과는 다른 값이 되는 경우도 종종 있고, 게다가 그것을 수정하는 수단이 없는 큰 단점이 있다.

TV 프로 시청률조사

시장조사의 분야에서 자동측정을 이용하는 현저한 사례로서, 특수한 자동기록기에 의한 TV 프로 시청률조사가 있다. 이 방법을 개척한 미국의 닐슨 회사(A. C. Nielsen Co.)에서는 오디오미터(audio-meter)라고 불리는 기록기를 미리 선정하여 계약을 한 표본 세대의 TV 세트에 부착하고 각 세대에서의 TV 스위치의 개폐, 채널의 변환을 자동적으로 기록하는 방법을 생각했다. 이 방법에 의해 기록된 데이터를 집계해서 모든 프로의 시청률을 계속적으로 발표할 수 있는 구조로 되어 있다.

이 방법은 그 후 개량이 되어 계약한 조사대상에 있는 복수의 TV 세트에도 자동기록의 기기가 부착되어, 5분 단위로 기록된 데이터가 1일분씩 한데 모아져서 전화선을 통하여 계산 센터에 전송되고 다음 날에는 모든 방송국에 대한 5분마다의 시청률이 얻어지도록 되어 있다.

시청률조사의 문제점

① 전술한 계산방식에 의한 현재의 시청률은 불가해한 것이다. 프로의 세대 시청률도 아닐 뿐만 아니라 TV 세트 1대당의 시청률도 아니다. 전자에 대해서는 2대의 TV가 동시에 같은 프로를 보고 있는 경우를 2로 계산하도록 되어 있기 때문에, 같은 시간대에 모든 세대가 어떤 프로를 보고 있는 경우에 각 프로마다의 시청률 합계는 100%를 넘게 된다. 한편 후자를 위해서는 분모가 조사세대에 있는 TV 세트의 총대수가 아니면 안 된다.

② 실험에 의하면 약 300세대의 조사에 의거한 프로 시청률에는 적어도 5% 이상의 표본오차가 있다고 한다. 즉 어떤 프로의 시청률이 30%였다고 하더라도 사실은 25~35%의 범위에 있다는 것이다.

③ 조사대상에 선정된 세대에 있는 TV 세트에 기록을 위한 기계를 장치하는 것이므로, 그렇게 번번이 세대를 바꿀 수는 없다. 그 때문에 수년간 조사세대를 고정하게 된다. 그 결과로서 표본의 노령화가 진행되고, 그에 따르는 시청률의 왜곡이 일어나게 마련이다.

④ 기계에 의한 자동측정에서는 프로를 보고 있던 사람의 수까지는 측정할 수 없다. 보고 있던 사람의 다과(多寡)도 프로에 대한 평가의 큰 지표이다. 따라서 경우에 따라서는 프로마다 보고 있던 사람의 수를 기입해 받는 조사표를 배부할 수 있다.

제3절 표본조사법

1. 전수조사와 표본조사

조사를 '조사대상'이라고 하는 관점에서 나누게 되면 전수조사와 표본조사가 있다. 일반적으로 통계조사로부터 얻어질 통계에 대응하는 원래의 집단 전체를 **모집단**(population)이라고 한다. 한편 모집단의 구성단위로서 조사·관찰을 실시하고, 결과의 분석을 행하는 경우의 단위를 **조사단위**(unit of analysis)라고 한다.

모집단의 일부분만을 조사단위로 하는 조사·관찰에 의거해서 모집단 전체에 관한 특성의 추론을 행하는 방법을 **표본조사법**(sample survey)이라고 한다. 이 경우에 실제의 조사·관찰을 실시하는 대상인 조사단위의 집합을 **표본**(sample)이라고 한다. 한편 모집단에 속하는 모든 조사단위를 조사·관찰하는 조사방법을 **전수조사법**(complete survey)이라고 한다.

관청이 실시하는 통계조사, 시장조사, 여론조사 등 현재 행해지고 있는 통계조사의 대부분은 표본조사법으로 실시되고 있다. 전수조사법은 국세조사(census)와 같이 한 나라의 국정을 기록하거나 혹은 다른 통계자료의 준거점(benchmark)이 되는 자료를 제공하는 경우 혹은 특약점 조사의 경우와 같이 본래 모집단의 규모가 작은 경우에 한정되고 있다.

표본조사법의 장점

① 조사, 관찰, 집계 등을 실시하는 데 요하는 비용이 적게 든다.

② 짧은 기간에 결과를 구할 수 있다.

③ 전수조사가 불가능한 경우 혹은 극히 곤란한 복잡한 조사항목도 조사의 규모가 작기 때문에 비교적 용이하다.

④ 표본의 조사·관찰에 의거한 추론에 대한 표본오차의 정도에 대해서 합리적인 보증을 할 수 있다.

⑤ 조사목적에 따라 추정치에 대해서 일정한 정밀도가 요구되는 경우, 그 요구 정밀도를 충족시키는 적절한 표본을 설계할 수 있다.

표본조사법의 단점

① 표본의 정보로부터 얻어진 통계량은 전체 조사대상이 갖는 모집단의 값과 일치하지 않고 표본오차가 생긴다.

② 만일 표본이 엄밀한 무작위추출의 원리에 의거해서 추출된 것이라면, 거기에서 얻어지는 표본오차의 크기는 확률적으로 평가할 수 있지만 실제의 조사에서는 다음과 같은 비표본오차에 의한 편의(偏倚, bias)가 생기게 된다(편의란 측정결과가 한쪽으로 일관되게 편향되어 나타나는 현상을 말하는데, 예를 들어 하나의 저울이 항상 기준 무게보다 3% 정도 많게 측정된다면 그 저울은 편의가 있다고 한다).

㉠ 추출된 표본으로부터 회답이 얻어지지 않는다(회답거부, 부재 등).

㉡ 회답자의 의도적·비의도적인 회답의 변용(變容)

ⓒ 조사원의 지시 불철저, 속임수에 의한 어긋남
ⓔ 집계과정상의 실수
ⓜ 모집단 리스트 그 자체의 불완전에서 오는 어긋남

'표본조사는 어떻게 해서 이러한 편의를 적게 하고, 또한 대상 모집단의 특성을 올바르게 추정하는가' 라는 것으로 수많은 이론과 방법이 전개되고 있다.

전수조사법의 문제점

전수조사는 표본조사와 같이 표본오차를 수반하지 않으므로 항상 더 낫다고 생각하기 쉽지만, 그것은 틀린 말이다. 소규모 모집단의 경우를 제외하고, 오히려 일반적으로 전수조사 쪽이 정밀도면에서 뒤떨어진다고 할 수 있다. 그것은 비표본오차도 포함한 모든 오차를 비교한 결과이다. 대규모 모집단에 대해서 전수조사를 실시한 경우에는 다음과 같은 문제점이 있다.

① 방대한 수의 조사원을 필요로 하기 때문에 조사원의 질은 평균적으로 낮아지고 또 그 산포도 커져서, 필연적으로 조사원의 교육·훈련에 철저를 기하기 어렵게 되어 측정의 오차는 크다.
② 방대한 조사표를 집계하기 때문에 그 단계에서도 집계의 잘못, 계산의 착오 등이 도입되기 쉽다.
③ 조사·관찰 및 집계에 상당한 시간을 요하기 때문에 얻어진 통계가 시기를 놓쳐버릴 위험이 있다.
④ 막대한 비용이 필요하다.

이들 문제점은 표본조사법에서는 충분히 제어할 수 있는 성질이며, 따라서 가령 표본오차가 있다고 하더라도 표본조사법 쪽이 오히려 정밀도가 높다고 할 수 있다.

2. 표본의 크기 결정방법

표본조사를 실시할 때에 표본수 n을 어느 정도 추출하느냐 하는 문제는 조사비용에 직접 관련된 결정사항이다. 표본의 크기를 결정하는 방법은 모집단의 평균을 추정하는 경우와 모집단의 비율을 추정하는 경우에 따라 다르다.

모집단 평균에 대한 추정의 경우

모집단 평균에 대한 신뢰구간 추정의 공식은 다음과 같다(모분산 σ^2을 알고 있는 경우).

$$\bar{x}-Z_{\alpha/2}\sqrt{\frac{N-n}{N-1}\frac{\sigma^2}{n}} \leqq \mu \leqq \bar{x}+Z_{\alpha/2}\sqrt{\frac{N-n}{N-1}\frac{\sigma^2}{n}}$$

여기에서 신뢰구간의 폭은 $Z_{\alpha/2}\sqrt{\frac{N-n}{N-1}\frac{\sigma^2}{n}}$에 의해 결정되며, 일반적으로 조사의 오차 E는 다음과 같이 표기한다.

$$E \geqq Z_{\alpha/2}\sqrt{\frac{N-n}{N-1}\frac{\sigma^2}{n}} \tag{1.1}$$

여기에서

$Z_{\alpha/2}$: 표준정규분포에서 양쪽의 꼬리 부분의 면적을 $\alpha/2$로 하는 Z값

σ^2 : 모분산

N : 모집단의 크기

n : 표본의 크기

식 (1.1)을 여기에서 알고자 하는 표본의 크기 n에 관해 풀면 다음과 같다.

$$\left[\frac{E}{Z_{\alpha/2}}\right]^2 \geqq \frac{N-n}{N-1}\frac{\sigma^2}{n}$$

$$\Leftrightarrow \frac{(N-1)E^2}{[Z_{\alpha/2}\sigma]^2} \geqq \frac{N-n}{n}$$

$$\Leftrightarrow \frac{(N-1)E^2}{[Z_{\alpha/2}\sigma]^2}+1 \geqq \frac{N}{n}$$

$$\Leftrightarrow \frac{(N-1)E^2}{[Z_{\alpha/2}\sigma]^2N}+\frac{1}{N} \geqq \frac{1}{n}$$

$$\Leftrightarrow \frac{E^2}{[Z_{\alpha/2}\sigma]^2}(1-\frac{1}{N})+\frac{1}{N} \geqq \frac{1}{n}$$

$$\Leftrightarrow n \geqq 1/\left[\frac{E^2}{[Z_{\alpha/2}\sigma]^2}(1-\frac{1}{N})+\frac{1}{N}\right] \tag{1.2}$$

특정 수준의 신뢰도에 대한 $Z_{\alpha/2}$의 값은 다음과 같다.

| 표 1-1 | 신뢰도에 대한 $Z_{\alpha/2}$의 값

신뢰도	$Z_{\alpha/2}$의 값
90%	1.64
95%	1.96
99%	2.58

따라서 식 (1.2)에 가령

$$Z_{\alpha/2} = 1.96$$

을 대입하고 이 부등식을 충족시키는 최소의 표본수로 조사를 실시하면 소정의 E보다도 오차가 작게 되는 확률이 약 95%가 된다. 즉 이 부등식은 약 95%의 확률로 성립한다. 만일 모집단이 충분히 클 경우에는 다음과 같은 식을 이용할 수 있다. 즉, $N \to \infty$일 때

$$n \geqq \frac{[Z_{\alpha/2}\sigma]^2}{E^2} \tag{1.3}$$

식 (1.3)은 특정 수준의 신뢰도와 오차를 보장받을 수 있는 최소한의 표본의 크기를 제시해 준다. 그런데 식 (1.3)에 의해 표본의 크기를 구하려면 모표준편차 σ를 알고 있어야 한다.

그러나 실제로 모표준편차를 알고 있는 경우는 흔하지 않다. 따라서 다음과 같은 경험적 방법(rule of thumb)을 이용하여 σ 에 대한 개략적 추측치(rough guess)를 구할 수 있다. 즉 모집단이 정규분포를 이루고 있을 경우 최대값과 최소값의 차이는 표준편차의 5배 정도이다. 따라서 식 (1.4)에 의해 개략적 추측치 σ^*를 구할 수 있다.

$$\sigma^* = \frac{\text{최대값} - \text{최소값}}{5} \tag{1.4}$$

예제 1-1

어느 철강회사 생산 라인의 하루 철강 생산량은 10톤의 표준편차를 나타내고 있다. 이 생산 라인의 하루 평균 철강 생산량에 대한 신뢰구간을 추정하고자 한다. 95%의 신뢰도와 2.5톤의 오차(E)를 유지하려면 최소한 며칠 조사해야 하는가?

▶ Excel에 의한 해법

순서 1 ▸▸▸ 기본 데이터의 입력 및 표본의 크기 계산

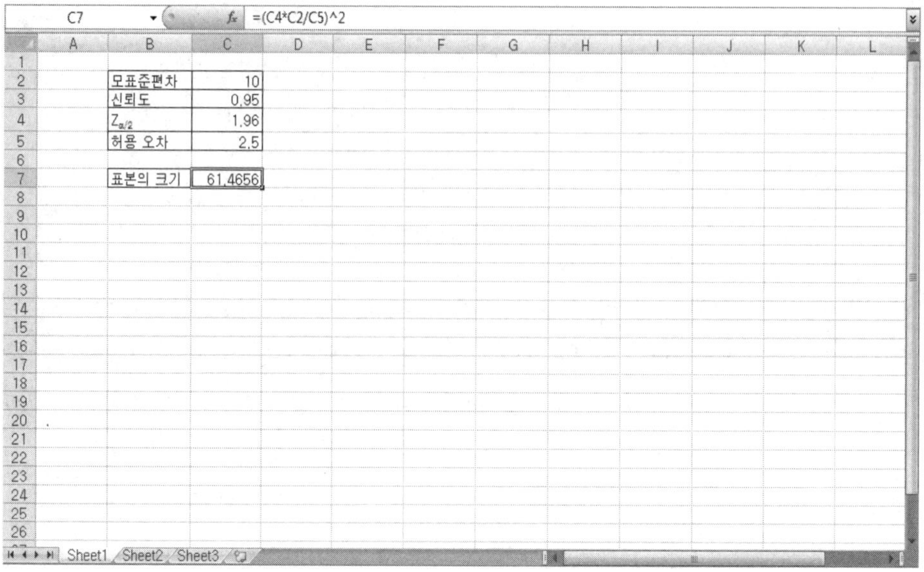

셀 C7에 수식 $n = \frac{[Z_{\alpha/2}\sigma]^2}{E^2}$을 입력하여 표본의 크기를 구한다.

순서 2 ▸▸▸ 메뉴에서 [함수 마법사] 아이콘을 클릭한다.

셀 C8을 지정한 다음에 [함수 마법사] 대화상자에서 [수학/삼각]의 [ROUNDUP]을 선택하고 [확인] 버튼을 클릭한다.

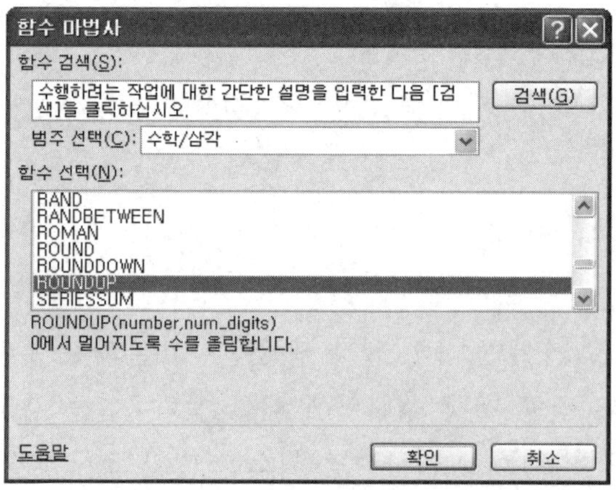

순서 3 ▸▸▸ [ROUNDUP] 함수 입력상자에서

Number : C7

Num_digits : 0

을 입력하고 [확인] 버튼을 클릭한다.

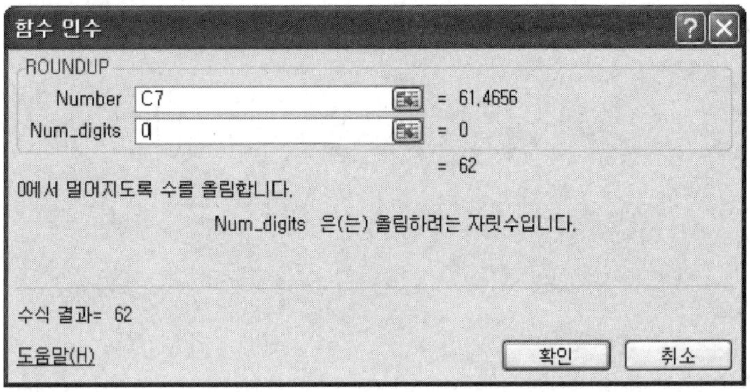

순서 4 ▸▸▸ 표본의 크기(정수) 산출

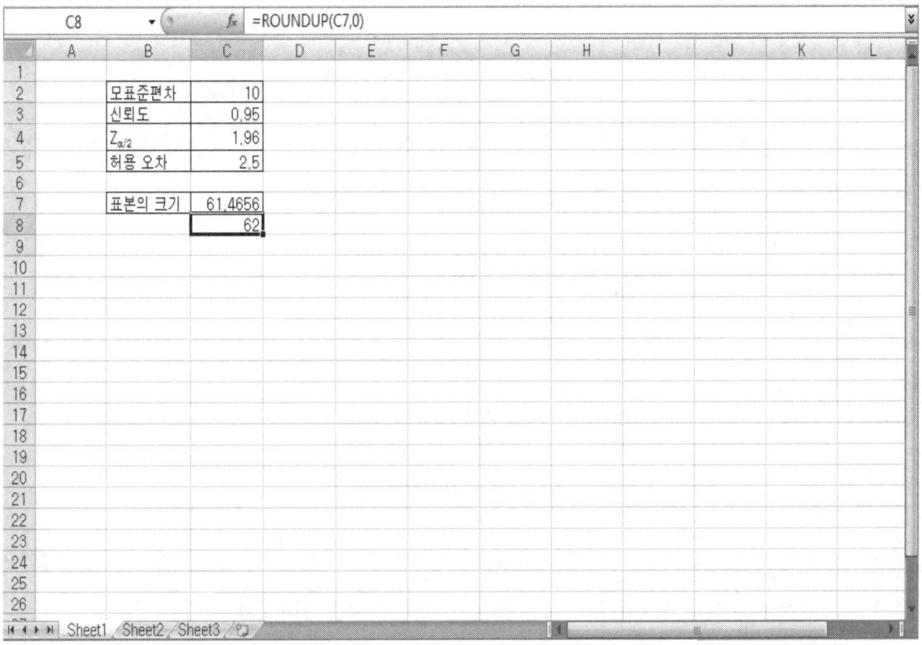

따라서 62일 이상 조사하여 신뢰구간을 추정함으로써 95%의 신뢰도와 2.5톤의 오차를 유지할 수 있다.

모집단 비율에 대한 추정의 경우

모집단 비율에 대한 신뢰구간 추정의 공식은 다음과 같다.

$$p - Z_{\alpha/2}\sqrt{\frac{N-n}{N-1}\frac{P(1-P)}{n}} \leq P \leq p + Z_{\alpha/2}\sqrt{\frac{N-n}{N-1}\frac{P(1-P)}{n}}$$

표본의 크기 n은 대응하는 평균의 개념 (1.2)식과 대응시켜서

$$n \geq 1/\left[\frac{E^2}{[Z_{\alpha/2}]^2 P(1-P)}(1-\frac{1}{N})+\frac{1}{N}\right] \tag{1.5}$$

으로 추정한다. 이 식에 가령

$$Z_{\alpha/2} = 1.96$$

을 대입하고 이 부등식을 충족시키는 최소의 표본수로 조사를 실시하면 소정의 E보다도 오차가 작게 되는 확률이 약 95%가 된다. 만일 모집단이 충분히 클 경우에는 다음과 같은 식을 이용할 수 있다. 즉, $N \to \infty$ 일 때

$$n \geq \frac{[Z_{\alpha/2}]^2 P(1-P)}{E^2} \tag{1.6}$$

식 (1.6)에서 특정 수준의 신뢰도와 오차를 유지하기 위한 표본의 크기를 구하려면 모비율(P)을 알고 있어야 한다. 그런데 모비율에 대한 추정문제에서 모비율을 미리 알고 있다고 전제하는 것은 비현실적이다. 뿐만 아니라 지금의 상황은 표본추출의 전 단계이므로 표본비율 p를 대신 사용할 수도 없다. 따라서 P에 대한 특별한 정보가 없는 한 P를 0.5로 계산하여 n이 취할 수 있는 최대값을 구하는 것이 바람직하다. 왜냐하면 P가 0.5일 경우에 $P(1-P)$가 최대로 되기 때문이다.

예제 1-2

컴퓨터 칩을 생산하는 공장에서 제품의 불량률을 조사하려고 한다. 95%의 신뢰도와 0.1의 오차를 유지하려면 표본의 크기를 얼마로 해야 하는가?

▶ Excel에 의한 해법

순서 1 ▸▸▸ 기본 데이터의 입력 및 표본의 크기 계산

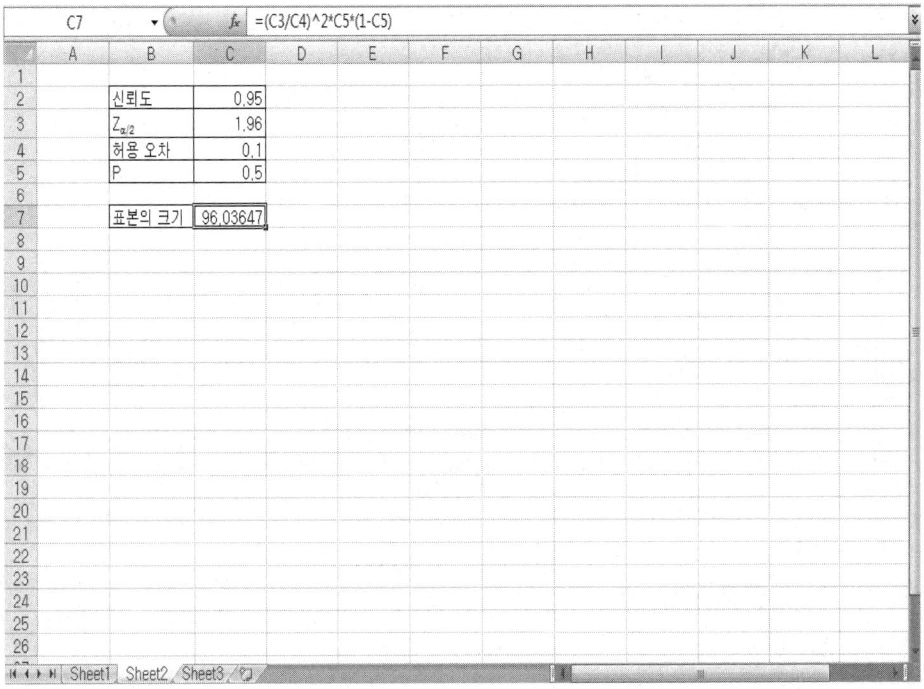

[셀의 입력내용]

C2; =0.95

C3; =ABS(NORMSINV((1−C2)/2))

C4; =0.1

C5; =0.5

C7; =(C3/C4)^2*C5*(1−C5)

(주)

$$n \geq \frac{[Z_{\alpha/2}]^2 P(1-P)}{E^2}$$

순서 2 ▸▸▸ 표본의 크기(정수) 산출

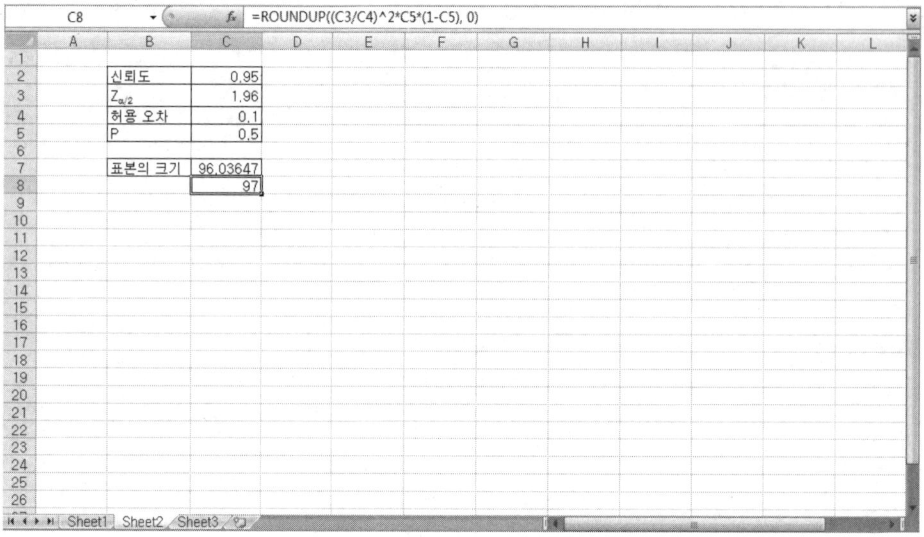

[셀의 입력내용]

C8; =ROUNDUP((C3/C4)^2*C5*(1−C5), 0)

따라서 97개 이상의 표본을 조사함으로써 95%의 신뢰도와 0.1의 오차를 유지할 수 있다.

예제 1-3

추정의 신뢰도를 95%로 하고 모집단의 비율을 0.5로 한다.
이 때 모집단의 크기 N을

100, 200, 400, 800, 1600, 3200, 6400, 12800

으로 했을 때에 필요한 표본의 크기 n은 각각 얼마가 되는가? 요구정밀도를 1%, 5%, 10%의 경우로 나누어서 검토하라.

▶ Excel에 의한 해법

요구정밀도를 1%로 했을 때의 표본의 크기를 셀 B8에서 B15까지, 5%로 했을 때의 표본의 크기를 셀 C8에서 C15까지, 10%로 했을 때의 표본의 크기를 D8에서 D15까지에 산출한다.

표본의 크기를 구하는 공식은 다음을 이용한다.

$$n = 1 / \left[\frac{E^2}{[Z_{\alpha/2}]^2 P(1-P)} (1 - \frac{1}{N}) + \frac{1}{N} \right]$$

$$\Leftrightarrow n = \frac{N}{\left[\frac{E}{Z_{\alpha/2}} \right]^2 \frac{N-1}{P(1-P)} + 1}$$

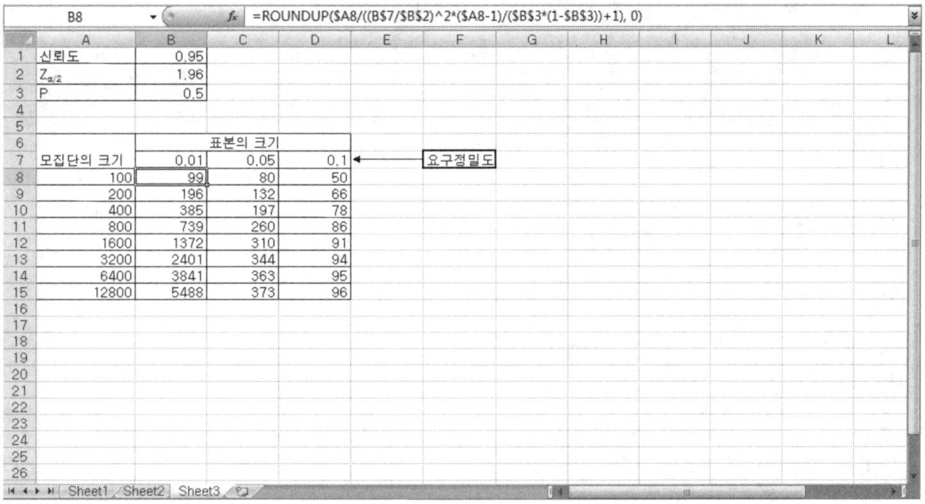

B8 =ROUNDUP($A8/((B$7/$B$2)^2*($A8-1)/($B$3*(1-$B$3))+1), 0)

	A	B	C	D	E	F
1	신뢰도	0.95				
2	$Z_{\alpha/2}$	1.96				
3	P	0.5				
4						
5						
6		표본의 크기				
7	모집단의 크기	0.01	0.05	0.1	←	요구정밀도
8	100	99	80	50		
9	200	196	132	66		
10	400	385	197	78		
11	800	739	260	86		
12	1600	1372	310	91		
13	3200	2401	344	94		
14	6400	3841	363	95		
15	12800	5488	373	96		

[셀의 입력내용]

B1; =0.95

B2; =ABS(NORMSINV((1−B1)/2))

B3; =0.5

B7; =0.01

C7; =0.05

D7; =0.1

B8; = ROUNDUP($A8/((B$7/$B$2)^2*($A8−1)/($B$3*(1−$B$3))+1), 0)

(B8을 B8에서 D15까지 복사한다)

위의 계산 결과 모집단의 크기가 증가함에 따라 표본의 크기가 증가하고 있는데,

요구정밀도의 정도에 따라서 증가율이 크게 다르다는 것을 알 수 있다. 이것을 그래프에 의해 확인할 수 있다.

▶ 그래프의 작성방법

순서 1 ▸▸▸ 데이터의 범위지정

셀 B8:D15 영역을 지정하고 메뉴에서 [삽입]을 클릭한 다음에, [꺾은선형]에서 네 번째 차트를 선택한다.

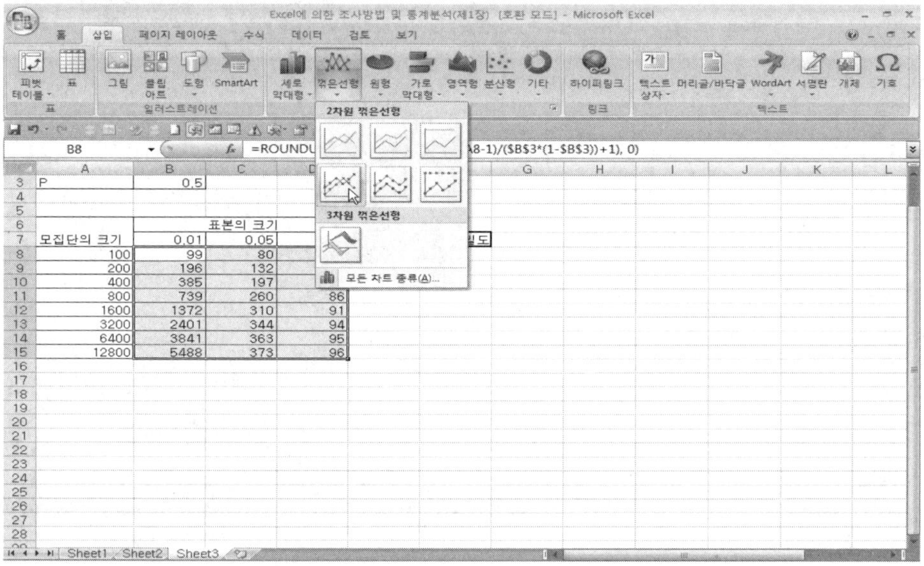

순서 2 ▸▸▸ 그래프의 출력

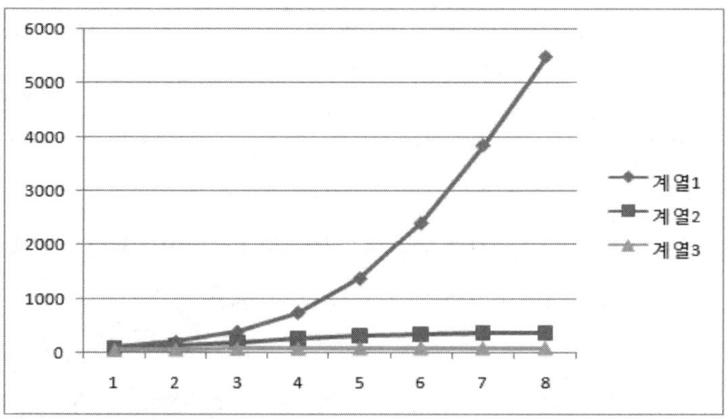

순서 3 ▸▸▸ 그래프의 범례 수정

(1) 그림 영역을 더블클릭하면 메뉴에서 [디자인]이 지정된다.

(2) 메뉴에서 [데이터 선택]을 선택하여 클릭한다.

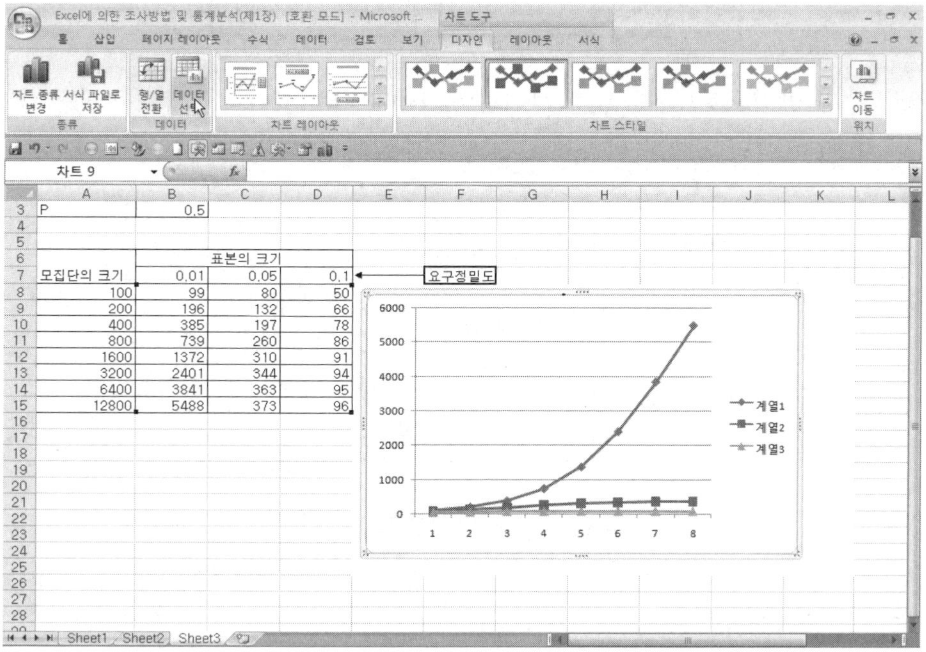

(3) 다음과 같은 대화상자에서 [계열1]을 선택한 다음 [편집(E)]을 클릭한다.

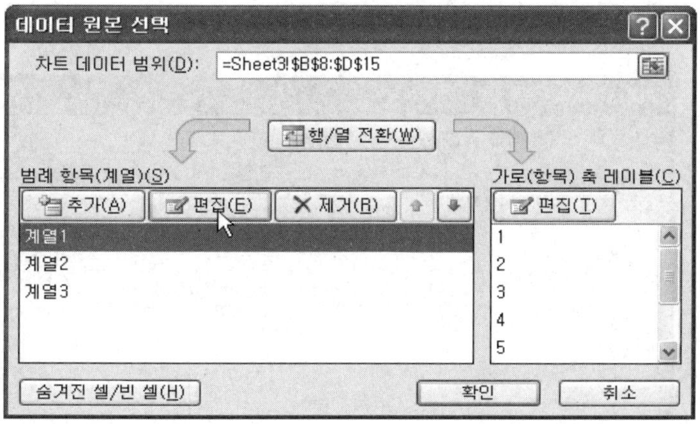

(4) 다음의 대화상자에서 [계열 이름(N)] 난에 'E=0.01'이라고 입력하고 [확인] 버튼을 클릭한다.

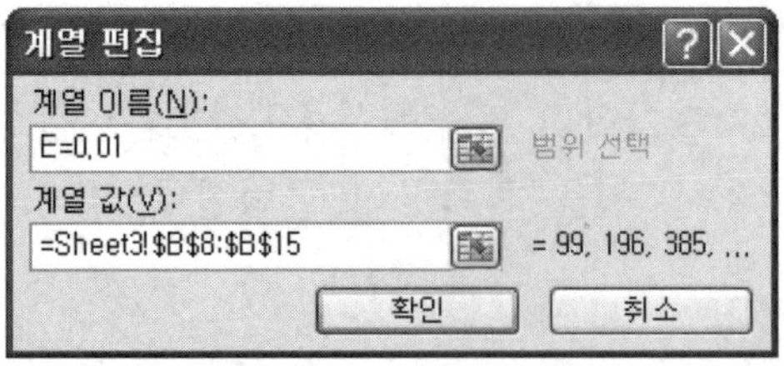

(5) 같은 방법으로 [계열2]를 선택하여 'E=0.05'라 입력하고, [계열3]을 선택하여 'E=0.10'이라고 입력한다. 그 결과는 다음과 같다.

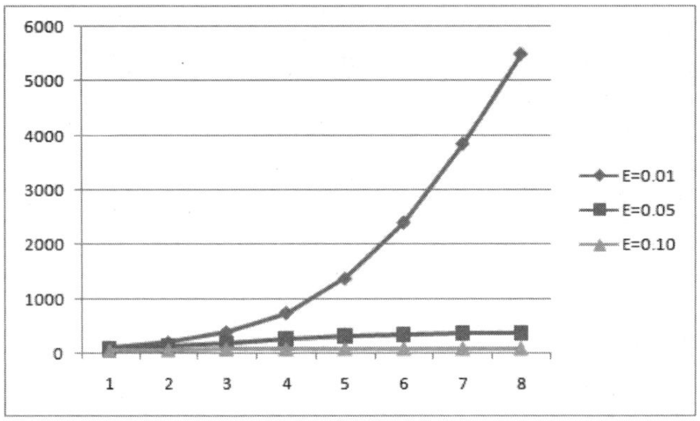

순서 4 ▸▸▸ 그래프의 가로축 수정

(1) 다시 그림 영역을 더블클릭하여 메뉴에서 [디자인]이 지정되면, 메뉴에서 [데이터 선택]을 선택하여 클릭한다.

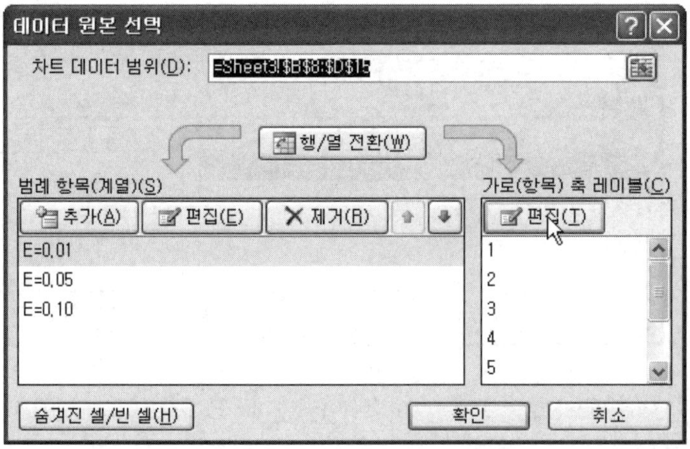

(2) 위의 화면에서 [편집(T)]를 클릭한다.

(3) [축 레이블] 대화상자가 나타나면, [축 레이블 범위(A)] 난에 셀 A8:A15를 지정하여 입력한다.

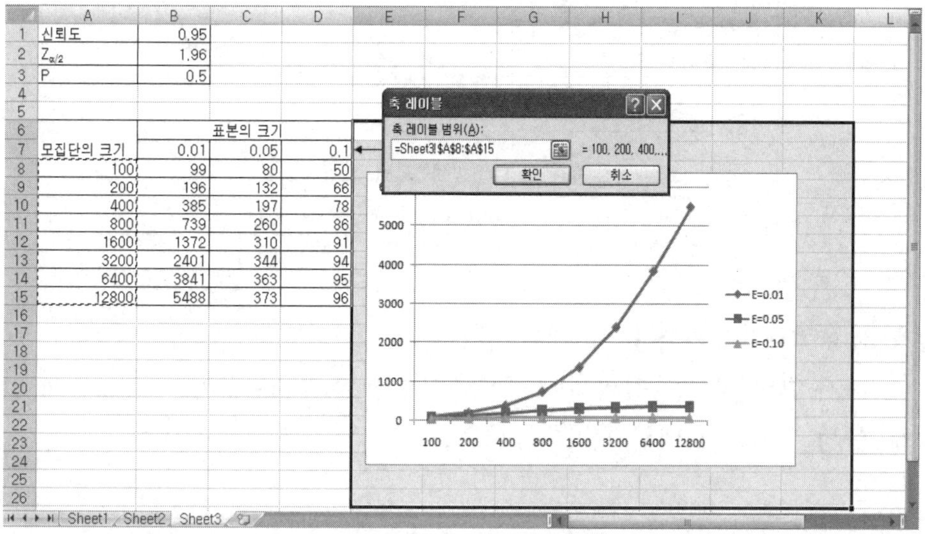

(4) [확인] 버튼을 클릭하면 다음과 같이 [가로(항목) 축 레이블(C)] 난에 입력되어 있음을 볼 수 있다.

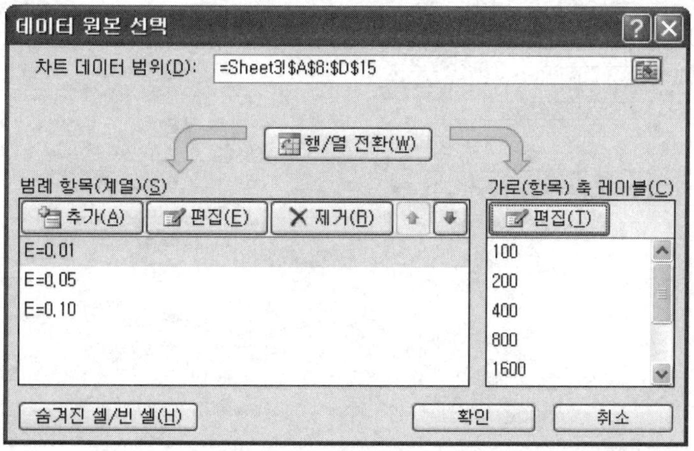

(5) 여기에서 다시 [확인] 버튼을 클릭한다. 다음과 같이 그래프의 가로축이 바뀌어 있음을 알 수 있다.

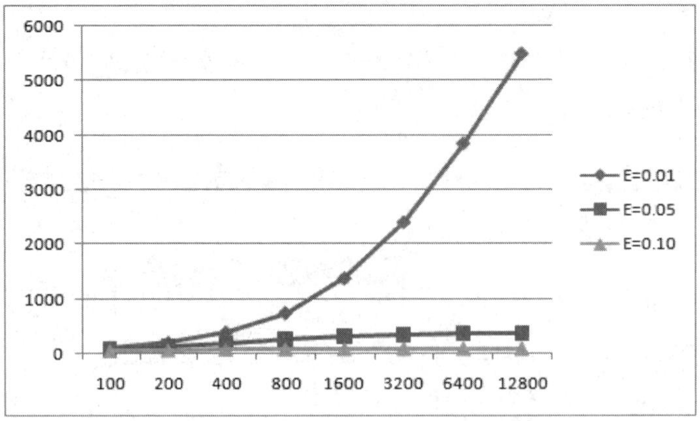

순서 5 ▸▸▸ 그래프의 제목 및 축 제목 입력

(1) 다시 그림 영역을 클릭하여 메뉴에서 [레이아웃]을 클릭한다. 다음과 같이 제목의 위치를 선택한다.

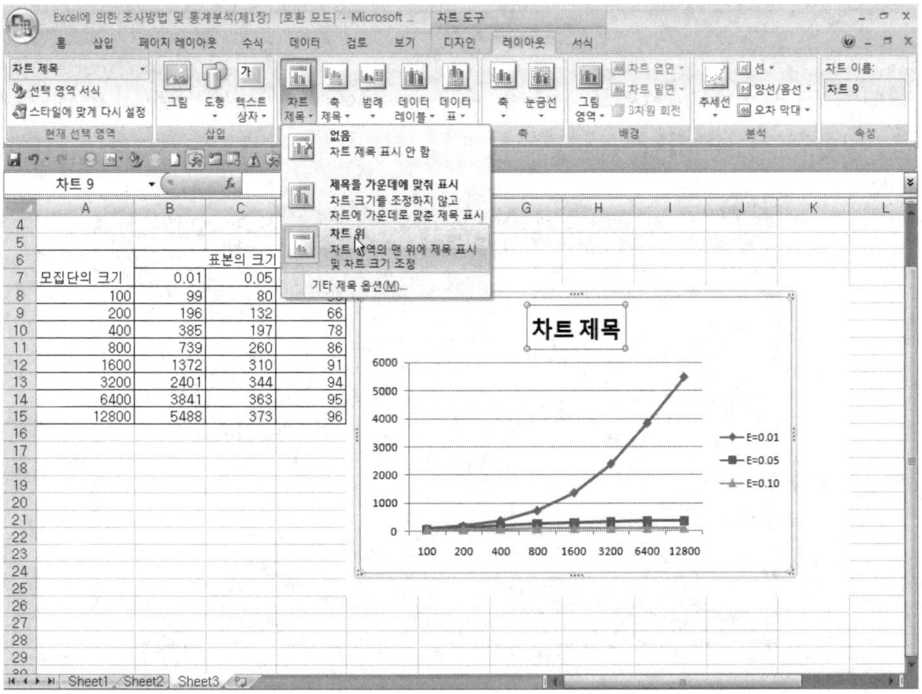

(2) 위와 같이 [차트 제목] 난이 나타나면, '표본의 크기 변화'라고 제목을 입력한다.

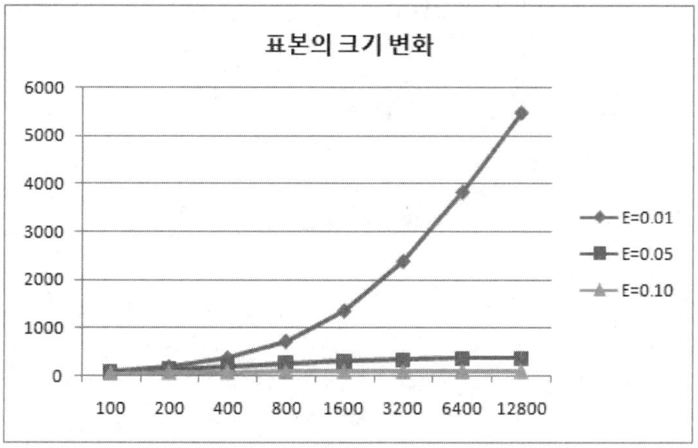

(3) 같은 방법으로 가로축 세로축 제목도 각각 입력한다.

순서 6 ▸▸▸ 그래프의 윤곽선 지정

(1) 메뉴에서 [서식]을 선택한 다음 [도형 윤곽선]을 선택하여 윤곽선의 두께, 색상 등을 지정한다.

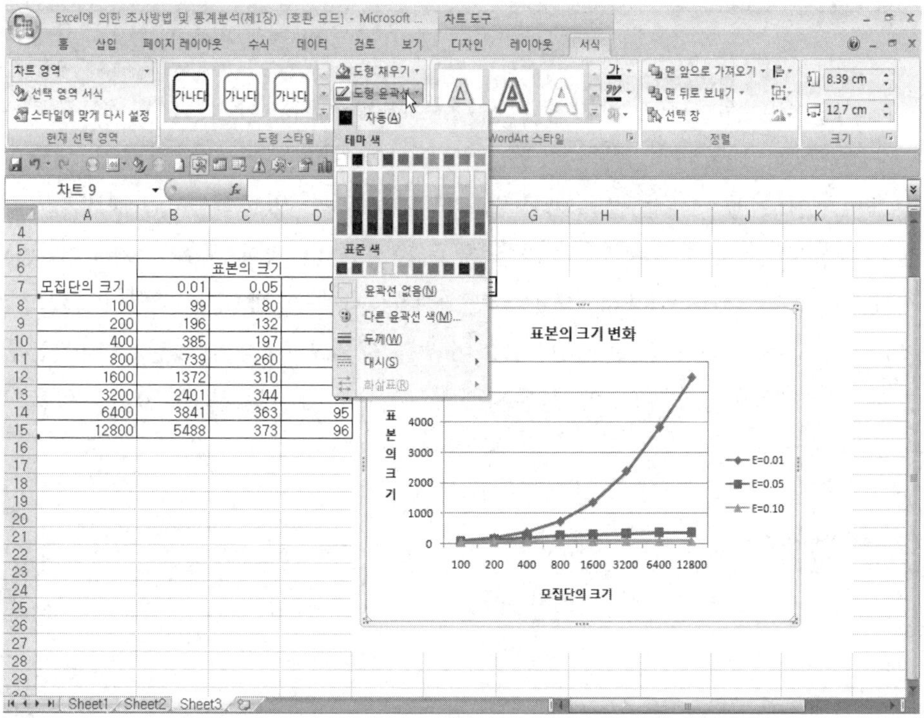

(2) 완성된 그래프는 다음과 같다.

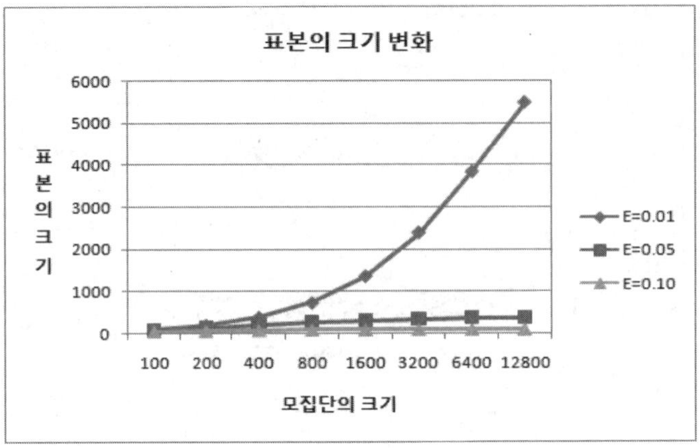

제4절 조사표의 설계

1. 조사표의 구성

통계조사에 있어서 사회현상이나 경제·경영현상을 파악하기 위한 조사표의 역할은 마치 자연현상이나 물리적·화학적 현상의 분석에 이용되는 측정기기에 해당하는 것이다. 그리하여 이용목적상 필요한 정밀도를 확보할 수 있도록 하는 정밀기기가 아니면 안 된다. 조사오차 중 특히 측정의 오차는 조사표 그 자체 혹은 조사표와 관련하여 일어나는 경우가 많다. 따라서 조사표를 설계할 때에는 세심한 주의가 필요하다. 조사표의 설계에는 상품지식, 판매경로, 소비관습 등의 대상영역에 관한 지식뿐만 아니라 통계학·심리학·경영학 등의 전문지식과 더 나아가서는 넓은 일반상식을 필요로 하는 것이다.

조사표 설계의 순서

조사표의 설계는 일반적으로 다음과 같은 순서로 실시된다.

(1) 조사항목의 결정

(2) 조사방법의 결정 : 면접법, 우송법, 전화조사법 등
(3) 조사표 형식의 결정 : 타계식(他計式) 조사, 자계식(自計式) 조사 등
(4) 개개 질문에 대한 내용의 결정
(5) 개개 질문에서 이용하는 질문의 종류 결정 : 2항분류형, 다항분류형, 자유회답형 등
(6) 질문의 말투 결정
(7) 질문에 관련한 제시물의 결정
(8) 질문의 배열순서의 결정
(9) 조사표의 체제 및 레이아웃의 결정
(10) 시험조사의 실시 및 그것에 의거한 수정

조사표 설계의 필요항목

조사표의 형식은 그것이 이용되는 경우에 따라서 다른데, 주제가 되는 항목 외에 다음과 같은 것을 반드시 포함하지 않으면 안 된다.

(1) 조사기관명
(2) 조사기간 : 실사작업(實査作業)을 실시하는 시기
(3) 지역번호·대상번호 : 특정 지역마다의 집계를 실시하기 위해서는 물론 필요하지만, 어느 대상으로부터의 정보인지를 분명히 하기 위해서 반드시 필요하다. 이들 번호의 기입이 있으면 조사대상의 이름을 기록할 필요는 없다.
(4) 기본대상 특성 : 개인조사의 경우에는 성별, 연령, 세대 내의 지위, 직업, 학력, 월수입 등을, 그리고 세대조사의 경우에는 세대의 종류, 세대주의 연령·직업, 세대 인원수, 주거의 종류, 주부의 연령, 1개월의 가계지출 등
(5) 조사원 이름 : 면접실사(面接實査)의 책임소재를 분명히 하기 위하여 반드시 필요하다.

2. 조사표 설계상의 기본적인 주의사항

통계조사는 면접조사로 이루어지는 것이 가장 기본적이므로 이하에서는 면접조사에 이용되는 조사표에 초점을 맞추어서 설명하기로 한다. 그러나 여기에서 제시하는 여러 가지의 주의사항은 우송조사·전화조사의 조사표에도 그대로 적용할 수 있는 부분이 많다.

기본적 주의사항

조사표를 설계할 때에는 다음과 같은 사항에 대해서 충분히 유의하지 않으면 안 된다.

① 불필요한 질문은 포함시키지 않을 것
② 질문을 설정하기 전에 그것으로부터 어떠한 통계가 가능한지를 상상해 볼 것
③ 질문 혹은 설명의 말투는 평이한 일상적인 회화체를 그대로 사용할 것
④ 조사대상의 회답에 어려운 표현을 필요로 하는 것을 피할 것
⑤ 질문에 따라서 회답을 유도할 수 있으므로 주의할 것
⑥ 복수의 내용을 가진 질문은 피할 것
⑦ 개개 질문의 무회답을 적극적으로 없애도록 할 것
⑧ 질문의 양은 너무 많지 않도록 할 것

질문의 배열순서

조사표상의 질문의 배열순서에 따라서 회답자의 협력정도가 달라질 수 있음은 물론 조사결과에 영향을 미치는 경우도 있다. 배열에는 다음과 같은 주의를 기할 필요가 있다.

① 처음 부분은 회답자의 흥미를 불러일으키는 질문을 설정할 것
② 내용이 복잡한 질문, 회답이 어려운 질문은 회답자와의 친밀도가 충분히 얻어질 것으로 상정되는 부분에 설정할 것
③ 회답을 꺼릴 가능성이 있는 질문(예를 들면 월수입, 결혼유무 등)은 마지막에 가까운 부분에 설정할 것
④ 앞에 배치된 질문의 영향을 받지 않도록 배치할 것
⑤ 회답자가 회답하기 쉽도록 논리적 순서의 배려가 필요함
⑥ 주제가 바뀌는 곳에서는 화제가 바뀐다는 취지의 설명을 할 것

3. 회답의 형식

조사원이 한 질문에 대해서 조사대상의 회답은 아마 잡다할 것이지만, 조사원은 그 중에서 필요한 정보를 간파하여 조사표에 기록하게 된다. 분류·기록해야 할 선택지(選擇肢)가 '예', '아니오' 중 어느 하나 혹은 그것과 유사한 단순한 것이라면 조사원의

처리는 용이할 것이다. 그러나

① 선택지의 수가 많은 경우(3개 이상)

② 분류처리가 미묘하고 어려운 경우

③ 조사대상이 내용의 이해는 가지만 표현하기가 궁한 경우

④ 조사대상이 답해야 할 사항의 일부를 빠뜨릴 가능성이 큰 경우

등이 있을 때에는 각각에 따른 대처가 필요하다. 이와 같은 배경하에서 다음과 같은 세 종류의 방법을 경우에 따라 구별해 쓰는 것이 바람직하다.

[방법 1]

조사표에는 필요한 선택지를 준비해 놓지만, 조사대상에게는 그것과는 관계없이 자유로운 회답을 하게 하고 그 회답내용에 의거한 조사원의 판단으로 해당하는 선택지를 정하게 하는 방법

예 1 (2항분류형의 예)

질 문 : "귀하는 지난 일주일간 술을 마셨습니까?"

회답란 : 1. 마셨다 2. 안 마셨다

예 2 (다항분류형의 예)

질 문 : "귀하가 좋아하시는 맥주의 상표는 어느 것입니까?"

회답란 : 1. OB 2. 하이트 3. 카스 4. 수입품 5. 좋아하는 것 없음

[방법 2]

조사표에 필요한 선택지를 준비해 놓음과 동시에 조사대상에게는 같은 선택지를 기재한 카드를 보이면서 질문하고, 회답에 해당하는 선택지를 고르게 하는 방법

예 3 (이유를 묻는 질문의 예 : 술을 끊은 사람에 대한 질문)

질 문 : (선택지 카드를 보이면서) "귀하가 술을 끊으신 것은 어떠한 이유에서입니까, 다음 중에서 해당하는 것을 골라 주십시오."

회답란 : 1. 건강상 의사의 권유에 의해서
2. 안전운전을 위해서
3. 종교적인 이유 때문에
4. 가족의 건강에 대한 배려 때문에
5. 경제적 이유에서
6. 기타(구체적으로)

예 4 (선택지가 많은 예)

질　문 : (음식 메뉴를 보이고) "귀하가 지난 일주일간 드신 음식을 말씀해 주십시오."

회답란 : 1. 곰탕　2. 설렁탕　3. 김치찌개　4. 된장찌개　5. 불고기
6. 갈비탕　7. 냉면　8. 자장면　9. 칼국수　…

[방법 3]

질문에 대해서 조사대상에게는 자유로운 회답을 하게 하고, 조사표에는 그대로 구체적으로 기입하게 하는 방법. **자유회답법**이라 불리고 있다.

예 5 (이유를 묻는 질문의 예 : 담배를 끊은 사람에 대한 질문)

질　문 : "귀하가 담배를 끊으신 것은 어떠한 이유에서입니까?"

회답란 : (이유를 구체적으로 기입할 수 있을 만큼의 여백을 취한다)

예 6 (국세조사의 산업·직업·업무의 지위분류를 위한 항목)

질　문 : 1. 근무처·업주 등의 명칭(일을 하고 있는 사무소·공장·점포 등의 명칭을 기입해 주십시오)
2. 사업의 종류(사업의 내용을 잘 알 수 있도록 기입예를 참고로 해서 상세히 기입해 주십시오)
3. 본인의 업무 종류(업무의 내용을 잘 알 수 있도록 기입예를 참고로 해서 상세히 기입해 주십시오)

회답란 : 1. 근무처·업주 등의 명칭 [　　　　]
2. 사업의 종류 [　　　　]
3. 업무의 종류 [　　　　]

단일회답과 다중회답

다음의 두 질문에 대한 회답을 집계한 결과를 비교해 보자. 이것은 술을 끊은 사람에게 그 끊은 이유를 묻는 질문으로 선택지(選擇肢) 리스트를 보이면서 실시하는 것이다(선택지의 내용 및 집계결과는 표 1－2를 참조할 것).

A. "귀하가 술을 끊으신 것은 어떠한 이유에서입니까, 주된 이유로서 이들 중 1개만 골라 주십시오."

B. "귀하가 술을 끊으신 것은 어떠한 이유에서입니까, 이 중에서 해당하는 것을 전부 골라 주십시오."

| 표 1-2 | **두 종류의 질문 결과**

술을 끊은 이유(선택지)	질문 A	질문 B
술을 끊은 사람 전체	100%	100%
1. 건강상 의사의 권유에 의해서	23	19
2. 안전운전을 위해서	15	32
3. 종교적인 이유 때문에	35	29
4. 가족의 건강에 대한 배려 때문에	19	74
5. 경제적 이유에서	5	6
6. 기타(구체적으로)	3	2

이들 두 질문의 말투로부터 알 수 있듯이 A에서는 단 1개의 회답밖에 인정하지 않는 데 비해서, B에서는 필요에 따라 몇 개라도 답할 수 있으므로 B에서의 각 이유에 대한 비율의 합계는 100을 넘는 경우도 있다. 여기에서 A의 경우를 **단일회답방식**(single answer)이라고 하는 데 비해서 B의 경우를 **다중회답방식**(multiple answer)이라고 한다.

4. 순서매김의 방법

물건의 디자인·색·맛 등의 취향의 문제, 광고 문안의 선정문제 등에 있어서 미리 준비한 복수의 대상물에 대하여 조사대상의 기호 혹은 의견에 따라서 어떠한 순서를 매기고 싶은 경우가 자주 있다. 혹은 구입동기, 어떤 상품을 사용하지 않는 이유, 사용자가 불만스럽게 생각하고 있는 점 등에 대해서 미리 준비한 몇 개의 동기·이유·의견에 순위를 매기고 싶은 경우도 있다.

이와 같은 순서매김의 방법으로서는 다음과 같은 것을 생각할 수 있다.

(1) [방법 1] 택일법(method of choice) : 준비한 복수의 대상물 중에서 가장 좋다(혹은 가장 중요하다)고 생각하는 것을 하나만 고르게 하는 방법

(2) [방법 2] 복수선택법(method of multiple choice) : 준비한 대상물 중에서 좋다(혹은 중요하다)고 생각하는 것을 일정한 개수(예를 들면 2~3개) 고르게 하는 방법

(3) [방법 3] 임의선택법(method of free choice) : 준비한 대상물 중에서 좋다(혹은 중요하다)고 생각하는 것을 조사대상이 필요하다고 생각하는 만큼 고르게 하는 방법

(4) [방법 4] 순위매김법(ranking) : 준비한 대상물을 좋다(혹은 중요하다)고 생각하는 순

으로 순위를 매기게 하는 방법

(5) [방법 5] 등급매김법(rating) : 준비한 대상물의 각각에 독립적으로 ① 가장 좋다, ② 좋다, ③ 어느 쪽도 아니다, ④ 좋지 않다, ⑤ 가장 좋지 않다 등의 어느 하나로 등급을 매기게 하는 방법

(6) [방법 6] 채점법(scaling) : 준비한 대상물의 각각에 독립적으로 좋다(혹은 중요하다)고 생각하는 정도를 가령 10점 만점으로 점수를 매기게 하는 방법

(7) [방법 7] 배분법(allocating) : 조사대상에게 바둑돌을 가령 10개 건네 주고, 준비한 대상물의 각각에 좋다(혹은 중요하다)고 생각하는 정도에 따라서 바둑돌을 배분시키는 방법

(8) [방법 8] 일대비교법(paired comparison) : 대상물 A, B, C, …, P의 특성이나 기호를 비교하기 위하여 2개씩 조(組)를 만들어 그 조 중에서 순위를 매긴다거나 차(差)의 정도를 평점을 이용해서 표현하는 방법을 말한다.

표본추출법 2

제1절 표본추출의 기본개념

표본조사(sample survey)에 있어서 모집단(조사대상집단)에 대한 추론을 하기 위하여 일부의 표본을 추출하는 것을 말한다. 표본의 추출에는 확률의 원리를 응용한 **확률추출**(무작위추출이라고도 한다)과 그렇지 않은 **비확률추출**을 생각할 수 있다. 확률추출에 의해서 뽑힌 표본을 **확률표본**(또는 무작위표본), 그렇지 않은 표본을 **비확률표본**이라고 한다.

비확률표본 중에는 간혹 클래스에 등록해 있는 학생들을 표본으로 한다거나 길을 걷고 있는 사람에게 물어 본다고 하는 우연적 기회를 이용한 표본이나 조사목적에 관련한 영역의 전문가 집단에게 질문을 한다고 하는 방법이 취해지는 경우가 있다. 또 국세조사(census)라든가 이전에 실시된 조사의 정보를 이용해서 그 집단과 동일한 연령구성이나 성별, 직업별 구성이 되도록 피조사자를 뽑는 할당법도 유명하다. 그러나 그것들은 모두 확률추출의 원리를 응용한 것이 아니므로 추정에 어느 정도 편의(偏倚)가 있는지 평가할 수 없다. 그리고 또 그 오차의 범위를 확률적으로 평가하는 것이 어렵다. 따라서 근대 표본조사법은 기본적으로 모집단으로부터 확률법칙의 원리를 이용해서 무작위로 추출하는 확률추출이 이용되고 있다. 표본으로부터 모집단에 대한 수치를 추정할 때 따르는 오차를 **표본오차**(sampling error)라고 부르는데, 확률표본은 확률추출에 의거한 표본오차를 확률적으로 평가할 수 있다는 데에 특징이 있다.

적은 노력(勞力)과 경비로 정밀도 높은 조사가 이루어지도록 여러 가지의 표본추출법이 고안되었다.

그리고 유한모집단으로부터 표본을 추출할 때, 같은 표본이 두 번 이상 추출되는 것을 허용하지 않는 추출법을 비복원추출법이라고 하며, 동일한 표본이 반복추출되는 것을 허용하는 추출법을 복원추출법이라고 한다. 후자 쪽이 수학적으로 다루기가 용이한데, 모집단의 크기가 추출표본수에 비해서 클 때 양자의 차이는 사실상 무시할 수 있다.

| 표 2-1 | 확률표본추출방법과 비확률표본추출방법의 비교

확률표본추출방법	비확률표본추출방법
* 연구대상이 표본으로 추출될 확률이 알려져 있을 때 * 무작위적 표본추출 * 모수추정에 편의(bias) 없음 * 표본분석 결과의 일반화 가능 * 표본오차의 추정 가능 * 시간과 비용 많이 소요	* 연구대상이 표본으로 추출될 확률이 알려져 있지 않을 때 * 인위적 표본추출 * 모수추정에 편의 존재 가능 * 표본분석 결과의 일반화 제약 * 표본오차 추정 불가능 * 시간과 비용 절약

제2절 무작위추출법

모집단을 구성하는 어떤 요소도 동일한 확률로 뽑힐 것이 보증되도록 표본을 모집단에서 추출하는 방법을 **무작위추출**(random sampling)이라고 한다. 무작위추출이란 주관적인 판단이나 취향이 개입하지 않도록, 이를테면 제비뽑기나 주사위를 이용해서 표본을 뽑는 방법이다. 실제로 무작위추출을 실시하는 경우에는 난수표가 자주 이용된다. 최근에는 컴퓨터의 난수 발생기를 이용하여 난수를 얻을 수 있어 편리하다.

무작위추출을 이용하면 표본오차의 영향을 추정할 수 있다. 모집단의 요소가 모두 같은 확률로 추출되면 주관이 개입될 여지는 없다. 이 때문에 과학적인 연구에는 무작위추출을 이용해야 한다고 하는 의견이 정설이다. 그러나 비표본오차의 영향을 추정하는 것이 곤란하기 때문에 오차를 엄밀하게 평가할 수는 없다. 상정한 모집단에 대해서 원리적으로 무작위추출이 불가능한 경우도 있다. 무작위추출법에도 여러 가지 유형이 있다.

1. 단순무작위추출법(simple random sampling)

확률추출의 원리를 이용한 가장 기본적인 추출방법이다. 조사대상 모집단의 리스트를 준비하고 그것에 일련번호를 매긴다. 난수표(혹은 그것과 동등한 방법)를 이용해서 얻어진 필요한 자릿수의 숫자의 번호에 대응하는 조사대상을 피조사체로 하여 필요한 수만큼의 표본을 추출한다. 단순무작위추출은 모수(모평균이나 모분산 등)의 추정이 간단하고 추정의 정밀도 평가도 용이하지만, 추출된 숫자의 나열이 가지각색이므로 모집단 리스트가 큰 대표본에서는 대상자를 뽑는 데 시간이 걸린다. 또한 층별추출법(stratified sampling) 등에 비해서 추정의 정밀도가 높지 않다.

2. 계통추출법(systematic sampling)

모집단의 크기가 N이고 추출표본수가 n이며 $N=nl$이라 할 때, 일련의 모집단 리스트를 l개의 길이로 구분하여 $1 \leq k \leq l$의 임의값을 무작위로 뽑아서 k, $k+l$, $k+2l$, $\cdots$, $k+(n-1)l$ 등 l개마다 n개의 표본을 추출하는 방법을 계통추출법 혹은 등간격추출법이라고 한다. 여기서 k를 계통추출의 출발점이라고 한다. 계통추출법은 모집단 리스트가 완비되어 있을 때, 단순무작위추출법에 비하여 추출의 수고가 적게 든다. 더욱이 리스트의 나열이 수입순이라든가 연령순이라고 하는 조사변수에 대해서 일종의 층화가 이루어져 있게 되면 추정의 정밀도도 높아지는데, 추출간격이 조사변수의 주기성과 일치(혹은 그 공배수가 일치)하는 경우에는 추정에 편의(偏倚)가 생길 우려가 있다. 그리고 출발점을 무작위로 정하는 대신에 l의 중점을 취하는 방법이라든가 추출간격을 교대로 바꾸어 가는 지그재그 추출법과 같은 변형법도 생각할 수 있다.

3. 집락추출법(cluster sampling)

모집단의 최종 조사단위를 몇 개 모은 것을 집락(cluster)이라 하고, 이것을 표본추출의 단위로 해서 추출하는 방법을 일반적으로 집락추출이라고 한다.

집락을 만드는 방법은 하나의 집락 중에 여러 가지 이질적인 요소가 서로 섞이도록 하고, 집락끼리의 사이는 가능한 한 비슷한 것으로 분할하는 것이 효과적이다. 집락

내의 조사단위를 모두 조사하는 경우와 추출된 집락 중에서 더욱 몇 개의 조사단위를 확률추출해서 표본조사를 실시하는 경우가 있다. 후자는 바로 다단추출법 중 2단추출법에 해당된다. 등간격추출법이나 지역추출법은 전자의 예로 볼 수 있다.

4. 층별추출법(stratified sampling)

층화추출법이라고도 한다. 표본을 추출할 때 모집단 중에서 단순무작위로 추출하는 것이 아니라 미리 모집단을 몇 개의 그룹(이것을 층이라고 한다)으로 나누고, 나누어진 각각의 그룹 중에서 필요한 개수의 표본을 무작위로 추출하는 방법을 층별확률추출법 또는 단지 층별추출법이라고 한다. 층별의 목적은 적은 표본수로 정밀도 높은 모집단 추정을 실시한다고 하는 것이며, 그러기 위해서는 층별화할 때 층간에 비해서 층 내는 가능한 한 균질의, 바꾸어 말하면 측정치의 분산이 작게 되도록 그룹을 나누는 것이 바람직하다.

5. 다단추출법(multi-stage sampling)

대규모의 표본조사에서는 조사대상을 직접 추출하는 것이 불가능 혹은 비경제적이기 때문에 추출단위를 몇 단계로 나누어서, 처음에 제1차 추출단위(primary sampling unit, PSU)를 어떤 확률로 추출하고, 다음에 추출된 제1차 추출단위 중에서 다시 어떤 확률로 제2차 추출단위(secondary sampling unit, SSU)를 추출한다고 하는 추출작업이 계속된다. 이것을 2단추출법이라고 한다. 제3차 추출단위까지 생각하면 3단추출법이라고 하며, 일반적으로는 다단추출법이라고 한다.

예를 들면 전국 학교조사에서, 처음에 도(道)를 추출하고 추출된 도 중에서 학교를 추출한다. 그리고 추출된 학교 중에서 어떤 조(組)를 추출하고 추출된 조 중에서 어떤 학생을 추출한다고 하면, 이것은 도를 제1차, 학교를 제2차, 조를 제3차, 학생을 제4차로 하는 4단추출이 된다. 추출의 단계를 늘리면 그 때마다 추정의 정밀도가 떨어지기 때문에, 통상은 미리 모집단을 몇 개의 층으로 나누고 각 층에 대해서 다단추출법을 실시하는 **층별다단추출법**(層別多段抽出法)이 이용된다.

제3절 유의선출법

조사기획자의 주관적인 판단에 따라서 표본을 뽑는 것을 **유의선출법**(purposive selection)이라고 한다. 유의선출법은 주관에 의거하기 때문에 표본오차의 영향이나 비표본오차의 영향은 추정할 수 없다.[1] 표본추출의 주관성을 배제하기 어려운 방법이나 실시가 용이하므로 몇 번 반복하면서 경험적으로 정밀도를 알 필요가 있는 과제, 예를 들면 상품개발 등에서 효과를 발휘하는 경우가 많다. 유의선출에 의한 조사를 계속하여 경험적으로 적은 수고와 비용으로 효율적인 식견이 얻어진다는 것이 확인되면, 무작위추출을 실시할 필요는 없다. 무작위추출은, 그보다 더 나은 것은 없지만, 대단히 수고스러우므로 조사의 간격이 벌어지는 경우도 있다. 만일 수년에 1회 조사하는 정도라면, 유의선출로 연간 몇 번이고 조사하는 편이 조사대상에 대한 식견을 심화시키는 경우도 있다.

예전에 여론조사 등에 자주 이용되었던 방법으로 **할당법**(quota method)이라고 하는 것이 있다. 이것은 유의선출법의 일종으로 이전에 실시되었던 조사 등의 정보를 이용해서 그 집단과 동일한 연령구성이나 성별·직업별 구성이 되도록 피조사자를 뽑는 방법이다.

유의선출법의 문제점

유의선출법에 의한 표본의 결정은 모집단의 구조에 관한 조사기획자의 주관적 판단에 따르고 있다. 과거의 국세조사 자료 등에 의하여 객관적으로 구조를 판단했다고 하더라도, 알 수 있는 것은 과거의 구조이지 현재의 그것은 아니다. 또한 과거로부터의 변화가 무시할 수 있는 정도였다고 하더라도 기존 자료로부터 알 수 있는 구조는 앞으로 조사하고자 하는 특성에 관한 것이 아닐 것이다. 그리고 기획자의 주관적 판단도 결코 완전할 수는 없는 것이며, 완전한 판단이 가능하다면 이미 조사의 필요성은 없게 된다. 표본선출시의 판단의 잘못은 조사결과에 의거한 추정치에 오차를 가져오게 된다. 게다가 주관적인 판단의 잘못을 객관적으로 평가하는 방법은 없다. 그리고 가령 제3자가 객관적으로 잘못을 지적했다고 하더라도 그것은 또 제3자의 주관에 지나지 않는다. 오차를 수반한 통계숫자에서, 게다가 그 오차의 정도에 관해서 아무런 객관적 보증(기획자의 주관에 의한 보증은 무의미)이 없는 것의 이용가치는 극히 한정된다.[2]

---

1) 豊田秀樹, 『調査法講義』, 1998, pp. 37~39.

제4절 표본추출의 실제

예제 2-1

100명의 산악회 회원에 대한 이름이 등록되어 있는 회원명부가 있다고 한다. 회원명부 안에는 1번에서 100번까지 각 회원에게 번호가 할당되어 있다. 이 100명의 회원 중에서 15명의 대표를 무작위로 추출하라.

▶ Excel에 의한 해법

복원추출

모집단으로부터 표본을 추출할 때, 한번 뽑은 표본도 다음의 추출 대상으로 하는 추출방법을 복원추출(sampling with replacement)이라고 한다. 같은 표본이 여러 번 추출될 가능성이 있다. 이것에 비해서 일단 뽑은 표본은 다음의 추출 대상에서 제외하는 추출방법을 비복원추출(sampling without replacement)이라고 한다.

순서 1 ▸▸▸ 준비

다음과 같이 회원의 일련번호를 1에서 100까지 입력한다.

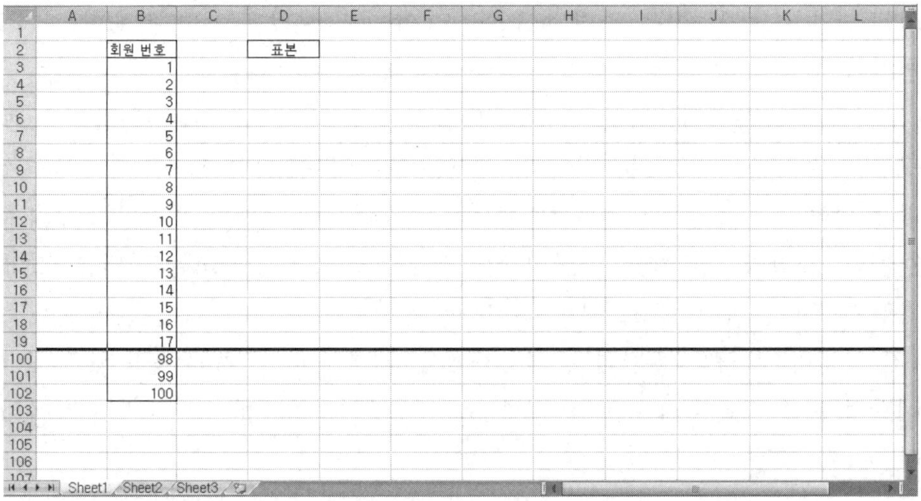

2) 淺井晃, 『調査の技術』 (日科技連, 1987), pp. 140 ~ 141.

순서 2 ▸▸▸ 표본추출의 선택

메뉴의 [데이터]–[데이터 분석]을 선택한다.

[통계 데이터 분석] 대화상자에서, [분석 도구(A)]로서 [표본추출]을 선택하고 [확인] 버튼을 클릭한다. [표본추출] 대화상자가 나타난다.

순서 3 ▸▸▸ 표본추출 방법의 지정

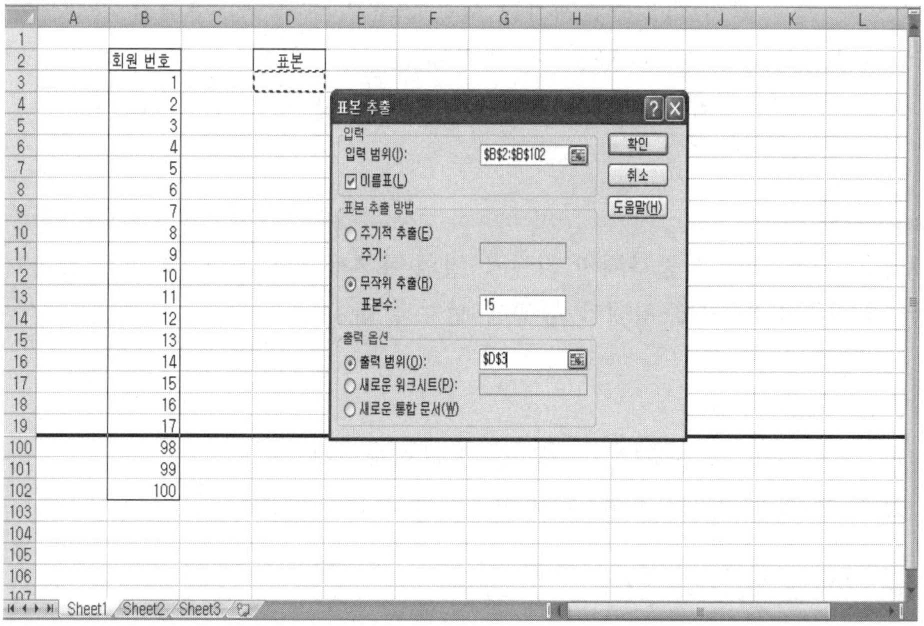

[표본추출] 대화상자에서 위와 같이 지정하고 [확인] 버튼을 클릭한다.

순서 4 ▸▸▸ 표본의 추출

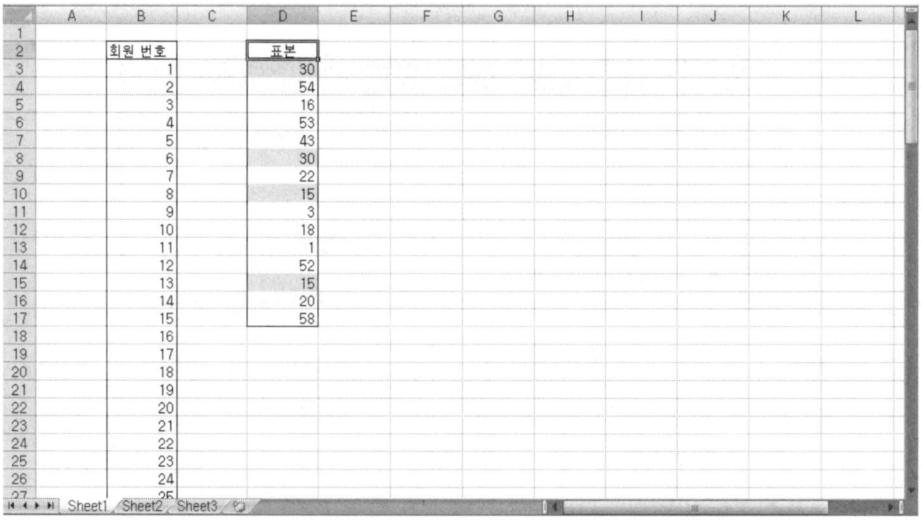

전술한 바와 같이 복원추출에서는 같은 표본이 여러 번 추출될 가능성이 있다. 위의 결과에서도 '30'과 '15'는 두 번씩 추출되었음을 알 수 있다. 따라서 위의 예제는 비복원추출법에 의해서 표본을 추출해야 함을 알 수 있다.

비복원추출

100명의 회원 중에서 중복되지 않는 15명의 표본을 뽑으려면 비복원추출을 실시해야 한다. 이것을 Excel에 의해서 실행해 보도록 하자.

순서 1 ▸▸▸ 준비

(1) 복원추출의 경우처럼 1에서 100까지 입력한다.

(2) 셀 C3를 지정하고, 난수 생성 함수 '=RAND()'를 입력한다. Enter↵ 키를 누른다.

순서 2 ▸▸▸ 난수의 생성

(1) 셀 C3에 0과 1 사이의 난수가 생성된다.

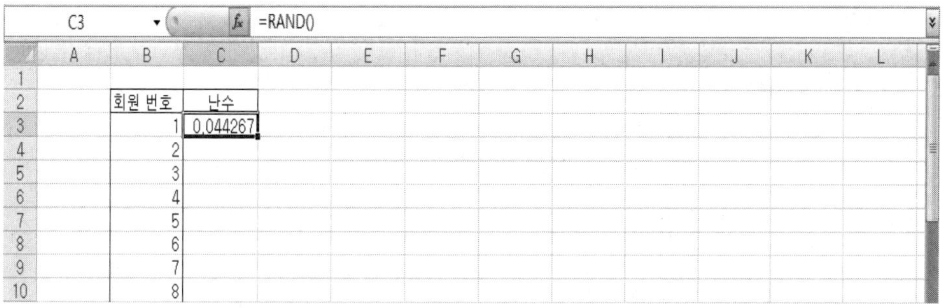

(2) 셀 C3을 C4에서 C102까지 복사한다.

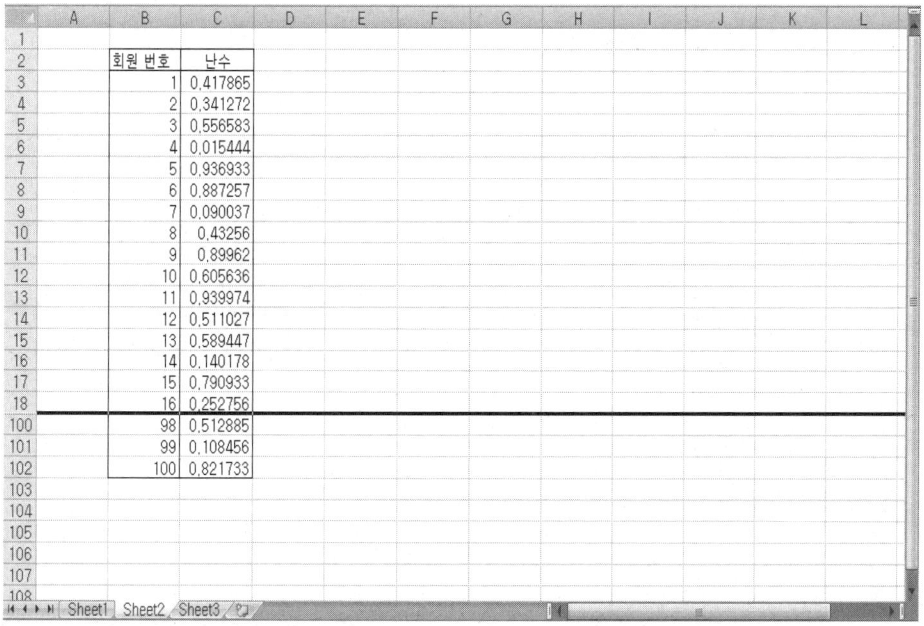

(주) RAND() 함수의 값은 F9 키를 누를 때마다 달라지기 때문에 위의 화면과는 다른 데이터가 나온다.

순서 3 ▸▸▸ 난수를 일반 수치로 변경

(1) 셀 C3:C102 영역을 지정하고 Ctrl + C 키를 클릭하여 클립 보드로 복사한다.

(2) 메뉴에서 [붙여넣기]－[값 붙여넣기(V)]를 선택하여 클릭한다.

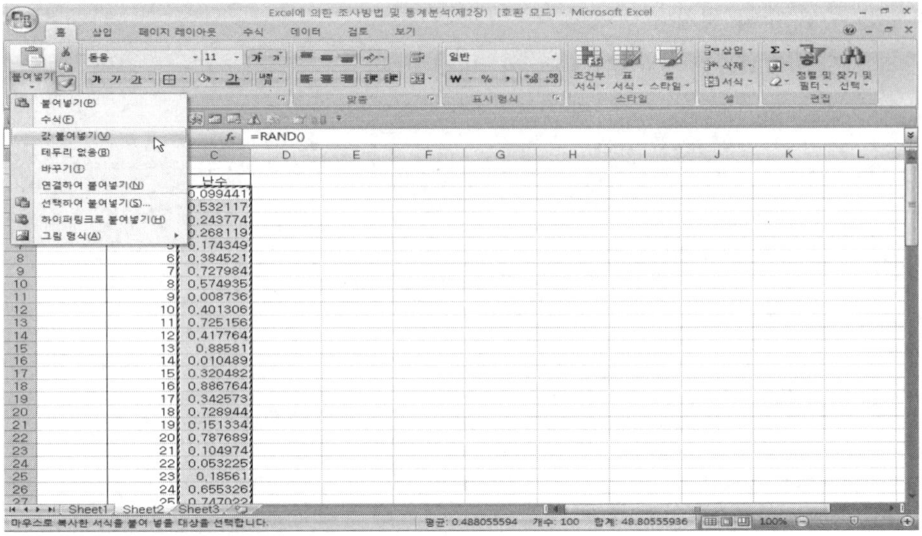

(3) 셀 C3:C102 영역에 '=RAND()' 함수는 없어지고 수치만 남는다.

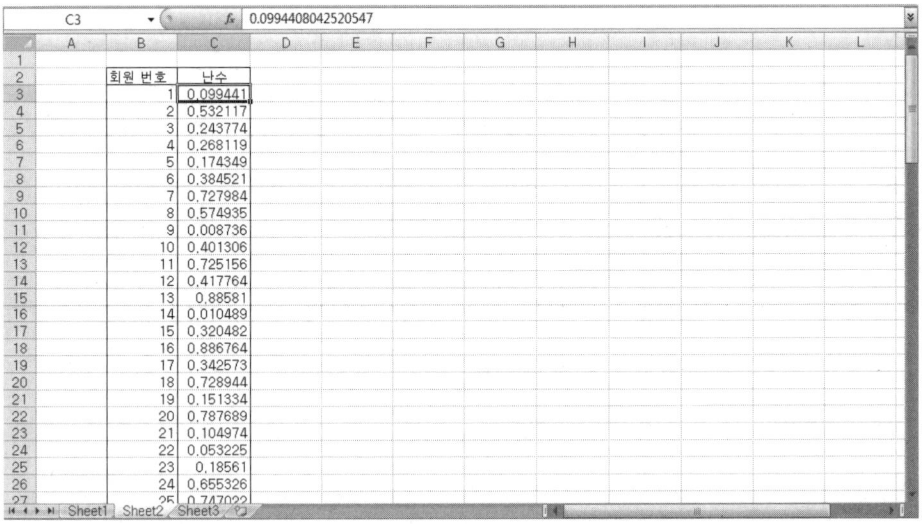

위의 수치 데이터를 크기 순으로 나열하고 위로부터 15개를 표본으로 추출하면 된다.

순서 4 ››› 표본의 추출

(1) 셀 C3:C102 영역의 난수를 크기 순으로 정렬하기 위하여, 셀 B2:C102 영역을 지정하고 메뉴에서 [홈]−[사용자 지정 정렬(U)]을 선택한다.

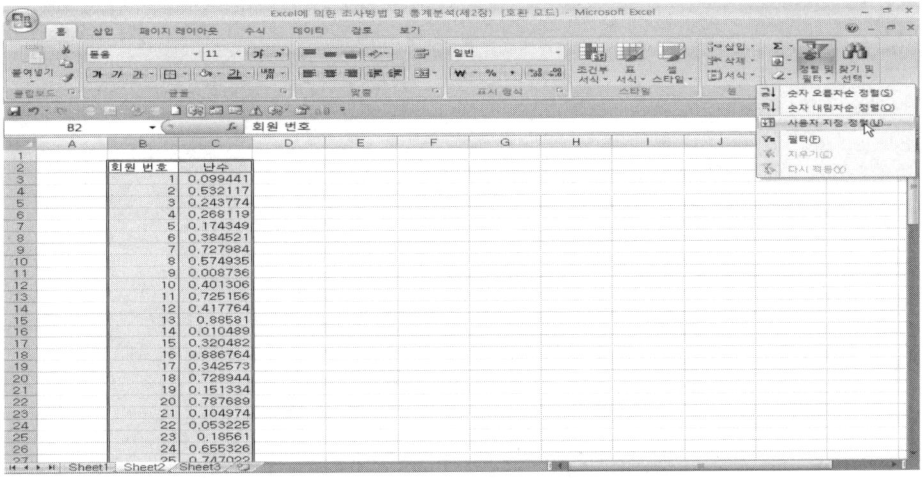

(2) [정렬] 대화상자에서 다음과 같이 지정하고 [확인] 버튼을 클릭한다.

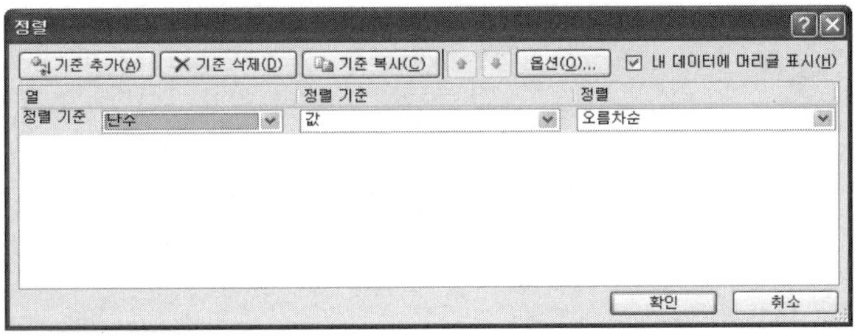

(3) 난수가 크기 순으로 정렬된다.

(4) B열에서 위로부터 차례로 15개의 회원 번호를 선택하면 비복원추출은 완료된다. 따라서 위의 15명을 표본으로 뽑으면 된다.

조사표의 집계 3

제1절 척도의 수준

대상이나 현상의 특성에 대해서 수치를 할당하는 기준을 **척도**(scale)라고 한다. 무엇인가를 측정한다고 하는 것은, 일정한 기준에 의거해서 대상이나 현상의 특성에 대하여 수치를 할당하는 것이다. 예를 들면 끈의 길이를 잰다고 하는 것은 끈에 댄 자의 눈금을 읽음으로써, 그 끈의 길이라고 하는 특성에 수치를 할당하는 것이다. 이 때 자에 매긴 눈금이 전혀 엉터리라면 측정한 결과로부터 아무것도 말할 수 없다. 스티븐스(S. S. Stevens)는 척도의 성질을 다음의 네 개 수준으로 분류했다.[1)]

(1) **명목척도(nominal scale)** : '명의척도'라고도 한다. 대상을 구별하기 위해서 숫자를 할당한다. 명칭이나 식별기호와 동등하다. 명목척도에서는 개개의 대상을 분류할 수 있으면 되므로, 분류에 지장이 없는 범위에서 수치를 임의로 변환할 수 있다(예 : 운동선수의 등번호, 우편번호, 상품번호 등).

(2) **순서척도(ordinal scale)** : '서열척도'라고도 한다. 대상의 양의 대소나 강약의 순서관계를 구별한다(예 : 클래스의 순위, 별의 밝기 등급, 제품의 등급, 특정 제품의 선호도 등). 토너먼트전에 있어서 n회전 진출과 같이 특정의 대상에 순

1) 豊田秀樹, 前揭書, pp. 48~50.

서가 매겨지지 않는 경우에는 특히 '부분순서척도'(partial ordinal scale)라고 한다.

(3) **간격척도(interval scale)** : 두 대상에 부여된 수치의 차가 비율척도가 되지 않는 척도. 특성이 없는 상태인 절대 0점을 정의할 수 없다(예 : 섭씨 온도와 화씨 온도, 서력 연호, 위치 에너지 등).

(4) **비율척도(ratio scale)** : '비척도' 또는 '비례척도'라고도 부른다. 특성이 없는 상태인 절대 0점이 존재한다(예 : 무게, 길이, 절대 온도, 시간, 밀도, 저항, 음의 크기, 개수 등). 특히 개수(個數)는 변환이 불가능하므로 '절대척도'라고 불리는 경우도 있다.

위의 (1)과 (2)를 질적척도(質的尺度) 혹은 계수척도(計數尺度)라 하고, (3)과 (4)를 양적척도(量的尺度) 혹은 계량척도(計量尺度)라고 한다.

제2절 척도의 성질

명목척도, 순서척도, 간격척도, 비율척도의 순으로 제약이 강해지며, 후자는 전자가 가지고 있는 특성을 포함한다.

(1) **목적** : 척도를 구성하는 의미

① 명목척도 : 분류, 명명(命名), 부호화($A=B$, $A \neq B$)

② 순서척도 : 순서매김($A>B>C$, $A=B=C$, $A<B<C$)

③ 간격척도 : 원점과 단위가 임의인 등간격의 눈금매김
($(A-B)+(B-C)=(A-C)$)

④ 비율척도 : 절대 0점으로부터 등간격의 눈금매김
($A=pB$, $B=qC \rightarrow A=pqC$)

(2) **연산** : 허용되는 의미 있는 계산

① 명목척도 : 비율의 계산, 최빈값(mode)

② 순서척도 : 중앙값(median)

③ 간격척도 : 덧셈, 뺄셈의 연산, 평균(mean)

④ 비율척도 : 4칙연산

(3) 변환 : 허용되는 변환

① 명목척도 : 1 대 1 변환(예 : 등번호의 교환)

② 순서척도 : 단조 증가(감소) 변환(예 : 클래스 순위로부터 학년 순위로의 환산)

③ 간격척도 : 1차변환($y = ax + b$)(예 : 입학시험의 득점조정)

④ 비율척도 : 비율변환($y = ax$)(예 : 미터법·척관법·야드법 사이의 변환)

제3절 그래프의 사용

데이터를 그래프로 표현하는 것은 데이터의 분석과정에서 가장 기본적이며 또한 가장 중요한 작업이다. 그래프를 이용해서 시각에 호소함으로써 데이터표에서는 알아차릴 수 없었던 특징이나 경향을 용이하게 파악할 수 있다. 조사표의 집계에서 자주 사용되는 그래프에는 다음과 같은 것이 있다.

① 막대 그래프

② 원 그래프

③ 꺾은선 그래프

④ 띠 그래프

⑤ 스테레오그램

⑥ 레이더 차트

⑦ 파레토도

⑧ 히스토그램

⑨ 산포도

막대 그래프

막대 그래프는 양의 대소를 비교한다거나 선택지의 도수 및 비율의 표시에 적합하다. 분할표의 시각적 표시에도 이용할 수 있다.

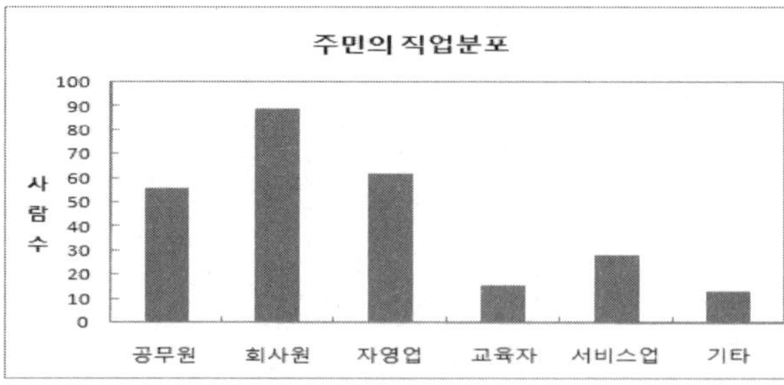

원 그래프

구성비율의 대소를 각도의 대소로 표현한다. 그룹마다 동심원을 그리면 비율의 비교가 가능하다.

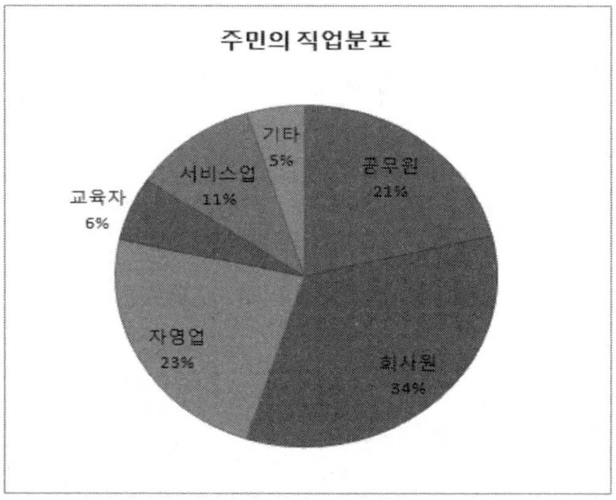

꺾은선 그래프

꺾은선 그래프는 수치(양적 데이터)의 시간에 따른 변화를 파악하는 데에 적합하다. 명목척도에 의한 차이를 꺾은선으로 연결하면 안 된다.

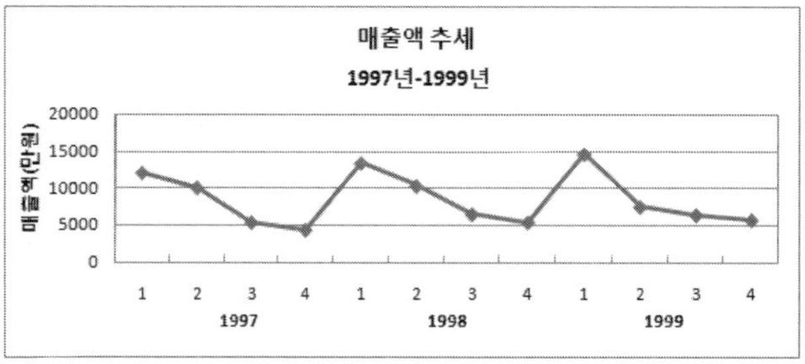

띠 그래프

띠 그래프는 비율이나 퍼센트를 비교할 때 적합하다.

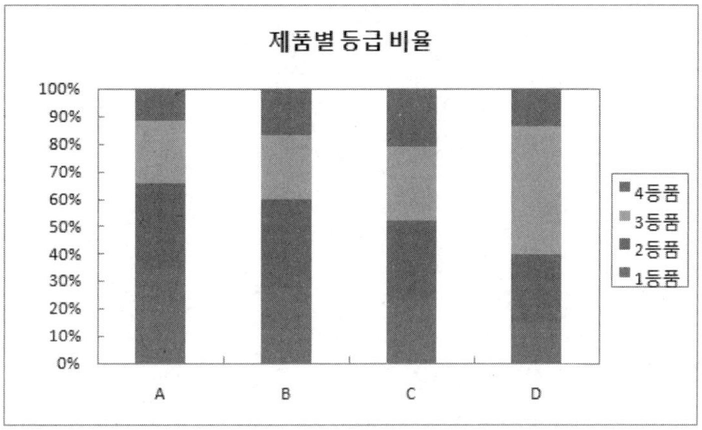

스테레오그램

스테레오그램(stereogram)은 항목간의 관계를 파악하는 데에 적합하다. 입체형 막대 그래프라고 할 수 있다.

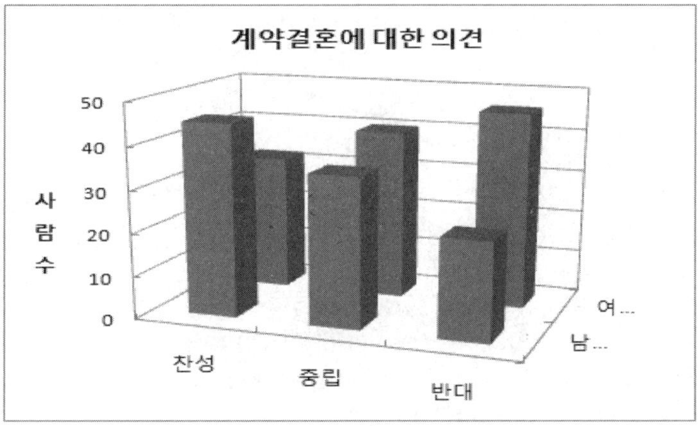

레이더 차트

레이더 차트는 다특성(多特性)을 동시에 비교하는 데에 적합하다(차트 종류 : 방사형).

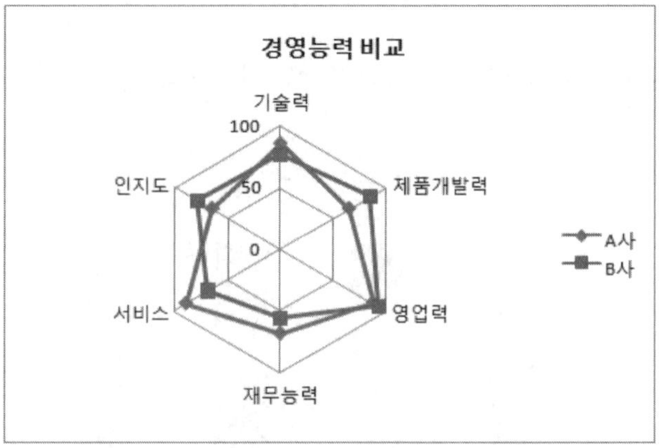

파레토도

파레토도는 막대 그래프와 꺾은선 그래프를 조합한 복합적인 그래프이다. 막대 그래프로 절대수(예를 들면 불량품의 수나 사고의 건수)를 나타내고, 꺾은선 그래프로 각 항목이 전체의 몇 %를 차지하는지(누적비율)를 나타내고 있다. 막대 그래프에 대응하는 축의 눈금이 왼쪽의 세로축에, 꺾은선 그래프에 대응하는 축의 눈금이 오른쪽의 세로축에 매겨지게 된다.

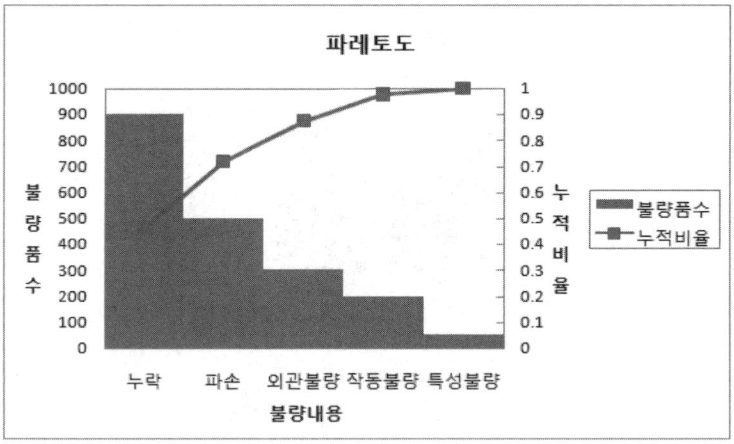

히스토그램

히스토그램(histogram)은 데이터의 범위를 몇 개의 구간으로 나누고, 그 구간 내에 존재하는 데이터의 수(도수 혹은 빈도라고 부른다)를 막대 그래프로 해서 도시한 것이다. 히스토그램에서는 막대와 막대 사이를 붙이는 것이 일반적이다.

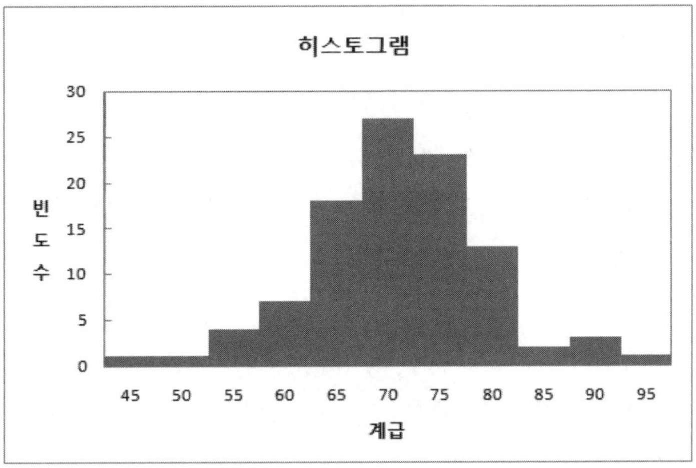

산점도

두 가지 요인간의 상관관계를 시각적으로 확인하기 위한 그래프이다. 두 개의 변수 중 한쪽을 가로축으로 하고 다른 한쪽을 세로축으로 하여, 대응하는 데이터를 1점씩 타점(plot)함으로써 작성한다.

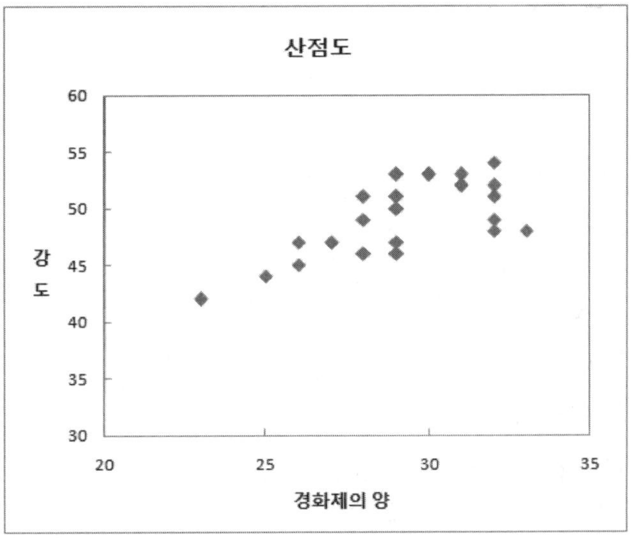

제4절 단순집계의 방법

예제 3-1

다음과 같은 조사표에 의해서 20명에게 설문조사를 실시한 결과 데이터표에 보이는 바와 같은 회답결과가 얻어졌다. 각 설문마다 단순집계하라. 단 설문 4는 제외한다.

〈설문 1〉 귀하의 성별은? 남자( ) 여자( )

〈설문 2〉 가장 좋아하는 꽃을 하나만 기입해 주십시오. ( )

〈설문 3〉 귀하의 혈액형을 기입해 주십시오. ( )

〈설문 4〉 귀하의 연령을 기입해 주십시오. ( )

〈설문 5〉 잡지 S를 알게 되신 계기는 다음 중 어느 것입니까?

1. 신문 광고
2. TV 광고
3. 인터넷
4. 아는 사람의 소개
5. 서점
6. 기타( )

〈설문 6〉 잡지 S에 대한 만족도를 답해 주십시오.

1. 매우 불만
2. 불만
3. 어느 쪽도 아님
4. 만족
5. 매우 만족

〈설문 7〉 잡지 S의 현재 가격에 대해 어떻게 생각하십니까?

1. 싸다
2. 보통
3. 비싸다

데이터표

No.	설문 1	설문 2	설문 3	설문 4	설문 5	설문 6	설문 7
1	1	장미	1	24	1	2	2
2	1	튤립	1	45	3	3	2
3	0	백합	2	34	2	4	3
4	1	목련	4	42	4	2	3
5	0	장미	3	23	3	1	3
6	0	장미	2	19	5	1	1
7	0	백합	3	20	3	5	2
8	1	튤립	3	23	2	4	2
9	1	목련	2	54	3	3	2
10	1	장미	1	23	4	4	3
11	1	목련	1	31	3	5	3
12	1	철쭉	4	36	1	5	2
13	0	목련	4	42	1	5	2
14	0	튤립	3	23	2	1	1
15	1	백합	1	25	5	2	3
16	1	배꽃	2	26	4	1	3
17	1	장미	2	32	5	2	2
18	0	목련	4	23	4	4	2
19	0	장미	4	28	6	5	1
20	1	튤립	2	37	2	4	1

(주) 성별(남자 : 1, 여자 : 0), 혈액형(A : 1, B : 2, AB : 3, O : 4)

▶ Excel에 의한 해법

순서 1 ▸▸▸ 데이터의 입력

셀 A1에서 H21까지 데이터를 입력한다.

	A	B	C	D	E	F	G	H	I
1	No.	설문 1	설문 2	설문 3	설문 4	설문 5	설문 6	설문 7	
2	1	1	장미	1	24	1	2	2	
3	2	1	튤립	1	45	3	3	2	
4	3	0	백합	2	34	2	4	3	
5	4	1	목련	4	42	4	2	3	
6	5	0	장미	3	23	3	1	3	
7	6	0	장미	2	19	5	1	1	
8	7	0	백합	3	20	3	5	2	
9	8	1	튤립	3	23	2	4	2	
10	9	1	목련	2	54	3	3	2	
11	10	1	장미	1	23	4	4	3	
12	11	1	목련	1	31	3	5	3	
13	12	1	철쭉	4	36	1	5	2	
14	13	0	목련	4	42	1	5	2	
15	14	0	튤립	3	23	2	1	1	
16	15	1	백합	1	25	5	2	3	
17	16	1	배꽃	2	26	4	1	3	
18	17	1	장미	2	32	5	2	2	
19	18	0	목련	4	23	4	4	2	
20	19	0	장미	4	28	6	5	1	
21	20	1	튤립	2	37	2	4	1	
22									
23									

Sheet2 / Sheet3 / Sheet4 / Sheet5 / Sheet6

순서 2 ▸▸▸ 피벗 테이블의 활용

(1) 메뉴의 [삽입]－[피벗 테이블]－[피벗 테이블(T)]을 선택한다.

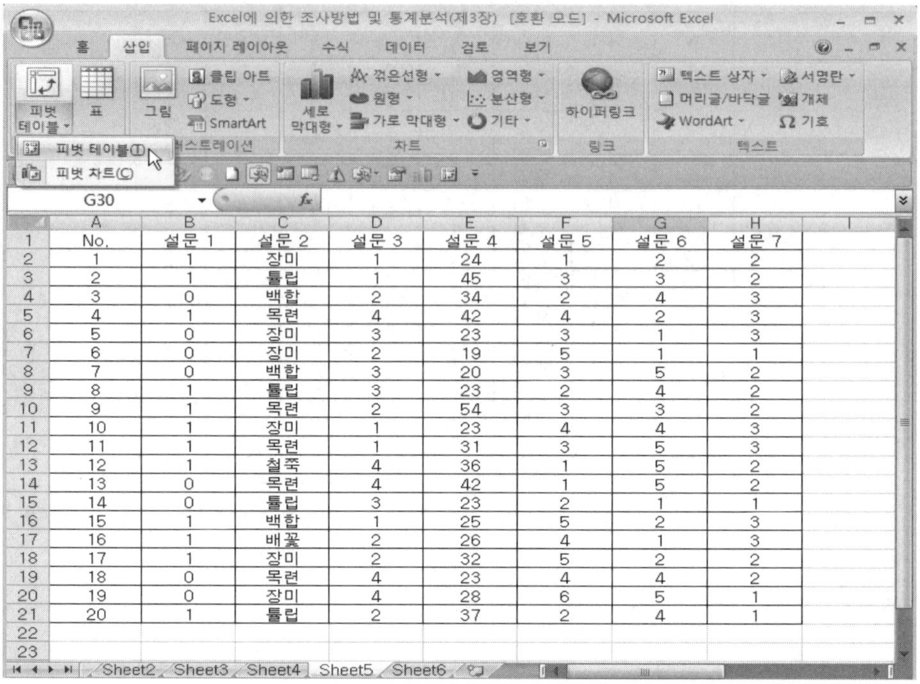

	A	B	C	D	E	F	G	H
1	No.	설문 1	설문 2	설문 3	설문 4	설문 5	설문 6	설문 7
2	1	1	장미	1	24	1	2	2
3	2	1	튤립	1	45	3	3	2
4	3	0	백합	2	34	2	4	3
5	4	1	목련	4	42	4	2	3
6	5	0	장미	3	23	3	1	3
7	6	0	장미	2	19	5	1	1
8	7	0	백합	3	20	3	5	2
9	8	1	튤립	3	23	2	4	2
10	9	1	목련	2	54	3	3	2
11	10	1	장미	1	23	4	4	3
12	11	1	목련	1	31	3	5	3
13	12	1	철쭉	4	36	1	5	2
14	13	0	목련	4	42	1	5	2
15	14	0	튤립	3	23	2	1	1
16	15	1	백합	1	25	5	2	3
17	16	1	배꽃	2	26	4	1	3
18	17	1	장미	2	32	5	2	2
19	18	0	목련	4	23	4	4	2
20	19	0	장미	4	28	6	5	1
21	20	1	튤립	2	37	2	4	1

[피벗 테이블 만들기] 대화상자가 나타난다.

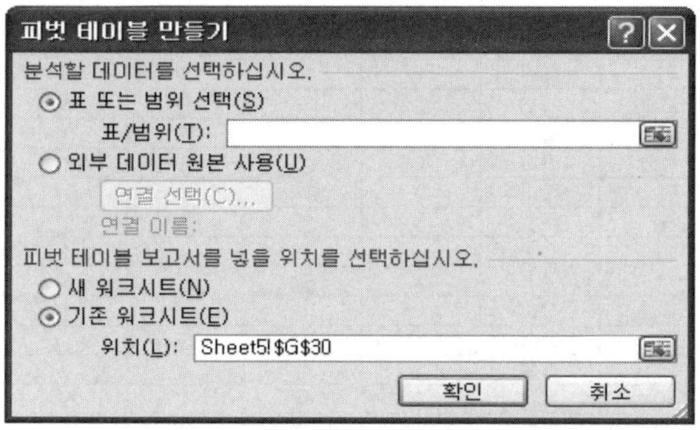

(2) 위와 같은 초기 지정상태에서

표/범위(T)　　　　: B1:H21

기존 워크시트(E) : J1

을 지정하고 [확인] 버튼을 클릭한다.

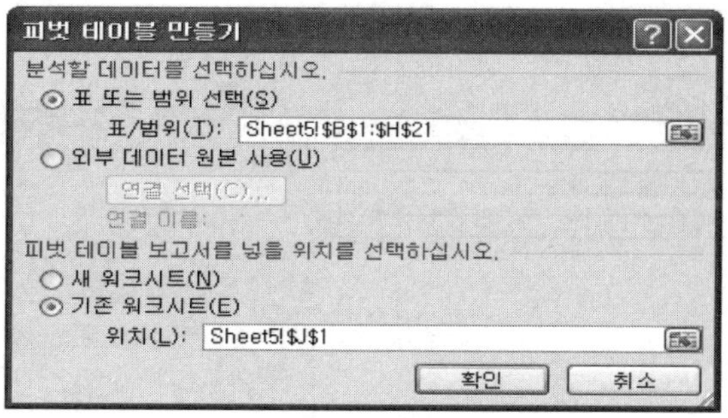

(3) [피벗 테이블 필드 목록] 대화상자가 나타난다.

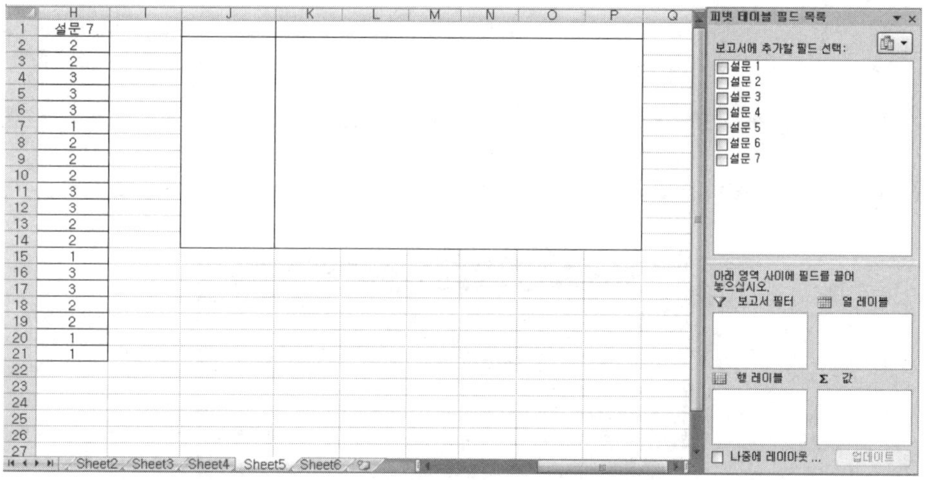

(4) [열 레이블]의 위치에 [설문 1], [Σ 값]의 위치에 마찬가지로 [설문 1]을 지정한다.

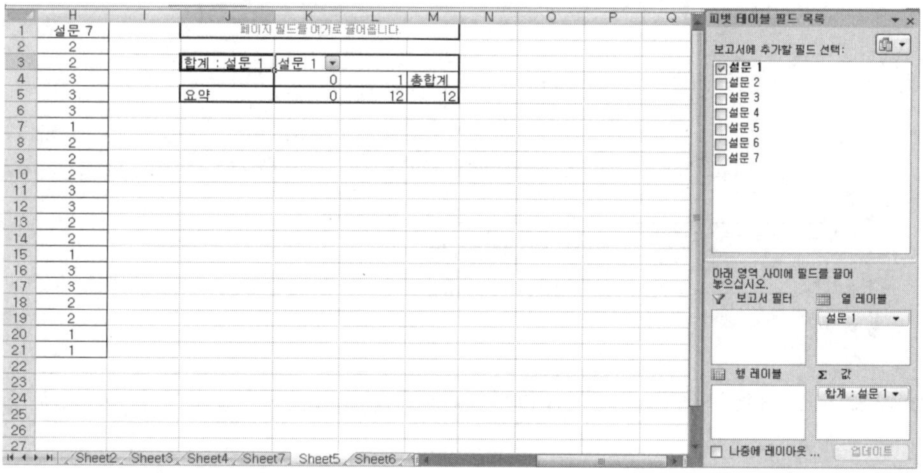

(5) [합계 : 설문1]을 클릭하여 [값 필드 설정(N)]을 선택한다.

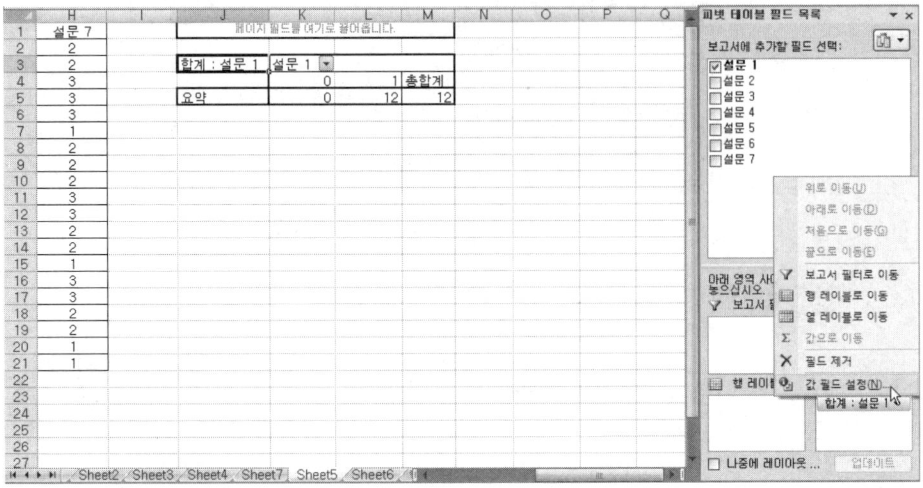

(6) 여기에서 사용할 함수로서 [개수]를 선택하고 [확인] 버튼을 클릭한다.

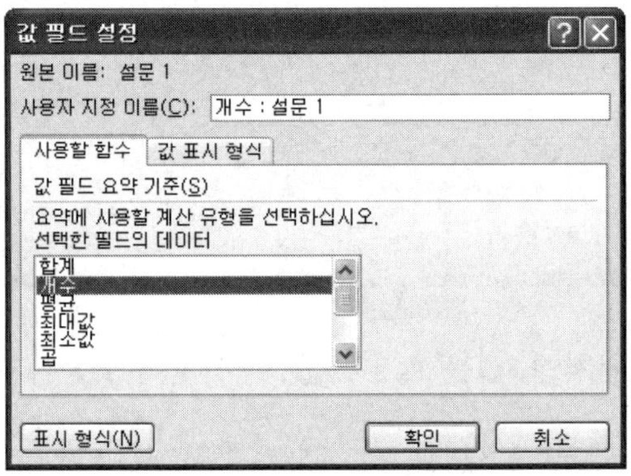

(7) 다음과 같이 단순집계의 결과가 출력된다.

(8) 이상의 순서를 설문 2, 3, 5, 6, 7에 대해서 순차적으로 실시하면 아래와 같은 집계결과가 얻어진다.

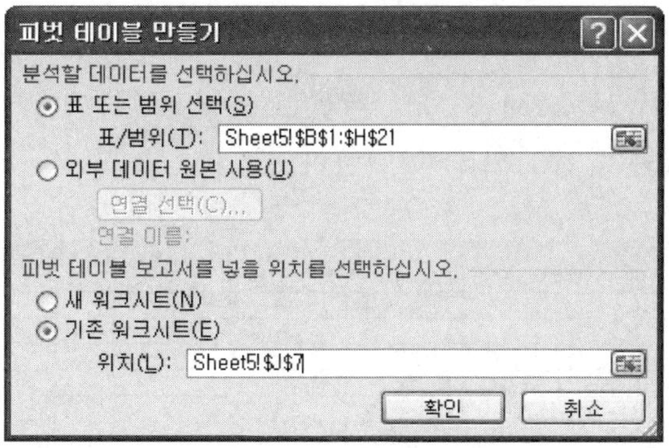

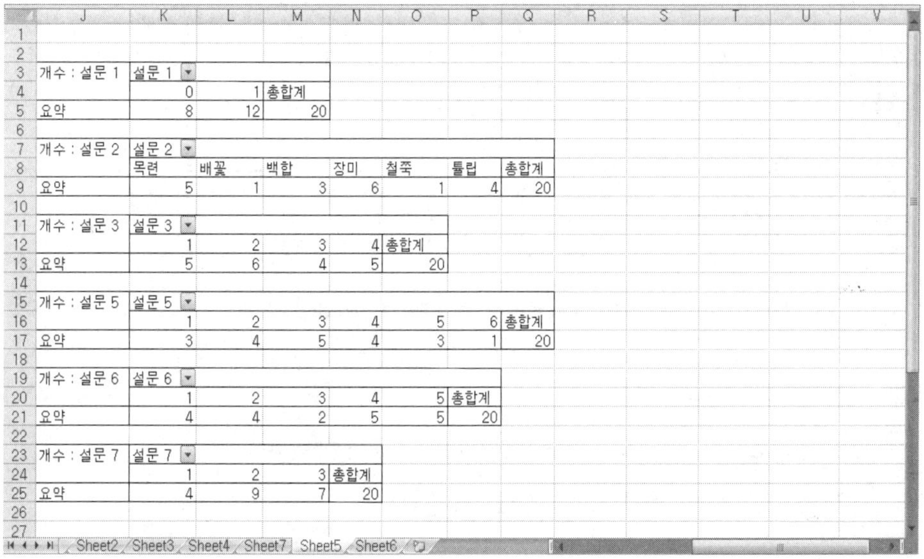

개수 : 설문 1	설문 1		
	0	1	총합계
요약	8	12	20

개수 : 설문 2	설문 2						
	목련	배꽃	백합	장미	철쭉	튤립	총합계
요약	5	1	3	6	1	4	20

개수 : 설문 3	설문 3				
	1	2	3	4	총합계
요약	5	6	4	5	20

개수 : 설문 5	설문 5						
	1	2	3	4	5	6	총합계
요약	3	4	5	4	3	1	20

개수 : 설문 6	설문 6					
	1	2	3	4	5	총합계
요약	4	4	2	5	5	20

개수 : 설문 7	설문 7			
	1	2	3	총합계
요약	4	9	7	20

예제 3-2

예제 3−1에 있어서 설문 4에 대한 회답결과인 연령의 데이터는 비율척도에 의한 양적 데이터이다. 이것을 도수분포표로 정리하고 히스토그램을 작성하라.

도수분포표의 작성

도수분포표(frequency table)란 데이터의 범위를 몇 개의 구간으로 나누고, 그 구간 내에 존재하는 데이터의 수(도수 혹은 빈도라고 부른다)를 표로 만든 것이다. 회답결과로서 예제 3−1의 연령과 같이 비율척도로 얻어지는 데이터는 도수분포표로 정리하면 좋다.

▶ Excel에 의한 해법

순서 1 ▸▸▸ 데이터의 입력(예제 3－1과 동일)

셀 A1에서 H21까지 데이터를 입력한다.

	A	B	C	D	E	F	G	H
1	No.	설문 1	설문 2	설문 3	설문 4	설문 5	설문 6	설문 7
2	1	1	장미	1	24	1	2	2
3	2	1	튤립	1	45	3	3	2
4	3	0	백합	2	34	2	4	3
5	4	1	목련	4	42	4	2	3
6	5	0	장미	3	23	3	1	3
7	6	0	장미	2	19	5	1	1
8	7	0	백합	3	20	3	5	2
9	8	1	튤립	3	23	2	4	2
10	9	1	목련	2	54	3	3	2
11	10	1	장미	1	23	4	4	3
12	11	1	목련	1	31	3	5	3
13	12	1	철쭉	4	36	1	5	2
14	13	0	목련	4	42	1	5	2
15	14	0	튤립	3	23	2	1	1
16	15	1	백합	1	25	5	2	3
17	16	1	배꽃	2	26	4	1	3
18	17	1	장미	2	32	5	2	2
19	18	0	목련	4	23	4	4	2
20	19	0	장미	4	28	6	5	1
21	20	1	튤립	2	37	2	4	1
22								
23								

Sheet2 / Sheet3 / Sheet4 / Sheet7 / Sheet5 / Sheet6

순서 2 ▸▸▸ 구간의 설정

연령의 데이터이므로 10대, 20대, 30대, 40대, 50대 하는 식으로 나누기로 한다. 셀 J2에서 J6까지 구간의 상한치를 입력한다.

	A	B	C	D	E	F	G	H	I	J	K
1	No.	설문 1	설문 2	설문 3	설문 4	설문 5	설문 6	설문 7		구간	도수
2	1	1	장미	1	24	1	2	2		19	
3	2	1	튤립	1	45	3	3	2		29	
4	3	0	백합	2	34	2	4	3		39	
5	4	1	목련	4	42	4	2	3		49	
6	5	0	장미	3	23	3	1	3		59	
7	6	0	장미	2	19	5	1	1			
8	7	0	백합	3	20	3	5	2			
9	8	1	튤립	3	23	2	4	2			
10	9	1	목련	2	54	3	3	2			
11	10	1	장미	1	23	4	4	3			
12	11	1	목련	1	31	3	5	3			
13	12	1	철쭉	4	36	1	5	2			
14	13	0	목련	4	42	1	5	2			
15	14	0	튤립	3	23	2	1	1			
16	15	1	백합	1	25	5	2	3			
17	16	1	배꽃	2	26	4	1	3			
18	17	1	장미	2	32	5	2	2			
19	18	0	목련	4	23	4	4	2			
20	19	0	장미	4	28	6	5	1			
21	20	1	튤립	2	37	2	4	1			
22											
23											
24											
25											
26											
27											

Sheet2 / Sheet3 / Sheet4 / Sheet7 / Sheet5 / Sheet6

순서 3 ▸▸▸ 통계함수의 입력

(1) 셀 K2를 지정하고 [함수 마법사] 아이콘을 클릭한다. [함수 마법사] 대화상자가 나타난다.

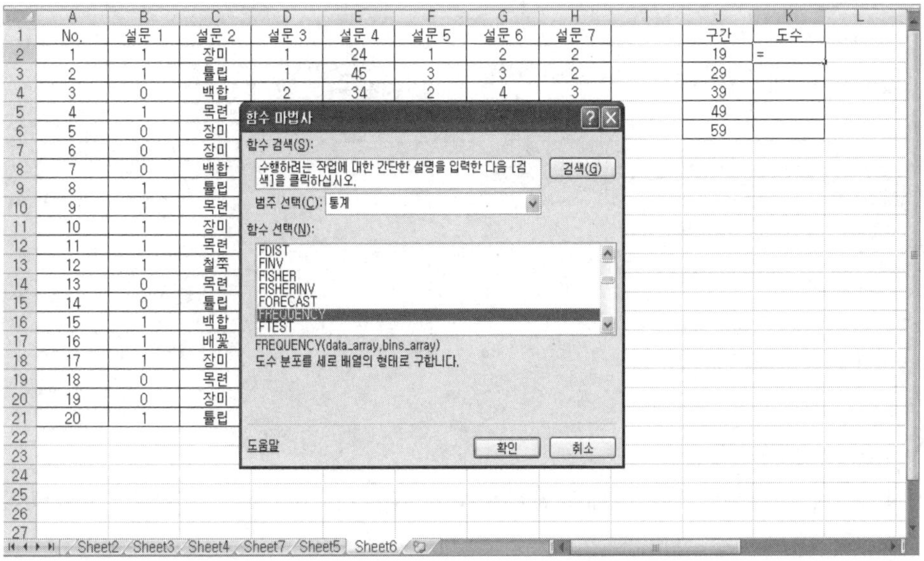

(2) 함수 'FREQUENCY'를 선택하고 [확인] 버튼을 클릭하면 [FREQUENCY] 함수 입력상자가 나타난다.

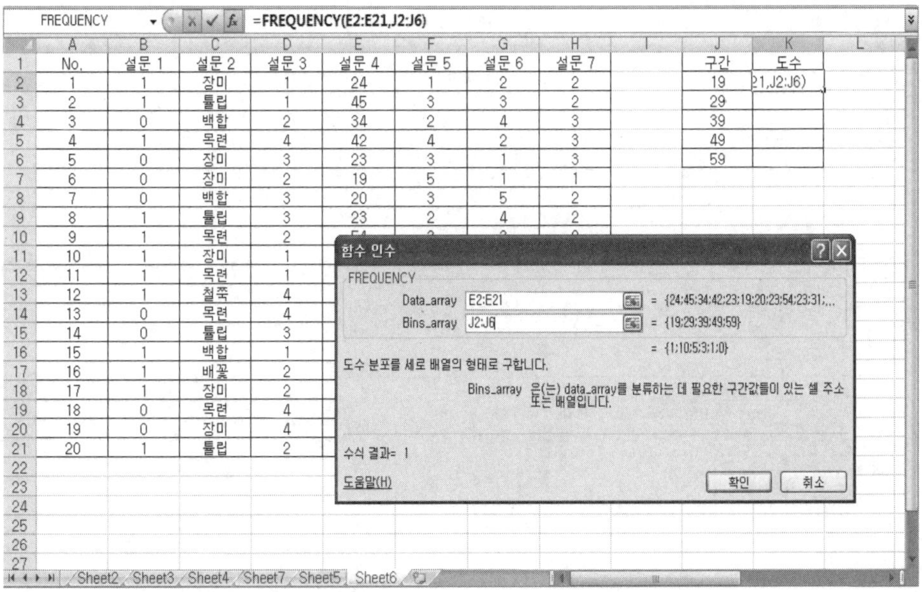

[FREQUENCY] 함수 입력상자에서

Data_array : E2:E21

Bins_array : J2:J6

를 입력하고 [확인] 버튼을 클릭한다.

(3) 셀 K2에 19세 이하의 데이터가 몇 개 있는지 구해진다.

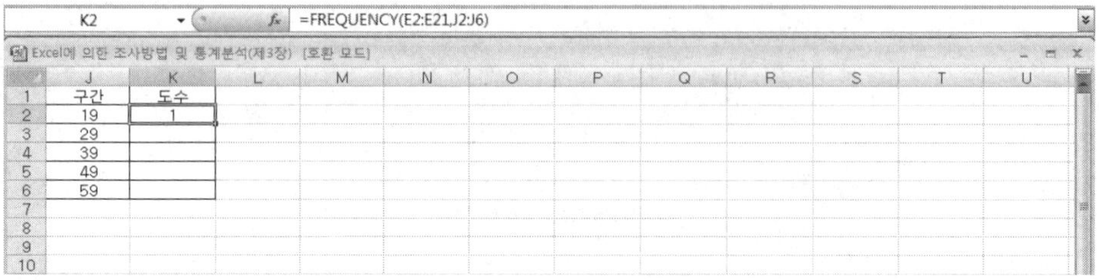

순서 4 ▸▸▸ 배열식의 복사

셀 K2에 입력한 함수를 배열형식으로 K3에서 K6까지 복사한다. 배열형식의 복사방법은 다음과 같다.

(1) 셀 K2:K6 영역을 지정하고 마우스 버튼에서 일단 손을 뗀 다음, 수식 입력줄의 맨앞을 클릭한다.

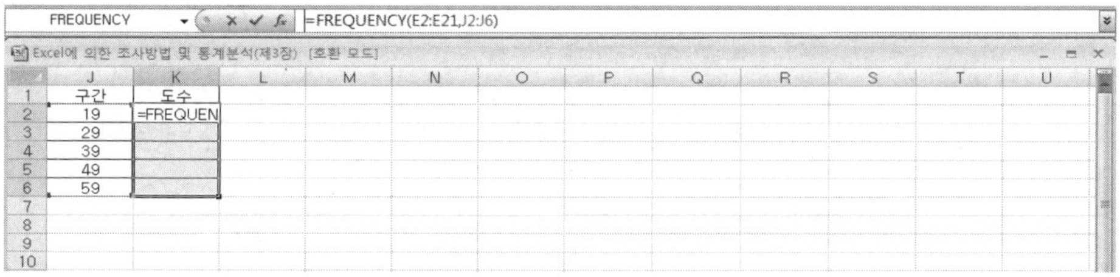

(2) 마우스로부터 손을 떼고, Ctrl + Shift + Enter↵ 키를 누른다. 배열식의 복사가 완료되어 모든 구간의 도수가 구해진다.

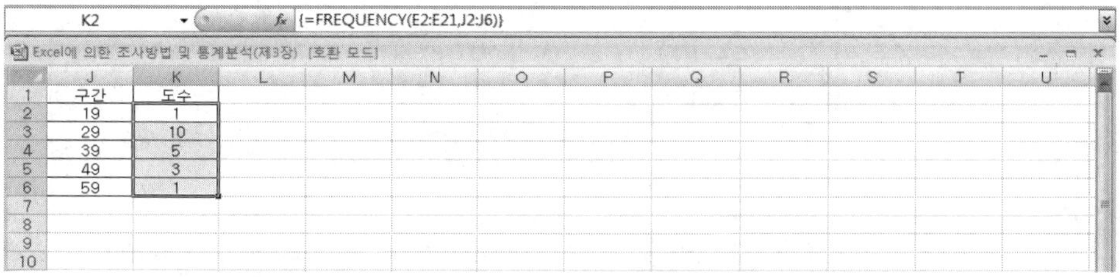

히스토그램의 작성

도수분포표를 히스토그램으로 표현하여 시각적인 효과를 높일 수 있다.

순서 1 ▸▸▸ 데이터의 범위지정

도수가 입력되어 있는 셀 K1:K6 영역을 지정한다.

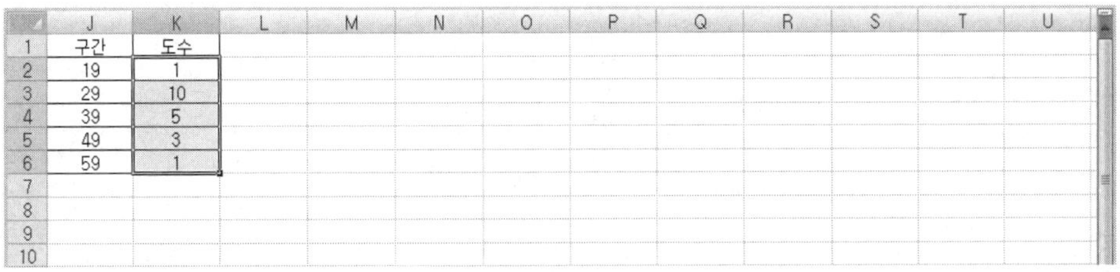

순서 2 ▸▸▸ 그래프의 작성

(1) [삽입]-[세로 막대형] 아이콘을 클릭한다. [묶은 세로 막대형]을 선택하여 클릭한다.

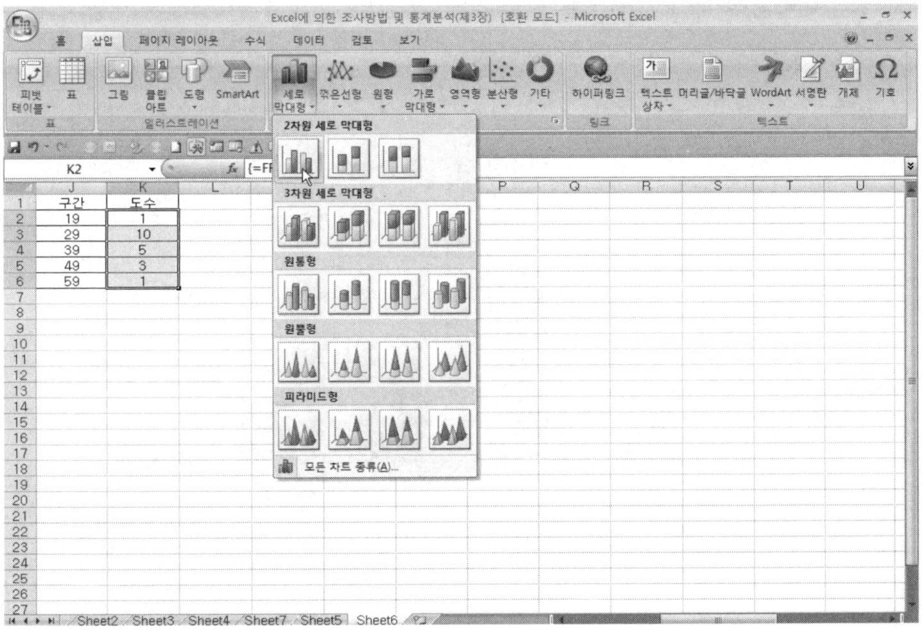

(2) 다음과 같은 막대 그래프가 출력된다.

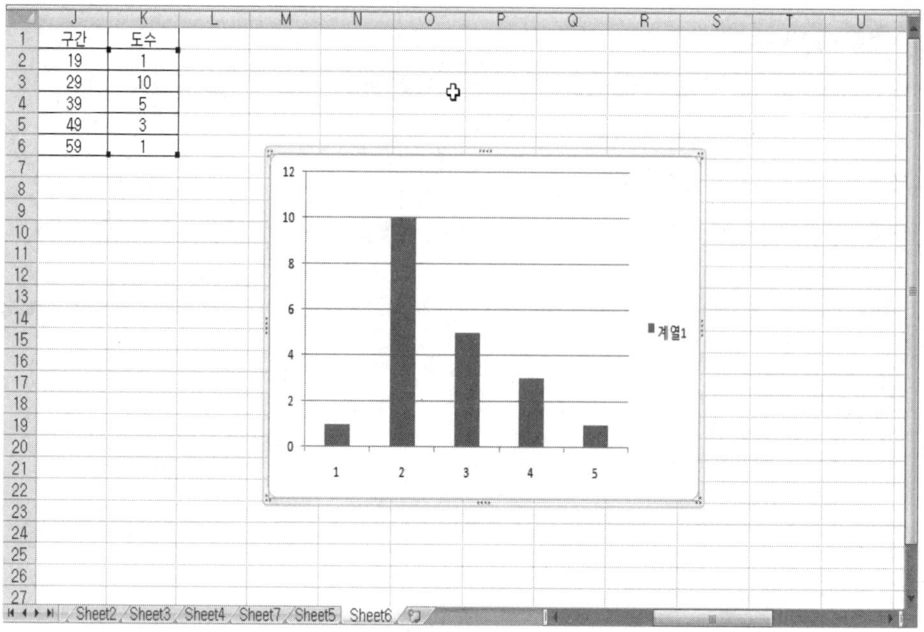

순서 3 ▸▸▸ 그래프의 수정

(1) 제2장에서와 같은 방법으로 차트 제목, 축 제목을 입력하고 그래프를 적당히 수정한다.

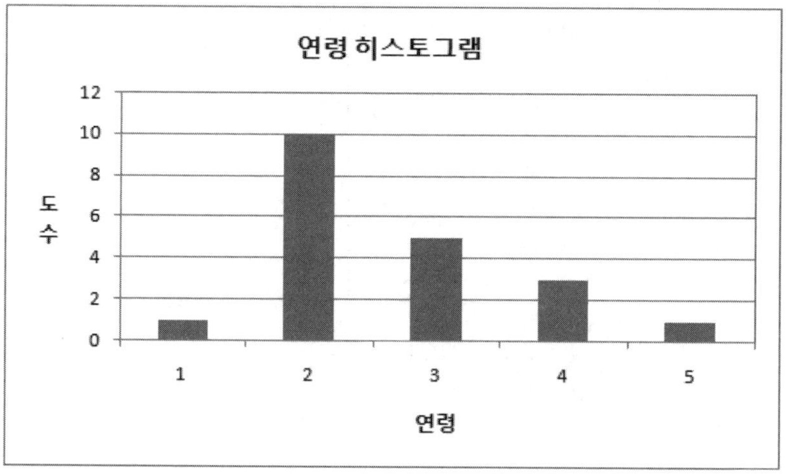

(2) 통상 히스토그램은 막대와 막대가 붙어 있으므로, 먼저 임의의 막대에 마우스 포인터를 놓고 오른쪽 버튼을 클릭한다.

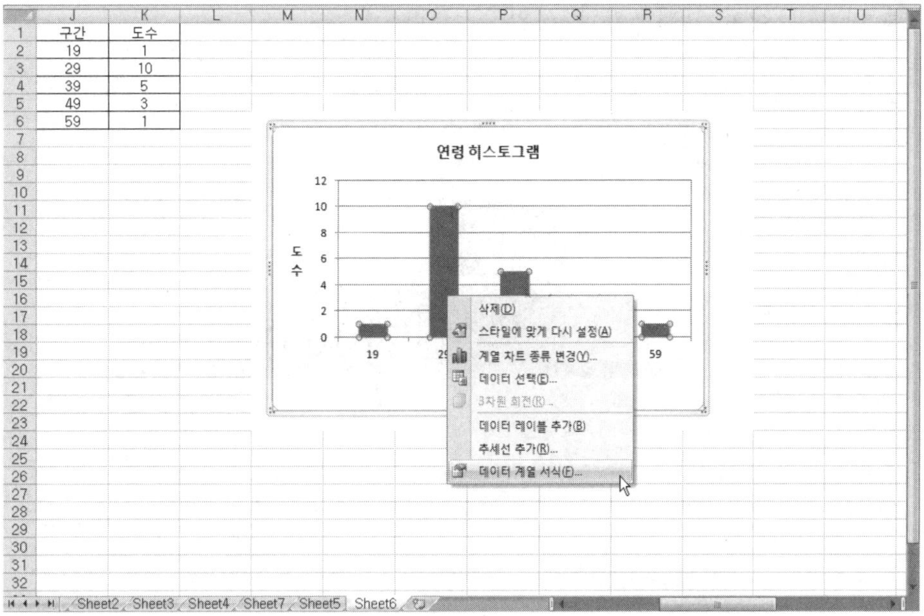

(3) [데이터 계열 서식] 대화상자에서 [간격 너비(W)]를 0%로 조정하고, [닫기]를 클릭한다.

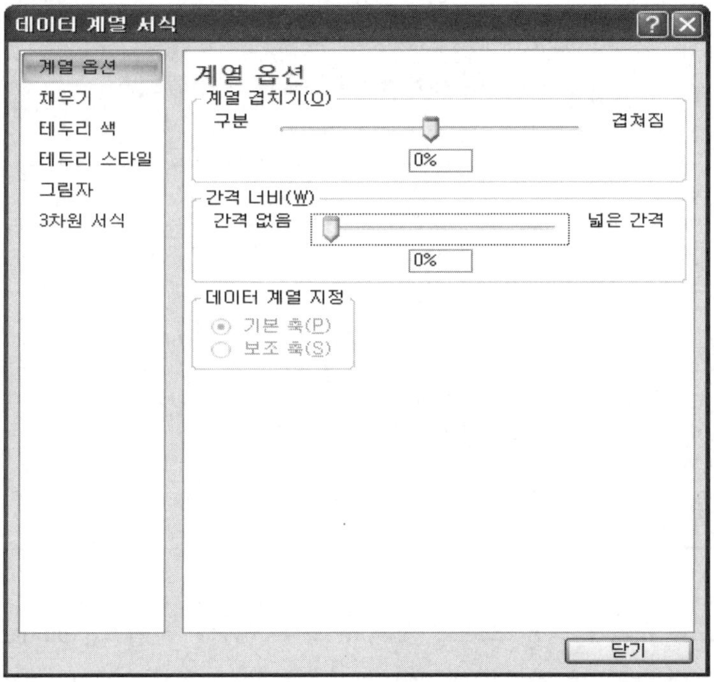

(4) 다음과 같이 그래프가 완성된다.

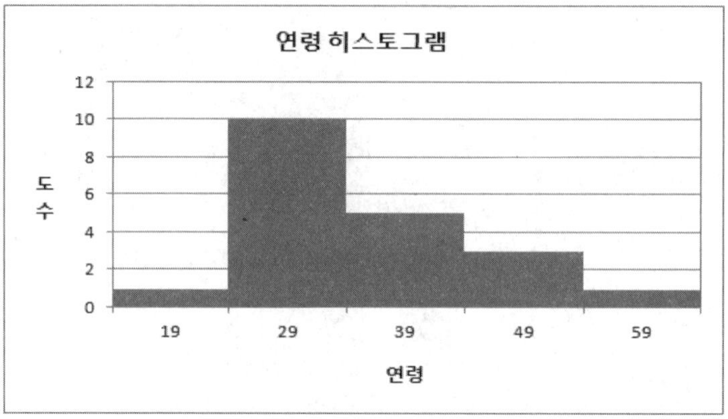

제5절 크로스 집계의 방법

n개의 독립적인 관측이 이루어져서 각 관측 결과의 모두가 m개와 r개의 범주(category)를 갖는 두 개의 속성 $\{A_1, A_2, \cdots, A_m\}$ 및 $\{B_1, B_2, \cdots, B_r\}$에 관해서 분류되어 다음과 같은 도수표가 얻어졌다고 한다.

속성 A \ 속성 B	B_1	B_2	B_3	$\cdots$	B_r	합계
A_1	f_{11}	f_{12}	f_{13}	$\cdots$	f_{1r}	$f_{1.}$
A_2	f_{21}	f_{22}	f_{23}	$\cdots$	f_{2r}	$f_{2.}$
A_3	f_{31}	f_{32}	f_{33}	$\cdots$	f_{3r}	$f_{3.}$
.	....	....	....	....	....	.
.	....	....	....	....	....	.
.	....	....	....	....	....	.
A_m	f_{m1}	f_{m2}	f_{m3}	$\cdots$	f_{mr}	$f_{m.}$
합계	$f_{.1}$	$f_{.2}$	$f_{.3}$	$\cdots$	$f_{.r}$	n

이 때 이 도수표를 **$m \times r$ 크로스 집계표** 또는 **$m \times r$ 분할표**(contingency table)라고 한다. 예를 들면, 다음과 같은 2행 2열의 도수표는 2×2 분할표라고 부른다.

성별 \ 거주	자택	하숙	합계
남	25	32	57
여	27	16	43
합계	52	46	100

분할표를 만드는 목적은 일반적으로 두 속성간의 관계를 알기 위한 것인데, 이들 두 속성이 서로 독립이 아닐 때 이들 속성은 연관을 갖는다고 한다. 분할표에 있어서 두 속성간의 연관(聯關)을 나타내는 측도로서는 크레이머의 연관계수(Cramer's measure of association), 피어슨의 연관계수(Pearson's coefficient of contingency), 츄프로우의 연관계수(Tschuprow's measure of association), 율의 연관계수(Yule's coefficient of association) 등 여러 가지가 있다. 각각의 연관계수는 다음과 같이 정의한다.

크레이머의 연관계수 : $V=\sqrt{\dfrac{\chi^2}{N[\min(k,l)-1]}}$

여기에서

$\min(k,l)$: 분할표에서 행의 수 k 또는 열의 수 l 중 작은 쪽의 수

N : 관측 총수

χ^2 : 분할표에서 구해진 카이제곱

피어슨의 연관계수 : $C=\sqrt{\dfrac{\chi^2}{N+\chi^2}}$

츄프로우의 연관계수 : $T=\sqrt{\dfrac{\chi^2}{N\sqrt{(k-1)(l-1)}}}$

여기에서

k,l : 분할표의 행과 열의 수

율의 연관계수 : $Q=\dfrac{ad-bc}{ad+bc}$

X \ Y	Y_1	Y_2	합계
X_1	a	b	$a+b$
X_2	c	d	$c+d$
합계	$a+c$	$b+d$	N

여기에서 a, b, c, d는 위와 같은 2×2 분할표의 해당 도수

b 또는 c가 0일 때 $Q=+1$

a 또는 d가 0일 때 $Q=-1$

예제 3-3

예제 3-1의 데이터표에서 각 설문끼리의 크로스 집계를 실시하라.

▶ Excel에 의한 해법

순서 1 ››› 데이터의 입력(예제 3-1과 같다)

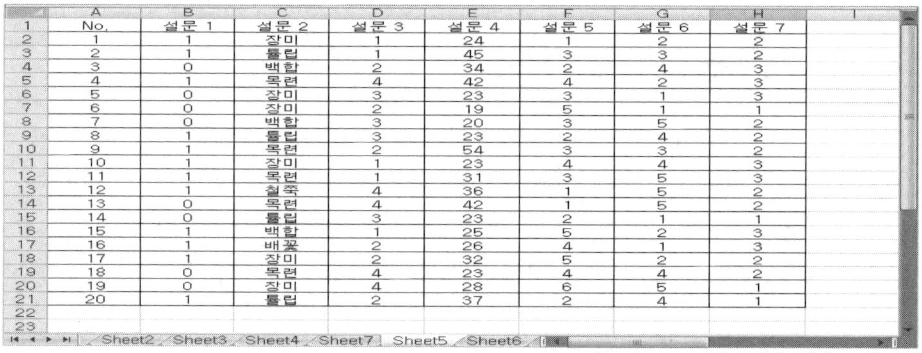

No.	설문 1	설문 2	설문 3	설문 4	설문 5	설문 6	설문 7
1	1	장미	1	24	1	2	2
2	1	튤립	1	45	3	3	2
3	0	백합	2	34	2	4	3
4	1	목련	4	42	4	2	3
5	0	장미	3	23	3	1	3
6	0	장미	2	19	5	1	1
7	0	백합	3	20	3	5	2
8	1	튤립	3	23	2	4	2
9	1	목련	2	54	3	3	2
10	1	장미	1	23	4	4	3
11	1	목련	1	31	3	5	3
12	1	철쭉	4	36	1	5	2
13	0	목련	4	42	1	5	2
14	0	튤립	3	23	2	1	1
15	1	백합	1	25	5	2	3
16	1	배꽃	2	26	4	1	3
17	1	장미	2	32	5	2	2
18	0	목련	4	23	4	4	2
19	0	장미	4	28	6	5	1
20	1	튤립	2	37	2	4	1

순서 2 ››› 피벗 테이블의 활용

(1) 메뉴의 [삽입]−[피벗 테이블]−[피벗 테이블(T)]을 선택한다.

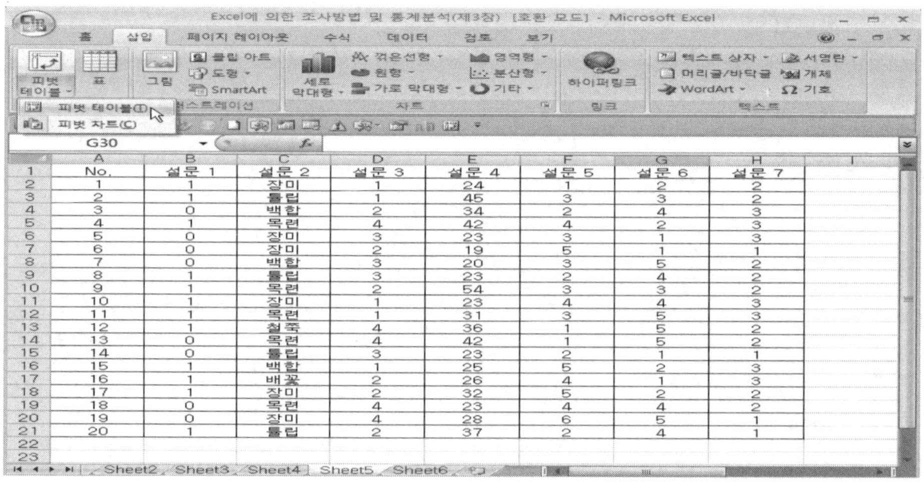

No.	설문 1	설문 2	설문 3	설문 4	설문 5	설문 6	설문 7
1	1	장미	1	24	1	2	2
2	1	튤립	1	45	3	3	2
3	0	백합	2	34	2	4	3
4	1	목련	4	42	4	2	3
5	0	장미	3	23	3	1	3
6	0	장미	2	19	5	1	1
7	0	백합	3	20	3	5	2
8	1	튤립	3	23	2	4	2
9	1	목련	2	54	3	3	2
10	1	장미	1	23	4	4	3
11	1	목련	1	31	3	5	3
12	1	철쭉	4	36	1	5	2
13	0	목련	4	42	1	5	2
14	0	튤립	3	23	2	1	1
15	1	백합	1	25	5	2	3
16	1	배꽃	2	26	4	1	3
17	1	장미	2	32	5	2	2
18	0	목련	4	23	4	4	2
19	0	장미	4	28	6	5	1
20	1	튤립	2	37	2	4	1

[피벗 테이블 만들기] 대화상자가 나타난다.

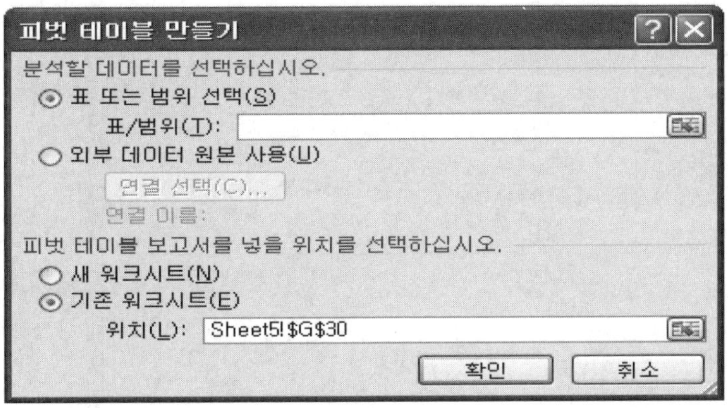

(2) 위와 같은 초기 지정상태에서

표/범위(T) : B1:H21

기존 워크시트(E) : J1

을 지정하고 [확인] 버튼을 클릭한다.

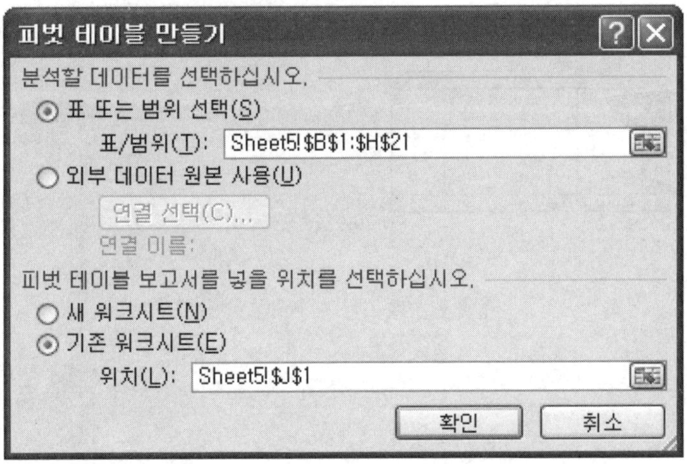

(3) [피벗 테이블 필드 목록] 대화상자가 나타난다.

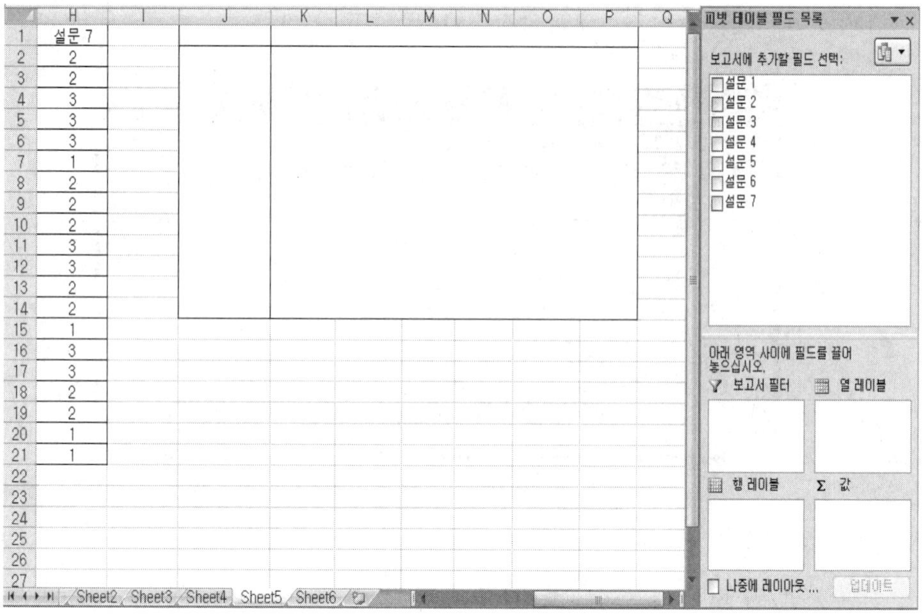

(4) [열 레이블]의 위치에 [설문 1], [행 레이블]의 위치에 [설문 2], [Σ 값]의 위치에 마찬가지로 [설문 1]을 배치한다.

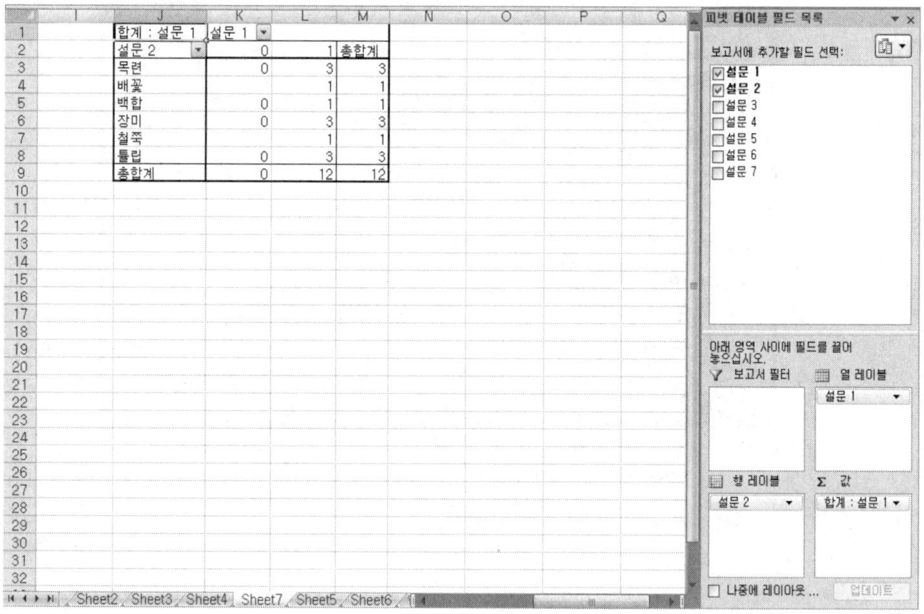

(5) [합계 : 설문 1]을 클릭한 다음에 [값 필드 설정(N)]을 클릭한다.

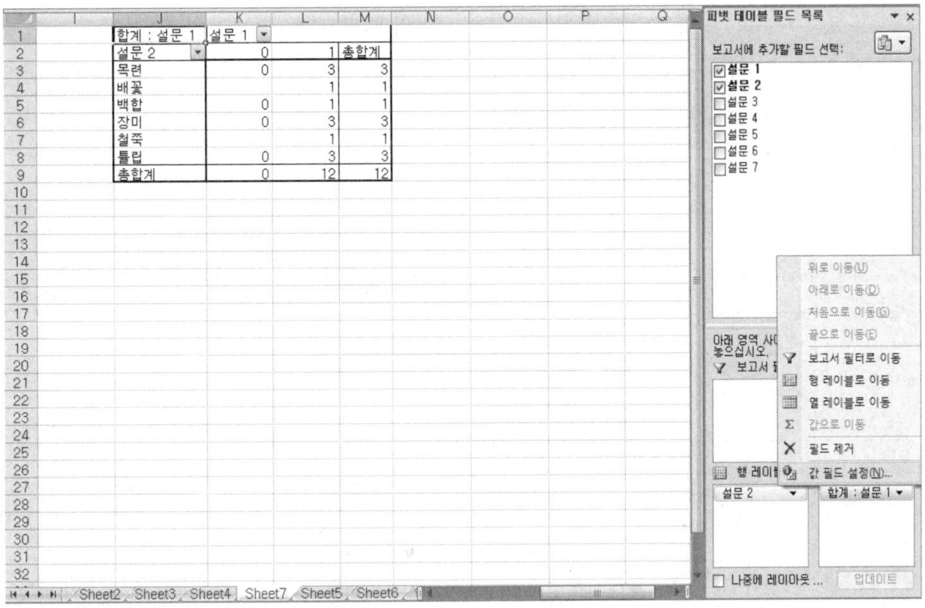

(6) 다음 화면에서 [사용할 함수]로서 [개수]를 선택하고 [확인]을 클릭한다.

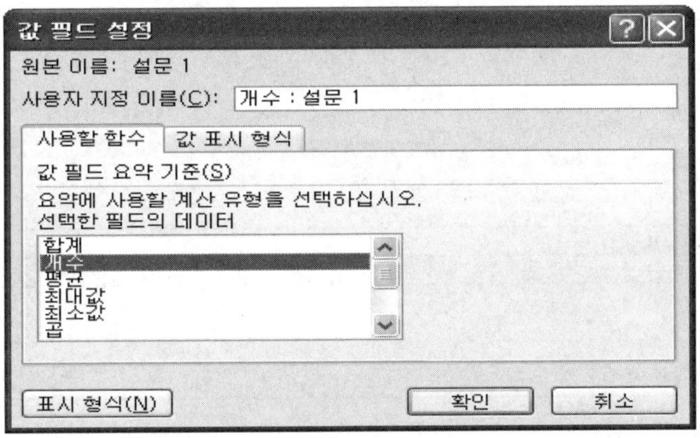

(7) 셀 J1 이하에 설문 1과 설문 2의 크로스 집계표가 출력된다.

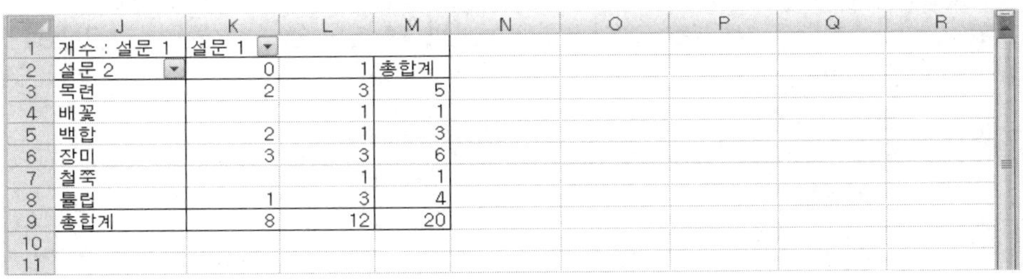

다른 설문끼리의 편성에 대해서도 같은 방법으로 실시하면 된다.

이 예의 경우는 설문의 수가 6개(설문 4는 제외) 있으므로, 크로스 집계의 편성 수는 총 ${}_6C_2 = 15$가지가 가능하다. 나머지 14개의 크로스 집계표를 작성하면 다음과 같다.

〈설문 1과 설문 3의 크로스 집계결과〉

개수:설문 1	설문 1		
설문 3	0	1	총 합계
1		5	5
2	2	4	6
3	3	1	4
4	3	2	5
총 합계	8	12	20

〈설문 1과 설문 5의 크로스 집계결과〉

개수:설문 1	설문 1		
설문 5	0	1	총 합계
1	1	2	3
2	2	2	4
3	2	3	5
4	1	3	4
5	1	2	3
6	1		1
총 합계	8	12	20

〈설문 1과 설문 6의 크로스 집계결과〉

개수:설문 1	설문 1		
설문 6	0	1	총 합계
1	3	1	4
2		4	4
3		2	2
4	2	3	5
5	3	2	5
총 합계	8	12	20

〈설문 1과 설문 7의 크로스 집계결과〉

개수:설문 1	설문 1		
설문 7	0	1	총 합계
1	3	1	4
2	3	6	9
3	2	5	7
총 합계	8	12	20

〈설문 2와 설문 3의 크로스 집계결과〉

개수:설문 2	설문 2						
설문 3	목련	배꽃	백합	장미	철쭉	튤립	총 합계
1	1		1	2		1	5
2	1	1	1	2		1	6
3			1	1		2	4
4	3			1	1		5
총 합계	5	1	3	6	1	4	20

〈설문 2와 설문 5의 크로스 집계결과〉

개수:설문 2	설문 2						
설문 5	목련	배꽃	백합	장미	철쭉	튤립	총 합계
1	1			1	1		3
2			1			3	4
3	2		1	1		1	5
4	2	1		1			4
5			1	2			3
6				1			1
총 합계	5	1	3	6	1	4	20

〈설문 2와 설문 6의 크로스 집계결과〉

개수:설문 2	설문 2						
설문 6	목련	배꽃	백합	장미	철쭉	튤립	총 합계
1		1		2		1	4
2	1		1	2			4
3	1					1	2
4	1		1	1		2	5
5	2		1	1	1		5
총 합계	5	1	3	6	1	4	20

〈설문 2와 설문 7의 크로스 집계결과〉

개수:설문 2	설문 2						
설문 7	목련	배꽃	백합	장미	철쭉	튤립	총 합계
1				2		2	4
2	3		1	2	1	2	9
3	2	1	2	2			7
총 합계	5	1	3	6	1	4	20

〈설문 3과 설문 5의 크로스 집계결과〉

개수:설문 3	설문 3				
설문 5	1	2	3	4	총 합계
1	1			2	3
2		2	2		4
3	2	1	2		5
4	1	1		2	4
5	1	2			3
6				1	1
총 합계	5	6	4	5	20

〈설문 3과 설문 6의 크로스 집계결과〉

개수:설문 3	설문 3				
설문 6	1	2	3	4	총 합계
1		2	2		4
2	2	1		1	4
3	1	1			2
4	1	2	1	1	5
5	1		1	3	5
총 합계	5	6	4	5	20

〈설문 3과 설문 7의 크로스 집계결과〉

개수:설문 3	설문 3				
설문 7	1	2	3	4	총 합계
1		2	1	1	4
2	2	2	2	3	9
3	3	2	1	1	7
총 합계	5	6	4	5	20

〈설문 5와 설문 6의 크로스 집계결과〉

개수:설문 5	설문 5						
설문 6	1	2	3	4	5	6	총 합계
1		1	1	1	1		4
2	1			1	2		4
3			2				2
4		3		2			5
5	2		2			1	5
총 합계	3	4	5	4	3	1	20

〈설문 5와 설문 7의 크로스 집계결과〉

개수:설문 5	설문 5						
설문 7	1	2	3	4	5	6	총 합계
1		2			1	1	4
2	3	1	3	1	1		9
3		1	2	3	1		7
총 합계	3	4	5	4	3	1	20

〈설문 6과 설문 7의 크로스 집계결과〉

개수:설문 6	설문 6					
설문 7	1	2	3	4	5	총 합계
1	2			1	1	4
2		2	2	2	3	9
3	2	2		2	1	7
총 합계	4	4	2	5	5	20

제 2 부

통계분석

제 4 장 다변량분석의 개요

제 5 장 단회귀분석

제 6 장 중회귀분석

제 7 장 판별분석

제 8 장 수량화이론

제 9 장 정준상관분석

제10장 주성분분석

제11장 요인분석

제12장 컨조인트 분석

다변량분석의 개요 4

제1절 분석방법의 종류

앙케트 조사 등의 조사 데이터에 대한 분석방법은 세 가지로 분류할 수 있다.

① 전체의 경향을 파악하는 단순집계 : 1변량분석
② 대상자의 특성별 차이나 경과연도별 경향 등, 2변량 간의 관계를 파악하는 크로스 집계나 상관분석 등 : 2변량분석
③ 3변량 이상의 관계 분석 : 다변량분석

다변량분석(multivariate analysis)은 다수의 변수 간 관계를 관계식으로 나타내는 분석기법의 총칭이다. 관계식이나 그 계산결과를 해석·도표화함으로써 복잡한 요인 간의 인과관계를 설명한다거나 분류·정리해서 단순화할 수 있다. 대표적인 다변량분석의 예를 간결하게 설명해 보기로 한다.

■ 중회귀분석

인과관계의 유무를 판단하고 매출상이나 만족도 등 알고 싶은 수치(목적함수라고 한다)에 영향을 미치는 제요인(설명변수라고 한다)의 영향력을 평가하려면 중회귀분

석(multiple regression analysis)을 이용한다.

예를 들면, 앙케트 조사에서 레스토랑의 외관·내장·접객태도·요리의 구색 및 맛·가격 등의 개별평가와 종합만족도를 파악하고 있다고 한다. 이와 같은 데이터가 있다면, 개별평가가 종합만족도에 어느 정도 영향을 미치고 있는지를 분석할 수 있다. 분석결과를 기초로 개선해야 할 요인의 우선순위를 판명하여, 어떤 요인을 어느 정도 개선하면 종합만족도가 몇 퍼센트 향상되는지를 예측할 수 있다.

■ 판별분석

경쟁 회사와 자사의 고객 차이를 설명하고, 경쟁 회사의 고객을 빼앗을 전략을 검토하려면 판별분석(discriminant analysis)을 이용한다.

판별분석에서는 자사와 경쟁 회사를 식별하는 요인은 무엇인지, 그리고 각각의 요인의 가중치를 해석할 수 있다.

구별하고 싶은 그룹 간의 차이는 그룹별로 성별·연령 등의 개인 특성, 소유 제품, 구입·사용 실태, 기호나 라이프스타일 등을 교차분석하면 파악할 수 있다. 그러나 어느 요인이 어느 정도 효과가 있는지를 파악하려면 판별분석을 사용할 필요가 있다.

또한 경쟁 회사의 고객인데도 자사의 고객으로 잘못 판정된 사람의 속성을 조사함으로써 경쟁 회사로부터 자사 고객으로 변경시키는 요인을 조사할 수 있다.

복잡한 마케팅 요인을 이해하려면, 비슷한 것을 모아서 정리·정돈한다고 하는 '단순화'를 실시할 필요가 있다.

■ 요인분석

요인분석(factor analysis)에서는 기업이나 상표의 이미지, 라이프스타일 등을 나타내는 다수의 의견에 대한 찬반 데이터를 기초로, 예를 들면, 7개 전후의 누구나 가지고 있는 공통의 심리적 요인으로 정리·분류할 수 있다. 요인분석에서는 개인이 공통요인을 어느 정도 가지고 있는지를 계산할 수 있다. 이것을 요인득점(factor score)이라고 한다.

■ 군집분석

군집분석(cluster analysis)에서는 비슷한 사람을 모을 수 있다. 가령 마케팅에서 말하는 시장세분화(market segmentation)에 활용할 수 있다. 예를 들면, 요인분석으로 계산한 개인의 요인득점을 이용해서 회답자를 분류하고 그룹별로 크로스 집계해서 이름을 붙임으로써 그룹 특성이 이해하기 쉽게 된다.

다변량분석의 수학적인 구조를 완전히 이해하는 것은 곤란하지만, 분석 소프트웨어가 보급되어 계산은 누구라도 할 수 있다. 그렇지만 다변량분석에서는 시행착오를 하면서 가장 타당한 결과를 찾아가는 절차가 필요하다. 분석목적에 적합한 기법의 선택, 최종적으로 채택하는 결과의 선택, 결과의 해석과 명명 등에는 분석자 자신의 식견, 센스가 요구된다.

다양한 분석기법을 실무에 활용하려면, 수학적 지식뿐만 아니라 마케팅이나 사회경제 전반과 관련된 지혜를 연마하는 것이 필요하다고 할 수 있다.

제2절 다변량분석의 종류

다변량분석은 분석의 목적에 따라서 기준변수분석, 상호의존변수분석, 새로 개발된 분석 등 세 종류로 나누어진다.

기준변수분석은 변수 간의 관련을 원인과 결과로서 분석하는 수법이고, 상호의존변수분석은 변수 간의 관련성, 관계, 구조 등을 변수의 분류나 통합에 의해서 분석하는 수법이다. 이들 수법은 분석에 이용하는 변수의 타입 등에 따라서도 여러 가지로 분류된다. 그리고 그 용도는 수요예측, 콘셉트의 선정, 가격이나 판매촉진책의 검토, 시장세분화 등 다양하다.

다변량분석에서 이용하는 통계 데이터는 전술한 바와 같이 질적 데이터(정성적 데이터)와 양적 데이터(정량적 데이터)의 두 종류로 나눌 수 있다.

1. 기준변수분석

기준변수분석이란 “어떤 항목을 복수의 요인으로 예측·설명·판별하고 싶다”, 또는 “복수의 원인에 의해서 야기된 결과를 수식으로 나타내고 싶다”라고 하는 경우에 이용한다.

수식으로 표현하면, 좌변이 목적변수(피설명변수, 종속변수, 외적기준이라고도 한다), 우변이 복수의 설명변수(독립변수라고도 한다)가 된다. 예를 들면, 목적변수는 특정 상표의 구입 유무, 설명변수는 연령이나 수입 등이다.

■ 기준변수의 식(목적변수는 설명변수의 함수)

$$\text{목적변수} = f(\text{설명변수})$$

| 표 4-1 | **다변량분석 수법의 종류와 특징**

<table>
<tr><th>분석의 목적</th><th>목적변수
(비설명변수,
종속변수,
외적기준)의 유무</th><th>목적변수의 유형</th><th>설명변수
(독립변수)의
유형</th><th>대표적인
다변량분석의 예</th></tr>
<tr><td rowspan="4"><기준변수분석>
① 어떤 항목을 복수의 요인으로 예측, 설명, 판단하고 싶다</td><td rowspan="4">있음</td><td rowspan="2">양적 데이터
(정량적 데이터)</td><td>양적 데이터</td><td>중회귀분석
프로빗 분석</td></tr>
<tr><td>질적 데이터</td><td>수량화이론 Ⅰ류</td></tr>
<tr><td rowspan="2">질적 데이터
(정성적 데이터)</td><td>양적 데이터</td><td>판별분석
로지스틱 회귀분석</td></tr>
<tr><td>질적 데이터</td><td>수량화이론 Ⅱ류</td></tr>
<tr><td rowspan="2"><상호의존변수분석>
② 비슷한 것끼리 한 데 모으고 싶다
③ 변수 간 관련성을 그림으로 나타내고 싶다
④ 변수 간 관계를 요약하고 싶다
⑤ 항목 간 상관관계를 설명하는 잠재적 구조를 알고 싶다</td><td rowspan="2">없음</td><td rowspan="2">-</td><td>양적 데이터</td><td>요인분석
군집분석</td></tr>
<tr><td>질적 데이터</td><td>수량화이론 Ⅲ류
대응분석
다차원척도법</td></tr>
<tr><td rowspan="3">새로 개발된 방법의 예</td><td colspan="3">잠재변수를 짜 넣은 인과관계분석 모델</td><td>공분산구조분석
(구조방정식 모델링)</td></tr>
<tr><td colspan="3">복수 후보안의 일대비교(一對比較)에 의한 평가 모델</td><td>AHP(계층화의사결정분석법)</td></tr>
<tr><td colspan="3">품질관리나 데이터마이닝</td><td>생존분석, 마켓바스켓 분석, 의사결정나무(Decision Tree), 기억베이스 추론, 뉴럴 네트워크</td></tr>
</table>

기준변수분석은 목적변수와 설명변수의 데이터 유형이 양적(정량적) 데이터인가 질적(정성적) 데이터인가에 의해서 네 가지로 나누어진다.

대충 말하자면, 목적변수가 양적 데이터인 경우는 예측이나 관련성의 설명문제, 목적변수가 질적 데이터인 경우는 소속 그룹의 예측, 즉 판별문제를 다루는 다변량분석이다.

| 표 4-2 | **기준변수분석 4종류**

	목적변수의 데이터 유형	설명변수의 데이터 유형
1	양적 데이터	양적 데이터
2	양적 데이터	질적 데이터
3	질적 데이터	양적 데이터
4	질적 데이터	질적 데이터

2. 상호의존변수분석

상호의존변수분석은 목적변수가 없고 설명변수뿐이다. 대충 말하자면, 변수 또는 표본의 분류문제, 변수의 포지셔닝 문제를 다루는 다변량분석이다. “비슷한 것끼리 한데 모으고 싶다”, “변수 간 관련성을 그림으로 나타내고 싶다”, “변수 간 관계를 요약하고 싶다”, “항목 간 상관관계를 설명하는 잠재적 구조를 알고 싶다”라고 하는 경우에 이용된다.

예를 들면, 고객을 구입상황 외에 심리적인 요인으로 세분화함으로써 고객을 보다 잘 이해하고 싶은 경우나 고객의 심리 또는 라이프스타일의 구조를 밝히고 싶은 경우, 고객의 시설 내에서의 행동 경로 데이터를 기초로 고객을 분류하고 싶은 경우 등에 사용하는 분석수법이다.

상호의존변수분석은 원인을 찾기 위해서 잠재적인 구조를 조사하는 경우와 변수 간의 관련을 조사해서 도표화하고 싶은 경우 등 두 가지로 나눌 수 있다.

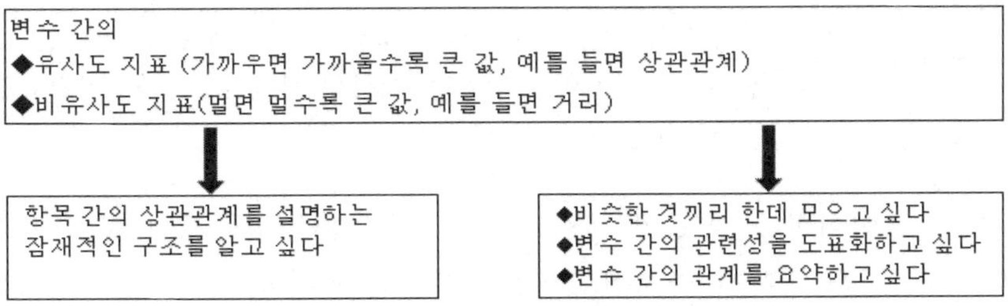

| 그림 4-1 | **상호의존변수분석 2종류**

3. 새로 개발된 분석

잠재변수(직접 관측할 수 없는 변수)를 이용한 복잡한 인과관계를 모형화하는 '공분산구조분석'이나 평가항목의 가중치를 산정하는 'AHP', 수명 데이터를 분석하는 '생존분석', 데이터마이닝에서 이용되는 '마켓바스켓 방식(market basket method)' 등이 있다.

제3절 다변량분석의 활용

1. 활용분야

다변량분석은 여러 가지 분야에서 쓰이고 있다. 예를 들면, 다음과 같은 분야이다.

| 표 4-3 | 다변량분석의 적용분야 예

분야	적용 예
심리학	거짓말 탐지기의 감도, 친구와 사귀는 방법, 가치관, 자기평정, 유사성 지각, 입시 데이터의 분석, 수험생 패턴 분석
경제·경영	소비자의 상표선택, 신제품개발, 주식투자 모델, 기업평가 모델
정치·사회	주민의 투표행동, 사회발전과정의 동태 모델, 정치의식과 투표행동
생물·농학	DNA 데이터의 분석, 식물의 형상에 관한 평가, 원격탐사 (remote sensing) 데이터의 분석
의학	건강과 성격의 분석, 생활습관과 질환의 리스크 분석, 알레르기 질환에 관한 의식
가정	식품섭취와 지역의 관계, 식품소비행동, 신발과 민족의 유형화, 복장과 장소의 적합도
공학	화상처리, 통신 분야, 재료, 경로선택, 경관평가, 주행쾌적성평가
스포츠	체형비교, 체력구조, 운동 이미지, 운동특성, 건강에 관한 의식
언어	저자의 특징분석, 문헌의 진위판정, 어학의 학습과정, 의미구조의 분석

다변량분석을 실시하면, 복잡한 데이터 간의 관련성(인과관계나 상관관계)을 알 수 있게 된다. 관련성을 명확히 하려면, 적확한 데이터(올바른 조사방법, 핵심을 찌른 조사대상 등)가 아니면 안 된다.

2. 마케팅에서의 활용 예

다변량분석에는 여러 가지 기법이 있어, 다양한 용도를 생각할 수 있다. 마케팅 분야를 예로 하여 다변량분석의 이용목적으로서, 어떠한 과제에 어떠한 기법이 적합한지에 대해서 다음에 예를 들어 보기로 한다.

단, 용도와 기법의 적합은 시행착오를 거쳐 판단해 가는 프로세스가 필요한 경우도 있어, 유일절대적인 것은 아니다.

(1) 기준변수분석의 기법과 마케팅 과제의 적응 예

- ◆ 데이터 간의 인과관계를 조사하고 싶다
- ◆ 여러 가지 데이터로부터 어떤 값을 예측하고 싶다

■ 시장성의 검토

▷ 매출, 광고효과, 시장성 등 데이터에 상한·하한이 없는 것을 예측하고 싶다

인구나 시설규모 등으로 가게의 매출은 어떻게 달라지는가?(양적 데이터 ⟶ 양적 데이터) → 중회귀분석

개인 특성이나 상품의 평가득점과 구입액의 관계는?(양적 데이터 ⟶ 양적 데이터) → 중회귀분석

개인 특성이나 의견항목에 대한 찬반과 구입액의 관계는?(질적 데이터 ⟶ 양적 데이터) → 수량화이론I류

상품수, 종업원수, 연차, GDP, 기상변동 등 업적을 좌우하는 다수의 요인에 대한 영향을 효과적으로 조사하려면?(질적 데이터 ⟶ 양적 데이터) → 컨조인트 분석

▷ 구입확률 등 예측치가 100% 넘지 않는 것을 예측하고 싶다

개인 특성이나 상품 특성별 평가득점과 구입확률의 관계는?(양적 데이터 ⟶ 양적 데이터) → 프로빗 분석

■ 고객만족의 파악

▷ 상품의 성능이나 기능, 서비스의 내용 등으로 만족도가 어떻게 달라지는지 예측하고 싶다.

- 개인 특성, 상품의 평가득점과 고객만족도의 관계는?(양적 데이터 → 양적 데이터) → 중회귀분석
- 개인 특성, 상품에 관한 의견항목에의 찬반과 고객만족도의 관계는?(질적 데이터 → 양적 데 이터) → 수량화이론I류

▷ 고객의 그룹 특성에 따라서 만족자의 비율이 어떻게 달라지는지 예측하고 싶다

- 연수입이나 구입액 등 고객의 그룹 특성과 만족자 비율의 관계는?(양적 데이터 → 100%를 넘지 않는 양적 데이터) → 프로빗 분석

■ 신상품 콘셉트의 선정

▷ 상품의 성능이나 기능으로 평가, 구입률 등이 어떻게 달라지는지 예측하고 싶다

- 상품의 디자인, 성능 · 기능 등의 평가득점과 구입량의 관계는 ?(양적 데이터 → 양적 데이터) → 중회귀분석
- 상품에 관한 의견항목에의 찬반과 선호도의 관계는? (질적 데이터 → 양적 데이터) → 수량화이론I류
- 제품 · 서비스의 기능, 가격 등의 편성마다 구입의향의 순서나 좋고 싫음의 평가를 예측하려면? (질적 데이터 → 양적 데이터) → 컨조인트 분석
- 상품특성별 평가득점과 구입확률의 관계는?(양적 데이터 → 100%를 넘지 않는 양적 데이터) → 프로빗 분석

■ 판매가격의 검토

▷ 가격 인하에 의해서 판매량이나 매출이 어떻게 달라지는지, 성능·기능에 따라서 구입희망가격이 어떻게 달라지는지 등을 조사하고 싶다

판매가격대별 판매량(액)과 매출의 관계는? (양적 데이터 → 양적 데이터) → 중회귀분석

판매가격대별 구입의향과 판매량(액)의 관계는? (질적 데이터 → 양적 데이터) → 수량화이론I류

디자인이나 기능을 편성했을 때의, 구입희망가격에 대한 영향을 효율적으로 조사하려면? (질적 데이터 → 양적 데이터) → 컨조인트 분석

■ 판매촉진책의 검토

▷ 판매촉진책의 대상, 대상의 종류 등으로 구입률이나 매출이 어떻게 달라지는지 조사하고 싶다

개인 특성과 자사 브랜드 구입률의 관계는? (양적 데이터 → 양적 데이터) → 중회귀분석

상품 · 서비스에 관한 의견항목에의 찬반과 구입률의 관계는?(질적 데이터 → 양적 데 이터) → 수량화이론I류

가격, 경품, 광고 등을 편성했을 때의 평가득점과 구입률의 관계는?(질적 데이터 → 양적 데이터) → 컨조인트 분석

■ 광고계획의 검토

▷ 광고횟수, 내용, 매체의 종류 등으로 소비자의 주목률(注目率)이 어떻게 달라지는지 조사하고 싶다

광고횟수, 광고량 등으로 광고주목률은 어떻게 달라지는가?(양적 데이터 → 양적 데이터) → 중회귀분석

광고 타겟의 속성, 자주 보는 광고매체 등으로 주목률은 어떻게 달라지는가? (질적 데이터 → 양적 데이터) → 수량화이론I류

▷ 그룹의 차이를 설명·예측하고 싶다

- 시장세분화·고객의 분류
- 판매촉진책의 타겟 선정·검토
- 광고 타겟의 선정·검토

…개인 특성이나 라이프스타일 특성을 기초로 고객을 분류하고, 시장세분화, 판매촉진책 선정, 광고계획검토에 활용하고 싶다

소비자의 상표선택이나 구입량의 대소 등을 구분하는 것은, 어떠한 개인 특성이나 라이프스타일인가? (양적 데이터 ⟶ 직선관계에 의한 구분) → 판별분석

소비자의 상표선택이나 구입량의 대소 등의 그룹을 구분하는 것은, 어떤 개인 특성이나 라이프스타일인가?(질적 데이터 ⟶ 그룹 종류의 구분) → 수량화이론Ⅱ류

소비자의 상표선택이나 구입량의 대소 등을 구분하는 확률과, 개인 특성이나 의견항목에 대한 찬반의 관계는? (질적 데이터 ⟶ 비선형관계에 의한 구분) → 로지스틱 회귀분석

(2) 상호의존변수분석의 기법과 마케팅 과제의 적응 예

▷ 비슷한 것끼리 한데 모으고 싶다, 관련성을 알고 싶다

- 소비자나 고객의 잠재의식, 라이프스타일 등을 밝히고 싶다
- 고객만족도와 선호 브랜드나 광고평가 등과의 관계를 밝히고 싶다
- 기업 이미지나 브랜드 이미지를 분석하고 싶다
- 고객 특성, 라이프스타일, 선호 브랜드 등으로 고객으로 분류하고 싶다.

의견항목에의 찬반을 기초로 태도, 이미지 등을 몇 가지로 한데 모으고 싶다 [의견항목에의 찬반 득점 데이터(3단계 이상의 척도)] → 요인분석

다수의 의견항목에 잠재하는 차원을 발견하고, 대상자 특성, 좋아하는 브랜드 등과의 관계를 도표화하고 싶다 (질적 데이터) → 수량화이론Ⅲ류

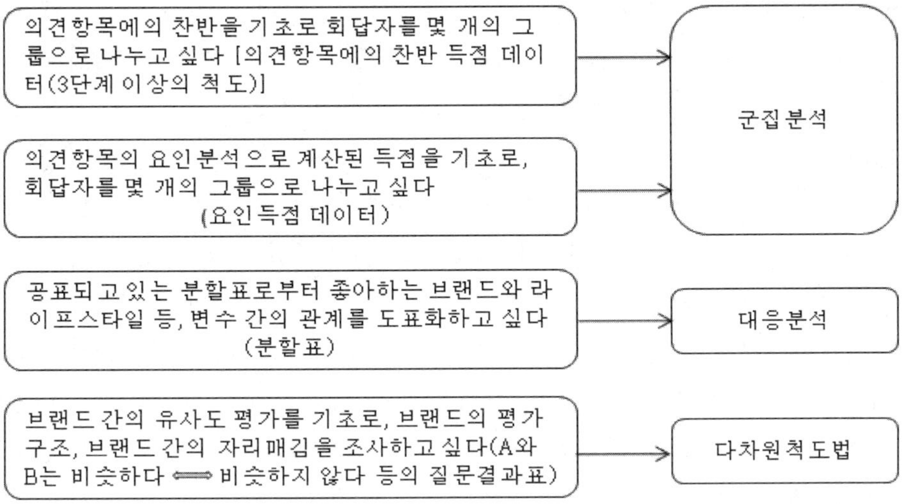

제4절 다변량분석의 목적별 용도

1. 분석목적에 적합한 수법의 선택

앞 절에서 설명한 바와 같이 다변량분석의 수법은 여러 가지가 있다. 통계학 이론의 발달과 계산기 성능의 향상에 의해, 특정의 이용 목적에 대해서 복수의 분석 수법을 간단히 적용할 수 있다.

또한 목적변수나 설명변수를 여러 가지 데이터 유형으로 변화함으로써, 같은 데이터에 다양한 분석 수법을 적용할 수 있다. 즉, 하나의 데이터에 적용 가능한 다변량분석은 여러 종류가 있다는 것이다.

다변량분석을 프로 요리사가 사용하는 식칼에 비유하면, 뼈에 붙은 살코기를 제거할 적에 사용되는 양식·중식칼(boning knife)이 있고, 다목적용 일반적인 식칼(chef's knife) 종류도 아시아형과 유럽형이 있다. 일반적으로 빵칼(caving or slicing knife)이라고 하는 칼도 있는데, 고기 덩어리를 얇게 저밀 때 사용된다. 또한 일반적인 과일칼(paring knife)은 채소 손질할 때 사용한다. 길이 23cm 정도의 직사각형으로 생긴 중국칼(China knife)은 중국인에게 있어서는 요긴하지만, 다른 나라 사람들에게는 사용하기에 다소 불편하다. 생선의 회를 치는 회칼은 일본의 각 지방마다 모양이 다르고, 생선 종류에 따라서도 이름과 모양이 각각 다르다. 세계 각 나라와 지역마다 사용하는 식칼의 종류가 다르듯이, 다변량분석에도 한식·중식·일식·양식 등 어디에서든지 사용할 수 있는 만능식칼에 해당하는 만능분석 수법은 없다.

그래서 다변량분석을 실행하려면, 분석목적을 명확히 정하고 가설을 설정할 필요가 있다. 요리에서 말하자면, 물품 목록, 메뉴를 정하는 일이다. 가설을 설정하고, 그것을 검정하기 위한 데이터 설계를 상세히 행한다. 요리에서 말하자면, 소재나 조미료를 정하는 것에 해당한다.

데이터를 수집하고 데이터크리닝을 실시해서 정리가 끝나면, 기초 통계로 데이터를 기술(記述)한다. 요리에서 말하자면, 사전 조리에 해당한다고 볼 수 있다. 단, 좋은 소재가 아니면 좋은 요리가 안 되는 것과 마찬가지로, 올바르게 수집된 데이터가 아니면 좋은 분석은 불가능하다.

가설에 따라, 자주 쓰이고 있는 다변량분석(예를 들면, 중회귀분석, 판별분석, 요인분석, 군집분석 등)을 적용한다. 만족스러운 결과가 나오면 분석을 끝내도 좋겠지만, 좀 더 정도(精度)를 올리고 싶다든가 특정 설명변수의 효과를 분명히 밝히고 싶다고 하는 경우에는, 다른 다변량분석을 적용한다거나 변수변환을 실시해서 재계산을 행하는 일이 있다. 요리에서 말하자면, 소재를 자르는 방법을 바꾼다거나 조미료를 달리 써서 맛을 바꾸는 것에 해당한다. 요리에서는 일단 자르면 원래대로 되돌릴 수 없지만, 다변량분석의 데이터는 몇 번이고 쓸 수 있고 데이터 변환 등의 가공도 자유자재로 할 수 있다.

마지막으로 다변량분석의 결과를 해석하고 결말냄으로써 일반적으로 이해할 수 있는 것으로 마무리하게 된다. 요리에서 말하자면, 그릇에 요리를 담는 것에 해당한다.

2. 수법의 적용에 따르는 시행착오

일반적으로 목적변수나 설명변수 모두 양적 데이터인 경우는 중회귀분석, 설명변수가 질적 데이터인 경우는 수량화이론 I류를 적용하도록 추장되고 있다. 그러나 질적 데이터는 **더미변수**(1과 0을 이용해서 복수의 카테고리를 표현하는 방법)로 표현할 수 있으므로, 수량화이론 I류를 이용할 필연성은 없다. 같은 내용을 중회귀분석과 프로빗 분석에서도 말할 수 있다. 양자는 계산 알고리즘이 다르지만, 목적변수를 프로빗 변환해서 중회귀분석을 실시하면, 프로빗 분석과 유사한 결과가 된다. 판별분석과 로지스틱 회귀분석도 마찬가지다.

통계분석 소프트웨어와 PC가 보급되어 계산비용이 무료 또는 저가이기 때문에, 여러 가지의 다변량분석을 시도해 보고, 스스로 납득하는 것이 필요하다. 자신의 기호나 사용에 익숙한 다변량분석 수법을 발견하도록 노력하는 것이 중요하다.

여러 가지의 식칼을 시험해 보고, 이 요리에는 이 칼을 쓴다고 하는 자기 나름의 노하우를 몸에 익히는 것이 필요하다.

데이터만 있으면 다변량분석은 가능하지만, 분석에 사용한 데이터 그 자체가 잘못되어 있다면 시간과 코스트를 들인 의미가 없다. 분석에 즈음해서 가장 중요한 것은 "품질이 확보된 데이터이다"라고 하는 것을 유의해야 한다.

단회귀분석 5

제1절 서론

회귀분석은 하나 혹은 복수의 변수(설명변수)를 이용해서 하나의 다른 변수(목적변수)를 설명·예측·관리하기 위한 수법이다. 설명변수가 하나인 경우를 **단회귀분석** 혹은 **단순회귀분석**(simple regression analysis)이라 부르고, 설명변수가 여러 개 존재하는 경우를 **중회귀분석** 혹은 **다중회귀분석**(multiple regression analysis)이라고 부른다.

본장에서는 단회귀분석을 문제 삼아서 회귀분석의 개요를 설명한다. 그리고 다음 장에서는 설명변수가 여러 개 존재하는 경우의 중회귀분석에 대해서 해설한다. Excel에서는 [데이터] 메뉴에 있는 '데이터 분석'의 '회귀분석'과 '해 찾기'에 의해서 각각 단회귀분석이 실행가능하다.

본장에서는 Excel에 의한 분석방법으로서 '해 찾기'와 그 기능을 이해하는 데 중점을 둔다. 그러기 위해서 '회귀분석' 분석도구와 '해 찾기나 함수계산'을 대비시키면서 단회귀분석의 기본개념이나 구조에 대해서 해설한다. 실제로 단회귀분석의 경우는 해 찾기를 사용하지 않더라도 분석할 수 있다. 또한 해 찾기를 사용하지 않는 편이 오히려 편하다. 그러나 해 찾기에 익숙하지 못한 독자가 많을 것이며, 본장 이후에서는 해 찾기를 이용하지 않으면 Excel로는 계산할 수 없는 복잡한 수법도 많다. 그래서 해 찾기의 기능에 대한 설명과 단회귀분석의 기본개념이나 구조에 대한 이해를 위해서, 굳이 해 찾기를 이용하기로 한다.

본장의 단회귀분석만으로는 해 찾기 사용의 유용성을 충분히 전할 수 없을지 모르지만, 그 유용성은 다음 장 이후 충분히 이해할 수 있을 것이다.

그리고 단회귀분석의 응용으로서 본장의 끝 부분에 소개하는 **로버스트 회귀분석** (robust regression analysis)은 '회귀분석' 분석도구에 준비되어 있지 않기 때문에, 이 분석도구로는 실행할 수 없다. 그러나 해 찾기를 이용하면 로버스트 회귀분석은 실행가능하다.

제2절 회귀분석의 개요

회귀분석은 주어진 데이터로부터 어떤 목적이 되는 수치와의 관계식을 구하기 위한 수법으로, 설명·예측·관리를 위한 대표적인 수법이다. 회귀분석을 이용하면, 복수의 요인에 의해서 생기는 복잡한 현상을 분석할 때에 문제가 되는, 현상의 원인과 결과의 관계를 밝힐 수 있다. 또한 미래예측이나 요인탐색이 가능하다. 그리고 지금까지 경험적으로 얻어진 생각이나 가설을 객관적으로 검증하고, 효율적으로 문제해결을 진척시키는 것이 회귀분석에 의해서 가능케 된다. 그 때문에 회귀분석은 기업에 있어서도 영업, 마케팅, 품질관리를 비롯하여 여러 부문에서 널리 이용되고 있다.

회귀분석에서는 '어떤 목적이 되는 수치'를 목적변수라고 부른다. 또한 목적변수에 대해서 '영향을 미치고 있다고 생각되는 요인'을 설명변수라고 부른다. 목적변수나 설명변수 모두 양적인 변수이다. 보다 정확히 말하자면, 분석에 사용하는 변수는 모두 간격척도 이상으로 측정된 데이터가 아니면 안 된다.

예를 들면, 신제품을 판매하는 기업이 목표 '매출액'을 달성하려면 어느 정도의 '광고비'를 들이면 좋을지를 예측하고 싶다고 생각하는 경우에, 예측하고 싶은 '매출액'이 '목적변수'가 된다. 한편, '매출액'에 영향을 미치고 있는 것으로 생각되는 '광고비'는 '설명변수'이다. 그리하여 '매출액'에 대한 '광고비'라고 하는 요인의 영향력을 밝힘으로써, '매출액'과 '광고비'의 관계를 표현하는 것을 목표로 한다. 그 때문에 '광고비'의 영향력을 계수로서 가중치를 부여한,

'매출액' = '영향력' × '광고비'

라고 하는 관계식으로 '매출액'과 '광고비'의 관계를 표현한다.

그러나 영향을 미치는 요인은 하나만이라고는 할 수 없다. 예를 들면, 새로운 점포

를 열 때에 점포의 오너에게 있어서는, 목표 '매출액'을 달성하려면 매출액에 관련이 있는 요인(예를 들면, 매장면적, 주차가능대수, 경합점포수 등)을 어떻게 제어하면 좋을지를 알 수 있는 것이 바람직하다. 이때 각 요인의 영향력은 모두 같지 않다. 영향이 강한 것도 있고 약한 것도 있을 것이다. 그 때문에 복수의 요인이 존재하는 경우에는, 각 요인의 영향력을 각각 계수로서 가중치를 부여한,

'매출액' = '매장면적의 영향력' × '매장면적'
+ '주차가능대수의 영향력' × '주차가능대수'
+ '경합점포수의 영향력' × '경합점포수'

라고 하는 관계식으로 표현한다. 요인이 하나인 경우나 복수 존재하는 경우나, 요인의 영향 정도를 나타내는 계수에는 주어지는 영향의 방향에 의해서 플러스 또는 마이너스의 부호가 존재한다. 통상, 요인끼리의 단위는 다르기 때문에 단순히는 비교할 수 없지만, 어느 정도 계수의 절대치 크기로부터 결과에 대한 영향의 크기를 판단할 수 있다.

회귀분석에 있어서 설명변수가 하나인 경우를 단회귀분석, 설명변수가 복수 존재하는 경우를 중회귀분석이라고 부른다. 본장에서는 단회귀분석을 문제 삼아서 회귀분석의 개요를 설명한다. 그리고 다음 장에서 설명변수가 복수 존재하는 경우인 중회귀분석에 대해서 해설한다.

단회귀분석에서는 얻어진 데이터와 어긋남이 적게 되도록 하는 직선(예측선)을 구함으로써, 목적변수와 설명변수의 관계를 예측하는 것을 목표로 한다. 예를 들면, '매출액'에 대한 '광고비'의 관계를 예측한다면 '광고비'의 영향력을 계수로서 가중치를 부여한,

'매출액' = '영향력' × '광고비'

라고 하는 예측식을 구해서 '매출액'과 '광고비'의 관계를 표현한다.

단회귀분석의 흐름은 아래와 같다. 이들 일련의 분석을 실시함으로써 단회귀분석을 실행할 수 있다.

◆ 단회귀분석의 흐름

① 예측식을 구하여 목적변수와 설명변수의 관계를 예측하는 데 의미가 있는지 어떤지를 산점도에 의해 시각적으로 확인한다(예제 5-1 참조).
② 목적변수와 설명변수의 관계를 나타내는 예측식을 구한다(예제 5-2, 5-3 참조).
③ 예측의 정밀도를 확인한다(예제 5-4 참조).
④ 회귀계수의 검정을 실시한다(예제 5-5 참조).
⑤ 잔차의 검토를 실시한다(예제 5-6 참조).
⑥ 얻어진 예측식에 의거하여 예측을 실시한다(예제 5-7 참조).

다음 절 이후에서는 15개사의 광고비와 매출액의 데이터를 이용해서, 실제로 단회귀분석을 실시하는 방법에 대해서 해설한다. 그리고 얻어진 예측식에 의거한 예측은 데이터의 분석목적에 따라서 실시하지 않는 경우도 있다.

제3절 단회귀분석의 적용

P기업이 어떤 제품에 대해서 새로 판매촉진활동을 실시할 것을 예정하고 있는데, 대체적인 매출액을 예상한 다음에 판촉활동을 개시하고 싶다고 생각하고 있다. 그래서 어느 정도의 광고비를 들이면 얼마만큼의 매출액을 기대할 수 있는지를, 지금까지의 다른 기업의 광고비와 매출액의 관계로부터 예측하는 것을 목표로 한다. 그러기 위해서 15개사의 광고비와 매출액 관계의 데이터 <표 5-1>을 수집해서, 자사의 제품에 2,300만원 들여서 광고를 실시할 경우, 어느 정도의 매출액을 기대할 수 있는지 단회귀분석에 의해서 예측한다.

| 표 5-1 | 15개의 광고비와 매출액의 관계

No.	기업	광고비(만원)	매출액(만원)
1	A	2,688	32,335
2	B	2,521	28,147
3	C	3,007	46,054
4	D	2,068	28,597
5	E	2,804	41,557
6	F	1,727	20,626
7	G	2,446	25,870
8	H	2,124	22,548
9	I	2,655	36,558
10	J	1,536	14,835
11	K	2,250	31,255
12	L	2,456	27,889
13	M	1,989	21,554
14	N	2,135	22,356
15	O	2,666	36,885
16	P	2,300	?

이 경우에 매출액이 목적변수, 광고비가 설명변수가 된다.

예제 5-1

단회귀분석을 실시하기 전에 우선 광고비에 의해 매출액을 예측할 수 있는지 어떤지를 산점도에 의해서 시각적으로 확인하지 않으면 안 된다. Excel로 산점도를 작성하는 순서는 다음과 같다.

▶ Excel에 의한 해법

순서 1 ▸▸▸ 설명변수와 목적변수 데이터의 범위 선택

설명변수인 광고비의 데이터 범위와 목적변수인 매출액 데이터의 범위 셀 B1:C16을 선택한다.

	A	B	C	D	E	F	G	H
1	기업	광고비(만원)	매출액(만원)					
2	A	2,688	32,335					
3	B	2,521	28,147					
4	C	3,007	46,054					
5	D	2,068	28,597					
6	E	2,804	41,557					
7	F	1,727	20,626					
8	G	2,446	25,870					
9	H	2,124	22,548					
10	I	2,655	36,558					
11	J	1,536	14,835					
12	K	2,250	31,255					
13	L	2,456	27,889					
14	M	1,989	21,554					
15	N	2,135	22,356					
16	O	2,666	36,885					
17								
18								

순서 2 ▸▸▸ 그래프의 작성

(1) 메뉴에서 [삽입]-[분산형]을 선택한다.

(2) 첫 번째 유형의 그래프를 선택하여 클릭한다.

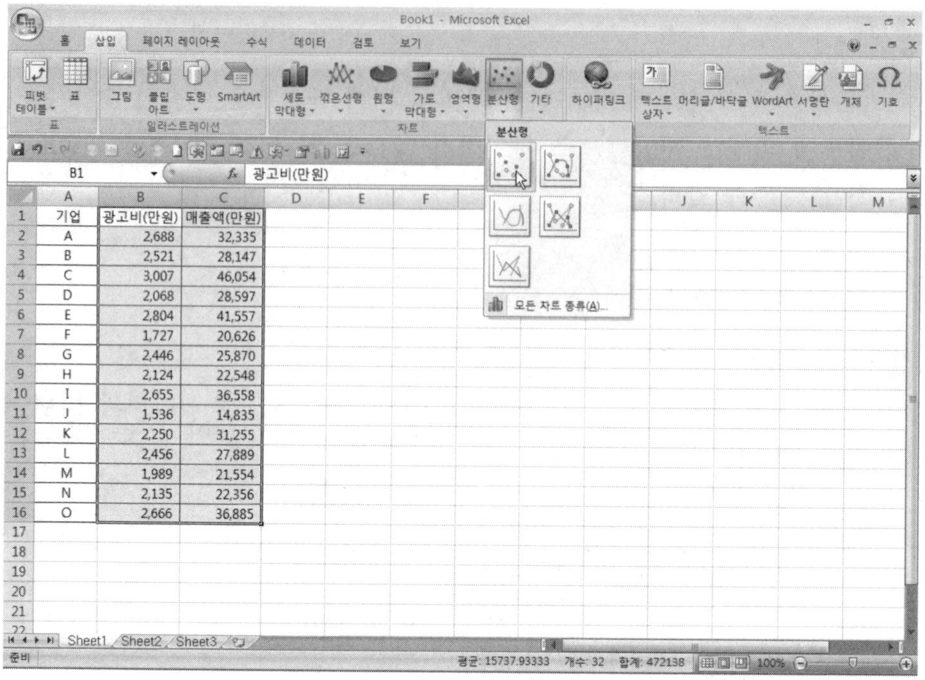

(3) 다음과 같이 그래프가 출력된다.

순서 3 ▸▸▸ 그래프의 수정

(1) 차트 제목, 축 제목을 입력하고 그래프를 적당히 수정한다.

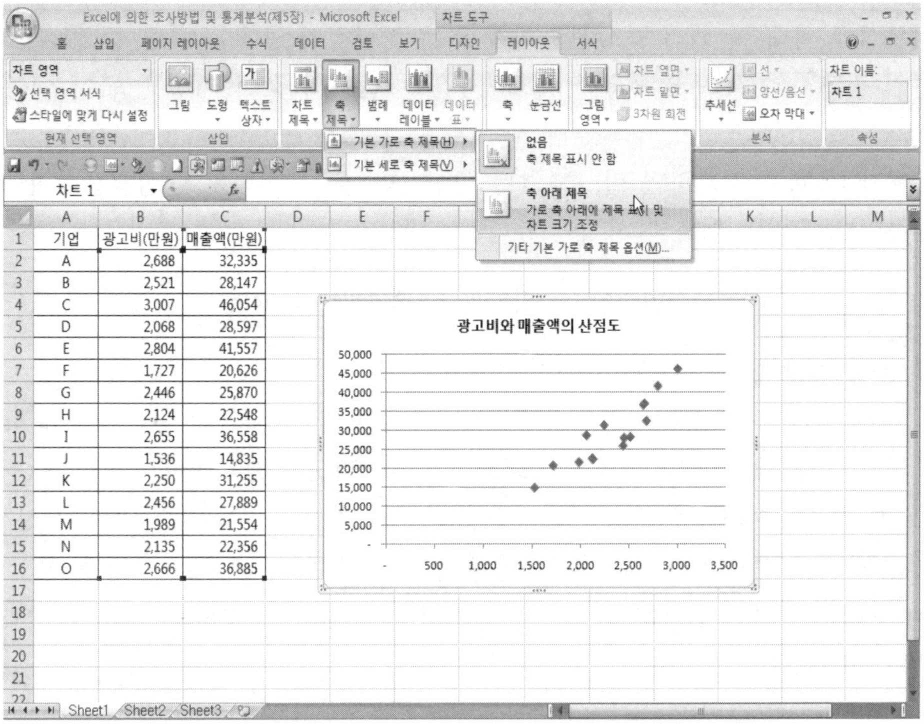

(2) 그래프의 완성

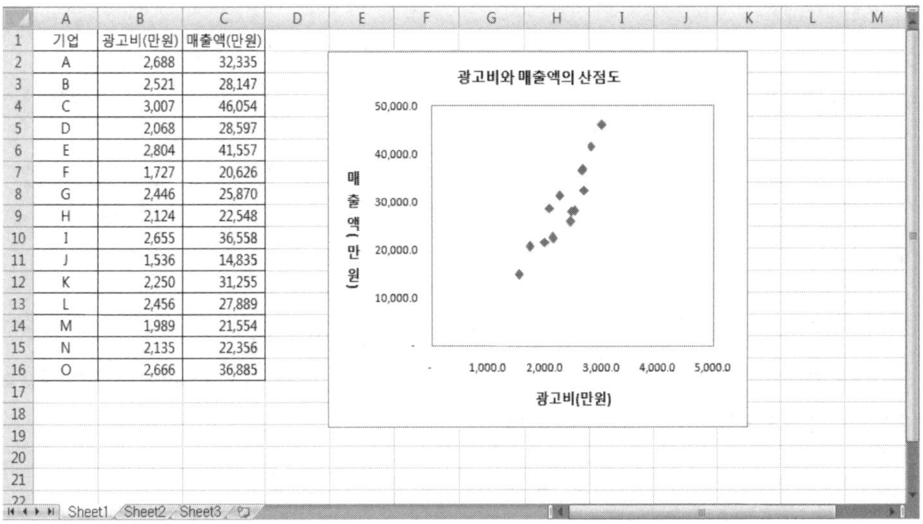

가로축 광고비(설명변수)의 값이 증가하면 세로축 매출액(목적변수)의 값도 증가한다고 하는 플러스의 상관관계가 존재한다는 것을 산점도로부터 간파할 수 있다. 광고비와 매출액 사이의 관계는 직선에 의해서 표현할 수 있을 것 같다. 따라서 단회귀분석에 의해 이 플러스 상관관계가 있는 직선적인 관계를 밝힐 수 있다면, 설명변수인 광고비의 값을 앎으로써 목적변수인 매출액의 값이 어떻게 될지 예측할 수 있다.

뒤에서 Excel로 계산하면 알 수 있는 일이지만, 이 데이터를 단회귀분석에 의해서 분석하면 광고비와 매출액 사이에는,

매출액 = 18.853 × **광고비** − 14943.5

라고 하는 관계가 존재한다는 것이 밝혀진다.

이 사실로부터 광고비를 1만원 늘리면 매출액이 약 18.85만원 증가한다고 하는 관계가 광고비와 매출액 사이에는 존재하고 있다고 할 수 있다. 또한 설명변수(광고비)에 의해 목적변수(매출액)가 어느 정도 설명할 수 있을지를 나타내는 결정계수는 0.833으로 산출된다. 매출액은 광고비에 의해 83% 정도는 설명할 수 있다. 즉, 예측의 정도(精度)는 충분히 높다고 할 수 있다. 기업 P의 광고비가 2300만원일 경우에는, 기업 P의 매출액은,

기업 P의 매출액 = 18.853 × 2300 − 14943.5 = 28418.4

가 되어 약 28,418만원으로 예측된다.

제4절 Excel에 의한 단회귀분석의 실행

예제 5-2

본절에서는 Excel의 분석도구로서 준비되어 있는 [데이터 분석]의 '회귀분석'이나 '해 찾기'에 의해 단회귀분석을 실행하는 순서를 해설한다. 분석에는 전술한 광고비와 매출액의 데이터 <표 5-1>을 이용한다.

▶ Excel의 분석도구'회귀분석'에 의한 해법

순서 1 ››› [데이터 분석]의 선택

메뉴에서 [데이터]-[데이터 분석]을 선택한다.

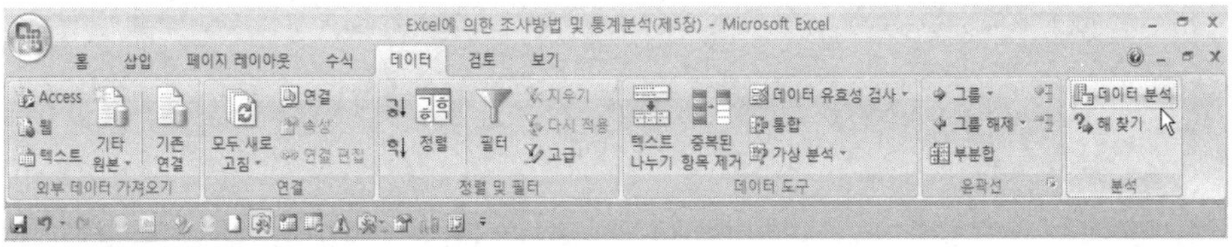

순서 2 ››› '회귀분석'의 선택

[통계 데이터 분석] 대화상자에서 '회귀분석'을 선택하고 [확인]을 클릭한다.

순서 3 ››› 회귀분석의 실행

(1) [회귀분석] 대화상자가 나타나면, 다음 사항을 지정하고 [확인]을 클릭한다.

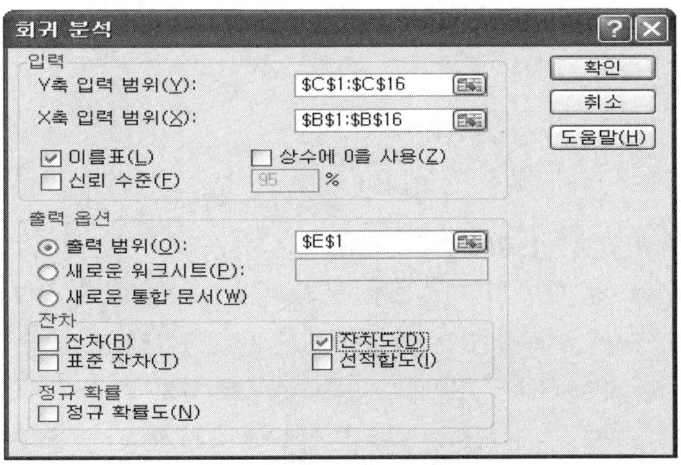

(2) 데이터 범위를 지정하려면, 데이터 범위를 지정하는 화면의 오른쪽에 있는 [대화 축소] 버튼을 이용하는 것도 가능하다.

순서 4 ▸▸▸ 실행결과의 산출

요약 출력

회귀분석 통계량	
다중 상관계수	0.91247
결정계수	0.832601
조정된 결정계수	0.819724
표준 오차	3602.118
관측수	15

분산 분석

	자유도	제곱합	제곱 평균	F 비	유의한 F
회귀	1	838964464.6	838964465	64.658818	0.0000
잔차	13	168678278.4	12975252.2		
계	14	1007642742.9			

	계수	표준 오차	t 통계량	P-값	하위 95%	상위 95%	하위 95.0%	상위 95.0%
Y 절편	-14943.5	5560.345146	-2.68751078	0.0186323	-26955.883	-2931.09	-26955.9	-2931.09
광고비(만원)	18.85317	2.34460918	8.04107068	2.114E-06	13.787948	23.91839	13.78795	23.91839

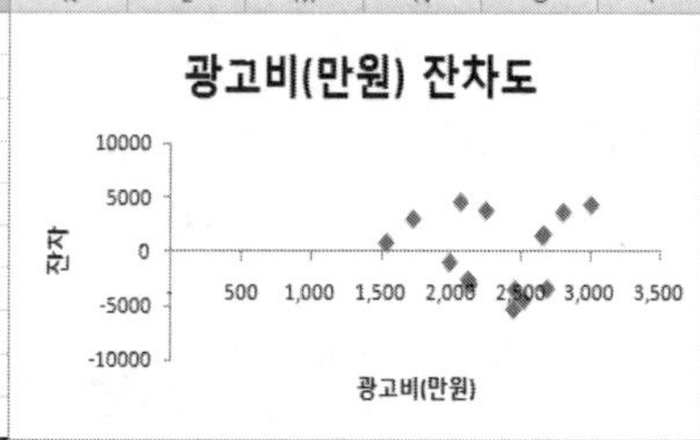

Sheet1 Sheet2 Sheet3

■ **분석결과**

기업 P의 매출액은 '18.853 × 광고비 − 14943.5'라고 하는 예측식으로 설명할 수 있다는 것을 알 수 있다.

▶ Excel의'해 찾기'에 의한 해법

Excel에 의한 회귀분석은 [데이터 분석]의 분석도구 '회귀분석'을 이용하는 이외에도 최적화 도구인 '해 찾기'나 함수계산 등의 기능을 이용해서 실행할 수 있다.

'해 찾기'는 Excel에 부속해 있는 최적화 도구로서 주어진 조건 하에서 목적의 값이 최적이 되도록 하는 예측값을 구할 수 있다. 즉, '해 찾기'를 이용하면 어려운 계산의 단계를 밟지 않더라도 주어지는 데이터와 어긋남이 적게 되어 '오차(잔차)의 제곱합'

을 '최소화'한다고 하는 조건 하에서 최적의 계수값을 구할 수 있다. 요컨대 '해 찾기'를 이용하면 '최소자승법'의 원리에 의거한 단회귀분석이 실행가능하게 된다. <표 5-1>의 데이터를 이용해서 '해 찾기'에 의한 광고비의 영향력을 나타내는 회귀계수 a와 상수항(절편) b를 구하기 위한 실행순서는 아래와 같다.

'해 찾기'는 메뉴에서 [데이터] 탭 내의 [분석] 리본 안에 있다. [분석] 리본 안에 '해 찾기'가 눈에 띄지 않을 때는 다음의 순서에 따라 '해 찾기'가 사용가능하게 된다.

(1) 먼저 Office 단추를 클릭한다.

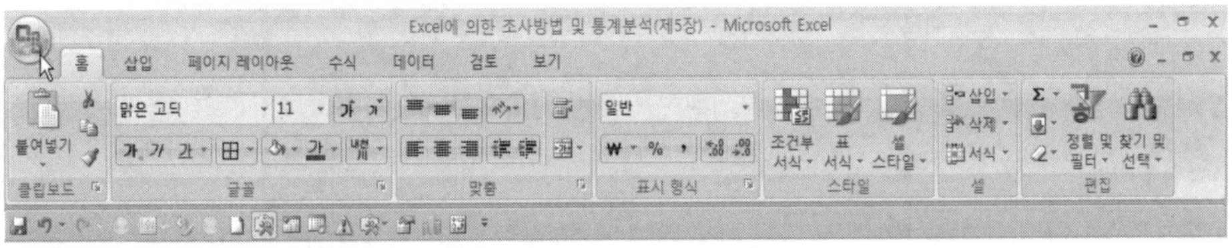

(2) Office 단추 내에 있는 [Excel 옵션]을 클릭한다.

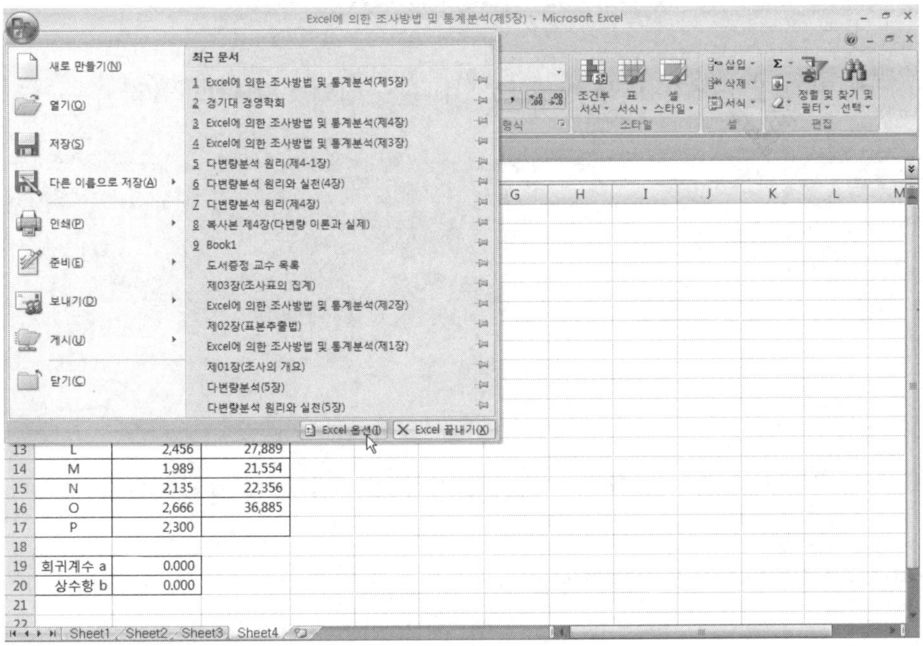

(3) [Excel 옵션] 대화상자에서 [추가 기능]을 선택하고 [관리]에서 [Excel 추가 기능]

을 선택하고 [이동(G)]을 클릭한다.

(4) [추가 기능] 대화상자에서 다음과 같이 선택하고 [확인] 버튼을 클릭한다.

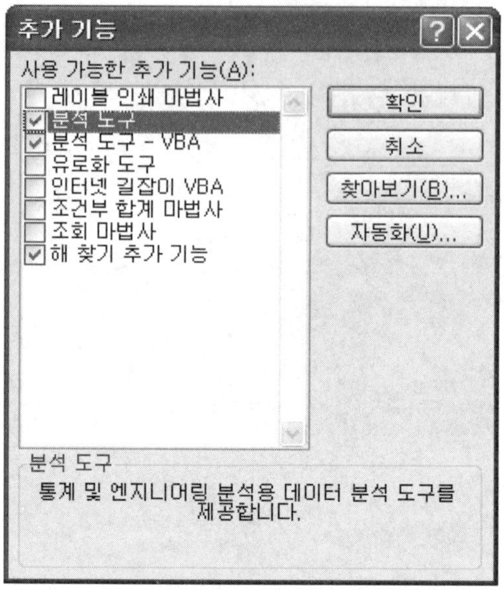

(5) '해 찾기'가 [데이터] 탭 내의 [분석] 리본 안에 나타나 있음을 알 수 있다.

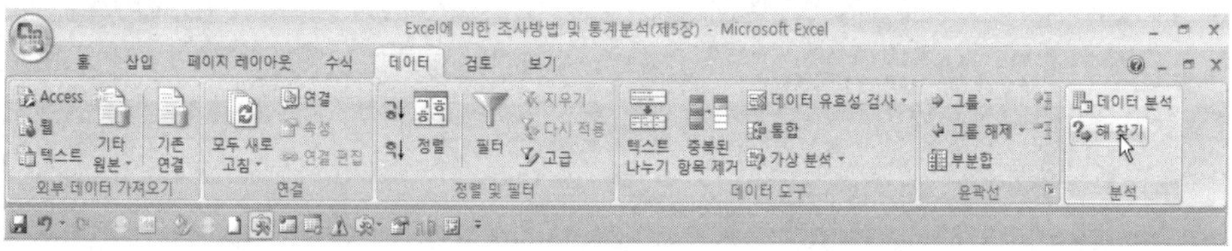

예제 5-3

<표 5-1>의 데이터를 이용해서 '해 찾기'에 의한 회귀분석 실행순서는 다음과 같다.

순서 1 ››› 회귀계수의 초기값의 지정

'0'을 초기값으로 이용한다. 광고비에 대한 회귀계수의 초기값은 셀 B19, 상수항의 초기값은 셀 B20에 각각 입력한다.

	A	B	C
1	기업	광고비(만원)	매출액(만원)
2	A	2,688	32,335
3	B	2,521	28,147
4	C	3,007	46,054
5	D	2,068	28,597
6	E	2,804	41,557
7	F	1,727	20,626
8	G	2,446	25,870
9	H	2,124	22,548
10	I	2,655	36,558
11	J	1,536	14,835
12	K	2,250	31,255
13	L	2,456	27,889
14	M	1,989	21,554
15	N	2,135	22,356
16	O	2,666	36,885
17	P	2,300	
18			
19	회귀계수 a	0.000	
20	상수항 b	0.000	
21			

순서 2 ▸▸▸ 각 기업의 매출액에 대한 예측값 계산

i번째 기업의 매출액에 대한 예측값은 '=SUMPRODUCT(i번째 기업의 광고비, 회귀계수의 값) + 상수항의 값'으로 구해진다.

D2 =SUMPRODUCT(B2,$B$19)+$B$20

	A	B	C	D
1	기업	광고비(만원)	매출액(만원)	매출액의 예측값
2	A	2,688	32,335	0.000
3	B	2,521	28,147	0.000
4	C	3,007	46,054	0.000
5	D	2,068	28,597	0.000
6	E	2,804	41,557	0.000
7	F	1,727	20,626	0.000
8	G	2,446	25,870	0.000
9	H	2,124	22,548	0.000
10	I	2,655	36,558	0.000
11	J	1,536	14,835	0.000
12	K	2,250	31,255	0.000
13	L	2,456	27,889	0.000
14	M	1,989	21,554	0.000
15	N	2,135	22,356	0.000
16	O	2,666	36,885	0.000
17	P	2,300		
18				
19	회귀계수 a	0.000		
20	상수항 b	0.000		
21				

Sheet1 Sheet2 Sheet3 Sheet4

[셀의 입력내용]

D2;=SUMPRODUCT(B2,$B$19)+$B$20 (D2를 D3에서 D16까지 복사한다)

순서 3 ▸▸▸ 각 기업에 대한 매출액의 관측값과 예측값의 잔차, 잔차의 제곱합 계산

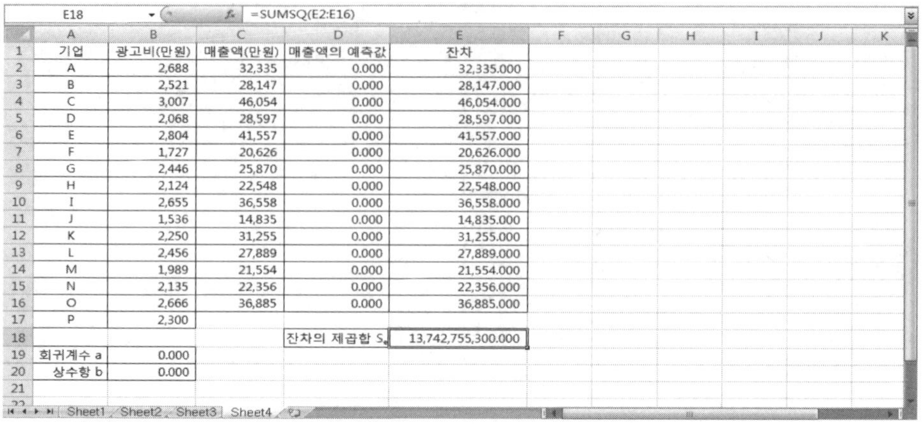

E18 =SUMSQ(E2:E16)

	A	B	C	D	E
1	기업	광고비(만원)	매출액(만원)	매출액의 예측값	잔차
2	A	2,688	32,335	0.000	32,335.000
3	B	2,521	28,147	0.000	28,147.000
4	C	3,007	46,054	0.000	46,054.000
5	D	2,068	28,597	0.000	28,597.000
6	E	2,804	41,557	0.000	41,557.000
7	F	1,727	20,626	0.000	20,626.000
8	G	2,446	25,870	0.000	25,870.000
9	H	2,124	22,548	0.000	22,548.000
10	I	2,655	36,558	0.000	36,558.000
11	J	1,536	14,835	0.000	14,835.000
12	K	2,250	31,255	0.000	31,255.000
13	L	2,456	27,889	0.000	27,889.000
14	M	1,989	21,554	0.000	21,554.000
15	N	2,135	22,356	0.000	22,356.000
16	O	2,666	36,885	0.000	36,885.000
17	P	2,300			
18				잔차의 제곱합 S	13,742,755,300.000
19	회귀계수 a	0.000			
20	상수항 b	0.000			

[셀의 입력내용]

E2; =C2-D2 (E2를 E3에서 E16까지 복사한다)

E18;=SUMSQ(E2:E16)

순서 4 ▸▸▸ '해 찾기' 선택

메뉴에서 [데이터]를 선택하고 [분석] 리본 내의 [해 찾기]를 선택한다.

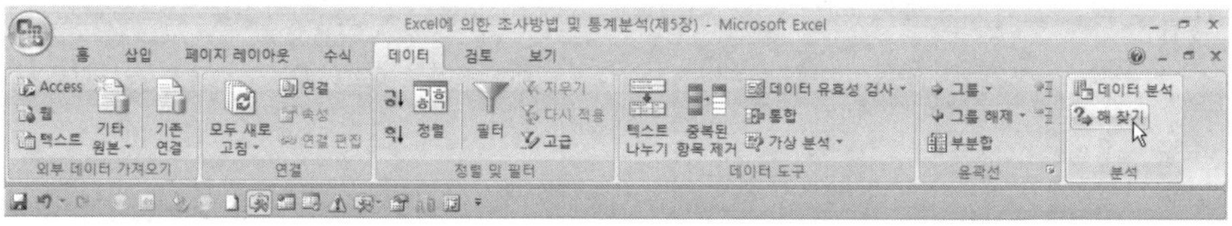

순서 5 ▸▸▸ '해 찾기'에서의 분석조건 설정

[해 찾기 모델 설정] 대화상자에서 다음과 같이 입력·선택하고 [실행]을 클릭한다.

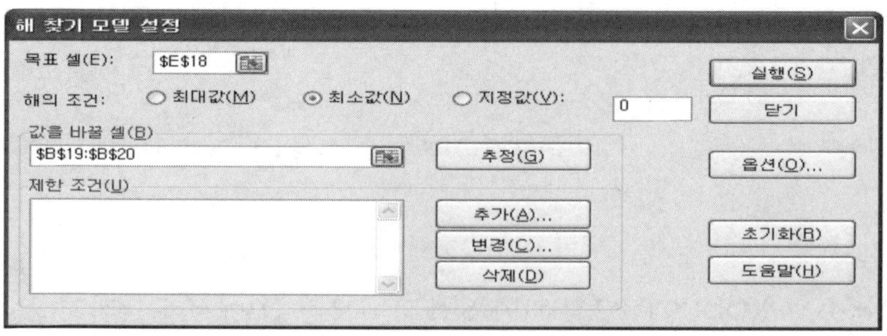

순서 6 ▸▸▸ 탐색결과

[해 찾기 결과] 대화상자가 나타나면 다음과 같이 선택하고 [확인]을 클릭한다.

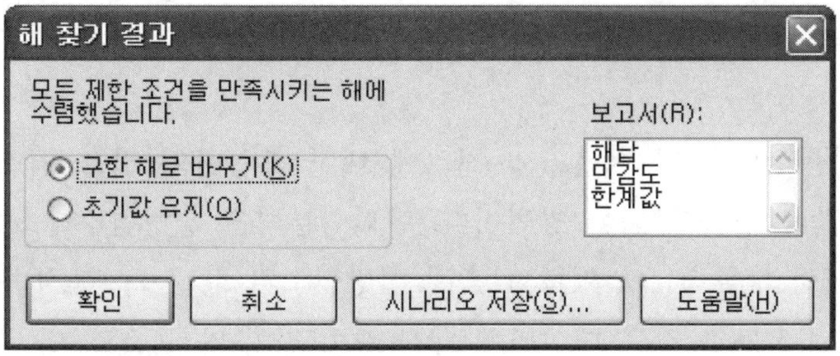

순서 7 ▸▸▸ 분석결과의 출력

다음과 같이 잔차의 제곱합을 최소로 하는 회귀계수의 값과 상수항의 값이 구해진다.

	A	B	C	D	E
1	기업	광고비(만원)	매출액(만원)	매출액의 예측값	잔차
2	A	2,688	32,335	35733.733	- 3,398.733
3	B	2,521	28,147	32585.291	- 4,438.291
4	C	3,007	46,054	41747.824	4,306.176
5	D	2,068	28,597	24044.906	4,552.094
6	E	2,804	41,557	37920.675	3,636.325
7	F	1,727	20,626	17616.051	3,009.949
8	G	2,446	25,870	31171.320	- 5,301.320
9	H	2,124	22,548	25100.671	- 2,552.671
10	I	2,655	36,558	35111.586	1,446.414
11	J	1,536	14,835	14015.138	819.862
12	K	2,250	31,255	27476.142	3,778.858
13	L	2,456	27,889	31359.850	- 3,470.850
14	M	1,989	21,554	22555.523	- 1,001.523
15	N	2,135	22,356	25308.053	- 2,952.053
16	O	2,666	36,885	35318.969	1,566.031
17	P	2,300			
18				잔차의 제곱합 S_e	168,678,278.498
19	회귀계수 a	18.853			
20	상수항 b	-14942.990			
21					

Sheet1 / Sheet2 / Sheet3 / Sheet4

■ 분석결과

'해 찾기'를 이용해서 단회귀분석을 실행한 결과, '잔차의 제곱합'을 '최소화'하는 최적의 계수 a, b의 값이 구해졌다. 기업 P의 매출액은 '18.853 × 광고비 − 14943.0'이라고 하는 예측식으로 설명할 수 있다는 것을 알 수 있다.

제5절 단회귀분석의 사고방식과 결과의 해석

1. 최소자승법에 의한 예측식의 산출

최소자승법은 관측값과 예측값의 잔차에 대한 제곱합의 값을 최소화하도록 하는 회귀계수의 값을 구하기 위한 방법이다. 단회귀분석은 설명변수를 x, 목적변수를 y라 하고, 데이터 수를 n, i번째로 관측된 설명변수의 값을 x_i, 목적변수의 값을 y_i라고 하면, <그림 5-1>과 같은 데이터에 대한 오차(잔차)가 최소로 되는 예측식을 구하는 이미지가 된다. 그 때에 예측식을 구하기 위해서 이용되는 것이 최소자승법이다.

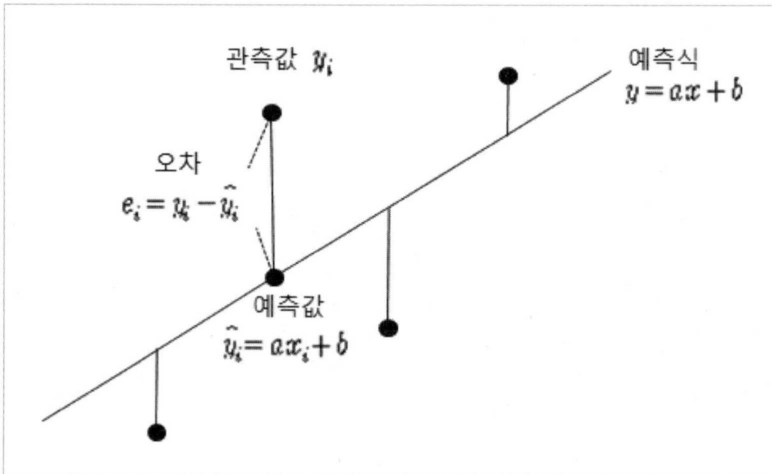

| 그림 5-1 | **단회귀분석에 있어서의 데이터에 대한 예측식의 적합**

이때, 구하는 예측식의 회귀계수를 a, 상수항(절편)을 b라고 하면, 예측식은,

$$y = ax + b$$

라고 하는 평면상의 직선으로서 표현되고, x_i에 대한 예측값은,

$$\hat{y}_i = ax_i + b$$

로 구해진다. 그리하여 단회귀분석에서는 평면상의 직선에 의해 실제의 데이터 값(관측값) y와 예측되는 값(예측값) $\hat{y}_i$의 오차(잔차) e_i를 최소로 하는 직선을 결정한다.

이 오차(잔차) e_i가 최소가 되도록 하는 직선을 구하기 위한 방법이 최소자승법이다. 관측값 y와 예측값 $\hat{y_i}$의 잔차 e_i는 양자의 차를 취함으로써,

$$e_i = y_i - \hat{y_i} = y_i - (ax_i + b)$$

라고 계산할 수 있고, 잔차 제곱합은,

$$\sum_{i=1}^{n} e_i^2 = \sum_{i=1}^{n} (y_i - \hat{y_i}) = \sum_{i=1}^{n} \{y_i - (ax_i + b)\}^2$$

이 된다.

최소자승법에서는 이 값을 최소로 하는 계수 a, b를 구하게 된다. 얻어진 예측식의 계수 a, b는 a가 회귀계수, b가 상수항이라고 불린다. 그리고 예측식의 오차항은 설명변수의 값에 의존하지 않고, 예측식에 의해 설명할 수 없었던 오차(잔차)의 분포는 같으며 오차(잔차)는 무작위로 랜덤하게 생긴다고 하는 전제에 의거해서 회귀분석은 실행되고 있다.

실제로 계수 a, b를 구하는 계산과정은 통계학을 처음 배우는 사람에게 있어서 결코 쉽지 않다. 그러나 회귀분석 분석도구를 이용하면 '최소자승법'의 원리에 의거한 계산이 이루어져, '잔차 제곱합'을 '최소화'하는 최적의 계수 a, b가 구해진다. 또한 최적화 도구인 '해 찾기'를 이용하면, 어려운 계산의 단계를 밟지 않더라도 '잔차 제곱합'을 '최소화'한다고 하는 '최소자승법'의 원리에 의거한 최적의 계수 a, b의 값을 구할 수 있다.

예제 5-2의 '회귀분석' 분석도구에 의한 분석결과나 예제 5-3의 '해 찾기'에 의한 단회귀분석의 출력예로부터, 양쪽 모두 '최소자승법'의 원리에 의거한 최적의 계수 a, b의 값이 구해지고 있다는 것을 알 수 있다. <표 5-2>에 보인 '회귀분석 분석도구에 의한 회귀계수와 상수항(절편)의 출력 예'에서는 셀 F17과 셀 F18에 각각 상수항(절편)과 회귀계수의 값이 출력되고 있다.

| 표 5-2 | **회귀분석 분석도구에 의한 회귀계수와 상수항(절편)의 출력 예**

	E	F
16		계수
17	Y 절편	-14943.488
18	광고비(만원)	18.853

그리고 <표 5-3>의 '해 찾기에 의한 회귀계수와 상수항(절편)의 출력 예'에서는 셀 B19와 셀 B20에 회귀계수와 상수항(절편)이 각각 출력되고 있다.

| 표 5-3 | 해 찾기에 의한 회귀계수와 상수항(절편)의 출력 예

	A	B
19	회귀계수 a	18.853
20	상수항 b	-14942.990

2. 결정계수

실제로 얻어진 예측식에 의거한 기업의 광고비에 의한 매출액의 예측 정도(精度)를 나타내는 것이 결정계수 R^2이다. 설명변수(광고비)에 의해 목적변수(매출액)를 설명할 수 있는 비율은 결정계수 R^2라고 불리며, 예측식이 어느 정도 도움이 되는지를 나타낸다.

결정계수는,

$$R^2 = \frac{\text{매출액(목적변수)의 예측값에 대한 편차 제곱합 } S_R}{\text{매출액(목적변수)의 편차 제곱합 } S_T}$$

$$= 1 - \left(\frac{\text{잔차의 편차 제곱합 } S_e}{\text{매출액(목적변수)의 편차 제곱합 } S_T} \right)$$

라고 하는 식에 의해 구해진다. 이 식으로부터도 알 수 있듯이 결정계수 R^2에는

$$0 \leq R^2 \leq 1$$

이라고 하는 성질이 있다. 결정계수 R^2의 값이 1에 가까울수록 잔차 제곱합의 비율이 작아, 데이터는 회귀직선에 의해서 잘 설명되고 있다. 한편, 0에 가까울수록 잔차 제곱합의 비율이 커지게 되어, 데이터는 회귀직선에 의해서 잘 설명되고 있지 못하게 된다. 그리고 결정계수의 값은 상관계수의 자승과 일치한다고 하는 성질이 있다.

최소자승법에서는 회귀계수를 구하기 위해서 잔차의 제곱합을 최소로 한다. 즉, 매출액 예측값의 변동으로는 설명할 수 없는 잔차의 변동이, 전체의 변동에 차지하는 비율을 적게 하는 회귀계수(상수항)를 구하기 위해서 이용하는 것이 최소자승법이라고도 생각할 수 있다. 이 사고방식을 <그림 5-2>와 같이 세 개의 변동에 의해서 설명할 수 있다.

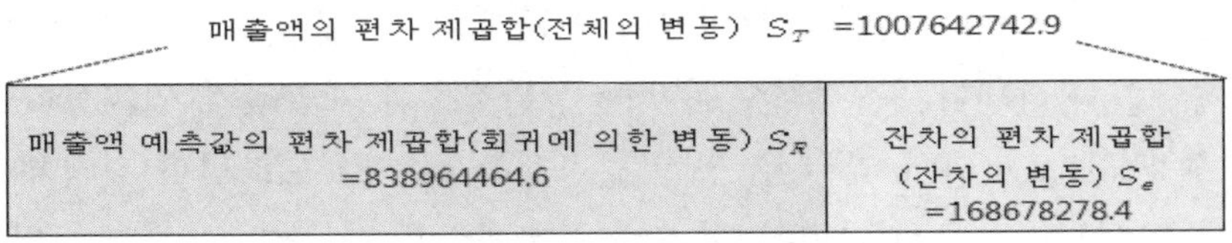

| 그림 5-2 | **결정계수의 구조**

여기에서 '매출액의 편차 제곱합 S_T'는 매출액 전체의 변동을 나타내고 있다. 따라서 원래의 목적변수인 '매출액'의 데이터 전체의 편차 제곱합을 나타내고 있다. '매출액의 편차 제곱합 S_T'는 데이터 수가 n일 때에, '분산$\times(n-1)$'에 의해 구해진다. Excel에서는 분산을 계산하는 VAR 함수에 의해서 '=VAR(목적변수의 데이터 범위)*$(n-1)$'로 계산할 수 있다. '잔차의 편차 제곱합 S_e'는 매출액 예측값의 변동으로는 설명할 수 없는 잔차의 변동을 나타내고, 전술한 바와 같이 '해 찾기'에 의해서 회귀계수를 구하기 위하여 최소화한 값이다. '매출액 예측값의 편차 제곱합 S_R'은 회귀에 의해 얻어진 '매출액' 예측값의 편차 제곱합으로 회귀에 의한 변동을 나타내고, '매출액의 편차 제곱합 S_T - 잔차의 편차 제곱합 S_e'에 의해 계산된다. 이 세 가지 변동을 식으로 표현하면,

매출액 편차 제곱합 $\boldsymbol{S_T}$ = 매출액 예측값의 편차 제곱합 $\boldsymbol{S_R}$ + 잔차의 편차 제곱합 $\boldsymbol{S_e}$

가 된다.

'매출액의 편차 제곱합' 중 '매출액 예측값의 편차 제곱합'이 차지하는 비율이, 매출액의 변동 중 광고비에 의해서 설명할 수 있는 비율이 된다. 이 광고비에 의해서 설명할 수 있는 비율이 결정계수 R^2로서 예측식이 어느 정도 도움이 되는지를 나타낸다.

▶ Excel의 분석도구'회귀분석'으로 결정계수를 구하는 절차

<표 5-4>에서 셀 F5에 결정계수의 값 0.833이 출력되어 있다. 설명변수인 광고비에 의해, 목적변수인 매출액은 83% 정도 예측할 수 있다는 것을 알 수 있다.

| 표 5-4 | **회귀분석 분석도구에 의한 결정계수의 출력 예**

	E	F
3	회귀분석 통계량	
4	다중 상관계수	0.912
5	결정계수	0.833
6	조정된 결정계수	0.820
7	표준 오차	3602.118
8	관측수	15

또한 셀 F4에 다중상관계수가 출력되어 있는데, '다중상관계수'는 관측값과 예측값의 상관계수를 나타낸다. '결정계수'는 다중상관계수의 제곱값과 일치한다. 결정계수의 아래 셀 F6에 표시되어 있는 '조정된 결정계수'는 '자유도조정필 결정계수'로서 설명변수를 추가하는 것의 페널티를 고려한 결정계수가 계산되어 있다. 조정된 결정계수는 설명변수의 수를 조정함으로써 예측의 좋고 나쁨을 측정하는 지표이다. 설명변수가 여러 개 존재하는 경우에 중요하다.

▶'해 찾기'를 이용한 경우의 결정계수 구하는 절차

'해 찾기'를 이용해서 회귀분석을 실시한 경우에 있어서는, 아래와 같은 계산절차에 의해 결정계수를 구할 수 있다.

예제 5-4

광고비와 매출액의 관계 데이터 <표 5-1>을 이용해서 기업의 광고비에 의한 매출액 예측의 정도(精度)를 결정계수를 구해서 확인해 보자.

순서 1 ▸▸▸ 목적변수의 편차 제곱합 S_T 계산

목적변수의 편차 제곱합 S_T는 '=VAR(목적변수의 데이터 범위)*($(n-1)$)'에 의해 구해진다.

E20 | fx =VAR(C2:C16)*(15-1)

	A	B	C	D	E
1	기업	광고비(만원)	매출액(만원)	매출액의 예측값	잔차
2	A	2,688	32,335	35,733.733	- 3,398.733
3	B	2,521	28,147	32,585.291	- 4,438.291
4	C	3,007	46,054	41,747.824	4,306.176
5	D	2,068	28,597	24,044.906	4,552.094
6	E	2,804	41,557	37,920.675	3,636.325
7	F	1,727	20,626	17,616.051	3,009.949
8	G	2,446	25,870	31,171.320	- 5,301.320
9	H	2,124	22,548	25,100.671	- 2,552.671
10	I	2,655	36,558	35,111.586	1,446.414
11	J	1,536	14,835	14,015.138	819.862
12	K	2,250	31,255	27,476.142	3,778.858
13	L	2,456	27,889	31,359.850	- 3,470.850
14	M	1,989	21,554	22,555.523	- 1,001.523
15	N	2,135	22,356	25,308.053	- 2,952.053
16	O	2,666	36,885	35,318.969	1,566.031
17	L	2,300			
18					
19	회귀계수 a	18.853		잔차의 제곱합 S_e	168678278.498
20	상수항 b	-14,942.990		매출액의 편차 제곱합 S_T	1007642742.933
21					

Sheet1 Sheet2 Sheet3

[셀의 입력내용]

E20;=VAR(C2:C16)*(15-1)

순서 2 ▸▸▸ 목적변수 예측값의 편차 제곱합 S_R 계산

목적변수 예측값의 편차 제곱합 S_R은 '목적변수의 편차 제곱합 S_T－잔차의 편차 제곱합 S_e'에 의해 구해진다.

E21 =E20-E19

	A	B	C	D	E
1	기업	광고비(만원)	매출액(만원)	매출액의 예측값	잔차
2	A	2,688	32,335	35,733.733	- 3,398.733
3	B	2,521	28,147	32,585.291	- 4,438.291
4	C	3,007	46,054	41,747.824	4,306.176
5	D	2,068	28,597	24,044.906	4,552.094
6	E	2,804	41,557	37,920.675	3,636.325
7	F	1,727	20,626	17,616.051	3,009.949
8	G	2,446	25,870	31,171.320	- 5,301.320
9	H	2,124	22,548	25,100.671	- 2,552.671
10	I	2,655	36,558	35,111.586	1,446.414
11	J	1,536	14,835	14,015.138	819.862
12	K	2,250	31,255	27,476.142	3,778.858
13	L	2,456	27,889	31,359.850	- 3,470.850
14	M	1,989	21,554	22,555.523	- 1,001.523
15	N	2,135	22,356	25,308.053	- 2,952.053
16	O	2,666	36,885	35,318.969	1,566.031
17	L	2,300			
18					
19	회귀계수 a	18.853		잔차의 제곱합 S_e	168678278.498
20	상수항 b	-14,942.990		매출액의 편차 제곱합 S_T	1007642742.933
21				매출액 예측값의 편차 제곱합 S_R	838964464.436

Sheet1 Sheet2 Sheet3

[셀의 입력내용]

E21;=E20-E19

순서 2 ▸▸▸ 결정계수 R^2의 계산

$$R^2 = \frac{\text{매출액(목적변수)의 예측값에 대한 편차 제곱합 } S_R}{\text{매출액(목적변수)의 편차 제곱합 } S_T}$$

$$= 1 - \left(\frac{\text{잔차의 편차 제곱합 } S_e}{\text{매출액(목적변수)의 편차 제곱합 } S_T} \right)$$

E22 =1-(E19/E20)

	A	B	C	D	E
1	기업	광고비(만원)	매출액(만원)	매출액의 예측값	잔차
2	A	2,688	32,335	35,733.733	- 3,398.733
3	B	2,521	28,147	32,585.291	- 4,438.291
4	C	3,007	46,054	41,747.824	4,306.176
5	D	2,068	28,597	24,044.906	4,552.094
6	E	2,804	41,557	37,920.675	3,636.325
7	F	1,727	20,626	17,616.051	3,009.949
8	G	2,446	25,870	31,171.320	- 5,301.320
9	H	2,124	22,548	25,100.671	- 2,552.671
10	I	2,655	36,558	35,111.586	1,446.414
11	J	1,536	14,835	14,015.138	819.862
12	K	2,250	31,255	27,476.142	3,778.858
13	L	2,456	27,889	31,359.850	- 3,470.850
14	M	1,989	21,554	22,555.523	- 1,001.523
15	N	2,135	22,356	25,308.053	- 2,952.053
16	O	2,666	36,885	35,318.969	1,566.031
17	L	2,300			
18					
19	회귀계수 a	18.853		잔차의 제곱합 S_e	168678278.498
20	상수항 b	-14,942.990		매출액의 편차 제곱합 S_T	1007642742.933
21				매출액 예측값의 편차 제곱합 S_R	838964464.436
22				결정계수 R^2	0.833

Sheet1 Sheet2 Sheet3

[셀의 입력내용]

E22;=1-(E19/E20)

■ 분석결과

결정계수가 0.833으로 얻어져, 목적변수인 매출액은 83% 정도 설명변수인 광고비에 의해서 예측할 수 있다는 것을 알 수 있다.

3. 회귀계수의 검정

단회귀분석으로 얻어진 예측식이 모집단인 전 기업에 있어서도 정말로 도움이 되는지를 검증할 필요가 있다. 그러기 위해서 실시하는 것이 회귀계수의 검정이다. 회귀계수의 검정은 회귀계수(또는 상수항)가 0이라는 것을 귀무가설로 한 t검정에 의해서 실시된다.

분석에 사용한 15개의 데이터에 대해서는 '광고비'로 '매출액'을 충분히 설명할 수 있다는 것이 보여졌다. 그러나 모집단인 전 기업에 있어서도 똑같이 말할 수 있는지 어떤지 알 수 없다. 사실은 '광고비'로 '매출액'을 충분히 설명할 수 없는데도 이와 같은 결과가 우연히 얻어져 있는지도 모른다. 따라서 모집단에 있어서 '광고비'는 '매출액'에 영향을 미치고 있지 않다고 하는 가설(귀무가설)을 검정할 필요가 있다. 그래서 회귀계수의 검정에서는 회귀계수(또는 상수항)가 0이라는 것을 귀무가설로 한 t검정을 실시한다.

광고비의 회귀계수 a의 검정은,

$$t = \frac{a}{\sqrt{\dfrac{(\text{잔차 제곱합})/(n-2)}{\text{설명변수 } x \text{의 편차 제곱합}}}}$$

가 자유도 $n-2$의 t분포에 따르는 것을 이용해서 실시한다. 여기에서 n은 데이터 수를 나타낸다. 이 t값과 자유도의 값으로부터 귀무가설 하에서의 회귀계수 값이 얻어질 확률을 나타내는 P값을 산출한다. 그리하여 P값이 어떤 일정한 값(유의수준) 이하이면, 귀무가설이 옳다고는 생각하기 어렵다고 해서 귀무가설을 기각한다. 유의수준이 5% 혹은 1%이면, 유의수준의 값 5%(0.05) 혹은 1%(0.01)를 P값과 비교한다. 그리하여 P값이 0.05(0.01)보다도 작은 경우에는 귀무가설을 유의수준 5%(1%)에서 기각한다. 즉, "회귀계수가 0인 귀무가설은 기각되어, 회귀계수가 0이라고는 할 수 없다"를 인정하게 된다. 요컨대, 모집단에 있어서는 회귀계수에 의미가 있다고 생각되어, 회귀계수가 영향을 미치고 있다고 할 수 있다.

역으로, P값과 유의수준의 값 5%(0.05) 혹은 1%(0.01)를 비교해서, P값이 0.05(0.01)보다도 큰 경우에는 귀무가설은 틀리지 않게 된다. 그 경우는, 모집단에 있어서는 회귀계수에 의미가 없다고 취한다. 이 경우는 회귀계수가 영향을 미치고 있지 않다고 생각된다.

▶ Excel의 분석도구'회귀분석'에 의한 회귀계수의 검정

<표 5-5>의 16행에서 18행까지에는 회귀계수의 검정결과가 출력되어 있다. 이것은 모집단에 있어서 '광고비'는 '매출액'에 영향을 미치고 있다고 하는 가설(귀무가설)을 검증한 검정결과이다. '광고비'의 '$P-$값'으로서 유의확률(P값)이 출력되어 있다. '광고비'의 P값은 0.05(0.01)보다도 작아서, 유의수준 5%(1%)에서 귀무가설은 기각된다. 따라서 '광고비'가 '매출액'에 영향을 미치고 있다는 것을 나타내고 있다.

| 표 5-5 | 회귀분석 분석도구에 의한 회귀계수에 대한 검정의 출력 예

	E	F	G	H	I
16		계수	표준 오차	t 통계량	P-값
17	Y 절편	-14943.488	5560.345	-2.688	0.019
18	광고비(만원)	18.853	2.345	8.041	0.000

▶'해 찾기'를 이용한 경우의 회귀계수 검정 절차

'해 찾기'를 이용해서 회귀분석을 실시한 경우, 회귀계수의 검정은 다음과 같은 절차로 실시할 수 있다.

예제 5-5

광고비와 매출액의 관계 데이터 <표 5-1>을 이용해서, 기업의 광고비가 매출액에 대해서 영향을 미치고 있다고 해도 문제가 없는지 어떤지를 회귀계수의 검정을 실시해서 확인한다.

순서 1 ▸▸▸ 설명변수의 편차 제곱합 계산

설명변수의 편차 제곱합은 '=VAR(설명변수의 데이터 범위)*$(n-1)$'에 의해 구해진다.

	A	B	C	D	E
1	기업	광고비(만원)	매출액(만원)	매출액의 예측값	잔차
2	A	2,688	32,335	35,733.733	- 3,398.733
3	B	2,521	28,147	32,585.291	- 4,438.291
4	C	3,007	46,054	41,747.824	4,306.176
5	D	2,068	28,597	24,044.906	4,552.094
6	E	2,804	41,557	37,920.675	3,636.325
7	F	1,727	20,626	17,616.051	3,009.949
8	G	2,446	25,870	31,171.320	- 5,301.320
9	H	2,124	22,548	25,100.671	- 2,552.671
10	I	2,655	36,558	35,111.586	1,446.414
11	J	1,536	14,835	14,015.138	819.862
12	K	2,250	31,255	27,476.142	3,778.858
13	L	2,456	27,889	31,359.850	- 3,470.850
14	M	1,989	21,554	22,555.523	- 1,001.523
15	N	2,135	22,356	25,308.053	- 2,952.053
16	O	2,666	36,885	35,318.969	1,566.031
17	L	2,300			
18					
19	회귀계수 a	18.853		잔차의 제곱합 S_e	168678278.498
20	상수항 b	-14,942.990		매출액의 편차 제곱합 S_T	1007642742.933
21				매출액 예측값의 편차 제곱합 S_R	838964464.436
22				결정계수 R^2	0.833
23				광고비의 편차 제곱합	2360341.733
24					
25					

[셀의 입력내용]

E23;=VAR(B2:B16)*(15-1)

순서 2 ▸▸▸ t값의 계산

t값은 설명변수의 편차 제곱합과 잔차의 제곱합, 자유도(데이터 수-2)를 이용해서,

$$t=\frac{18.853}{\sqrt{\dfrac{(168678278.498)/(15-2)}{2360341.733}}}=8.041$$

로 계산할 수 있다.

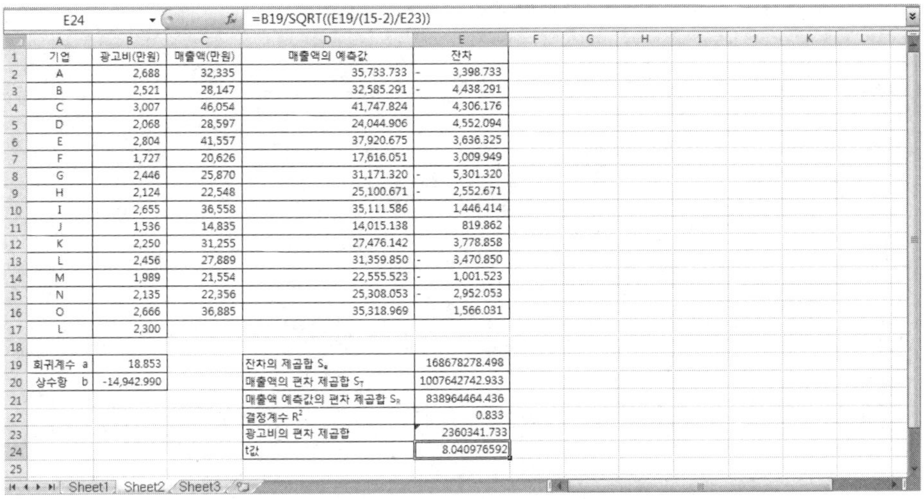

E24 | =B19/SQRT((E19/(15-2)/E23))

	A	B	C	D	E
1	기업	광고비(만원)	매출액(만원)	매출액의 예측값	잔차
2	A	2,688	32,335	35,733.733	- 3,398.733
3	B	2,521	28,147	32,585.291	- 4,438.291
4	C	3,007	46,054	41,747.824	4,306.176
5	D	2,068	28,597	24,044.906	4,552.094
6	E	2,804	41,557	37,920.675	3,636.325
7	F	1,727	20,626	17,616.051	3,009.949
8	G	2,446	25,870	31,171.320	- 5,301.320
9	H	2,124	22,548	25,100.671	- 2,552.671
10	I	2,655	36,558	35,111.586	1,446.414
11	J	1,536	14,835	14,015.138	819.862
12	K	2,250	31,255	27,476.142	3,778.858
13	L	2,456	27,889	31,359.850	- 3,470.850
14	M	1,989	21,554	22,555.523	- 1,001.523
15	N	2,135	22,356	25,308.053	- 2,952.053
16	O	2,666	36,885	35,318.969	1,566.031
17	L	2,300			
18					
19	회귀계수 a	18.853		잔차의 제곱합 S_e	168678278.498
20	상수항 b	-14,942.990		매출액의 편차 제곱합 S_T	1007642742.933
21				매출액 예측값의 편차 제곱합 S_R	838964464.436
22				결정계수 R^2	0.833
23				광고비의 편차 제곱합	2360341.733
24				t값	8.040976592

[셀의 입력내용]

E24;=B19/SQRT((E19/(15-2)/E23))

순서 3 ▸▸▸ *P*값의 계산

*P*값은 Excel의 함수인 TDIST 함수를 이용해서 '=TDIST(t값의 절대값, 자유도, 2)'에 의해서 구해진다. 절대값은 Excel에서 ABS 함수에 의해서 'ABS(절대값을 구하고 싶은 셀)'에 의해서 구해진다.

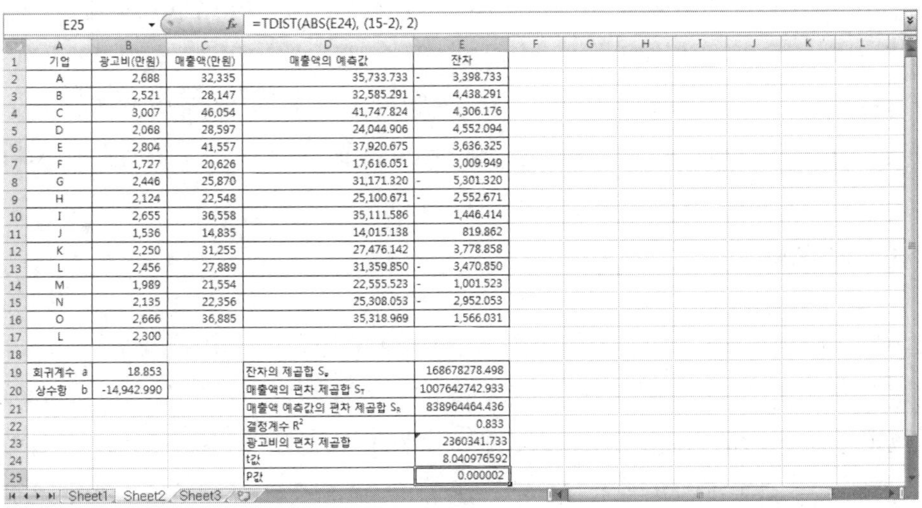

E25 | =TDIST(ABS(E24), (15-2), 2)

	A	B	C	D	E
1	기업	광고비(만원)	매출액(만원)	매출액의 예측값	잔차
2	A	2,688	32,335	35,733.733	- 3,398.733
3	B	2,521	28,147	32,585.291	- 4,438.291
4	C	3,007	46,054	41,747.824	4,306.176
5	D	2,068	28,597	24,044.906	4,552.094
6	E	2,804	41,557	37,920.675	3,636.325
7	F	1,727	20,626	17,616.051	3,009.949
8	G	2,446	25,870	31,171.320	- 5,301.320
9	H	2,124	22,548	25,100.671	- 2,552.671
10	I	2,655	36,558	35,111.586	1,446.414
11	J	1,536	14,835	14,015.138	819.862
12	K	2,250	31,255	27,476.142	3,778.858
13	L	2,456	27,889	31,359.850	- 3,470.850
14	M	1,989	21,554	22,555.523	- 1,001.523
15	N	2,135	22,356	25,308.053	- 2,952.053
16	O	2,666	36,885	35,318.969	1,566.031
17	L	2,300			
18					
19	회귀계수 a	18.853		잔차의 제곱합 S_e	168678278.498
20	상수항 b	-14,942.990		매출액의 편차 제곱합 S_T	1007642742.933
21				매출액 예측값의 편차 제곱합 S_R	838964464.436
22				결정계수 R^2	0.833
23				광고비의 편차 제곱합	2360341.733
24				t값	8.040976592
25				P값	0.000002

[셀의 입력내용]

E25;=TDIST(ABS(E24), (15-2), 2)

순서 4 ▸▸▸ P값과 유의수준을 비교해서 판정

	A	B	C	D	E
1	기업	광고비(만원)	매출액(만원)	매출액의 예측값	잔차
2	A	2,688	32,335	35,733.733	- 3,398.733
3	B	2,521	28,147	32,585.291	- 4,438.291
4	C	3,007	46,054	41,747.824	4,306.176
5	D	2,068	28,597	24,044.906	4,552.094
6	E	2,804	41,557	37,920.675	3,636.325
7	F	1,727	20,626	17,616.051	3,009.949
8	G	2,446	25,870	31,171.320	- 5,301.320
9	H	2,124	22,548	25,100.671	- 2,552.671
10	I	2,655	36,558	35,111.586	1,446.414
11	J	1,536	14,835	14,015.138	819.862
12	K	2,250	31,255	27,476.142	3,778.858
13	L	2,456	27,889	31,359.850	- 3,470.850
14	M	1,989	21,554	22,555.523	- 1,001.523
15	N	2,135	22,356	25,308.053	- 2,952.053
16	O	2,666	36,885	35,318.969	1,566.031
17	L	2,300			
18					
19	회귀계수 a	18.853		잔차의 제곱합 S_e	168678278.498
20	상수항 b	-14,942.990		매출액의 편차 제곱합 S_T	1007642742.933
21				매출액 예측값의 편차 제곱합 S_R	838964464.436
22				결정계수 R^2	0.833
23				광고비의 편차 제곱합	2360341.733
24				t값	8.040976592
25				P값	0.000002

Sheet1 Sheet2 Sheet3

■ 분석결과

실제로 설명변수 x의 편차 제곱합이 'x의 분산$\times(n-1)$'이라는 것을 이용해서, t값을 계산하면 8.041이 된다. 이 값과 자유도$(n-2)$를 이용해서 TDIST 함수에 의해 P값을 구하면 0.000002가 된다. P값이 0.05보다 작으므로 유의수준 5%에서 귀무가설이 기각된다. 따라서 "회귀계수가 0이라고 하는 귀무가설이 기각되어, 회귀계수가 0이라고는 할 수 없다"는 것을 알 수 있다. 모집단인 전 기업에 있어서 회귀계수에 의미가 있다고 생각되어 '광고비'가 '매출액'에 영향을 미치고 있다고 할 수 있다.

4. 잔차의 검토

회귀직선에 의한 예측에 문제가 없는지 어떤지는 잔차도를 작성해서, 그 잔차에 무언가의 경향이 없는지 어떤지 확인함으로써 검토하지 않으면 안 된다. 단회귀분석에서는 <그림 5-1>과 같이 최소자승법에 의해 관측값과 예측값의 잔차에 대한 제곱합의 값을 최소화하는 회귀계수의 값을 구하고 있다. 그때 잔차에 대해서 두 개의 가정을 두고 있다. 잔차에 어떠한 경향이 있을 경우, 이 가정이 잘못되어 있을 가능성이 있다.

그 가정의 하나는 "설명변수의 값에 관계없이 잔차의 분포가 같다"고 하는 것이다. 다른 하나는 "평균이 0이고 표준편차가 일정한 정규분포에 잔차가 따른다"고 하는 가정이다. 잔차에 일정한 경향이 있는 경우에는, 이들 가정이 틀려 있을 가능성을 의심하지 않으면 안 된다.

만일 잔차도를 작성해서 '광고비'가 증가함에 따라서 "잔차도 증가하고 있다", "잔차가 어떠한 규칙성을 갖고 있는 것처럼 보인다"라고 하듯이 '잔차'에 어떠한 경향이 존재하는 경우에는, 회귀직선에 의한 예측에 문제가 있다고 하게 된다. 따라서 "직선이 아니라 곡선으로 예측을 실시한다", "다른 설명변수를 추가한다"라고 하는 회귀분석의 지침 그 자체를 재검토할 필요가 있다.

▶ Excel의 분석도구'회귀분석'에 의한 잔차의 검토

<그림 5-3>의 잔차도를 보면, 광고비와 잔차의 사이에는 명확한 경향이 존재하고 있지 않다는 것을 알 수 있다. 그러나 만일 광고비가 증가함에 따라서 잔차도 증가하고 있다거나 잔차가 어떠한 규칙성을 갖고 있는 것처럼 보인다거나 하듯이 잔차에 어떠한 경향이 포착되는 경우에는 주의가 필요하다. 광고비와 잔차의 사이에 일정한 경향이 존재하는 경우에는 회귀직선에 의한 예측에 문제가 있다고 생각되어, 직선이 아니라 곡선으로 예측을 실시한다거나 다른 설명변수를 추가한다고 하는 회귀분석의 지침 그 자체를 재검토해야 한다.

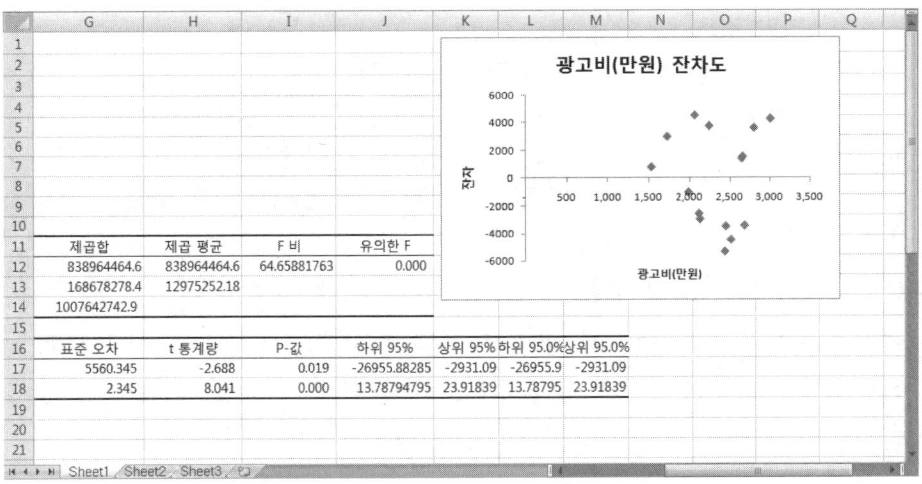

제곱합	제곱 평균	F 비	유의한 F
838964464.6	838964464.6	64.65881763	0.000
168678278.4	12975252.18		
1007642742.9			

표준 오차	t 통계량	P-값	하위 95%	상위 95%	하위 95.0%	상위 95.0%
5560.345	-2.688	0.019	-26955.88285	-2931.09	-26955.9	-2931.09
2.345	8.041	0.000	13.78794795	23.91839	13.78795	23.91839

| 그림 5-3 | **회귀분석 분석도구에 의한 잔차도의 출력 예**

▶'해 찾기'를 이용한 경우의 잔차에 대한 검토

'해 찾기'에 의한 단회귀분석에 의해 얻어진 출력결과를 이용해서, 잔차도는 다음과 같은 절차로 작성할 수 있다.

예제 5-6

<표 5-1>을 이용해서, '해 찾기'에 의한 단회귀분석의 출력결과에 대하여 잔차를 검토한다.

순서 1 ▸▸▸ 설명변수와 잔차의 데이터 범위 선택

설명변수인 광고비의 데이터 범위와 잔차의 데이터 범위를 Ctrl 키를 누르면서 선택한다.

	A	B	C	D	E	F	G	H
1	기업	광고비(만원)	매출액(만원)	매출액의 예측값	잔차			
2	A	2,688	32,335	35,733.733	- 3,398.733			
3	B	2,521	28,147	32,585.291	- 4,438.291			
4	C	3,007	46,054	41,747.824	4,306.176			
5	D	2,068	28,597	24,044.906	4,552.094			
6	E	2,804	41,557	37,920.675	3,636.325			
7	F	1,727	20,626	17,616.051	3,009.949			
8	G	2,446	25,870	31,171.320	- 5,301.320			
9	H	2,124	22,548	25,100.671	- 2,552.671			
10	I	2,655	36,558	35,111.586	1,446.414			
11	J	1,536	14,835	14,015.138	819.862			
12	K	2,250	31,255	27,476.142	3,778.858			
13	L	2,456	27,889	31,359.850	- 3,470.850			
14	M	1,989	21,554	22,555.523	- 1,001.523			
15	N	2,135	22,356	25,308.053	- 2,952.053			
16	O	2,666	36,885	35,318.969	1,566.031			
17	L	2,300						
18								
19	회귀계수 a	18.853		잔차의 제곱합 S_e	168678278.498			
20	상수항 b	-14,942.990		매출액의 편차 제곱합 S_T	1007642742.933			
21				매출액 예측값의 편차 제곱합 S_R	838964464.436			
22				결정계수 R^2	0.833			
23				광고비의 편차 제곱합	2360341.733			
24				t값	8.041			
25				P값	0.000002			

Sheet1 Sheet2 Sheet3

순서 2 ▸▸▸ 분산형 차트의 선택

설명변수와 잔차의 데이터 범위를 선택한 상태에서, 메뉴에서 [삽입] 탭을 선택하고 [차트] 리본 내의 [분산형]에서 첫 번째 '표식만 있는 분산형'을 선택한다.

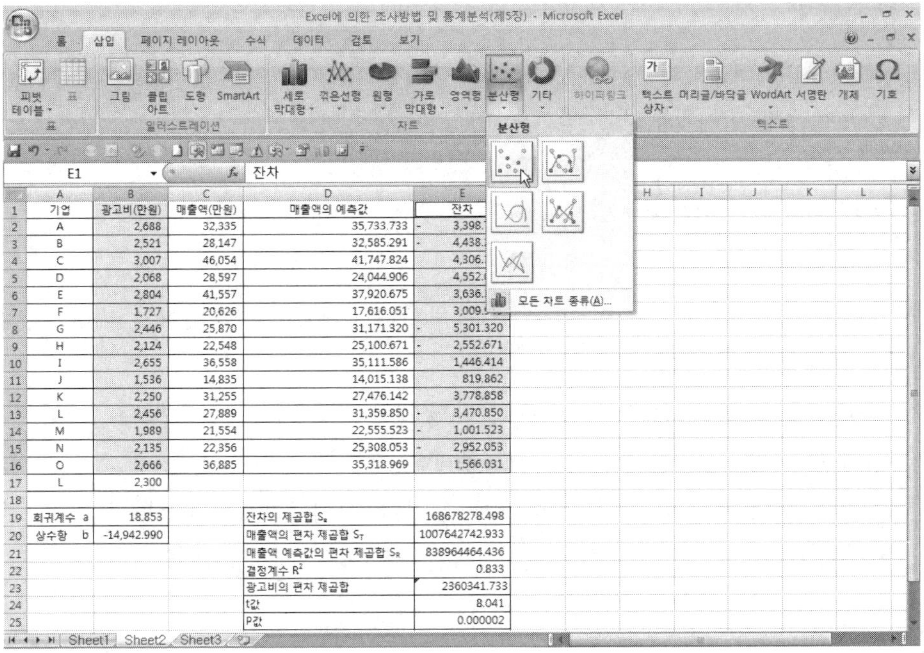

순서 3 ▸▸▸ 차트 제목, 축 제목 등의 설정

[레이아웃] 탭에서 차트 제목, 축 제목 등을 선택하여 차트를 정비하여 완성한다.

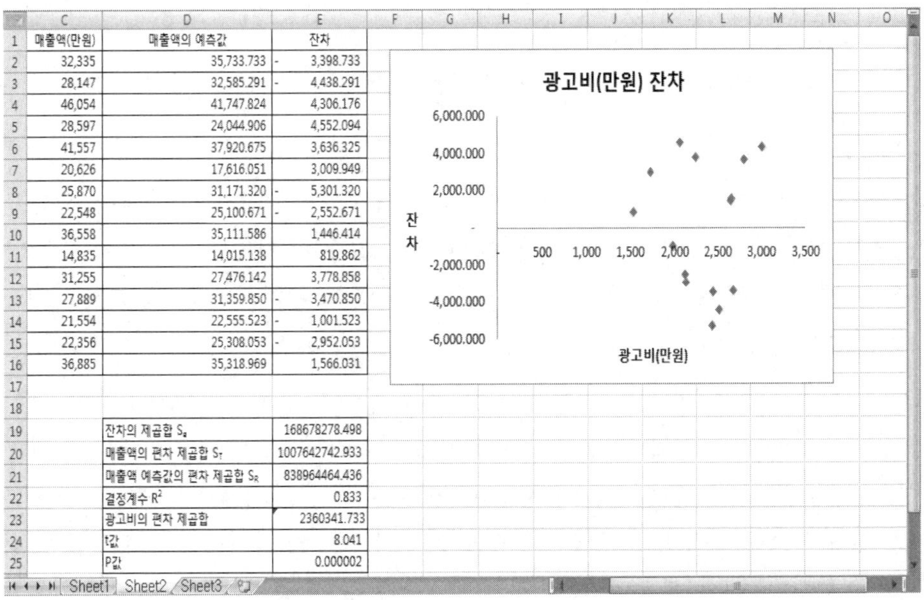

| 그림 5-4 | '해 찾기'에 의한 잔차도의 출력 예

■ **분석결과**

잔차도로부터 광고비와 잔차 사이에는 명확한 경향이 없다는 것을 알 수 있다. 따라서 회귀직선에 의한 예측에 문제는 없다고 생각된다.

5. 예측식에 의거한 예측

예측식에 의한 예측을 실시하려면, 실제로 데이터를 단회귀분석에 의해 얻어진 예측식에 대입하면 된다.

예제 5-4에서의 결정계수 값으로부터 매출액은 광고비에 의해 83% 정도는 설명할 수 있다고 할 수 있다. 즉, 예측의 정도(精度)는 충분히 높다고 할 수 있다는 것이 판명되었다. 또한 예제 5-5의 회귀계수의 검정이나 예제 5-6에서의 잔차도에 의한 잔차의 검토결과로부터, 회귀직선에 의한 예측에 문제는 없어 보인다는 것을 알았다. 데이터 <표 5-1>을 단회귀분석함으로써 얻어진 예측식,

매출액 = 18.853 × **광고비** − 14943.5

을 이용해서 예측을 실시하더라도 문제는 없을 것으로 보인다.

기업 P의 광고비가 2,300만원인 경우에는, 단회귀분석에 의해 얻어진 예측식에 2,300(만원)을 대입함으로써 기업 P의 매출액을 구할 수 있다. 따라서 기업 P의 매출액은,

기업 P의 매출액 = 18.853 × 2300 − 14943.5 = 28418.4

로 예측할 수 있다.

단, 분석에 의해 얻어진 예측식은, 예측식을 구하기 위해서 분석에 사용한 설명변수인 광고비의 범위 '1,536~3,007만원'에서만 유효하다. 기업 P의 광고비 2,300만원은 예측식을 구하기 위해서 분석에 사용한 범위 내의 값이다. 이와 같이 분석에 사용한 범위 내의 값을 삽입해서 예측값을 구하는 것을 내삽(內挿)이라고 부른다.

예측식을 구하기 위하여 분석에 사용한 범위 외의 설명변수 값에 의한 예측값은, 그다지 신뢰할 수 없다. 만일 광고비가 '600만원'인 경우의 매출액을 예측식에 대입해서 계산하면, '매출액 = 18.853 × 600 − 14943.5 = −3631.7(만원)'이 된다. 매출액이 마이너스의 값이 되는 사실로부터 예측이 올바르다고는 생각하기 어렵다. 이와 같이 예측식을 구하기 위해서 분석에 사용한 범위 외의 값을 삽입하는 것을 외삽(外挿)이라고 부른다. 외삽할 때에는 얻어진 결과에 대해서 주의가 필요하다.

▶'해 찾기'를 이용한 경우의 예측식에 의거한 예측

Excel에 있어서는 단회귀분석에 의해서 얻어진 예측식에 의거한 기업 P의 매출액 예측은 다음과 같이 실행할 수 있다. 절차는 '회귀분석' 분석도구와 '해 찾기'를 이용한 경우에 있어서 공통이다. '해 찾기'에 의해 얻어진 회귀계수와 상수항(절편)의 값을 이용해서 예측식에 의거한 기업 P의 매출액 예측을 실행하는 절차를 해설한다.

예제 5-7

광고비와 매출액의 관계 데이터 <표 5-1>을 이용해서, '해 찾기'에 의해 단회귀분석을 실행한 결과 얻어진 기업의 광고비와 매출액 관계를 나타내는 예측식으로부터 기업 P의 매출액을 예측한다.

순서 1 ▸▸▸ '해 찾기'에 의해 얻어진 회귀분석의 결과 준비

앞에서 '해 찾기'에 의해서 구한 회귀분석의 결과에 기업 P의 광고비를 입력하고 매출액 예측값을 구할 난을 준비한다.

D2 =SUMPRODUCT(B2,$B$19)+$B$20

	A	B	C	D	E
1	기업	광고비(만원)	매출액(만원)	매출액의 예측값	잔차
2	A	2,688	32,335	35,733.733	- 3,398.733
3	B	2,521	28,147	32,585.291	- 4,438.291
4	C	3,007	46,054	41,747.824	4,306.176
5	D	2,068	28,597	24,044.906	4,552.094
6	E	2,804	41,557	37,920.675	3,636.325
7	F	1,727	20,626	17,616.051	3,009.949
8	G	2,446	25,870	31,171.320	- 5,301.320
9	H	2,124	22,548	25,100.671	- 2,552.671
10	I	2,655	36,558	35,111.586	1,446.414
11	J	1,536	14,835	14,015.138	819.862
12	K	2,250	31,255	27,476.142	3,778.858
13	L	2,456	27,889	31,359.850	- 3,470.850
14	M	1,989	21,554	22,555.523	- 1,001.523
15	N	2,135	22,356	25,308.053	- 2,952.053
16	O	2,666	36,885	35,318.969	1,566.031
17	L	2,300			
18					
19	회귀계수 a	18.853		잔차의 제곱합 S_e	168678278.498
20	상수항 b	-14,942.990		매출액의 편차 제곱합 S_T	1007642742.933
21				매출액 예측값의 편차 제곱합 S_R	838964464.436
22				결정계수 R^2	0.833
23				광고비의 편차 제곱합	2360341.733
24				t값	8.041
25				P값	0.000002

Sheet1 Sheet2 Sheet3

순서 2 ▸▸▸ '해 찾기'에 의해 얻어진 회귀계수와 상수항(절편)의 값을 이용한 기업 P의 매출액 계산

Excel의 '해 찾기'로 얻어진 예측식으로부터 기업 P의 매출액은 '=(광고비의 회귀계수 값*기업 P의 광고비 값 + 상수항'에 의해 계산할 수 있다.

C17 =B19*B17+B20

	A	B	C	D	E
1	기업	광고비(만원)	매출액(만원)	매출액의 예측값	잔차
2	A	2,688	32,335	35,733.733	- 3,398.733
3	B	2,521	28,147	32,585.291	- 4,438.291
4	C	3,007	46,054	41,747.824	4,306.176
5	D	2,068	28,597	24,044.906	4,552.094
6	E	2,804	41,557	37,920.675	3,636.325
7	F	1,727	20,626	17,616.051	3,009.949
8	G	2,446	25,870	31,171.320	- 5,301.320
9	H	2,124	22,548	25,100.671	- 2,552.671
10	I	2,655	36,558	35,111.586	1,446.414
11	J	1,536	14,835	14,015.138	819.862
12	K	2,250	31,255	27,476.142	3,778.858
13	L	2,456	27,889	31,359.850	- 3,470.850
14	M	1,989	21,554	22,555.523	- 1,001.523
15	N	2,135	22,356	25,308.053	- 2,952.053
16	O	2,666	36,885	35,318.969	1,566.031
17	L	2,300	28,418.8		
18					
19	회귀계수 a	18.853		잔차의 제곱합 S_e	168678278.498
20	상수항 b	-14,942.990		매출액의 편차 제곱합 S_T	1007642742.933
21				매출액 예측값의 편차 제곱합 S_R	838964464.436
22				결정계수 R^2	0.833
23				광고비의 편차 제곱합	2360341.733
24				t값	8.041
25				P값	0.000002

Sheet1 Sheet2 Sheet3

[셀의 입력내용]

C17;=B19*B17+B20

■ **분석결과**

기업 P의 매출액은 '28,418.8', 즉 284,188,000원으로 예측할 수 있다는 것을 알 수 있다.

제6절 로버스트 회귀분석

로버스트 회귀분석(robust regression analysis)이란 이상한 값인 이상치(outlier)의 영향을 받기 어려운 회귀분석의 방법이다. '로버스트'란 '완건(頑健)한'이라고 하는 의미이다. '해 찾기'를 이용하면 로버스트 회귀분석을 실행할 수 있다.

로버스트 회귀분석에서는 잔차 제곱합이 아니라 잔차의 절대값의 합을 최소화해서 예측식을 구한다. 데이터에 이상치가 있는 경우, 지금까지 설명해 온 '회귀분석' 분석 도구나 '해 찾기'를 이용한 통상의 단회귀분석에서는 이상치의 영향을 받아, 정확한 예측식을 구할 수 없다. 이상치(異常値)의 영향을 받지 않는 정확하고 완건한 예측식을 구하기 위해서는 로버스트 회귀분석을 이용하지 않으면 안 된다.

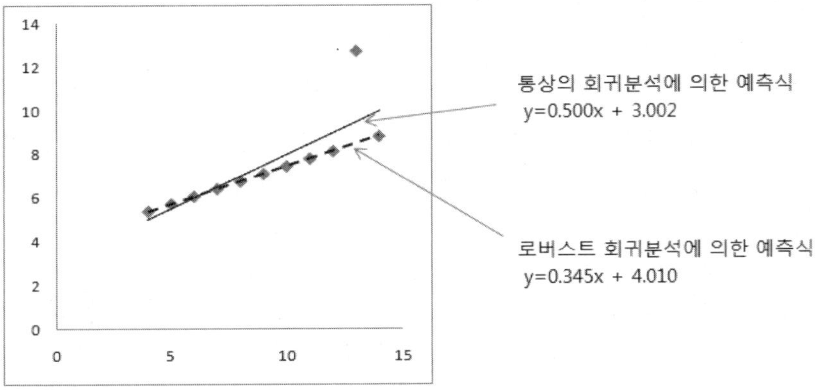

| 그림 5-5 | **통상의 회귀분석과 로버스트 회귀분석에 의한 예측식에 대한 이상치 영향의 차이**

<그림 5-5>와 같이 이상치가 존재하는 데이터에 대해서 통상의 회귀분석과 로버스트 회귀분석을 각각 실행하면, 통상의 회귀분석에 의해 구한 예측식은 이상치에 의해 영향을 받아, 데이터에 대해서 잘 들어맞지 않는다. 한편, 로버스트 회귀분석에 의해 구한 예측식은 이상치의 영향을 받지 않고 이상치 이외의 나머지 데이터에 잘 들어맞는 직선이 얻어지고 있다. 로버스트 회귀분석을 실행함으로써 이상치의 영향을 받기 어려운 정확하고 완건한 예측식이 얻어지고 있다는 것을 알 수 있다.

로버스트 회귀분석에서는 잔차 제곱합이 아니라, 잔차의 절대값에 대한 합을 최소화하도록 해서 예측식을 구한다. 지금까지 해설해 온 통상의 회귀분석에서는, 잔차 제곱합

$$\sum_{i=1}^{n} e_i^2 = \sum_{i=1}^{n} (y_i - \hat{y_i})^2$$

을 최소로 하는 계수의 값을 구하고 있었다. 그러나 로버스트 회귀분석에서는 잔차 제곱합이 아니라 잔차의 절대값에 대한 합

$$\sum_{i=1}^{n}|e_i| = \sum_{i=1}^{n}|y_i - \hat{y_i}|$$

를 최소로 하는 계수의 값을 구한다. 그러나 로버스트 회귀분석의 경우는, 분석적으로 풀 수 없고 축차계산(逐次計算)을 실행할 필요가 있다. 그 때문에 비근한 분석 프로그램이 없어 보급되지 못해 왔다. 당연히 '회귀분석' 분석도구에서는 실행할 수 없다. 그러나 '해 찾기'를 이용하면, '잔차의 절대값에 대한 합'을 최소화하는 최적의 계수값을 구할 수 있다. 그 때문에 '해 찾기'를 이용하면 비교적 용이하게 로버스트 회귀분석을 실행할 수 있다.

<표 5-6>은 데이터의 산포 방식이 서로 다른 네 가지 유형의 데이터에 회귀분석을 실행하여 그 유효성을 얻어진 수치결과만으로 판단하는 것은 대단히 위험하다는 것의 예로서, 통계학의 교과서에 자주 인용되고 있는 Anscombe의 데이터이다.

| 표 5-6 | Anscombe의 데이터

(A)		(B)		(C)		(D)	
x	y	x	y	x	y	x	y
4	4.26	4	3.10	4	5.39	8	6.58
5	5.68	5	4.74	5	5.73	8	5.76
6	7.24	6	6.13	6	6.08	8	7.71
7	4.82	7	7.26	7	6.42	8	8.84
8	6.95	8	8.14	8	6.77	8	8.47
9	8.81	9	8.77	9	7.11	8	7.04
10	8.04	10	9.14	10	7.46	8	5.25
11	8.33	11	9.26	11	7.81	8	5.56
12	10.84	12	9.13	12	8.15	8	7.91
13	7.58	13	8.74	13	12.74	8	6.89
14	9.96	14	8.10	14	8.84	19	12.50

자료 : Anscombe, F. J., "Graphs in statistical analysis", American Statistician, No.27, 1973, pp. 17~21.

통계학자 Anscombe은 논문 중에서 회귀분석을 실행하여 그 유효성을 판단할 때, 수치에만 의지하는 것은 대단히 위험하다고 주장했다. 그 설명에 쓰인 것이 바로 <표 5-6>의 'Anscombe의 데이터'이다. Anscombe은 그의 논문에서 <표 5-6>에 있는 네 가지 서로 다른 데이터 세트를 예로 회귀분석에서 주의해야 할 점을 지적했다. 완전히 같은 회귀직선이 얻어졌다고 하더라도 데이터의 산포 방식은 매우 다른 경우가 있다.

따라서 통계량만으로 판단하는 것은 위험하다.

<표 5-6>의 네 가지 데이터의 내용은 다음과 같다.

(A) 보통으로 흩어져 있는 데이터

(B) 데이터가 곡선상에 위치하는 데이터

(C) 하나의 이상치가 존재하는 데이터

(D) 하나의 이상치가 있고, 다른 점은 같은 x(설명변수)의 값을 갖는 데이터

실제로 이들 네 가지 데이터로 통상의 회귀분석을 실행하면, 같은 예측식이나 결정계수가 얻어지고 회귀계수에 대한 검정에서의 P값도 거의 같은 값이 된다. 이들 데이터는 형상이 다르지만, 통계량은 거의 같은 값이 된다. 즉, 통계량만으로 원래의 데이터에 대한 형상이나 이상치의 존재를 발견하는 것은 어려워, 회귀분석을 실행할 때에는 주의가 필요하다. 따라서 분석 전에 산점도를 그려 시각적으로 데이터의 형상을 확인하는 것이나 잔차도를 작성해서 잔차의 경향을 확인하는 것이 중요하다.

Anscombe의 데이터 중에서 이상치 때문에 회귀직선이 영향을 받는 예로서 소개되고 있는 <표 5-6>의 (C) '하나의 이상치가 존재하는 데이터'를 이용해서, '해 찾기'에 의한 잔차의 절대값에 대한 합을 최소화하는 계수를 구하는 로버스트 회귀분석의 실행절차를 아래에 보인다.

로버스트 회귀분석의 실행절차는 전술한 '해 찾기'에 의한 회귀분석의 절차에 있어서 "잔차의 제곱합을 계산한다"는 부분에서 잔차의 제곱합을 구하는 것이 아니라, 다음과 같은 계산절차로 변경하면 된다. Excel의 ABS 함수를 사용해서 잔차의 절대값을 구하고, 그 잔차의 절대값에 대한 합을 계산한다. 그리고 '해 찾기'에 의해 최적화를 실행할 때에, 이 잔차의 절대값에 대한 합을 '목표 셀'에 지정하고, 이 잔차의 절대값에 대한 합을 최소화하도록 하는 계수의 값을 구한다. 이와 같이 계산절차를 변경함으로써 이상치의 영향이 적은 완건하고 정확한 예측식을 구할 수 있다.

예제 5-8

Anscombe의 데이터 <표 5-6> (C)의 '하나의 이상치가 존재하는 데이터'를 이용해서, 로버스트 회귀분석을 실행한다.

순서 1 ▸▸▸ 회귀계수의 초기값 지정

'0'을 초기값으로 이용한다. 회귀계수의 초기값은 셀 B15, 상수항의 초기값은 셀

C15에 각각 입력한다.

	A	B	C	D	E	F	G	H
1		설명변수 x	목적변수 y					
2	1	4	5.390					
3	2	5	5.730					
4	3	6	6.080					
5	4	7	6.420					
6	5	8	6.770					
7	6	9	7.110					
8	7	10	7.460					
9	8	11	7.810					
10	9	12	8.150					
11	10	13	12.740					
12	11	14	8.840					
13								
14		회귀계수 a	상수항 b					
15		0.000	0.000					
16								

순서 2 ▸▸▸ 목적변수의 예측값 계산

i번째의 목적변수 예측값은 '=SUMPRODUCT(i번째의 설명변수 값, 회귀계수의 값)+상수항의 값'으로 구해진다.

D2 | f_x =SUMPRODUCT(B2,$B$15)+$C$15

	A	B	C	D	E	F	G	H
1		설명변수 x	목적변수 y	예측값				
2	1	4	5.390	0.000				
3	2	5	5.730	0.000				
4	3	6	6.080	0.000				
5	4	7	6.420	0.000				
6	5	8	6.770	0.000				
7	6	9	7.110	0.000				
8	7	10	7.460	0.000				
9	8	11	7.810	0.000				
10	9	12	8.150	0.000				
11	10	13	12.740	0.000				
12	11	14	8.840	0.000				
13								
14		회귀계수 a	상수항 b					
15		0.000	0.000					
16								

[셀의 입력내용]

D2;=SUMPRODUCT(B2,$B$15)+$C$15 (D2를 D3에서 D12까지 복사한다)

순서 3 ››› 관측값과 예측값으로부터 잔차의 산출, 잔차의 절대값에 대한 합 계산

잔차의 절대값은 '=ABS(잔차의 값)'으로 구해진다. 그리고 잔차의 절대값에 대한 합은 '=SUM(잔차 절대값의 범위)'로 구해진다.

D15 =SUM(F2:F12)

	A	B	C	D	E	F	G	H
1		설명변수 x	목적변수 y	예측값	잔차	잔차의 절대값		
2	1	4	5.390	0.000	5.390	5.390		
3	2	5	5.730	0.000	5.730	5.730		
4	3	6	6.080	0.000	6.080	6.080		
5	4	7	6.420	0.000	6.420	6.420		
6	5	8	6.770	0.000	6.770	6.770		
7	6	9	7.110	0.000	7.110	7.110		
8	7	10	7.460	0.000	7.460	7.460		
9	8	11	7.810	0.000	7.810	7.810		
10	9	12	8.150	0.000	8.150	8.150		
11	10	13	12.740	0.000	12.740	12.740		
12	11	14	8.840	0.000	8.840	8.840		
13								
14		회귀계수 a	상수항 b	잔차의 절대값에 대한 합				
15		0.000	0.000	82.500				
16								

[셀의 입력내용]

E2;=C2-D2 (E2를 E3에서 E12까지 복사한다)

F2;=ABS(E2) (F2를 F3에서 F12까지 복사한다)

D15;=SUM(F2:F12)

순서 4 ››› '해 찾기'에서의 분석조건 설정

(1) 메뉴에서 [데이터] 탭을 선택하고 [분석] 리본 내의 '해 찾기'를 선택한다.

(2) [해 찾기 모델 설정] 대화상자에서 다음과 같이 입력·선택하고 [실행(S)]을 클릭한다.

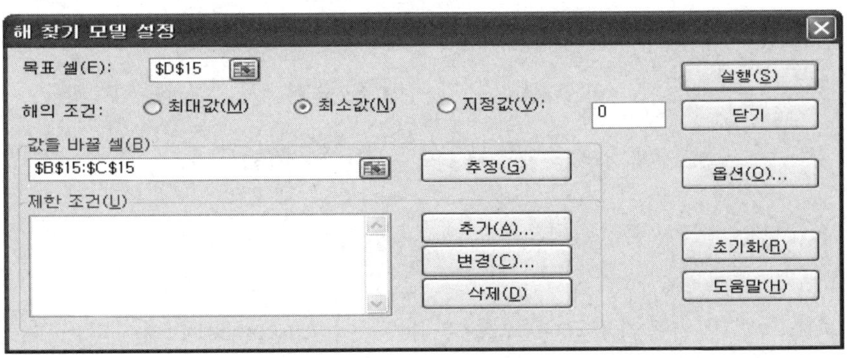

순서 5 ››› [해 찾기 결과] 선택

[해 찾기] 대화상자에서 다음과 같이 선택하고 [확인] 버튼을 클릭한다.

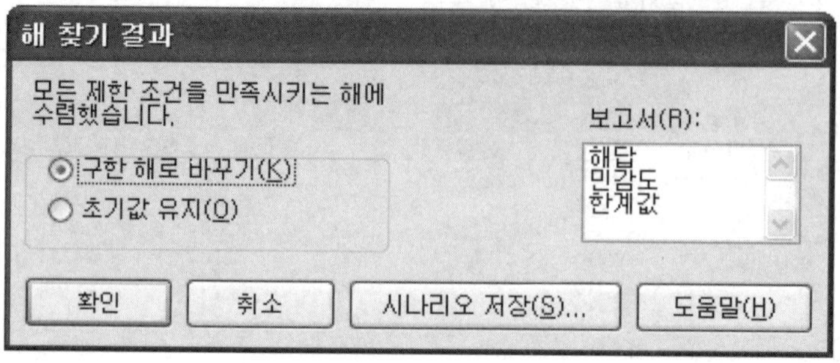

순서 6 ››› 잔차의 절대값에 대한 합을 최소로 하는 회귀계수의 값과 상수항 산출

	A	B	C	D	E	F	G	H
1		설명변수 x	목적변수 y	예측값	잔차	잔차의 절대값		
2	1	4	5.390	5.390	0.000	0.000		
3	2	5	5.730	5.735	-0.005	0.005		
4	3	6	6.080	6.080	0.000	0.000		
5	4	7	6.420	6.425	-0.005	0.005		
6	5	8	6.770	6.770	0.000	0.000		
7	6	9	7.110	7.115	-0.005	0.005		
8	7	10	7.460	7.460	0.000	0.000		
9	8	11	7.810	7.805	0.005	0.005		
10	9	12	8.150	8.150	0.000	0.000		
11	10	13	12.740	8.495	4.245	4.245		
12	11	14	8.840	8.840	0.000	0.000		
13								
14		회귀계수 a	상수항 b	잔차의 절대값에 대한 합				
15		0.345	4.010	4.265				
16								

■ 분석결과

이상의 절차에 의해 '잔차의 절대값에 대한 합'을 최소화하는 최적의 회귀계수와 상수항의 값이 구해진다. Anscombe의 데이터를 로버스트 회귀분석하면,

$$\text{목적변수 } \boldsymbol{y} = 0.345 \times \text{설명변수 } \boldsymbol{x} + 4.010$$

이라고 하는 예측식이 얻어진다.

또한 로버스트 회귀분석과의 비교를 위해서, 이 Anscombe의 데이터에 대해서 잔차

제곱합을 최소화하는 통상의 회귀분석을 적용하면 아래와 같은 결과가 얻어진다.

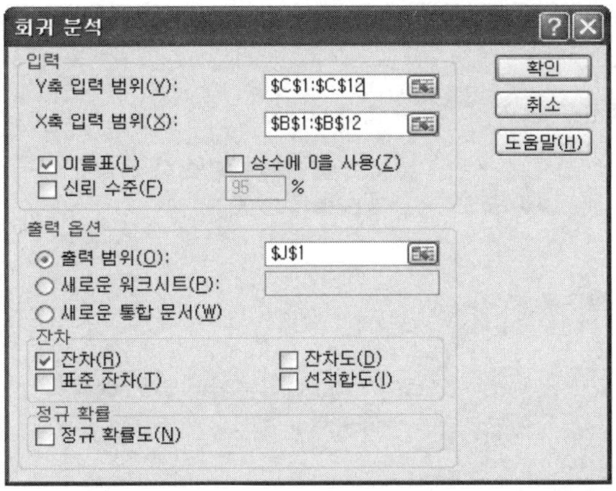

잔차 출력

관측수	예측치 목적변수 y	잔차
1	5.001	0.389
2	5.501	0.229
3	6.001	0.079
4	6.501	-0.081
5	7.000	-0.230
6	7.500	-0.390
7	8.000	-0.540
8	8.499	-0.689
9	8.999	-0.849
10	9.499	3.241
11	9.999	-1.159

D15 =SUMSQ(E2:E12)

	A	B	C	D	E	F	G	H
1		설명변수 x	목적변수 y	예측값	잔차			
2	1	4	5.390	5.001	0.389			
3	2	5	5.730	5.501	0.229			
4	3	6	6.080	6.001	0.079			
5	4	7	6.420	6.501	-0.081			
6	5	8	6.770	7.000	-0.230			
7	6	9	7.110	7.500	-0.390			
8	7	10	7.460	8.000	-0.540			
9	8	11	7.810	8.499	-0.689			
10	9	12	8.150	8.999	-0.849			
11	10	13	12.740	9.499	3.241			
12	11	14	8.840	9.999	-1.159			
13								
14		회귀계수 a	상수항 b	잔차의 제곱합				
15		0.500	3.002	13.756				
16								

[셀의 입력내용]

D15;=SUMSQ(E2:E12)

통상의 회귀분석에서는 위의 출력결과로부터,

$$\text{목적변수 } \boldsymbol{y} = 0.500 \times \text{설명변수 } \boldsymbol{x} + 3.002$$

라고 하는 예측식이 얻어진다는 것을 알 수 있다.

이 통상의 회귀분석과 로버스트 회귀분석으로부터 얻어진 각각의 예측식을 Anscombe의 데이터에 적용하면 <그림 5-6>과 같이 된다.

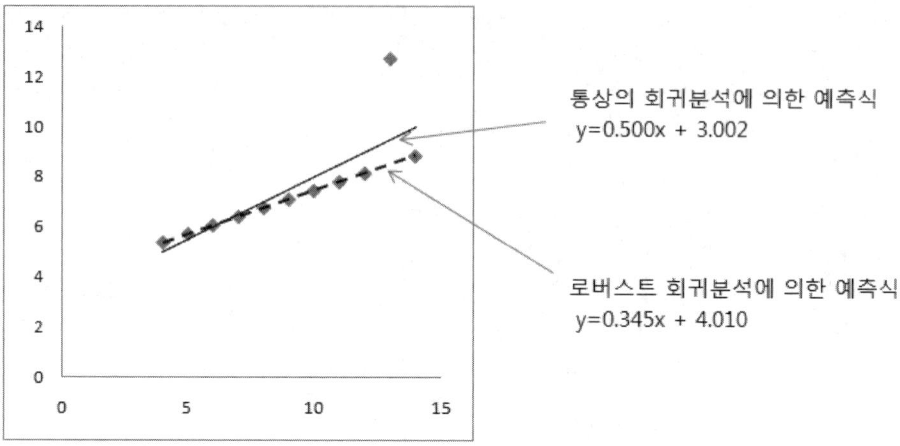

| 그림 5-6 | **통상의 회귀분석과 로버스트 회귀분석에 의한 예측식을 Anscombe의 데이터에 적용한 것의 비교**

참고로 이상치를 제거하고 나머지 데이터만으로 회귀분석을 실행했을 때의 예측선 구해 보면,

$$\text{목적변수 } \boldsymbol{y} = 0.345 \times \text{설명변수 } \boldsymbol{x} + 4.005$$

가 되어 로버스트 회귀분석에 의한 예측식과 거의 같다는 것을 알 수 있다.

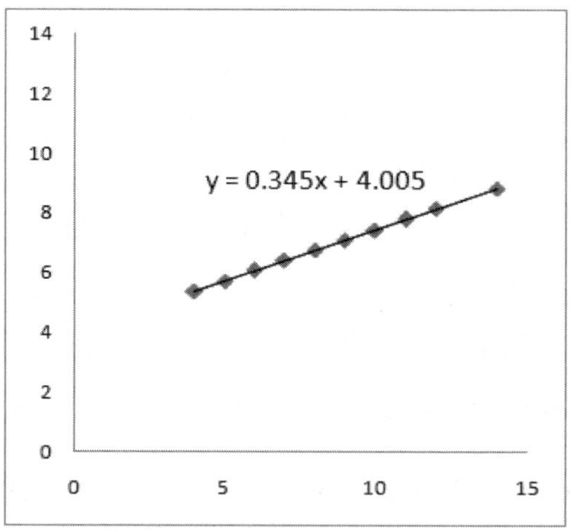

| 그림 5-7 | **이상치를 제거한 나머지 데이터만으로 회귀분석을 실행했을 때의 예측선**

통상의 회귀분석과 로버스트 회귀분석에 의한 예측식을 비교해 보면, 로버스트 회귀분석에 의해서 구한 예측식은 이상치의 영향을 거의 받지 않고 이상치 이외의 나머지 10개의 데이터와 적합도가 좋은 직선이 되어 있다. 한편, 통상의 회귀분석에 의해서 구한 예측식은 이상치에 의해 영향을 받아, 데이터에 대한 적합도가 좋지 않다. Anscombe의 데이터에 대해서는, 잔차의 절대값에 대한 합을 최소로 하는 로버스트 회귀분석은, 이상치의 영향을 전혀 받지 않는다는 것을 알았다.

이 이상치의 영향에 대한 차이는, 실제로 로버스트 회귀분석과 통상의 회귀분석에 의해 얻어진 결과에 대해서, <그림 5-8>, <그림 5-9>와 같이 작성한 잔차도로부터도 분명해진다.

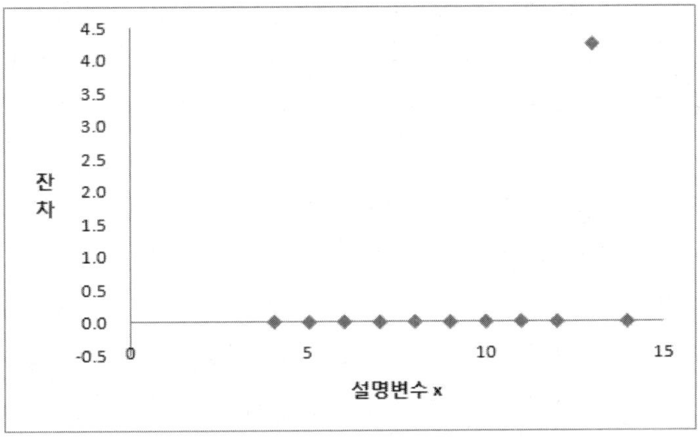

| 그림 5-8 | 로버스트 회귀분석 결과에서의 잔차도

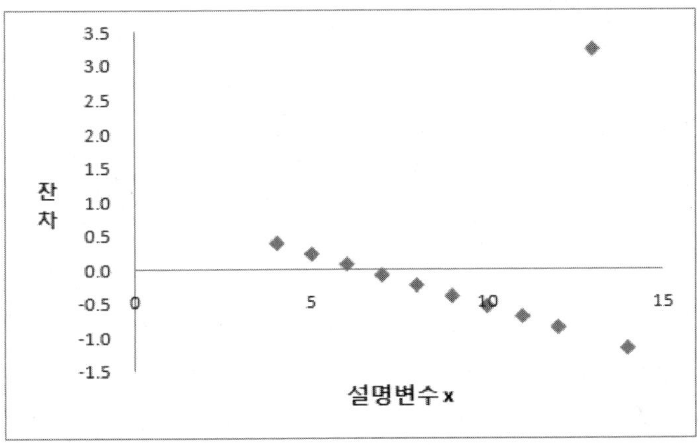

| 그림 5-9 | 통상의 회귀분석 결과에서의 잔차도

로버스트 회귀분석에서는 이상치의 잔차가 크지만 다른 설명변수에 대한 잔차는 존재하지 않는다. 한편, 통상의 회귀분석 결과에 대한 잔차도에서는 이상치의 잔차가 크고, 다른 설명변수에서의 잔차도 존재한다. 따라서 각각 잔차도로부터는, 로버스트 회귀분석은 통상의 회귀분석보다도 이상치의 영향을 받기 어려운 결과가 얻어진다는 것을 알 수 있다. 그러나 각각의 잔차도로부터는 이상치가 존재한다는 것을 간파할 수 있다. 즉, 로버스트 회귀분석에 있어서도 이상치에 대한 주의가 필요하다.

이와 같이 로버스트 회귀분석은 <표 5-6>의 (C) '하나의 이상치가 존재하는 데이터'에는 극히 유효하지만, 물론 만능은 아니다.

Anscombe의 나머지 두 개의 데이터, <표 5-6>의 (B) '데이터가 곡선상에 위치하는 데이터'와 (D) '하나의 이상치가 있고, 다른 점은 같은 x(설명변수)의 값을 갖는 데이터'에 대해서는, 통상의 단회귀분석이나 로버스트 회귀분석이나 모두 적용하는 것은 적절하지 않다. 그것은 앞에서 설명한 잔차도에 의해 '잔차의 검토'를 실시하면 알 수 있다.

예를 들면, 통상의 단회귀분석에서 <표 5-6>의 (A), (B), (D) 데이터를 분석하면 <그림 5-10>에서 <그림 5-12>까지와 같은 잔차도가 얻어진다. <표 5-6>의 (A)~(D)의 데이터를 통상의 회귀분석으로 분석을 실시하면, 완전히 똑같은 회귀직선이 얻어진다. 그러나 완전히 같은 회귀직선이 얻어졌다고 하더라도 잔차도를 그려서 잔차의 검토를 실시하면, 각각의 데이터에 대해서 직선의 관계에 회귀분석을 적용하는 것이 타당한지 어떤지라고 하는 결론은 다르다.

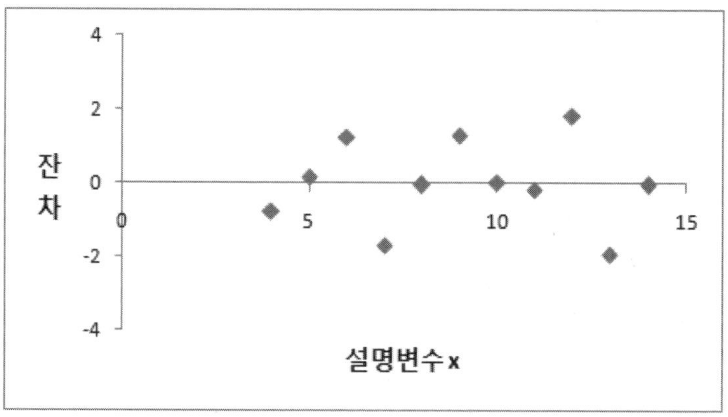

| 그림 5-10 | (표 5-6)의 (A) '보통으로 흩어져 있는 데이터'를 통상의 회귀분석으로 분석한 결과에서의 잔차도

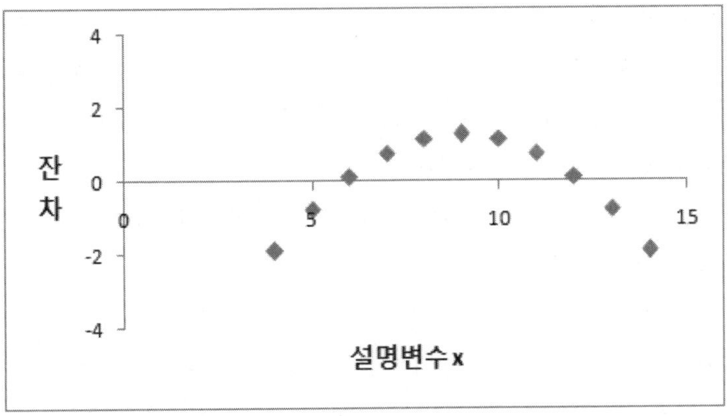

| 그림 5-11 | <표 5-6>의 (B) '데이터가 곡선상에 위치하는 데이터'를 통상의 회귀분석으로 분석한 결과에서의 잔차도

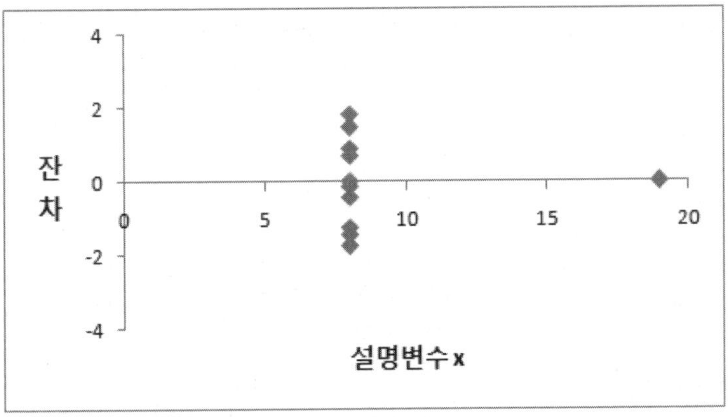

| 그림 5-12 | <표 5-6>의 (D) '하나의 이상치가 있고, 다른 점은 같은 x(설명변수)의 값을 갖는 데이터'를 통상의 회귀분석으로 분석한 결과에서의 잔차도

<표 5-6>의 (A) '보통으로 흩어져 있는 데이터'를 통상의 회귀분석으로 분석한 결과에서의 잔차도 <그림 5-10>에서는, 잔차는 적당히 흩어져 있어, 일정한 경향을 찾아낼 수 없다. 회귀직선에 의한 예측을 실시하는 것은 타당하다고 생각된다. <표 5-6>의 (B) '데이터가 곡선상에 위치하는 데이터'를 통상의 회귀분석으로 분석한 결과에서의 잔차도 <그림 5-11>에서는, 곡선의 관계가 보여지고 있어, 회귀직선에 의한 예측을 실시하는 것은 타당하지 않다고 할 수 있다. 그리고 <표 5-6>의 (D) '하나의 이상치가 있고, 다른 점은 같은 x(설명변수)의 값을 갖는 데이터'를 통상의 회귀분석으로 분석

한 결과에서의 잔차도 <그림 5-12>에서는, 하나 이외는 동일한 설명변수의 값을 취하여, 그 다른 설명변수에 대한 잔차가 0으로 되어 있다. 즉, 이상치가 존재하고 있어, 현재의 데이터에 대해서 회귀직선에 의한 예측을 실시하는 것은 타당하지 않다. 이상과 같이 <표 5-6>의 Anscombe 데이터로부터는 거의 동일한 회귀직선이나 각 통계량이 얻어지지만, 잔차도는 크게 다르다. 잔차도를 보면 일목요연하게 단회귀분석을 적용하는 것의 타당성 유무를 알 수 있다.

마찬가지로 <표 5-6>의 (A), (B), (D) 데이터를 로버스트 회귀분석으로 분석하면 회귀직선 등은 거의 동일한 결과가 얻어지고, 잔차도도 통상의 단회귀분석의 경우와 거의 같게 된다. 역시 로버스트 회귀분석이더라도 부적절하다. 로버스트 회귀분석은 이상치가 있는 데이터에는 극히 유효하다고는 하지만, 물론 만능이 아니라고 하는 것을 염두에 두고 있을 필요가 있다.

로버스트 회귀분석에서도 얻어진 예측식의 정도(精度)를 검증하기 위해서, 통상의 회귀분석과 마찬가지로 결정계수를 구하는 것이나 회귀계수의 검정은 반드시 실시하지 않으면 안 된다. 그 Excel에서의 실행절차는 통상의 회귀분석의 경우와 같은 절차로 실행할 수 있다.

중회귀분석 6

제1절 서론

단회귀분석은 하나의 설명변수에 의해 목적변수와의 관계를 설명하는 것이었다. 본장에서는 복수의 설명변수를 이용해서 목적변수를 예측하기 위한 수법인 중회귀분석에 대해서 해설한다. 중회귀분석은 양적인 복수의 설명변수로 양적인 목적변수를 예측한다거나 제어한다거나 하는 수법이다. 즉, '매장면적', '주차가능대수', '경합점포수' 등 복수의 설명변수를 이용해서 목적변수인 '매출액'을 예측하는 경우에 중회귀분석이 이용된다.

본장에서는 매출액과 매출액에 대한 영향요인의 가상 데이터(매장면적, 주차가능대수, 경합점포수 등)를 이용해서 중회귀분석의 사고방식이나 구조에 대해서, 단회귀분석과 다른 점에 중점을 두고 해설한다.

제2절 중회귀분석의 개요

복수의 요인이 존재하는 경우에 매출액(목적변수)과 각각의 요인(설명변수)의 관계는,

'매출액' = '매장면적의 영향력' × '매장면적'
+ '주차가능대수의 영향력' × '주차가능대수'
+ '경합점포수의 영향력' × '경합점포수'

라고 하는 요인의 영향력을 각각 계수로서 가중치를 부여한 관계식으로 표현할 수 있다.

이때, 요인의 영향 정도를 나타내는 계수에는 미치는 영향의 방향에 따라 플러스 또는 마이너스 부호가 존재한다. 요인끼리의 단위는 다르기 때문에 단순히는 비교할 수 없다. 그러나 어느 정도 계수의 절대값 크기로부터 결과에 대한 영향의 크기를 판단할 수 있다. 요인의 영향력을 나타내는 계수를 구하기 위한 기본적인 개념은, 중회귀분석에 있어서도 단회귀분석과 동일하다. 단회귀분석과 마찬가지로 관측값 y_i와 예측값 $\hat{y_i}$의 오차(잔차) e_i를 최소로 하는 회귀계수를 최소자승법에 의해 구한다.

중회귀분석의 흐름은 다음과 같다. 이들 일련의 절차를 실시함으로써 중회귀분석을 실행할 수 있다.

◆ 중회귀분석의 흐름

① 예측식을 구하여 각 설명변수에 의해 목적변수와의 관계를 예측하는 데 의미가 있는지 어떤지를 산점도에 의해 시각적으로 확인한다(예제 6-1 참조).
② 목적변수와 설명변수의 관계를 나타내는 예측식을 구한다(예제 6-2 참조).
③ 예측의 정밀도를 확인한다(예제 6-3 참조).
④ 편회귀계수의 검정을 실시한다(예제 6-4 참조).
⑤ 변수선택을 실시한다(예제 6-5 참조).
⑥ 표준편회귀계수를 구한다(예제 6-6 참조).
⑦ 분산분석을 실시한다(예제 6-7 참조).
⑧ 잔차의 검토를 실시한다(예제 6-8 참조).
⑨ 얻어진 예측식에 의거하여 예측을 실시한다.

다음 절 이후에서는 15개 점포의 편의점에 대한 매출액과 매출액에 대한 영향요인의 데이터를 이용해서, 실제로 중회귀분석을 실시하는 방법에 대해서 해설한다.

이하의 해설에서는 데이터의 분석목적과 대조해서 중회귀분석에 의해 얻어진 예측식에 의한 예측은 실시하지 않는다. 실제로 데이터의 분석목적에 따라서는 얻어진 예측식으로부터 구체적인 예측을 실시하는 것도 가능하다.

제3절 중회귀분석의 적용

편의점의 매출액을 제어하는 것을 목적으로 해서, <표 6-1>의 15개 점포의 매출액과 매출액에 대한 영향요인의 데이터를 중회귀분석한다.

| 표 6-1 | 편의점 15개 점포의 매출액과 영향요인

점포번호	매장면적	주차가능대수	도시락반찬류 구성비율	경합점포수	매출액
1	45	2	8	4	10,000
2	52	4	13	2	13,000
3	60	6	12	5	11,000
4	55	5	13	2	15,000
5	55	5	16	1	18,000
6	45	1	9	6	8,000
7	48	3	9	3	11,000
8	50	3	11	3	12,500
9	60	6	12	2	16,000
10	50	1	8	4	9,000
11	50	4	9	2	12,000
12	52	4	14	2	14,000
13	60	7	14	3	17,000
14	55	2	8	5	8,000
15	50	2	10	4	11,000

이때, 지금까지의 경험으로부터 매출액에는 '매장면적', '주차가능대수', '도시락반찬류 구성비율', '경합점포수'의 각 요인이 영향을 미친다는 것을 알고 있다고 한다.

'도시락반찬류 구성비율'이란 전체 취급품목 중에 도시락·반찬류가 차지하는 구성비율을 의미한다. 도시락·반찬류는 소비자를 점포에 끌어당기는 '파워 카테고리'라고 일컬어지고 있다. 본 예제에 있어서도 보다 많은 품목의 도시락·반찬류를 갖추면 매출액이 높아지지만 매장면적에 의해 많은 품목을 확보하는 것은 어렵다고 하는 것이 경험적으로 알고 있다고 한다.

중회귀분석을 실시하기 전에 '매장면적', '주차가능대수', '도시락반찬류 구성비율', '경합점포수'의 각 설명변수로 매출액을 예측할 수 있는지 어떤지를 산점도에 의해 시각적으로 확인하지 않으면 안 된다.

예제 6-1

<표 6-1>의 데이터를 이용해서, Excel을 활용하여 중회귀분석을 실시하기 전에 '매장면적'으로 매출액을 예측할 수 있는지 어떤지를 산점도에 의해 시각적으로 확인한다.

▶ Excel에 의한 해법

순서 1 ▸▸▸ 설명변수와 목적변수 데이터의 범위 선택

설명변수인 매장면적의 데이터 범위와 목적변수인 매출액 데이터의 범위를 Ctrl 키를 누르면서 선택한다.

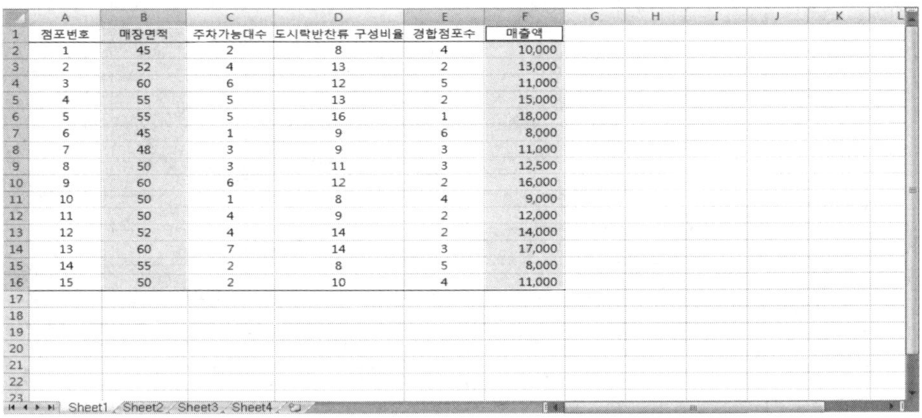

	A	B	C	D	E	F
1	점포번호	매장면적	주차가능대수	도시락반찬류 구성비율	경합점포수	매출액
2	1	45	2	8	4	10,000
3	2	52	4	13	2	13,000
4	3	60	6	12	5	11,000
5	4	55	5	13	2	15,000
6	5	55	5	16	1	18,000
7	6	45	1	9	6	8,000
8	7	48	3	9	3	11,000
9	8	50	3	11	3	12,500
10	9	60	6	12	2	16,000
11	10	50	1	8	4	9,000
12	11	50	4	9	2	12,000
13	12	52	4	14	2	14,000
14	13	60	7	14	3	17,000
15	14	55	2	8	5	8,000
16	15	50	2	10	4	11,000

순서 2 ▸▸▸ 그래프의 작성

(1) 메뉴에서 [삽입]-[분산형]을 선택한다.

(2) 첫 번째 유형의 그래프를 선택하여 클릭한다.

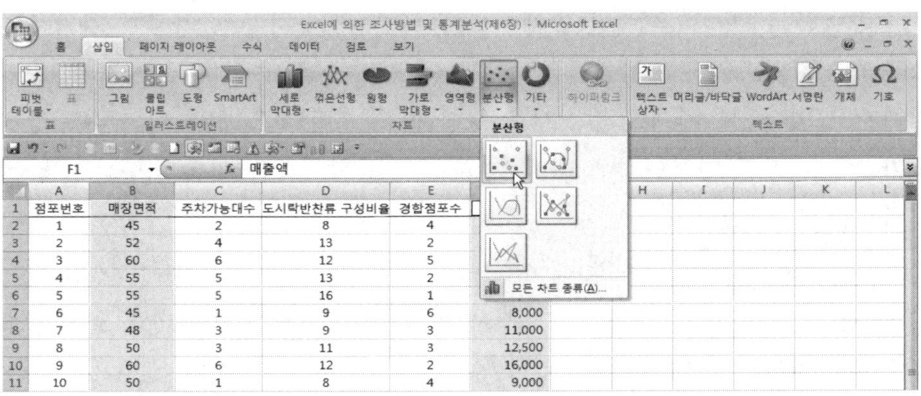

(3) 다음과 같이 그래프가 출력된다.

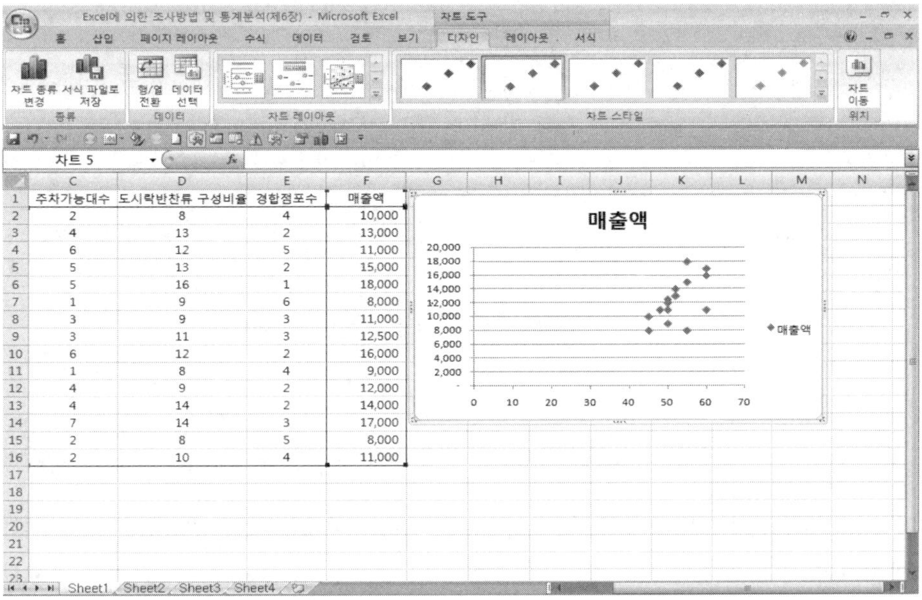

순서 3 ▸▸▸ 그래프의 수정

(1) 차트 제목, 축 제목을 입력하고 그래프를 적당히 수정한다.

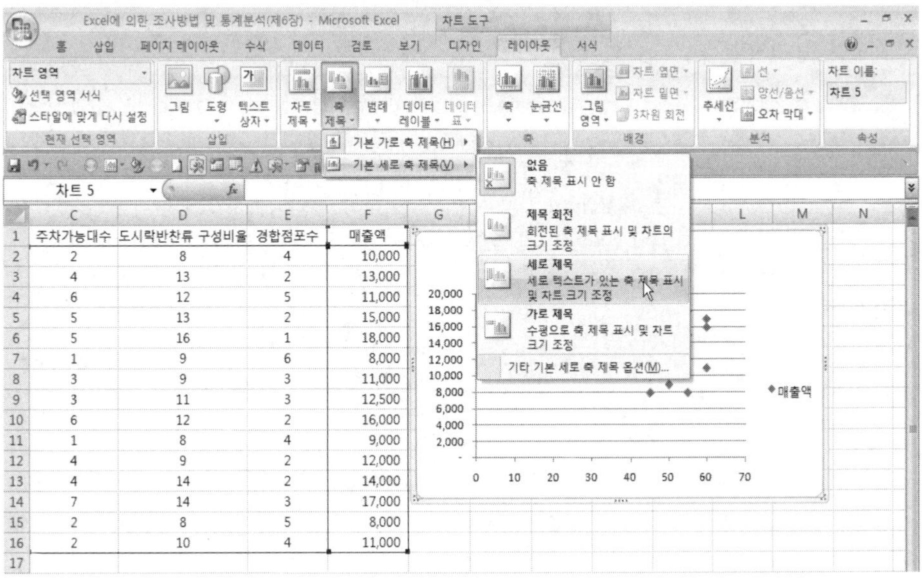

(2) 그래프의 완성

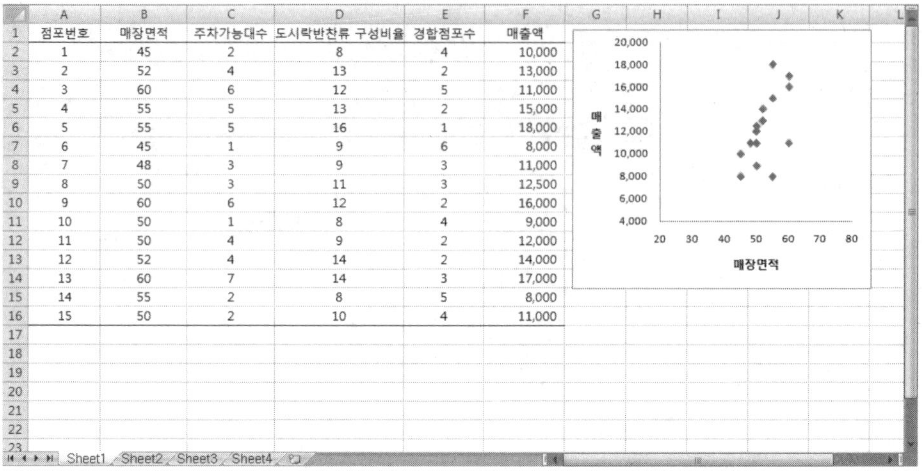

	A	B	C	D	E	F
1	점포번호	매장면적	주차가능대수	도시락반찬류 구성비율	경합점포수	매출액
2	1	45	2	8	4	10,000
3	2	52	4	13	2	13,000
4	3	60	6	12	5	11,000
5	4	55	5	13	2	15,000
6	5	55	5	16	1	18,000
7	6	45	1	9	6	8,000
8	7	48	3	9	3	11,000
9	8	50	3	11	3	12,500
10	9	60	6	12	2	16,000
11	10	50	1	8	4	9,000
12	11	50	4	9	2	12,000
13	12	52	4	14	2	14,000
14	13	60	7	14	3	17,000
15	14	55	2	8	5	8,000
16	15	50	2	10	4	11,000

마찬가지로 '주차가능대수', '도시락반찬류 구성비율', '경합점포수'의 각 설명변수와 매출액과의 산점도도 작성할 수 있다.

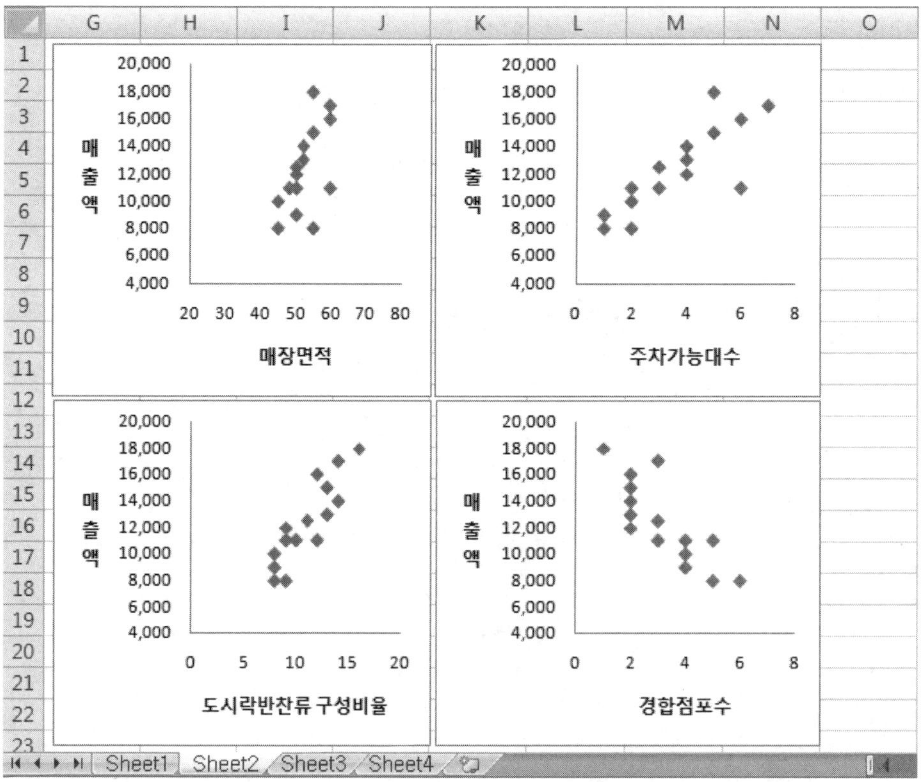

■ 분석결과

'매장면적', '주차가능대수', '도시락반찬류 구성비율'과 매출액의 산점도에서는 가로축의 설명변수 값이 증가하면 세로축의 목적변수 값도 증가한다고 하는 관계를 간파할 수 있다. 즉, 이것들과 매출액 사이에는 플러스의 상관관계가 있다. 한편, '경합점포수'와 매출액의 산점도에는 가로축의 '경합점포수' 값이 증가하면 세로축의 매출액 값이 감소한다고 하는 마이너스의 상관관계가 존재하고 있다. 플러스·마이너스의 관계가 있지만, 각 설명변수와 매출액 사이의 관계는 직선의 관계에 의해서 표현할 수 있다는 것을 알았다.

'매장면적', '주차가능대수', '도시락반찬류 구성비율'이나 '경합점포수'의 각 설명변수로 매출액을 예측할 수 있는지 어떤지를 산점도에 의하여 시각적으로 확인한 결과로부터, 중회귀분석을 이용해서 각 설명변수와 목적변수인 매출액의 관계를 예측할 수 있다고 생각된다. 따라서 <표 6-1>의 데이터를 중회귀분석하여 얻어진 결과로부터 '매장면적', '주차가능대수', '도시락반찬류 구성비율' 및 '경합점포수'의 데이터를 기초로 편의점의 매출액을 제어하는 것을 목표로 한다.

먼저 '매장면적', '주차가능대수', '도시락반찬류 구성비율', '경합점포수'의 모든 변수를 설명변수로 하고 매출액을 목적변수로 하여 중회귀분석을 실시하면 다음과 같은 결과가 얻어진다.

요약 출력

회귀분석 통계량	
다중 상관계수	0.962
결정계수	0.925
조정된 결정계수	0.895
표준 오차	1016.462
관측수	15

분산 분석

	자유도	제곱합	제곱 평균	F 비	유의한 F
회귀	4	126901377.4	31725344.35	30.70604	0.00001
잔차	10	10331955.93	1033195.593		
계	14	137233333.3			

	계수	표준 오차	t 통계량	P-값	하위 95%	상위 95%	하위 95.0%	상위 95.0%
Y 절편	8330.186	4777.974	1.743	0.112	-2315.804	18976.175	-2315.804	18976.175
매장면적	-5.884	108.874	-0.054	0.958	-248.471	236.703	-248.471	236.703
주차가능대수	530.736	350.257	1.515	0.161	-249.686	1311.157	-249.686	1311.157
도시락반찬류 구성비율	471.273	180.258	2.614	0.026	69.633	872.913	69.633	872.913
경합점포수	-880.083	271.593	-3.240	0.009	-1485.231	-274.935	-1485.231	-274.935

네 개의 설명변수 중 '매장면적'은 '변수선택'에 의해 유효한 설명변수가 아니라는 것이 밝혀져($t^2 < 1$, P값 > 0.05), 제외하기로 했다. 그래서 나머지 세 개의 변수를 설명변수로 하여 중회귀분석을 실시하기로 했다.

	H	I	J	K	L	M	N	O	P
1	요약 출력								
2									
3	회귀분석 통계량								
4	다중 상관계수	0.961608							
5	결정계수	0.924691							
6	조정된 결정계수	0.904152							
7	표준 오차	969.3003							
8	관측수	15							
9									
10	분산 분석								
11		자유도	제곱합	제곱 평균	F 비	유의한 F			
12	회귀	3	126898360	42299453.3	45.0213043	0.00000			
13	잔차	11	10334973.5	939543.045					
14	계	14	137233333						
15									
16		계수	표준 오차	t 통계량	P-값	하위 95%	상위 95%	하위 95.0%	상위 95.0%
17	Y 절편	8100.560	2083.861	3.887	0.003	3514.014	12687.106	3514.014	12687.106
18	주차가능대수	516.131	212.474	2.429	0.033	48.479	983.783	48.479	983.783
19	도시락반찬류 구성비율	470.590	171.471	2.744	0.019	93.184	847.995	93.184	847.995
20	경합점포수	-885.697	239.294	-3.701	0.003	-1412.380	-359.015	-1412.380	-359.015
21									

Sheet1 Sheet2 Sheet3 Sheet4

실제로 중회귀분석을 실시하면, 다음과 같은 식견이 얻어진다. '주차가능대수', '도시락반찬류 구성비율', '경합점포수'의 세 개 설명변수에 의거한,

매출액 = 516.131 × **주차가능대수** + 470.590 × **도시락반찬류 구성비율** − 885.697 × **경합점포수** +8100.560

이라고 하는 예측식이 얻어진다.

이 세 개의 설명변수에 의거한 예측식에 의해서 '매출액'이 92% 정도의 정밀도로 예측·제어할 수 있다는 것을 알 수 있다. 그리하여 '주차가능대수', '도시락반찬류 구성비율', '경합점포수'의 각각이 '매출액'에 영향을 미치고 있다고 생각된다. 즉, 중회귀분석으로 얻어진 예측식에 의해서 의미 있는 결과가 얻어졌다고 판단할 수 있다.

단회귀분석의 경우와 마찬가지로 Excel에서는 '회귀분석'의 분석도구와 '해 찾기'에 의해, 각각 중회귀분석이 실행가능하다. 중회귀분석은 설명변수가 복수이고, 단회귀분석은 설명변수가 하나뿐이라고 하는 차이는 있다. 그러나 관측값 y_i와 예측값 $\hat{y_i}$의 오차 e_i를 최소로 하는 회귀계수를 최소자승법에 의해 구한다고 하는 기본적인 개념은 같다. 그래서 '해 찾기'나 Excel의 함수계산 등의 기능을 이용해서, 특히 단회귀분석과 다른 중회귀분석의 사고방식이나 구조에 주목해서 해설한다.

'회귀분석' 분석도구에 의한 분석방법에 대해서는 상세한 해설은 하지 않지만, 회귀분석 분석도구로 중회귀분석을 실시하려면 회귀분석의 데이터 범위 등을 설

정할 때, 'X축 입력 범위'에 복수의 설명변수 데이터 범위를 지정하면 실행가능하다.

제4절 Excel에 의한 중회귀분석의 실행

편의점의 매출액과 그 매출액에 미치는 영향요인에 대한 데이터를 실제로 '해 찾기'를 이용해서 중회귀분석한다. 여기에서는 특히 단회귀분석과 다른 중회귀분석의 사고방식이나 구조에 주목해서 해설한다.

요인의 영향력을 나타내는 계수를 구하기 위해서는, 중회귀분석에 있어서도 단회귀분석과 마찬가지로 관측값 y_i와 예측값 $\hat{y_i}$의 오차 e_i를 최소로 하는 회귀계수를 최소자승법에 의해 구한다. 복수의 설명변수를 이용해서 목적변수와의 관계를 설명하게 되기 때문에, 결정해야 할 회귀계수가 '이용하는 설명변수의 수 + 1'개 필요하다. 식이 복잡하게 되지만 기본적인 개념은 단회귀분석에서와 동일하다.

▶ Excel의'해 찾기'에 의한 중회귀분석의 절차

중회귀분석에 있어서 최소자승법에 의해 계수를 구하기 위한, '해 찾기'를 이용한 절차는 다음과 같다.

예제 6-2

<표 6-1>을 이용해서 중회귀분석을 실행하여, '매출액'과 '매장면적', '주차가능대수', '도시락반찬류 구성비율', '경합점포수' 등의 관계를 나타내는 예측식을 '해 찾기'에 의해 구하라.

순서 1 ▸▸▸ 회귀계수의 초기값 지정

'0'을 초기값으로 이용한다. 네 개의 설명변수에 대한 회귀계수에 대한 초기값을 셀 B20:E20, 상수항의 초기값을 셀 F20에 입력한다.

	A	B	C	D	E	F
1	점포번호 i	매장면적 x_1	주차가능대수 x_2	도시락반찬류 구성비율 x_3	경합점포수 x_4	매출액 y
2	1	45	2	8	4	10,000
3	2	52	4	13	2	13,000
4	3	60	6	12	5	11,000
5	4	55	5	13	2	15,000
6	5	55	5	16	1	18,000
7	6	45	1	9	6	8,000
8	7	48	3	9	3	11,000
9	8	50	3	11	3	12,500
10	9	60	6	12	2	16,000
11	10	50	1	8	4	9,000
12	11	50	4	9	2	12,000
13	12	52	4	14	2	14,000
14	13	60	7	14	3	17,000
15	14	55	2	8	5	8,000
16	15	50	2	10	4	11,000
17						
18						
19		회귀계수 a_1	회귀계수 a_2	회귀계수 a_3	회귀계수 a_4	상수항 b
20		0.000	0.000	0.000	0.000	0.000

Sheet1 Sheet2 Sheet3 Sheet4 Sheet5

순서 2 ▸▸▸ 각 점포의 매출액에 대한 예측값 계산

*i*번째 점포의 매출액에 대한 예측값은 '=SUMPRODUCT(*i*번째 점포의 설명변수 값, 회귀계수의 값) + 상수항의 값'으로 구해진다.

G2 　 =SUMPRODUCT(B2:E2, \$B\$20:\$E\$20)+\$F\$20

	A	B	C	D	E	F	G
1	점포번호 i	매장면적 x_1	주차가능대수 x_2	도시락반찬류 구성비율 x_3	경합점포수 x_4	매출액 y	매출액의 예측값
2	1	45	2	8	4	10,000	0.000
3	2	52	4	13	2	13,000	0.000
4	3	60	6	12	5	11,000	0.000
5	4	55	5	13	2	15,000	0.000
6	5	55	5	16	1	18,000	0.000
7	6	45	1	9	6	8,000	0.000
8	7	48	3	9	3	11,000	0.000
9	8	50	3	11	3	12,500	0.000
10	9	60	6	12	2	16,000	0.000
11	10	50	1	8	4	9,000	0.000
12	11	50	4	9	2	12,000	0.000
13	12	52	4	14	2	14,000	0.000
14	13	60	7	14	3	17,000	0.000
15	14	55	2	8	5	8,000	0.000
16	15	50	2	10	4	11,000	0.000
17							
18							
19		회귀계수 a_1	회귀계수 a_2	회귀계수 a_3	회귀계수 a_4	상수항 b	
20		0.000	0.000	0.000	0.000	0.000	

Sheet1 Sheet2 Sheet3 Sheet4 Sheet5

[셀의 입력내용]

G2;=SUMPRODUCT(B2:E2, \$B\$20:\$E\$20)+\$F\$20 (G2를 G3에서 G16까지 복사한다)

순서 3 ››› 각 점포에 대한 매출액의 관측값과 예측값의 잔차, 잔차의 제곱합 계산

H20 =SUMSQ(H2:H16)

	A	B	C	D	E	F	G	H
1	점포번호 i	매장면적 x_1	주차가능대수 x_2	도시락반찬류 구성비율 x_3	경합점포수 x_4	매출액 y	매출액의 예측값	잔차
2	1	45	2	8	4	10,000	0.000	10,000.000
3	2	52	4	13	2	13,000	0.000	13,000.000
4	3	60	6	12	5	11,000	0.000	11,000.000
5	4	55	5	13	2	15,000	0.000	15,000.000
6	5	55	5	16	1	18,000	0.000	18,000.000
7	6	45	1	9	6	8,000	0.000	8,000.000
8	7	48	3	9	3	11,000	0.000	11,000.000
9	8	50	3	11	3	12,500	0.000	12,500.000
10	9	60	6	12	2	16,000	0.000	16,000.000
11	10	50	1	8	4	9,000	0.000	9,000.000
12	11	50	4	9	2	12,000	0.000	12,000.000
13	12	52	4	14	2	14,000	0.000	14,000.000
14	13	60	7	14	3	17,000	0.000	17,000.000
15	14	55	2	8	5	8,000	0.000	8,000.000
16	15	50	2	10	4	11,000	0.000	11,000.000
17								
18								
19		회귀계수 a_1	회귀계수 a_2	회귀계수 a_3	회귀계수 a_4	상수항 b		잔차 제곱합 S_e
20		0.000	0.000	0.000	0.000	0.000		2431250000
21								

Sheet1 Sheet2 Sheet3 Sheet4 Sheet5

[셀의 입력내용]

H2; =F2-G2 (H2를 H3에서 H16까지 복사한다)

H20;=SUMSQ(H2:H16)

순서 4 ›››'해 찾기'선택

메뉴에서 [데이터]를 선택하고 [분석] 리본 내의 [해 찾기]를 선택한다.

H20 =SUMSQ(H2:H16)

	A	B	C	D	E	F	G	H
1	점포번호 i	매장면적 x_1	주차가능대수 x_2	도시락반찬류 구성비율 x_3	경합점포수 x_4	매출액 y	매출액의 예측값	잔차
2	1	45	2	8	4	10,000	0.000	10,000.000
3	2	52	4	13	2	13,000	0.000	13,000.000
4	3	60	6	12	5	11,000	0.000	11,000.000
5	4	55	5	13	2	15,000	0.000	15,000.000
6	5	55	5	16	1	18,000	0.000	18,000.000
7	6	45	1	9	6	8,000	0.000	8,000.000
8	7	48	3	9	3	11,000	0.000	11,000.000
9	8	50	3	11	3	12,500	0.000	12,500.000
10	9	60	6	12	2	16,000	0.000	16,000.000
11	10	50	1	8	4	9,000	0.000	9,000.000
12	11	50	4	9	2	12,000	0.000	12,000.000
13	12	52	4	14	2	14,000	0.000	14,000.000
14	13	60	7	14	3	17,000	0.000	17,000.000
15	14	55	2	8	5	8,000	0.000	8,000.000
16	15	50	2	10	4	11,000	0.000	11,000.000
17								
18								
19		회귀계수 a_1	회귀계수 a_2	회귀계수 a_3	회귀계수 a_4	상수항 b		잔차 제곱합 S_e
20		0.000	0.000	0.000	0.000	0.000		2431250000
21								

Sheet1 Sheet2 Sheet3 Sheet4 Sheet5

순서 5 ▸▸▸ '해 찾기'에서의 분석조건 설정

[해 찾기 모델 설정] 대화상자에서 다음과 같이 입력·선택하고 [실행]을 클릭한다.

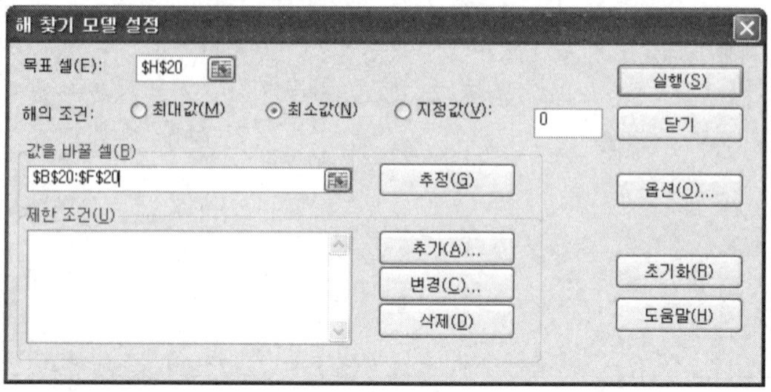

순서 6 ▸▸▸ 탐색결과

[해 찾기 결과] 대화상자가 나타나면 다음과 같이 선택하고 [확인]을 클릭한다.

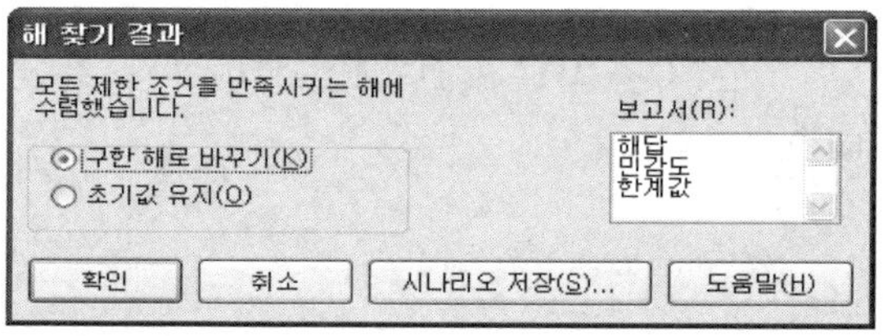

순서 7 ▸▸▸ 분석결과의 출력

다음과 같이 잔차의 제곱합을 최소로 하는 회귀계수의 값과 상수항의 값이 구해진다.

H20 =SUMSQ(H2:H16)

	A	B	C	D	E	F	G	H	I
1	점포번호 i	매장면적 x_1	주차가능대수 x_2	도시락반찬류 구성비율 x_3	경합점포수 x_4	매출액 y	매출액의 예측값	잔차	
2	1	45	2	8	4	10,000	9376.619	623.381	
3	2	52	4	13	2	13,000	14513.504	- 1,513.504	
4	3	60	6	12	5	11,000	12416.497	- 1,416.497	
5	4	55	5	13	2	15,000	15026.612	- 26.612	
6	5	55	5	16	1	18,000	17320.514	679.486	
7	6	45	1	9	6	8,000	7557.054	442.946	
8	7	48	3	9	3	11,000	11241.078	- 241.078	
9	8	50	3	11	3	12,500	12171.908	328.092	
10	9	60	6	12	2	16,000	15056.722	943.278	
11	10	50	1	8	4	9,000	8816.625	183.375	
12	11	50	4	9	2	12,000	12640.122	- 640.122	
13	12	52	4	14	2	14,000	14984.780	- 984.780	
14	13	60	7	14	3	17,000	15649.889	1,350.111	
15	14	55	2	8	5	8,000	8437.937	- 437.937	
16	15	50	2	10	4	11,000	10289.867	710.133	
17									
18									
19		회귀계수 a_1	회귀계수 a_2	회귀계수 a_3	회귀계수 a_4	상수항 b		잔차 제곱합 S_e	
20		-5.861	530.690	471.276	-880.075	8329.065		10331956	
21									

Sheet1 Sheet2 Sheet3 Sheet4 Sheet5

■ **분석결과**

이상의 절차에 의해 '잔차 제곱합'을 최소화하는 최적의 계수값이 구해진다. 매출액은,

매출액 = - 5.861 × **매장면적** + 530.690 × **주차가능대수**
+471.276 × **도시락반찬류 구성비율** - 880.075 × **경합점포수**
+8329.065

라고 하는 예측식으로 설명할 수 있다는 것을 알 수 있다.

제5절 중회귀분석의 사고방식과 결과의 해석

1. 결정계수와 조정된 결정계수

실제로 얻어진 예측식에 의거한 기업의 광고에 의한 매출액 예측의 정도(精度)를 나타내는 것이 결정계수 R^2이다.

중회귀분석에 의해 얻어진 예측식이 어느 정도 도움이 되고 있는지를 측정하는 지표는 단회귀분석의 경우와 마찬가지로 결정계수 R^2으로 판단가능하다. 결정계수 R^2은,

$$R^2 = \frac{\text{목적변수의 예측값에 대한 편차 제곱합 } S_R}{\text{목적변수의 편차 제곱합 } S_T}$$

$$= 1 - \left(\frac{\text{잔차의 편차 제곱합 } S_e}{\text{목적변수의 편차 제곱합 } S_T} \right)$$

로 구해진다. 결정계수 R^2은,

$$0 \leq R^2 \leq 1$$

이라고 하는 성질을 갖는다. 결정계수 R^2이 1에 가까울수록 잔차 제곱합의 비율이 작아, 데이터는 회귀직선에 의해서 잘 설명되고 있다. 한편, 0에 가까울수록 잔차 제곱합의 비율이 커져서 데이터는 회귀직선으로는 잘 설명되고 있지 않게 된다.

그러나 결정계수는 설명변수의 수를 늘릴수록 그 변수가 유용한 것이든 아니든 증가한다고 하는 문제점을 안고 있다. 그래서 무의미한 변수를 설명변수로서 사용했을

때에는 그 수치가 내려가도록 자유도로 조정한 조정된 결정계수(자유도조정필 결정계수) R^{*2}을 사용한다. 즉, 중회귀분석에서는 분석에 사용한 설명변수의 수 p를 고려한 다음에 판단할 수 있는 조정된 결정계수 R^{*2}이 이용된다. 조정된 결정계수 R^{*2}는,

$$R^{*2} = 1 - \frac{n-1}{n-p-1}(1-R^2)$$

으로 계산된다. 단, n은 데이터 수, p는 설명변수의 수를 나타내고 있다.

그리고 목적변수의 관측값과 예측값의 상관계수를 다중상관계수라고 부른다. 결정계수는 다중상관계수의 제곱과 일치한다.

▶ 조정된 결정계수의 산출 절차

결정계수와 조정된 결정계수를 산출하는 절차는 다음과 같다.

예제 6-3

<표 6-1>을 이용해서 '매장면적', '주차가능대수', '도시락반찬류 구성비율', '경합점포수'의 각 설명변수에 의한 '매출액'의 예측 정밀도를, 조정된 결정계수를 구해서 확인한다.

순서 1 ▸▸▸ 목적변수의 편차 제곱합 S_T 계산

목적변수의 편차 제곱합 S_T는 '=VAR(목적변수의 데이터 범위)*($(n-1)$)'에 의해 구해진다.

C22 =VAR(F2:F16)*(15-1)

	A	B	C	D	E	F	G	H
1	점포번호 i	매장면적 x_1	주차가능대수 x_2	도시락반찬류 구성비율 x_3	경합점포수 x_4	매출액 y	매출액의 예측값	잔차
2	1	45	2	8	4	10,000	9376.619	623.381
3	2	52	4	13	2	13,000	14513.504	- 1,513.504
4	3	60	6	12	5	11,000	12416.497	- 1,416.497
5	4	55	5	13	2	15,000	15026.612	- 26.612
6	5	55	5	16	1	18,000	17320.514	679.486
7	6	45	1	9	6	8,000	7557.054	442.946
8	7	48	3	9	3	11,000	11241.078	- 241.078
9	8	50	3	11	3	12,500	12171.908	328.092
10	9	60	6	12	2	16,000	15056.722	943.278
11	10	50	1	8	4	9,000	8816.625	183.375
12	11	50	4	9	2	12,000	12640.122	- 640.122
13	12	52	4	14	2	14,000	14984.780	- 984.780
14	13	60	7	14	3	17,000	15649.889	1,350.111
15	14	55	2	8	5	8,000	8437.937	- 437.937
16	15	50	2	10	4	11,000	10289.867	710.133
17								
18								
19		회귀계수 a_1	회귀계수 a_2	회귀계수 a_3	회귀계수 a_4	상수항 b		잔차 제곱합 S_e
20		-5.861	530.690	471.276	-880.075	8329.065		10331956
21								
22		매출액의 편차 제곱합 S_T	137233333.3					

[셀의 입력내용]

C22;=VAR(F2:F16)*(15-1)

순서 2 ▸▸▸ 목적변수 예측값의 편차 제곱합 S_R 계산

목적변수 예측값의 편차 제곱합 S_R은 '목적변수의 편차 제곱합 S_T - 잔차의 편차 제곱합 S_e'에 의해 구해진다.

C23 =C22-H20

	A	B	C	D	E	F	G	H	I
1	점포번호 i	매장면적 x_1	주차가능대수 x_2	도시락반찬류 구성비율 x_3	경합점포수 x_4	매출액 y	매출액의 예측값	잔차	
2	1	45	2	8	4	10,000	9376.619	623.381	
3	2	52	4	13	2	13,000	14513.504	- 1,513.504	
4	3	60	6	12	5	11,000	12416.497	- 1,416.497	
5	4	55	5	13	2	15,000	15026.612	- 26.612	
6	5	55	5	16	1	18,000	17320.514	679.486	
7	6	45	1	9	6	8,000	7557.054	442.946	
8	7	48	3	9	3	11,000	11241.078	- 241.078	
9	8	50	3	11	3	12,500	12171.908	328.092	
10	9	60	6	12	2	16,000	15056.722	943.278	
11	10	50	1	8	4	9,000	8816.625	183.375	
12	11	50	4	9	2	12,000	12640.122	- 640.122	
13	12	52	4	14	2	14,000	14984.780	- 984.780	
14	13	60	7	14	3	17,000	15649.889	1,350.111	
15	14	55	2	8	5	8,000	8437.937	- 437.937	
16	15	50	2	10	4	11,000	10289.867	710.133	
17									
18									
19		회귀계수 a_1	회귀계수 a_2	회귀계수 a_3	회귀계수 a_4	상수항 b		잔차 제곱합 S_e	
20		-5.861	530.690	471.276	-880.075	8329.065		10331956	
21									
22		매출액의 편차 제곱합 S_T	137233333.3						
23		매출액 예측값의 편차 제곱합 S_R	126901377.3						

Sheet1 Sheet2 Sheet3 Sheet4 Sheet5

[셀의 입력내용]

C23; = C22 − H20

순서 3 ▸▸▸ 결정계수 R^2의 계산

$$R^2 = \frac{\text{매출액(목적변수)의 예측값에 대한 편차 제곱합 } S_R}{\text{매출액(목적변수)의 편차 제곱합 } S_T}$$

$$= 1 - \left(\frac{\text{잔차의 편차 제곱합 } S_e}{\text{매출액(목적변수)의 편차 제곱합 } S_T} \right)$$

C24 | =C23/C22

	A	B	C	D	E	F	G	H
1	점포번호 i	매장면적 x_1	주차가능대수 x_2	도시락반찬류 구성비율 x_3	경합점포수 x_4	매출액 y	매출액의 예측값	잔차
2	1	45	2	8	4	10,000	9376.619	623.381
3	2	52	4	13	2	13,000	14513.504	-1,513.504
4	3	60	6	12	5	11,000	12416.497	-1,416.497
5	4	55	5	13	2	15,000	15026.612	-26.612
6	5	55	5	16	1	18,000	17320.514	679.486
7	6	45	1	9	6	8,000	7557.054	442.946
8	7	48	3	9	3	11,000	11241.078	-241.078
9	8	50	3	11	3	12,500	12171.908	328.092
10	9	60	6	12	2	16,000	15056.722	943.278
11	10	50	1	8	4	9,000	8816.625	183.375
12	11	50	4	9	2	12,000	12640.122	-640.122
13	12	52	4	14	2	14,000	14984.780	-984.780
14	13	60	7	14	3	17,000	15649.889	1,350.111
15	14	55	2	8	5	8,000	8437.937	-437.937
16	15	50	2	10	4	11,000	10289.867	710.133
17								
18								
19		회귀계수 a_1	회귀계수 a_2	회귀계수 a_3	회귀계수 a_4	상수항 b		잔차 제곱합 S_e
20		-5.861	530.690	471.276	-880.075	8329.065		10331956
21								
22		매출액의 편차 제곱합 S_T	137233333.3					
23		매출액 예측값의 편차 제곱합 S_R	126901377.3					
24		결정계수 R^2	0.925					
25								

Sheet1 Sheet2 Sheet3 Sheet4 Sheet5

[셀의 입력내용]

C24;=C23/C22

순서 4 ▸▸▸ 조정된 결정계수와 다중상관계수의 계산

$$R^{*2} = 1 - \frac{n-1}{n-p-1}(1-R^2)$$

$$R = \text{SQRT}(\text{결정계수의 값})$$

C25 | =1-(15-1)*(1-C24)/(15-4-1)

	A	B	C	D	E	F	G	H
2	1	45	2	8	4	10,000	9376.619	623.381
3	2	52	4	13	2	13,000	14513.504	-1,513.504
4	3	60	6	12	5	11,000	12416.497	-1,416.497
5	4	55	5	13	2	15,000	15026.612	-26.612
6	5	55	5	16	1	18,000	17320.514	679.486
7	6	45	1	9	6	8,000	7557.054	442.946
8	7	48	3	9	3	11,000	11241.078	-241.078
9	8	50	3	11	3	12,500	12171.908	328.092
10	9	60	6	12	2	16,000	15056.722	943.278
11	10	50	1	8	4	9,000	8816.625	183.375
12	11	50	4	9	2	12,000	12640.122	-640.122
13	12	52	4	14	2	14,000	14984.780	-984.780
14	13	60	7	14	3	17,000	15649.889	1,350.111
15	14	55	2	8	5	8,000	8437.937	-437.937
16	15	50	2	10	4	11,000	10289.867	710.133
17								
18								
19		회귀계수 a_1	회귀계수 a_2	회귀계수 a_3	회귀계수 a_4	상수항 b		잔차 제곱합 S_e
20		-5.861	530.690	471.276	-880.075	8329.065		10331956
21								
22		매출액의 편차 제곱합 S_T	137233333.3					
23		매출액 예측값의 편차 제곱합 S_R	126901377.3					
24		결정계수 R^2	0.925					
25		조정된 결정계수 R^{*2}	0.895					
26		다중상관계수 R	0.962					

Sheet1 Sheet2 Sheet3 Sheet4 Sheet5

[셀의 입력내용]

C25;=1-(15-1)*(1-C24)/(15-4-1)

C26;=SQRT(C24)

■ **분석결과**

조정된 결정계수는 0.895로 되어 있어, 분석에 사용한 설명변수의 수를 고려한 경우 약 90% 정도는 매출액을 설명할 수 있다는 것을 알 수 있다.

2. 편회귀계수의 검정

중회귀분석에 있어서 어떤 특정 설명변수의 기여에 대해서, 그 변수가 도움이 되고 있는지 어떤지를 확인하기 위해서는, 얻어진 각 회귀계수(중회귀분석에서는 편회귀계수)의 검정을 실시한다. 편회귀계수의 검정에서는 모집단에 있어서 각 설명변수가 '매출액'에 영향을 미치지 않는다고 하는 가설(귀무가설)을 t검정에 의해 검정한다. 즉, <표 6-1>의 경우라면,

① 모집단에 있어서 '매장면적'은 '매출액'에 영향을 미치지 않는다

② 모집단에 있어서 '주차가능대수'는 '매출액'에 영향을 미치지 않는다

③ 모집단에 있어서 '도시락반찬류 구성비율'은 '매출액'에 영향을 미치지 않는다

④ 모집단에 있어서 '경합점포수'는 '매출액'에 영향을 미치지 않는다

라고 하는 네 개의 가설(귀무가설)을 검정한다. 실제로는 각 편회귀계수가 0인지 어떤지에 대해서 검정을 실시하게 된다.

제j번째 편회귀계수 a_j의 검정은, 각각 단회귀분석의 경우 회귀계수의 검정과 마찬가지로 정의된다. 제j번째의 편회귀계수 a_j의 검정은, 분석에 의해 얻어진 편회귀계수의 값을 그 표준오차로 나눈

$$t_i = a_j / SE(a_j)$$

가 자유도 $n-p-1$의 t분포에 따른다는 것을 이용해서 실시한다. 이때, n은 데이터 수, p는 설명변수의 수를 나타낸다.

제j번째 설명변수에 대한 편회귀계수 a_j의 표준오차 $SE(a_j)$는,

$$SE(a_j) = \sqrt{S^{ij} \times V_E}$$

로 계산할 수 있다. S^{ij}는 설명변수의 편차 제곱합·곱의 합 행렬 S의 역행렬이며, V_E는 잔차 제곱합의 불편분산을 나타낸다.

편차 제곱합·곱의 합 행렬 S는 각 설명변수의 편차 제곱합과 각 설명변수 간의 편차 곱의 합을 계산함으로써 구할 수 있다. 편차 제곱합·곱의 합 행렬 S는 다음과 같이 구해진다.

$$S = \begin{bmatrix} \sum(x_{1i}-\bar{x}_1)^2 & \sum(x_{2i}-\bar{x}_2)(x_{1i}-\bar{x}_1) & \sum(x_{3i}-\bar{x}_3)(x_{1i}-\bar{x}_1) & \sum(x_{4i}-\bar{x}_4)(x_{1i}-\bar{x}_1) \\ \sum(x_{1i}-\bar{x}_1)(x_{2i}-\bar{x}_2) & \sum(x_{2i}-\bar{x}_2)^2 & \sum(x_{3i}-\bar{x}_3)(x_{2i}-\bar{x}_2) & \sum(x_{4i}-\bar{x}_4)(x_{2i}-\bar{x}_2) \\ \sum(x_{1i}-\bar{x}_1)(x_{3i}-\bar{x}_3) & \sum(x_{2i}-\bar{x}_2)(x_{3i}-\bar{x}_3) & \sum(x_{3i}-\bar{x}_3)^2 & \sum(x_{4i}-\bar{x}_4)(x_{3i}-\bar{x}_3) \\ \sum(x_{1i}-\bar{x}_1)(x_{4i}-\bar{x}_4) & \sum(x_{2i}-\bar{x}_2)(x_{4i}-\bar{x}_4) & \sum(x_{3i}-\bar{x}_3)(x_{4i}-\bar{x}_4) & \sum(x_{4i}-\bar{x}_4)^2 \end{bmatrix}$$

여기에서 $\bar{x}_1, \bar{x}_2, \bar{x}_3, \bar{x}_4$는 각 설명변수의 평균을 나타낸다. 그리하여 편차 제곱합·곱의 합 행렬 S의 역행렬 S^{ij}를 구하려면, Excel의 함수 MINVERSE를 이용해서 '=MINVERSE (역행렬을 구하는 행렬의 데이터 범위)'에 의해 구해진다. 또한 잔차 제곱합의 불편분산 V_E는 데이터 수를 n, 설명변수의 수를 p라고 하면 잔차 제곱합 S_e로부터,

$$V_E = S_e / (n-p-1)$$

에 의해 계산할 수 있다.

얻어진 잔차 제곱합의 불편분산 V_E와 편차 제곱합·곱의 합 행렬 S의 역행렬 S^{ij}를 이용해서, 각 설명변수에 대한 편회귀계수의 t값을 계산한다. a_j를 제j번째 설명변수의 편회귀계수 값으로 하면, 제j번째 설명변수의 편회귀계수에 대한 t값은

$$t_j = a_j / SE(a_j) = a_j / \sqrt{S^{ij} \times V_E}$$

로 구해진다.

그리하여 각 설명변수의 편회귀계수에 대한 P값은 Excel의 함수인 TDIST 함수에 의해 '=TDIST(t값의 절대값, 자유도 $n-p-1$, 2)'에 의해서 구해진다. 여기에서 n은 데이터의 수, p는 설명변수의 수를 나타낸다. 얻어진 P값과 유의수준을 비교해서 귀무가설이 기각되는지 어떤지 판단한다.

▶ 편회귀계수 검정의 절차

Excel에서의 편회귀계수에 대한 검정의 절차는 다음과 같다.

예제 6-4

<표 6-1>을 이용해서 '매장면적', '주차가능대수', '도시락반찬류 구성비율', '경합점포수'의 각 설명변수가 '매출액'에 대해서 영향을 미치고 있다고 해서 문제가 없는지 어떤지를 편회귀계수의 검정을 실시해서 확인한다.

순서 1 ››› 각 설명변수의 평균 계산

설명변수의 평균은 '=AVERAGE(설명변수의 데이터 범위'에 의해 구해진다.

B17 =AVERAGE(B2:B16)

	A	B	C	D	E
1	점포번호 i	매장면적 x_1	주차가능대수 x_2	도시락반찬류 구성비율 x_3	경합점포수 x_4
2	1	45	2	8	4
3	2	52	4	13	2
4	3	60	6	12	5
5	4	55	5	13	2
6	5	55	5	16	1
7	6	45	1	9	6
8	7	48	3	9	3
9	8	50	3	11	3
10	9	60	6	12	2
11	10	50	1	8	4
12	11	50	4	9	2
13	12	52	4	14	2
14	13	60	7	14	3
15	14	55	2	8	5
16	15	50	2	10	4
17	평균	52.467	3.667	11.067	3.200

[셀의 입력내용]

B17;=AVERAGE(B2:B16) (B17을 C17에서 E17까지 복사한다)

순서 2 ››› 각 설명변수의 데이터와 평균과의 편차를 구하여 편차 제곱합을 계산

예를 들면, 'x_1의 편차 제곱합'은,

$$S_{11}=(x_{11}-\overline{x}_1)^2+(x_{12}-\overline{x}_1)^2+\cdots+(x_{115}-\overline{x}_1)^2=345.733$$

으로 계산된다. 다른 설명변수에 대한 편차 제곱합도 마찬가지로 계산된다.

B47	=SUMSQ(B32:B46)				
	A	B	C	D	E
31	점포번호 i	x_{1i} - x_1 bar	x_{2i} - x_2 bar	x_{3i} - x_3 bar	x_{4i} - x_4 bar
32	1	-7.467	-1.667	-3.067	0.800
33	2	-0.467	0.333	1.933	-1.200
34	3	7.533	2.333	0.933	1.800
35	4	2.533	1.333	1.933	-1.200
36	5	2.533	1.333	4.933	-2.200
37	6	-7.467	-2.667	-2.067	2.800
38	7	-4.467	-0.667	-2.067	-0.200
39	8	-2.467	-0.667	-0.067	-0.200
40	9	7.533	2.333	0.933	-1.200
41	10	-2.467	-2.667	-3.067	0.800
42	11	-2.467	0.333	-2.067	-1.200
43	12	-0.467	0.333	2.933	-1.200
44	13	7.533	3.333	2.933	-0.200
45	14	2.533	-1.667	-3.067	1.800
46	15	-2.467	-1.667	-1.067	0.800
47	편차 제곱합	345.733	49.333	92.933	28.400

[셀의 입력내용]

B32;=B2-B$17 (B32을 C32에서 E32까지 복사한다)

(셀 B32:E32을 셀 B33:E46까지 복사한다)

B47; =SUMSQ(B32:B46) (B47을 C47에서 E47까지 복사한다)

순서 3 ▸▸▸ 각 설명변수의 편차간 곱, 각 설명변수간 편차 곱의 합 계산

가령 'x_1의 편차와 x_2의 편차의 곱의 합 S_{21}'과 'x_2의 편차와 x_1의 편차의 곱의 합 S_{12}'는,

$$S_{21} = (x_{11} - \overline{x}_1)(x_{21} - \overline{x}_2) + (x_{12} - \overline{x}_1)(x_{22} - \overline{x}_2) + \cdots + (x_{115} - \overline{x}_1)(x_{215} - \overline{x}_2) = 109.333$$
$$S_{12} = (x_{21} - \overline{x}_2)(x_{11} - \overline{x}_1) + (x_{22} - \overline{x}_2)(x_{12} - \overline{x}_1) + \cdots + (x_{215} - \overline{x}_1)(x_{115} - \overline{x}_1) = 109.333$$

으로 각각 구해진다. 그리고 편차 제곱합·곱의 합 행렬 S는 대칭행렬이다.

그 때문에 'x_1의 편차와 x_2의 편차에 대한 곱의 합 S_{21}'과 'x_2의 편차와 x_1의 편차에 대한 곱의 합 S_{12}'와 같이 행렬의 대각선의 윗부분과 아래 부분에서 대응하는 곳은 같은 값이 된다. 마찬가지로 해서 다른 설명 변수 사이의 편차곱의 합도 계산할 수 있다.

B66 =SUM(B51:B65)

	A	B	C	D	E	F	G
50	점포번호 i	$(x_{1i} - x_1 bar)(x_{2i} - x_2 bar)$	$(x_{1i} - x_1 bar)(x_{3i} - x_3 bar)$	$(x_{1i} - x_1 bar)(x_{4i} - x_4 bar)$	$(x_{2i} - x_2 bar)(x_{3i} - x_3 bar)$	$(x_{2i} - x_2 bar)(x_{4i} - x_4 bar)$	$(x_{3i} - x_3 bar)(x_{4i} - x_4 bar)$
51	1	12.444	22.898	-5.973	5.111	-1.333	-2.453
52	2	-0.156	-0.902	0.560	0.644	-0.400	-2.320
53	3	17.578	7.031	13.560	2.178	4.200	1.680
54	4	3.378	4.898	-3.040	2.578	-1.600	-2.320
55	5	3.378	12.498	-5.573	6.578	-2.933	-10.853
56	6	19.911	15.431	-20.907	5.511	-7.467	-5.787
57	7	2.978	9.231	0.893	1.378	0.133	0.413
58	8	1.644	0.164	0.493	0.044	0.133	0.013
59	9	17.578	7.031	-9.040	2.178	-2.800	-1.120
60	10	6.578	7.564	-1.973	8.178	-2.133	-2.453
61	11	-0.822	5.098	2.960	-0.689	-0.400	2.480
62	12	-0.156	-1.369	0.560	0.978	-0.400	-3.520
63	13	25.111	22.098	-1.507	9.778	-0.667	-0.587
64	14	-4.222	-7.769	4.560	5.111	-3.000	-5.520
65	15	4.111	2.631	-1.973	1.778	-1.333	-0.853
66	곱의 합	109.333	106.533	-26.400	51.333	-20.000	-33.200
67							
68							
69							
70							
71							
72							
73							
74							

Sheet1 Sheet2 Sheet3 Sheet4 Sheet5 Sheet6 Sheet7

[셀의 입력내용]

B51;=$B32*C32 (B51을 C51에서 D51까지 복사한다)

E51;=$C32*D32 (E51을 F51에 복사한다)

G51;=$D32*E32 (셀 B51:G51을 셀 B52:G65까지 복사한다)

B66;=SUM(B51:B65) (B66를 C66에서 G66까지 복사한다)

순서 4 ▸▸▸ 편차 제곱합과 곱의 합으로부터 편차 제곱합·곱의 합 행렬 작성

(1) 앞에서 구한 각 설명변수의 편차 제곱합, 각 설명변수 사이의 편차 곱의 합에 대한 값을 대응하는 셀의 오른쪽 윗부분에 입력한다.

B70 =B47

	A	B	C	D	E	F
69	S	x_1	x_2	x_3	x_4	
70	x_1	345.733	109.333	106.533	-26.400	
71	x_2		49.333	51.333	-20.000	
72	x_3			92.933	-33.200	
73	x_4				28.400	
74						

[셀의 입력내용]

B70;=B47

C70;=B66 (C708을 D70에서 E70까지 복사한다)

C71;=C47

D71;=E66 (D71를 E71에 복사한다)

D72;=D47

E72;=G66

E73;=E47

(2) 셀 A69:E73을 범위 지정해서 오른쪽 버튼을 클릭한 다음, [복사(C)]를 선택한다.

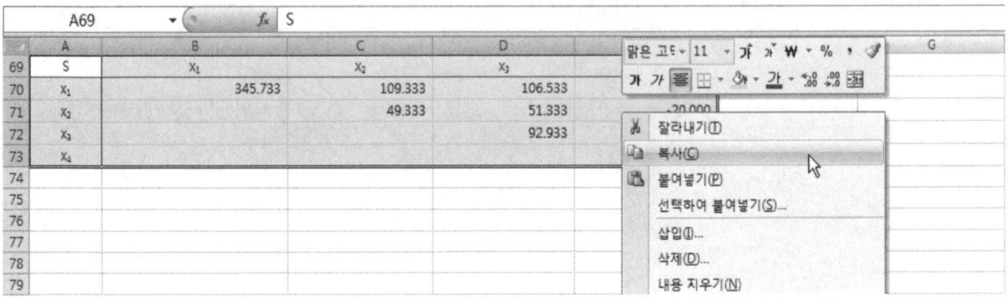

(3) 셀 A75을 지정하고 오른쪽 버튼을 클릭해서, [선택하여 붙여넣기(S)]를 선택하여 클릭한다.

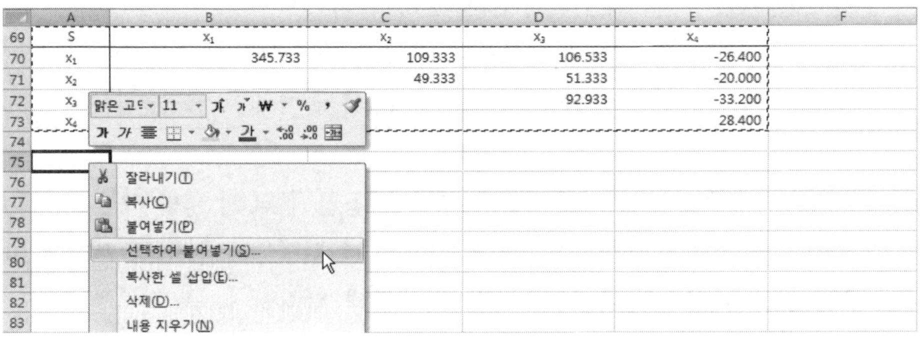

(4) [선택하여 붙여넣기] 대화상자에서 [값(V)]을 선택하고 [확인] 버튼을 클릭한다.

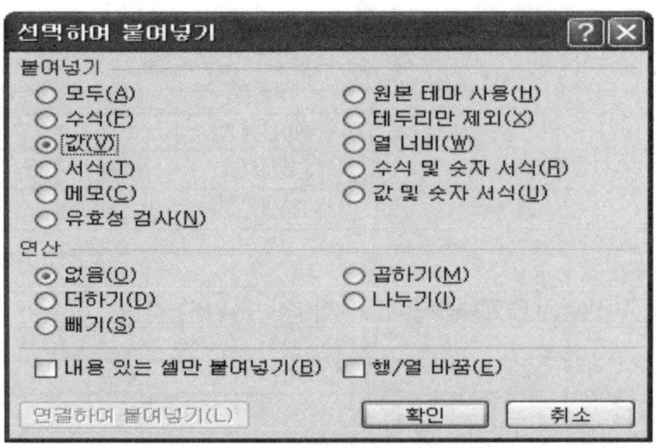

(5) 다시 오른쪽 윗부분만의 값이 입력된 행렬 전체의 범위를 선택해서 복사한다. 방금 전 [선택하여 붙여넣기]에서 [값(V)]을 선택하여 붙여 넣었던 셀(셀 A75)을 선택하고, 다시 [선택하여 붙여넣기] 대화상자에서 다음의 사항을 선택하고 [확인] 버튼을 클릭한다.

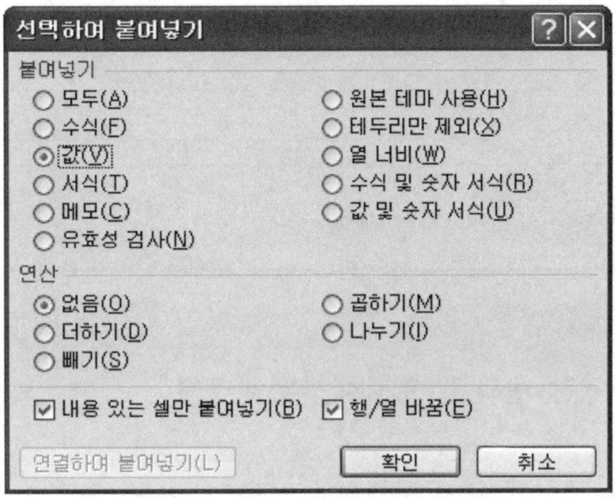

순서 5 ▸▸▸ 편차 제곱합·곱의 합 행렬 완성(출력 예는 서식을 조정했다)

	A	B	C	D	E	F
69	S	X_1	X_2	X_3	X_4	
70	X_1	345.733	109.333	106.533	-26.400	
71	X_2		49.333	51.333	-20.000	
72	X_3			92.933	-33.200	
73	X_4				28.400	
74						
75	S	X_1	X_2	X_3	X_4	
76	X_1	345.733	109.333	106.533	-26.400	
77	X_2	109.333	49.333	51.333	-20.000	
78	X_3	106.533	51.333	92.933	-33.200	
79	X_4	-26.400	-20.000	-33.200	28.400	
80						

순서 6 ▸▸▸ 편차 제곱합·곱의 합 행렬의 역행렬 계산

편차 제곱합·곱의 합 행렬에 대한 역행렬은 '=MINVERSE(역행렬을 구하고 싶은 행렬의 데이터 범위'에 의해 구해진다. 이때, 역행렬 S^{ij}를 출력하고 싶은 셀의 범위 B83:E86을 선택하고, '=MINVERSE(B76:E79)'라고 입력한 다음, Ctrl + Shift + Enter↵ 키를 동시에 눌러 배열복사를 실시한다.

AVERAGE | =MINVERSE(B76:E79)

	A	B	C	D	E	F
69	S	x_1	x_2	x_3	x_4	
70	x_1	345.733	109.333	106.533	-26.400	
71	x_2		49.333	51.333	-20.000	
72	x_3			92.933	-33.200	
73	x_4				28.400	
74						
75	S	x_1	x_2	x_3	x_4	
76	x_1	345.733	109.333	106.533	-26.400	
77	x_2	109.333	49.333	51.333	-20.000	
78	x_3	106.533	51.333	92.933	-33.200	
79	x_4	-26.400	-20.000	-33.200	28.400	
80						
81						
82	S	x_1	x_2	x_3	x_4	
83	x_1	=MINVERSE(B76:E79)				
84	x_2					
85	x_3					
86	x_4					
87						

순서 7 ▸▸▸ 편차 제곱합·곱의 합 행렬의 역행렬 출력

B83 | {=MINVERSE(B76:E79)}

	A	B	C	D	E	F
75	S	x_1	x_2	x_3	x_4	
76	x_1	345.733	109.333	106.533	-26.400	
77	x_2	109.333	49.333	51.333	-20.000	
78	x_3	106.533	51.333	92.933	-33.200	
79	x_4	-26.400	-20.000	-33.200	28.400	
80						
81						
82	S^{ij}	x_1	x_2	x_3	x_4	
83	x_1	0.011	-0.028	-0.001	-0.011	
84	x_2	-0.028	0.119	-0.022	0.032	
85	x_3	-0.001	-0.022	0.031	0.020	
86	x_4	-0.011	0.032	0.020	0.071	
87						

[셀의 입력내용]

B83;=MINVERSE(B76:E79) (셀 B83:E86에 배열복사)

순서 8 ▸▸▸ 잔차 제곱합의 불편분산, 각 설명변수의 편회귀계수에 대한 t값 계산

잔차 제곱합의 불편분산 V_E는 데이터 수를 n, 설명변수의 수를 p라고 하면 잔차 제곱합 S_e로부터,

$$V_E = S_e / (n - p - 1)$$

에 의해 계산할 수 있다. 얻어진 잔차 제곱합의 불편분산 V_E와 편차 제곱합·곱의 합

행렬 S의 역행렬 S^{ij}를 이용해서, 각 설명변수의 편회귀계수에 대한 t값을 계산한다. a_j를 제j번째 설명변수의 편회귀계수에 대한 값이라고 하면, 제j번째의 설명변수에 대한 편회귀계수의 t값은,

$$t_j = a_j / SE(a_j) = a_j / \sqrt{S^{ij} \times V_E}$$

로 계산할 수 있다. 따라서,

$$t_1 = a_1 / SE(a_1) = -5.861 / \sqrt{0.011 \times 10331956} = -0.054$$
$$t_2 = a_2 / SE(a_2) = 530.690 / \sqrt{0.0119 \times 10331956} = 1.515$$
$$t_3 = a_3 / SE(a_3) = 471.276 / \sqrt{0.031 \times 10331956} = 2.614$$
$$t_4 = a_4 / SE(a_4) = -880.075 / \sqrt{0.071 \times 10331956} = -3.240$$

이 된다.

B90 | =B20/SQRT(B83*H20/(15-4-1))

	A	B	C	D	E	F
82	S^{ij}	x_1	x_2	x_3	x_4	
83	x_1	0.011	-0.028	-0.001	-0.011	
84	x_2	-0.028	0.119	-0.022	0.032	
85	x_3	-0.001	-0.022	0.031	0.020	
86	x_4	-0.011	0.032	0.020	0.071	
87						
88						
89		매장면적 x_1	주차가능대수 x_2	도시락반찬류 구성비율 x_3	경합점포수 x_4	
90	t값	-0.054	1.515	2.614	-3.240	
91						

[셀의 입력내용]

B90;=B20/SQRT(B83*H20/(15-4-1))

C90;=C20/SQRT(C84*H20/(15-4-1))

D90;=D20/SQRT(D85*H20/(15-4-1))

E90;=E20/SQRT(E86*H20/(15-4-1))

순서 9 ▸▸▸ 각 설명변수의 편회귀계수에 대한 P값 계산

각 설명변수의 편회귀계수에 대한 P값은 Excel의 TDIST 함수를 이용해서 '=TDIST(t값의 절대값, 자유도 $n-p-1$, 2)'에 의해서 구해진다. 여기에서 n은 데이터의 수, p는 설명변수의 수를 나타낸다.

B91 f_x =TDIST(ABS(B90), (15-4-1), 2)

	A	B	C	D	E	F
89		매장면적 x_1	주차가능대수 x_2	도시락반찬류 구성비율 x_3	경합점포수 x_4	
90	t값	-0.054	1.515	2.614	-3.240	
91	P값	0.958	0.161	0.026	0.009	
92						

[셀의 입력내용]

B91;=TDIST(ABS(B90), (15-4-1), 2)

C91;=TDIST(ABS(C90), (15-4-1), 2)

D91;=TDIST(ABS(D90), (15-4-1), 2)

E91;=TDIST(ABS(E90), (15-4-1), 2)

순서 10 ››› *P*값과 유의수준을 비교해서 귀무가설 판단

	A	B	C	D	E
89		매장면적 x_1	주차가능대수 x_2	도시락반찬류 구성비율 x_3	경합점포수 x_4
90	t값	-0.054	1.515	2.614	-3.240
91	P값	0.958	0.161	0.026	0.009

■ 분석결과

각 설명변수의 편회귀계수에 대한 P값을 구하면 '매장면적'의 P값은 0.958, '주차가능대수'의 P값은 0.161, '도시락반찬류 구성비율'의 P값은 0.026, '경합점포수'의 P값은 0.009가 된다.

'도시락반찬류 구성비율'과 '경합점포수'의 P값은 0.05보다 작으므로 유의수준 5%에서 귀무가설이 기각된다. 즉, 회귀계수가 0이라고 하는 귀무가설이 기각되어 회귀계수가 0이라고는 할 수 없다. 따라서 모집단에 있어서 '도시락반찬류 구성비율'과 '경합점포수'가 '매출액'에 영향을 미치게 된다.

그러나 '매장면적'과 '주차가능대수'는 P값이 0.05보다 크므로 유의수준 5%에서 귀무가설이 기각되지 않는다. 따라서 모집단에 있어서 '매장면적'과 '주차가능대수'는 '매출액'에 영향을 미친다고는 할 수 없다.

3. 변수선택과 다중공선성

앞의 2항에서는 편회귀계수의 통계적 유의성 검정에 의해, 목적변수에 대해서 각 설명변수의 효과에 대한 유무를 검토했다.

이것과는 별개로 처음부터 포함시켜야 할 설명변수를 선택하는, '변수선택법'이라고 불리는 방법이 있다. 이 변수선택법은 많은 변수 중에서 정말로 유효한 변수만을 선택하고자 하는 방법이다. 변수선택법에는 '변수감소법', '변수증가법', '변수증감법', '모든 가능한 회귀' 등이 있다.

전혀 도움이 되지 않는 것은 아니지만, 그다지 영향이 강하지 못한 변수나 다른 변수와 상관이 강한 변수를 분석에 이용하면 '다중공선성'이라고 하는 문제가 생긴다. 변수선택은 이 다중공선성을 회피하기 위해서 실시된다. 전혀 도움이 안 되는 쓸데없는 변수가 예측식에 이용되고 있는 경우, 편회귀계수나 예측식의 산포가 커진다. 그 결과, 추정정밀도가 나빠진다거나, 필요한 변수가 빠져 있으면 회귀계수나 예측식에 치우침이 생겨 오차를 지나치게 크게 어림한다거나 하게 된다. 또한 각 설명변수 중에 서로 상관이 강한 것이 포함되어 있으면 회귀계수의 정밀도가 나빠져 버린다. 이와 같은 문제가 다중공선성이다.

따라서 전혀 도움이 안 되는 것은 아니지만, 그다지 영향이 강하지 못한 변수나 다른 변수와 상관이 강한 변수는 이용하지 않는 편이 좋다. 변수선택을 실시하면 다중공선성의 문제를 회피할 수 있다.

'변수감소법', '변수증가법', '변수증감법', '모든 가능한 회귀' 등의 변수선택법의 개요에 대해서 설명하기로 한다.

'변수감소법'은 현시점에서 분석에 사용하고 있는 설명변수의 F값을 각각 계산한다. F값은 각 편회귀계수의 검정에 이용한 t값을 자승함으로써 구해진다. 구한 F값 중에서 최소의 값이 지정한 F_{out}(통상 2를 사용) 값보다도 작으면, 그 변수를 제외하고, 다시 중회귀분석을 실행한다(반드시 설명변수는 하나씩 제거해 간다). 그리하여 다시 F값을 각각의 설명변수에 대해서 계산한다. F_{out}의 값보다도 F값이 작게 되는 설명변수가 없어질 때까지 이 절차를 반복한다. 단, 설명변수를 제외함으로써 예측식에 포함되는 변수가 없어져 버린 경우에는 분석을 종료한다. 그 경우는 분석에 이용한 설명변수로는 잘 예측할 수 없다는 결론에 이르게 된다. 또한 만일 F_{out}의 값보다도 원래 변수의 F값이 크면, 어느 변수도 제외하는 일 없이 변수선택을 종료한다.

'변수증가법'은 변수가 하나도 포함되지 않은 상태로부터 시작해서 변수를 하나씩 분석에 추가해 간다. 하나의 변수를 추가해서 중회귀분석을 실행하고, 추가한 변수의 F값을 구한다. 그것을 모든 설명변수에 대해서 실시한다. 최대의 F값이 지정된 일정한 값(예를 들면 2.0)을 초과한다면, 그 변수를 식에 포함한다. 이것을 순차 반복해서 최대의 *F*값이 지정된 일정한 값 이하가 되면 변수선택을 종료한다.

'변수증감법'은 '변수감소법'과 '변수증가법'을 조합한 방법이다. '변수증가법'의 절차로 새로 포함해야 할 설명변수를 찾아내, 그 후 그 시점에서 포함되어 있는 설명변수 중에서 불필요한 것이 없는지를 '변수감소법'의 절차로 확인한다.

'모든 가능한 회귀(all possible regression)'법은 하나의 변수로부터 모든 변수까지의 편성 전부에 대해서 분석을 실시하고, 어느 식을 이용할지 검토하는 방법이다. 검토할 때에는 조정된 결정계수나 정보량기준(AIC, BIC) 등을 참고로 해서 변수선택을 실시한다.

▶ 변수선택의 절차

Excel을 이용해서 변수선택을 실시할 경우에는 '변수감소법'의 실행이 용이하다. 그래서 '변수감소법'을 문제 삼아 변수선택의 절차에 대해서 해설한다. 변수선택의 절차는 다음과 같다.

예제 6-5

<표 6-1>을 이용해서 '매장면적', '주차가능대수', '도시락반찬류 구성비율', '경합점포수'의 각 설명변수로 '매출액'을 예측함에 있어서, 정말로 유효한 변수인가를 변수감소법에 의해 변수선택을 실행하여, 처음부터 포함시켜야 할 설명변수를 선택하라.

순서 1 ▸▸▸ 현시점에서 분석에 이용하고 있는 설명변수 각각의 *F*값 계산

B92 | fx | =B90^2

	A	B	C	D	E	F
89		매장면적 x_1	주차가능대수 x_2	도시락반찬류 구성비율 x_3	경합점포수 x_4	
90	t값	-0.054	1.515	2.614	-3.240	
91	P값	0.958	0.161	0.026	0.009	
92	F값	0.003	2.296	6.835	10.500	
93						

[셀의 입력내용]

B92;=B90^2 (B92를 C92에서 E92까지 복사한다)

순서 2 ▸▸▸ 구한 F값 중에서 최소의 값이 지정된 F_{out}의 값보다 작으면, 그 변수를 제외하고 다시 중회귀분석을 실시한다.

여기에서는 F_{out}을 2로 해서 변수선택을 실시한다(구한 F값 중에서 최소의 값이 $F_{out}=2$보다도 작은 설명변수를 하나 제거한다).

	A	B	C	D	E
89		매장면적 x_1	주차가능대수 x_2	도시락반찬류 구성비율 x_3	경합점포수 x_4
90	t값	-0.054	1.515	2.614	-3.240
91	P값	0.958	0.161	0.026	0.009
92	F값	0.003	2.296	6.835	10.500

최소의 F값은 '매장면적'의 0.003으로 $F_{out}=2$보다 작으므로, '매장면적'을 제외하고 다시 중회귀분석을 실시한다.

순서 3 ▸▸▸ 설명변수 하나를 제외하고 중회귀분석을 실시한 결과를 이용해서, 다시 F값을 각각의 설명변수에 대해서 계산한다.

(1) 초기값의 데이터가 입력되어 있는 시트마다 복사하고 복사한 시트 상에서, '매장면적'의 데이터가 입력된 열을 삭제하면, 다음과 같은 '매장면적'의 데이터를 삭제한 데이터가 완성된다.

	A	B	C	D	E	F	G
1	점포번호 i	주차가능대수 x_2	도시락반찬류 구성비율 x_3	경합점포수 x_4	매출액 y	매출액의 예측값	잔차
2	1	2	8	4	10,000	0.000	10,000.000
3	2	4	13	2	13,000	0.000	13,000.000
4	3	6	12	5	11,000	0.000	11,000.000
5	4	5	13	2	15,000	0.000	15,000.000
6	5	5	16	1	18,000	0.000	18,000.000
7	6	1	9	6	8,000	0.000	8,000.000
8	7	3	9	3	11,000	0.000	11,000.000
9	8	3	11	3	12,500	0.000	12,500.000
10	9	6	12	2	16,000	0.000	16,000.000
11	10	1	8	4	9,000	0.000	9,000.000
12	11	4	9	2	12,000	0.000	12,000.000
13	12	4	14	2	14,000	0.000	14,000.000
14	13	7	14	3	17,000	0.000	17,000.000
15	14	2	8	5	8,000	0.000	8,000.000
16	15	2	10	4	11,000	0.000	11,000.000
17	평균	3.667	11.067	3.200			
18							
19		회귀계수 a_2	회귀계수 a_3	회귀계수 a_4	상수항 b		잔차 제곱합 S_e
20		0.000	0.000	0.000	0.000		2431250000

Sheet1 Sheet2 Sheet3 Sheet4 Sheet5 Sheet6 Sheet7

(2) '매장면적'의 데이터를 삭제한 데이터에 대해서, '해 찾기'를 이용한 최소자승법을 실행하여 최적의 계수를 구한다. 먼저 [데이터] 탭을 선택하고 [분석] 리

본 내의 [해 찾기]를 선택한다.

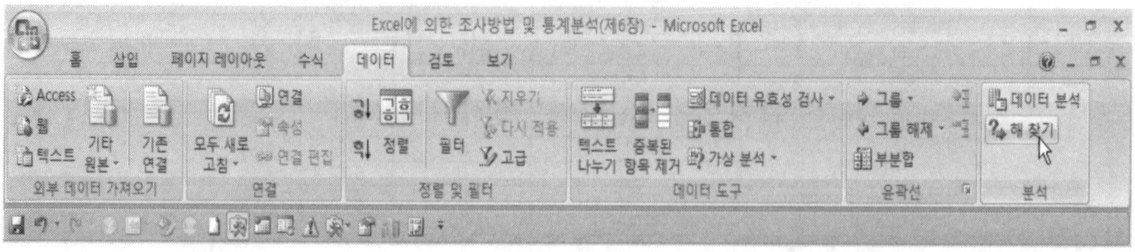

(3) [해 찾기 모델 설정] 대화상자에서 다음과 같이 입력·선택하고 [실행(S)] 버튼을 클릭한다.

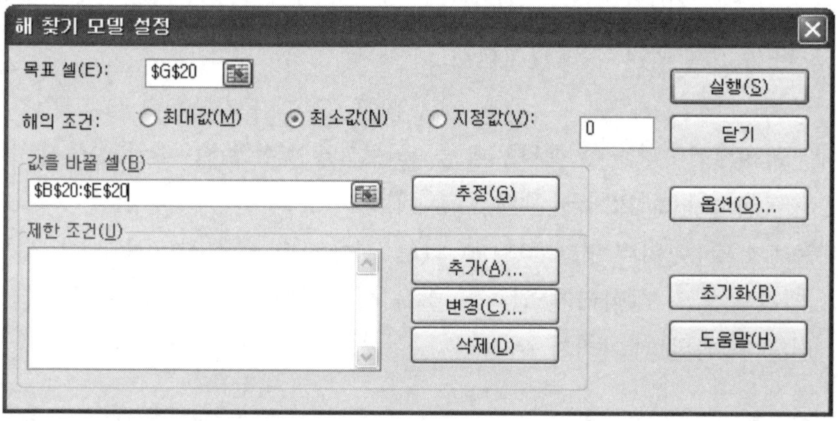

(4) [해 찾기 결과] 대화상자에서 다음과 같이 선택하고 [확인] 버튼을 클릭한다.

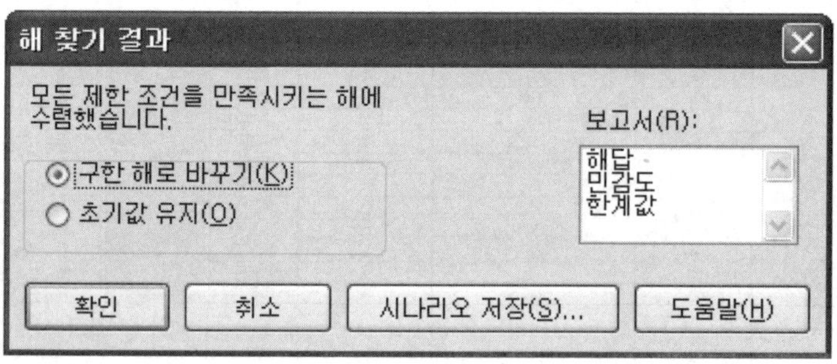

(5) 다음과 같이 '매장면적'의 데이터를 삭제한 데이터에 대해서 잔차의 제곱합을 최소로 하는 회귀계수의 값과 상수항의 값이 구해진다.

G20 | =SUMSQ(G2:G16)

	A	B	C	D	E	F	G	H
1	점포번호 i	주차가능대수 x_2	도시락반찬류 구성비율 x_3	경합점포수 x_4	매출액 y	매출액의 예측값	잔차	
2	1	2	8	4	10,000	9354.735	645.265	
3	2	4	13	2	13,000	14511.347	- 1,511.347	
4	3	6	12	5	11,000	12415.962	- 1,415.962	
5	4	5	13	2	15,000	15027.480	- 27.480	
6	5	5	16	1	18,000	17324.951	675.049	
7	6	1	9	6	8,000	7537.825	462.175	
8	7	3	9	3	11,000	11227.149	- 227.149	
9	8	3	11	3	12,500	12168.338	331.662	
10	9	6	12	2	16,000	15073.019	926.981	
11	10	1	8	4	9,000	8838.601	161.399	
12	11	4	9	2	12,000	12628.967	- 628.967	
13	12	4	14	2	14,000	14981.942	- 981.942	
14	13	7	14	3	17,000	15644.656	1,355.344	
15	14	2	8	5	8,000	8469.049	- 469.049	
16	15	2	10	4	11,000	10295.925	704.075	
17	평균	3.667	11.067	3.200				
18								
19		회귀계수 a_2	회귀계수 a_3	회귀계수 a_4	상수항 b		잔차 제곱합 S_e	
20		516.133	470.595	-885.686	8100.451		10334973.494	
21								
22								
23								
24								
25								

Sheet1 Sheet2 Sheet3 Sheet4 Sheet5 Sheet6 Sheet7

(6) 다음과 같이 조정된 결정계수를 산출해서, 얻어진 예측식이 어느 정도 도움이 되고 있는지를 확인한다.

C25 | =1-(15-1)*(1-C24)/(15-3-1)

	A	B	C	D	E	F	G	H
1	점포번호 i	주차가능대수 x_2	도시락반찬류 구성비율 x_3	경합점포수 x_4	매출액 y	매출액의 예측값	잔차	
2	1	2	8	4	10,000	9354.735	645.265	
3	2	4	13	2	13,000	14511.347	- 1,511.347	
4	3	6	12	5	11,000	12415.962	- 1,415.962	
5	4	5	13	2	15,000	15027.480	- 27.480	
6	5	5	16	1	18,000	17324.951	675.049	
7	6	1	9	6	8,000	7537.825	462.175	
8	7	3	9	3	11,000	11227.149	- 227.149	
9	8	3	11	3	12,500	12168.338	331.662	
10	9	6	12	2	16,000	15073.019	926.981	
11	10	1	8	4	9,000	8838.601	161.399	
12	11	4	9	2	12,000	12628.967	- 628.967	
13	12	4	14	2	14,000	14981.942	- 981.942	
14	13	7	14	3	17,000	15644.656	1,355.344	
15	14	2	8	5	8,000	8469.049	- 469.049	
16	15	2	10	4	11,000	10295.925	704.075	
17	평균	3.667	11.067	3.200				
18								
19		회귀계수 a_2	회귀계수 a_3	회귀계수 a_4	상수항 b		잔차 제곱합 S_e	
20		516.133	470.595	-885.686	8100.451		10334973.494	
21								
22		매출액의 편차 제곱합 S_T	137233333.333					
23		매출액 예측값의 편차 제곱	126898359.839					
24		결정계수 R^2	0.925					
25		조정된 결정계수 R^{*2}	0.904					
26		다중상관계수 R	0.962					

Sheet1 Sheet2 Sheet3 Sheet4 Sheet5 Sheet6 Sheet7

'주차가능대수', '도시락반찬류 구성비율', '경합점포수'의 세 가지 설명변수에 의해 '매출액'의 90% 정도 설명이 가능하다.

(7) 얻어진 각 회귀계수의 검정을 실시하기 위해서, 각 편회귀계수의 t값을 구하고 P값을 계산한다.

B88 | f_x =TDIST(ABS(B87), (15-3-1), 2)

	A	B	C	D
80	S^{ij}	x_2	x_3	x_4
81	x_2	0.048	-0.025	0.005
82	x_3	-0.025	0.031	0.019
83	x_4	0.005	0.019	0.061
84				
85				
86		주차가능대수 x_2	도시락반찬류 구성비율 x_3	경합점포수 x_4
87	t값	2.429	2.744	-3.701
88	P값	0.033	0.019	0.003

[셀의 입력내용]

B87;=B20/SQRT(B81*G20/(15-3-1))

C87;=C20/SQRT(C82*G20/(15-3-1))

D87;=D20/SQRT(D83*G20/(15-3-1))

B88;=TDIST(ABS(B87), (15-3-1), 2)

C88;=TDIST(ABS(C87), (15-3-1), 2)

D88;=TDIST(ABS(D87), (15-3-1), 2)

'주차가능대수', '도시락반찬류 구성비율', '경합점포수'의 세 가지 설명변수 모두 P값은 0.05보다 작으므로, 유의수준 5%에서 귀무가설은 기각된다. 즉, 회귀계수가 0이라고 하는 귀무가설은 기각되어 "회귀계수가 0이라고는 할 수 없다"가 된다. 따라서 모집단에 있어서 '주차가능대수', '도시락반찬류 구성비율', '경합점포수'의 각각이 '매출액'에 영향을 미친다고 생각된다.

(8) 다시 각 편회귀계수의 F값을 계산한다.

B89 | f_x =B87^2

	A	B	C	D
86		주차가능대수 x_2	도시락반찬류 구성비율 x_3	경합점포수 x_4
87	t값	2.429	2.744	-3.701
88	P값	0.033	0.019	0.003
89	F값	5.901	7.532	13.699

[셀의 입력내용]

B89;=B87^2 (B89를 C89에서 D89까지 복사한다)

순서 4 ››› [순서 1]에서 [순서 3]까지를 $F_{out} = 2$보다도 F값이 작게 되는 설명변수가 없어질 때까지 반복한다.

설명변수를 제외함으로써 예측식에 포함되는 변수가 없어져 버린 경우에는 분석을 종료하고, 분석에 이용한 설명변수로는 잘 예측할 수 없다고 결론을 내린다.

	A	B	C	D
86		주차가능대수 x_2	도시락반찬류 구성비율 x_3	경합점포수 x_4
87	t값	2.429	2.744	-3.701
88	P값	0.033	0.019	0.003
89	F값	5.901	7.532	13.699

최소의 F값은 '주차가능대수'의 5.901로 $F_{out} = 2$보다도 크므로, 분석은 종료한다. '주차가능대수', '도시락반찬류 구성비율', '경합점포수'의 각 설명변수는 '매출액'을 예측하는 데 유효하다고 생각된다.

■ 분석결과

변수선택을 실시하면 '주차가능대수', '도시락반찬류 구성비율', '경합점포수'의 각 설명변수가 목적변수 '매출액'을 예측하는 데에 유효하다고 하는 것을 알 수 있다. 또한 '주차가능대수', '도시락반찬류 구성비율', '경합점포수'의 각 설명변수의 편회귀계수에 대한 검정결과로부터 각각의 설명변수는 '매출액'에 영향을 미치고 있고, '매출액'을 90% 정도로 예측한다는 것을 나타내고 있다.

4. 편회귀계수와 표준편회귀계수

각 설명변수의 산포 크기의 차이를 조정해서, 계수의 대소(大小)로 목적변수에 대한 효과가 어떻게 다른지, 표준편회귀계수에 의해서 비교한다. 표준편회귀계수는 모든 변수를 표준화(평균 0, 표준편차 1로 변환)해서 분석을 실시했을 때의 편회귀계수와 같은 값이 된다.

변수선택을 실시한 결과 얻어진 예측식은,

매출액 = 516.133 × 주차가능대수 + 470.595 × 도시락반찬류 구성비율
− 885.686 × 경합점포수 + 8100.451

이다.

각 설명변수에 대한 편회귀계수는 다른 변수를 고정시킨 경우의, 그 변수의 영향력을 나타낸다. '주차가능대수'의 계수인 516.133은 '도시락반찬류 구성비율', '경합점포수'가 같은 값인 경우에는, '주차가능대수'가 1대 많아지면 516.133만큼 '매출액'이 증가한다는 것을 의미한다.

마찬가지로 '도시락반찬류 구성비율'의 계수인 470.595는 '주차가능대수'와 '경합점포수'가 같은 값인 경우에는, '도시락반찬류 구성비율'이 1포인트 오르면 470.595만큼 '매출액'이 늘어난다는 것을 나타내고 있다.

'경합점포수'의 계수인 −885.686은 '주차가능대수'와 '도시락반찬류 구성비율'이 같은 값인 경우에는, '경합점포수'가 1점포 늘어나면 885.686만큼 '매출액'이 감소한다는 것을 표현하고 있다. 단, 편회귀계수에서는 각 설명변수의 산포 크기의 차이는 조정되어 있지 않다. 따라서 각 설명변수의 산포 크기 차이에 의해 목적변수에 대한 효과의 정도 차이를 비교하는 것은 불가능하다.

각 설명변수의 산포 크기 차이를 조정해서 계수의 대소로 목적변수에 대한 효과의 차이를 비교하려면, 표준편회귀계수를 이용한다. 표준편회귀계수는 모든 변수를 표준화해서 분석했을 때의 편회귀계수와 일치한다. 표준화하지 않고 중회귀분석을 실시했을 경우, 표준편회귀계수는,

$$\text{표준편회귀계수} = \text{편회귀계수}\sqrt{\frac{\textbf{설명변수의 분산}}{\textbf{목적변수의 분산}}}$$

으로 계산된다.

▶ 표준편회귀계수의 산출

Excel에서는 다음과 같은 절차에 의해서 표준편회귀계수를 산출할 수 있다.

예제 6-6

<표 6-1>을 이용해서 '주차가능대수', '도시락반찬류 구성비율', '경합점포수'의 각 설명변수에 대한 산포 크기 차이를 조정해서, 계수의 대소로 목적변수에 대한 효과가 어떻게 다른지를 비교하기 위해서, 표준편회귀계수를 구하라.

순서 1 ▸▸▸ 각 설명변수의 분산과 목적변수의 분산 계산

B93 fx =VAR(B2:B16)

	A	B	C	D	E	F
92		주차가능대수 x_2	도시락반찬류 구성비율 x_3	경합점포수 x_4	매출액 y	
93	분산	3.524	6.638	2.029	9802380.952	
94						

[셀의 입력내용]

B93;=VAR(B2:B16) (B93을 C93에서 E93까지 복사한다)

순서 2 ▸▸▸ 표준편회귀계수 산출

표준편회귀계수는 '=편회귀계수*SQRT(설명변수의 분산 / 목적변수의 분산)'에 의해 계산할 수 있다.

B97 fx =B20*SQRT(B93/$E$93)

	A	B	C	D	E	F
92		주차가능대수 x_2	도시락반찬류 구성비율 x_3	경합점포수 x_4	매출액 y	
93	분산	3.524	6.638	2.029	9802380.952	
94						
95						
96		표준편회귀계수 a_2	표준편회귀계수 a_3	표준편회귀계수 a_4		
97		0.309	0.387	-0.403		
98						

[셀의 입력내용]

B97;=B20*SQRT(B93/$E$93) (B97을 C97에서 D97까지 복사한다)

■ 분석결과

표준편회귀계수를 구하면 '주차가능대수'의 1표준편차분의 증가에 대해서 '매출액'은 0.309표준편차분 만큼 증가한다. 또한 '도시락반찬류 구성비율'의 1표준편차분의 증가에 대해서 '매출액'은 0.387표준편차분 만큼 증가한다. 한편, '경합점포수'의 1표준편차분의 증가에 대해서는 '매출액'이 0.403표준편차분 만큼 감소한다는 것을 알 수 있다. 즉, '경합점포수'가 '매출액'에 가장 영향력이 크다. 이어서 '도시락반찬류 구성비율', '주차가능대수'가 영향을 미친다고 할 수 있다.

5. 분산분석표

중회귀분석에 있어서는 분석에 의해 얻어진 예측식에 의거한 중회귀 모델이 통계적으로 의미가 있는 모델인지 어떤지를, 분산분석에 의해 검증할 필요가 있다. 현재의 데이터에 대해서는, 분석에 의해 얻어진 예측식이 도움이 된다는 것을 알았지만, 모집단에 있어서도 마찬가지로 예측식이 도움이 되는지 어떤지 확인하지 않으면 안된다. 그래서 모집단에 있어서 "얻어진 예측식은 도움이 되지 않는다", 즉, "편회귀계수가 모두 0이다"라고 하는 귀무가설을 설정해서, 분산분석에 의해 검증을 실시한다.

분산분석은 전체의 변동 S_T, 회귀에 의한 변동 S_R, 잔차 제곱합 S_e를 이용해서 검정통계량,

$$F = \frac{S_R/p}{S_e/(n-p-1)}$$

가 자유도 $(p, n-p-1)$의 F분포에 따른다는 것을 이용해서 실시한다. 이때, p는 제1자유도, $(n-p-1)$은 제2자유도라고 불린다. 또한 n은 데이터 수, p는 설명변수의 수를 나타낸다. 변수선택 후의 데이터 분석결과에 있어서 검정통계량을 구하면,

$$F = \frac{126898359.839/3}{10334973.494/(15-3-1)} = 45.021$$

이 된다. P값은 Excel의 FDIST 함수를 이용해서 '=FDIST(F의 값, 제1자유도, 제2자유도)'에 의해서 구해진다.

▶ 분산분석의 절차

Excel의 분산분석 실행절차는 다음과 같다. 여기에서 n은 데이터 수, p는 설명변수의 수를 나타낸다.

예제 6-7

<표 6-1>을 이용해서 중회귀분석에 의해 얻어진 예측식이 통계적으로 의미가 있는 모델인지 어떤지를 분산분석에 의해 검증한다.

순서 1 ▸▸▸ 회귀, 잔차, 전체의 자유도 입력

회귀의 자유도는 'p', 잔차의 자유도는 '$n-p-1$', 전체의 자유도는 '$n-1$'에 의해 구해진다.

	A	B	C	D
100		자유도		
101	회귀	3		
102	잔차	11		
103	전체	14		
104				

[셀의 입력내용]

B101;3

B102;=15-3-1

B103;=15-1

순서 2 ▸▸▸ 회귀, 잔차, 전체에 대한 각각의 제곱합 계산

회귀의 제곱합은 목적변수의 예측값에 대한 편차 제곱합, 잔차의 제곱합은 잔차 제곱합, 전체의 제곱합은 목적변수의 편차 제곱합이므로 각각의 값을 입력한다.

	A	B	C	D
100		자유도	제곱합	
101	회귀	3	126898359.839	
102	잔차	11	10334973.494	
103	전체	14	137233333.333	
104				

[셀의 입력내용]

C101;=C23

C102;=G20

C103;=C22

순서 3 ▸▸▸ 회귀, 잔차의 제곱 평균 계산

제곱 평균은 각각의 자유도로 제곱합을 나눔으로써 구해진다.

D101 =C101/B101

	A	B	C	D	E
100		자유도	제곱합	제곱 평균	
101	회귀	3	126898359.839	42299453.280	
102	잔차	11	10334973.494	939543.045	
103	전체	14	137233333.333		
104					

[셀의 입력내용]

D101;=C101/B101

D102;=C102/B102

순서 4 ▸▸▸ 검정통계량(F값), P값 계산

(1) F값은 회귀의 제곱 평균을 잔차의 제곱 평균으로 나눔으로써 구해진다.

(2) P값은 FDIST 함수에 의해 '=FDIST(F값, 제1자유도, 제2자유도)'로 계산할 수 있다.

F101 =FDIST(E101, B101, B102)

	A	B	C	D	E	F	G
100		자유도	제곱합	제곱 평균	F값	P값	
101	회귀	3	126898359.839	42299453.280	45.021	0.000	
102	잔차	11	10334973.494	939543.045			
103	전체	14	137233333.333				
104							

[셀의 입력내용]

E101;=D101/D102

F101;=FDIST(E101, B101, B102)

순서 5 ▸▸▸ 분산분석표 출력결과('해 찾기'에 의한 결과와 '회귀분석' 분석도구에 의한 결과)

	A	B	C	D	E	F
100		자유도	제곱합	제곱 평균	F값	P값
101	회귀	3	126898359.839	42299453.280	45.021	0.000
102	잔차	11	10334973.494	939543.045		
103	전체	14	137233333.333			

분산 분석					
	자유도	제곱합	제곱 평균	F 비	유의한 F
회귀	3	126898359.843	42299453.281	45.021	0.000
잔차	11	10334973.491	939543.045		
계	14	137233333.333			

■ **분석결과**

분산분석을 실시하면 0.000이라고 하는 P값이 얻어진다. P값은 0.05보다 작으므로 유의수준 5%에서 귀무가설은 기각된다. 모집단에 있어서도 얻어진 예측식이 적합하다는 것을 알 수 있다. 따라서 이 중회귀분석은 의미가 없다고는 할 수 없고, 어떠한 의미가 있는 것 같다고 말할 수 있다.

6. 잔차분석

잔차에 어떠한 경향이 없는지 어떤지를 확인하기 위해서는, '주차가능대수', '도시락반찬류 구성비율', '경합점포수'의 각 설명변수를 각각 가로축으로, 잔차를 세로축으로 취한 잔차도를 작성한다.

▶ 잔차의 검토

각 설명변수의 잔차도를 작성하는 절차는, 단회귀분석의 경우와 마찬가지이다. '주차가능대수'의 잔차도는 다음과 같이 작성할 수 있다.

예제 6-8

<표 6-1>을 이용해서 설명변수인 '주차가능대수'와 잔차의 관계를 나타내는 잔차도를 작성하고, 주차가능대수와 잔차 사이에 명확한 경향이 없는지 어떤지 잔차의 검토를 실시한다.

순서 1 ▸▸▸ 설명변수와 잔차의 데이터 범위 선택

	A	B	C	D	E	F	G
1	점포번호 i	주차가능대수 x_2	도시락반찬류 구성비율 x_3	경합점포수 x_4	매출액 y	매출액의 예측값	잔차
2	1	2	8	4	10,000	9354.735	645.265
3	2	4	13	2	13,000	14511.347	-1,511.347
4	3	6	12	5	11,000	12415.962	-1,415.962
5	4	5	13	2	15,000	15027.480	-27.480
6	5	5	16	1	18,000	17324.951	675.049
7	6	1	9	6	8,000	7537.825	462.175
8	7	3	9	3	11,000	11227.149	-227.149
9	8	3	11	3	12,500	12168.338	331.662
10	9	6	12	2	16,000	15073.019	926.981
11	10	1	8	4	9,000	8838.601	161.399
12	11	4	9	2	12,000	12628.967	-628.967
13	12	4	14	2	14,000	14981.942	-981.942
14	13	7	14	3	17,000	15644.656	1,355.344
15	14	2	8	5	8,000	8469.049	-469.049
16	15	2	10	4	11,000	10295.925	704.075
17	평균	3.667	11.067	3.200			
18							
19		회귀계수 a_2	회귀계수 a_3	회귀계수 a_4	상수항 b		잔차 제곱합 S_e
20		516.133	470.595	-885.686	8100.451		10334973.494
21							
22		매출액의 편차 제곱합 S_T	137233333.333				

Sheet1 Sheet2 Sheet3 Sheet4 Sheet5 Sheet6 Sheet7

순서 2 ››› 잔차도 작성

(1) 메뉴에서 [삽입] 탭을 선택하고 [차트] 리본 내의 [분산형]에서 [표식만 있는 분산형]을 선택한다.

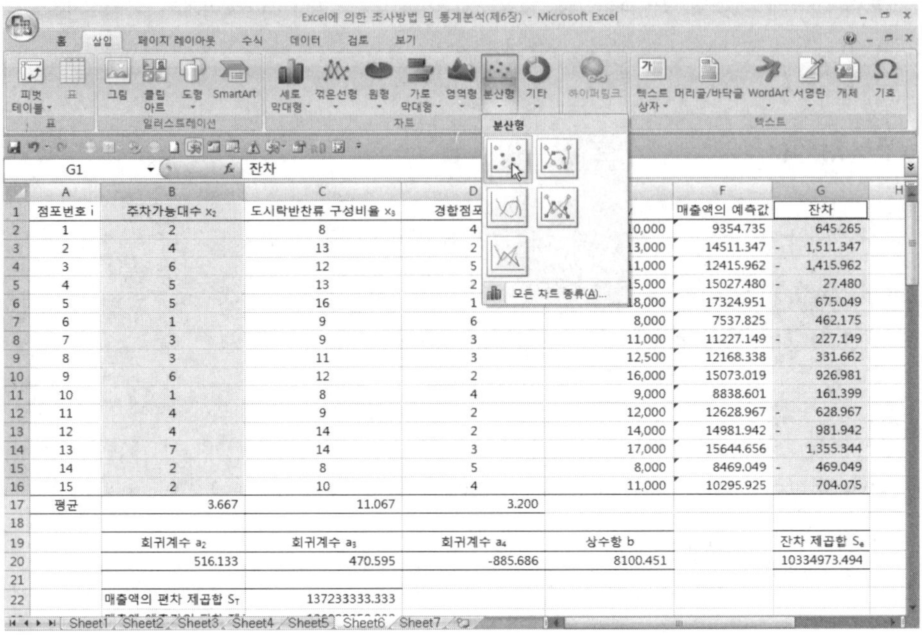

(2) 차트 제목, 축 제목 등을 입력하고 그래프를 정비한다.

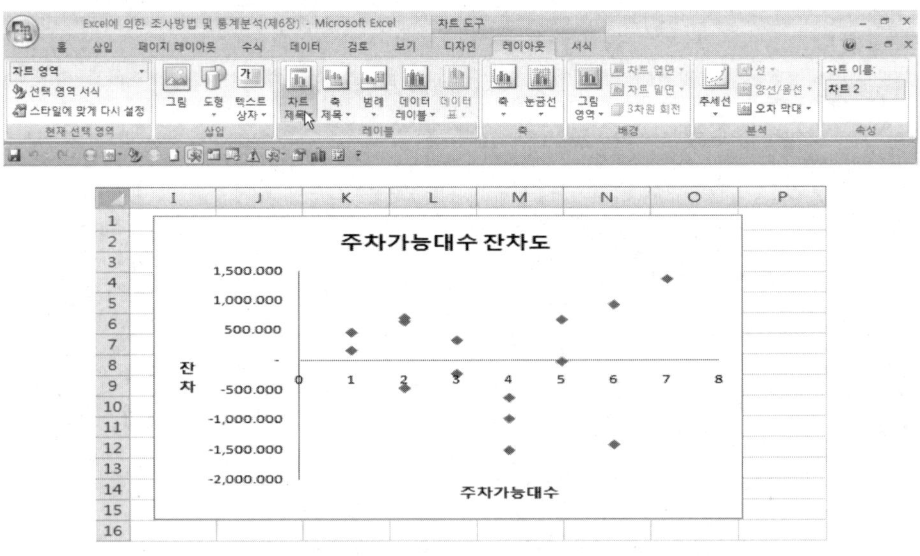

마찬가지로 '도시락반찬류 구성비율', '경합점포수'의 설명변수에 대해서도 잔차도를 작성할 수 있다.

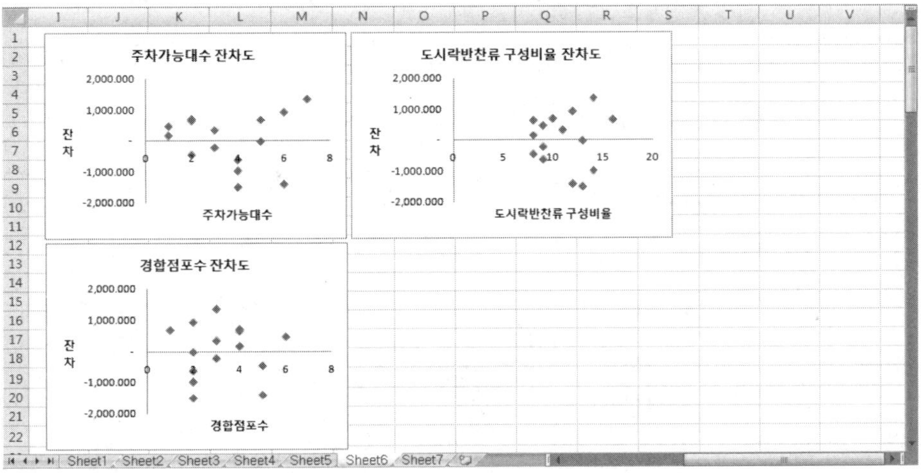

■ **분석결과**

잔차도로부터는 각 설명변수와 잔차의 사이에는 명확한 경향이 없다는 것을 알 수 있다. 따라서 회귀직선에 의한 중회귀분석을 통한 예측에 문제는 없다고 볼 수 있다.

제6절 질적인 설명변수를 포함하는 경우의 중회귀분석

지금까지는 설명변수로서 양적인 변수만을 취급했지만, 질적인 설명변수를 이용하는 것도 가능하다. <표 6-1>의 편의점 15개 점포의 매출액과 영향요인에 관한 데이터에 있어서, 가령 <표 6-2>와 같은 '주류의 취급 유무'나 '점포입지'라고 하는 질적인 설명변수가 얻어져 있다고 한다. 중회귀분석에서는 이들 질적인 설명변수도 1과 0의 2가변수(二價變數)로 수치화함으로써 분석에 집어넣을 수 있다. 이와 같이 2가변수를 이용해서 새로 작성된 변수를 '더미변수'라고 부른다. 또한 2가변수로 치환하는 것을 '더미변수화한다'라고 한다.

주류의 취급 유무와 같은 2가 데이터나 점포입지의 정보와 같은 명목척도 데이터라고 하는 질적인 설명변수를 중회귀분석에 있어서 이용하기 위하여, 1과 0의 2가변수로 변환한다.

|표 6-2| 편의점 15개 점포의 '주류 취급의 유무' 나 '점포입지' 에 대한 데이터

점포번호	주류의 취급	점포입지
1	있음	역전
2	있음	역전
3	있음	역전
4	있음	역전
5	있음	역전
6	있음	교외
7	있음	교외
8	있음	교외
9	없음	교외
10	없음	교외
11	없음	주택가
12	없음	주택가
13	없음	주택가
14	없음	주택가
15	없음	주택가

예를 들면, 주류 취급의 '있음'과 '없음'이라고 하는 2가를 취하는 질적인 설명변수가 있는 경우에는, 주류의 취급 '있음'을 '1', 주류의 취급 '없음'을 '0'으로 한 변수를 작성함으로써 중회귀분석에 이용할 수 있다.

▶ 2가 데이터의 더미변수화 절차

Excel에 있어서 주류의 취급 유무와 같은 질적인 데이터를 1과 0의 2가 변수로 변환(더미변수화) 하기 위한 절차는 다음과 같다.

예 제 6-9

<표 6-2>를 이용해서 중회귀분석에서 사용할 수 있도록 주류 취급의 유무와 같은 질적인 데이터를 1과 0의 2가변수로 변환한다.

순서 1 ››› 주류의 취급 유무 데이터 범위를 선택한 상태에서, 메뉴의 [홈]-[편집]-[찾기 및 선택]-[바꾸기(R)]를 선택한다.

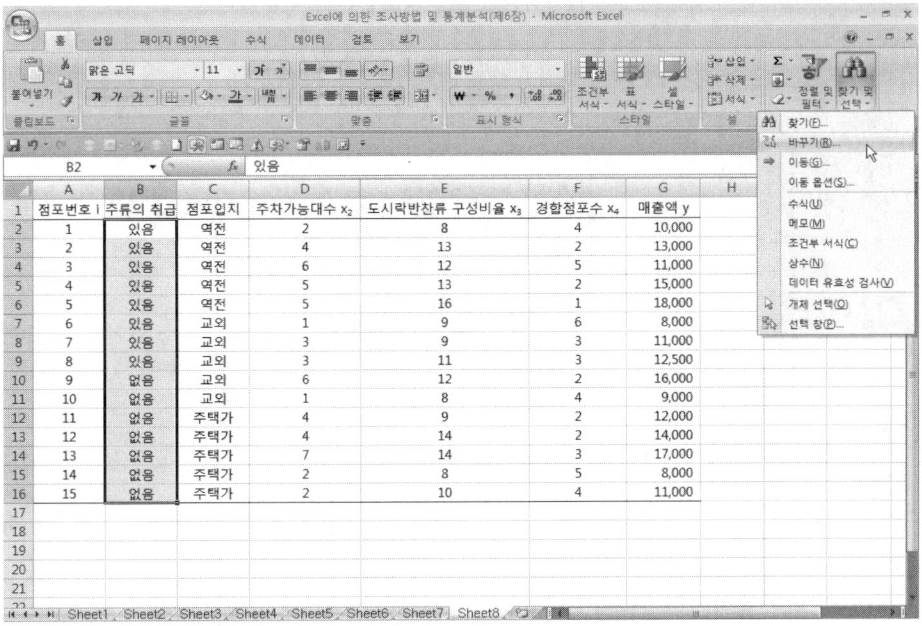

	A	B	C	D	E	F	G
1	점포번호 i	주류의 취급	점포입지	주차가능대수 x_2	도시락반찬류 구성비율 x_3	경합점포수 x_4	매출액 y
2	1	있음	역전	2	8	4	10,000
3	2	있음	역전	4	13	2	13,000
4	3	있음	역전	6	12	5	11,000
5	4	있음	역전	5	13	2	15,000
6	5	있음	역전	5	16	1	18,000
7	6	있음	교외	1	9	6	8,000
8	7	있음	교외	3	9	3	11,000
9	8	있음	교외	3	11	3	12,500
10	9	없음	교외	6	12	2	16,000
11	10	없음	교외	1	8	4	9,000
12	11	없음	주택가	4	9	2	12,000
13	12	없음	주택가	4	14	2	14,000
14	13	없음	주택가	7	14	3	17,000
15	14	없음	주택가	2	8	5	8,000
16	15	없음	주택가	2	10	4	11,000

순서 2 ▸▸▸ 주류의 취급'있음'을'1','없음'을'0'으로 치환하여 더미변수를 작성한다.

(1) 먼저 다음과 같이 입력하고 [모두 바꾸기(A)]를 클릭한다.

(2) 다음에 아래와 같이 입력한 후 [모두 바꾸기(A)]를 클릭한다.

(3) 다음과 같은 상태에서 [닫기]를 클릭한다.

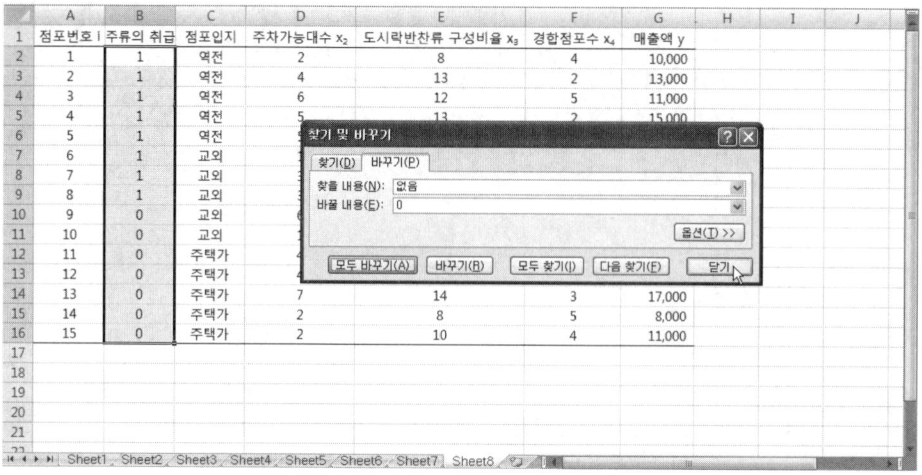

순서 3 ››› 다음과 같이 주류의 취급에 대한 더미변수(B열)가 작성된다.

점포번호 i	주류의 취급	점포입지	주차가능대수 x_2	도시락반찬류 구성비율 x_3	경합점포수 x_4	매출액 y
1	1	역전	2	8	4	10,000
2	1	역전	4	13	2	13,000
3	1	역전	6	12	5	11,000
4	1	역전	5	13	2	15,000
5	1	역전	5	16	1	18,000
6	1	교외	1	9	6	8,000
7	1	교외	3	9	3	11,000
8	1	교외	3	11	3	12,500
9	0	교외	6	12	2	16,000
10	0	교외	1	8	4	9,000
11	0	주택가	4	9	2	12,000
12	0	주택가	4	14	2	14,000
13	0	주택가	7	14	3	17,000
14	0	주택가	2	8	5	8,000
15	0	주택가	2	10	4	11,000

또한 '역전', '교외', '주택가'라고 하는 점포입지의 정보가 명목척도에 의거한 변수로서 얻어져 있는 경우에는, 어느 것인가 하나의 점포입지(예를 들면, '역전')를 기준범주로 하고 그 이외의 점포입지('교외', '주택가')를 각각 2가변수로 치환한다.

'교외'에 대한 새로운 설명변수를 작성한다면 '교외'이면 '1', '그 이외의 점포입지'이면 '0'이라고 하는 변수로 한다. 마찬가지로 '주택가'에 대해서도 '주택가'이면 '1', '그 이외의 점포입지'이면 '0'이라고 하는 변수를 새로 작성한다.

그래서 '역전'을 기준으로 한 경우, '교외'와 '주택가'의 변수에 있어서 모두 '0'으로 되어 있으면 '역전'이라는 것을 판단할 수 있다. 따라서 '역전'에 대해서는 새로 설명 변수를 작성할 필요는 없다.

▶ 명목척도 데이터의 더미변수화 절차

Excel에 있어서 점포입지의 정보와 같은 명목척도의 데이터를 더미변수화하기 위한 절차는 다음과 같다.

예제 6-10

<표 6-2>를 이용해서 중회귀분석에서 사용할 수 있도록 점포입지의 정보와 같은 명목척도의 데이터를 더미변수화한다. 단, '역전'을 기준으로 해서 더미변수를 작성한다.

순서 1 ▸▸▸ 점포입지의 더미변수를 작성하기 위해서, 새로운 열을 C열과 D열 사이에 1열 삽입한다.

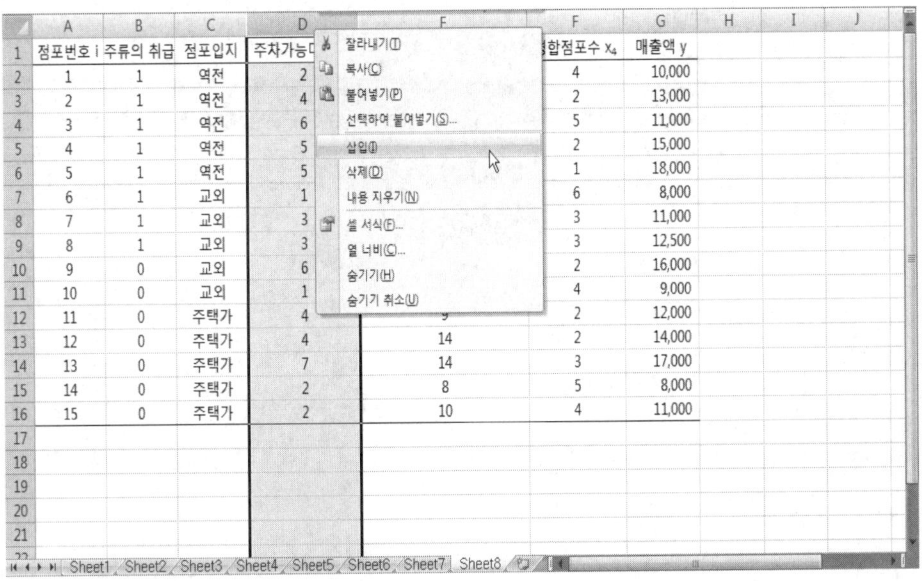

순서 2 ▸▸▸ 새로 삽입된 D열에 C열의 내용을 복사한다.

	A	B	C	D	E	F	G	H
1	점포번호 i	주류의 취급	점포입지	점포입지	주차가능대수 x_2	도시락반찬류 구성비율 x_3	경합점포수 x_4	매출액 y
2	1	1	역전	역전	2	8	4	10,000
3	2	1	역전	역전	4	13	2	13,000
4	3	1	역전	역전	6	12	5	11,000
5	4	1	역전	역전	5	13	2	15,000
6	5	1	역전	역전	5	16	1	18,000
7	6	1	교외	교외	1	9	6	8,000
8	7	1	교외	교외	3	9	3	11,000
9	8	1	교외	교외	3	11	3	12,500
10	9	0	교외	교외	6	12	2	16,000
11	10	0	교외	교외	1	8	4	9,000
12	11	0	주택가	주택가	4	9	2	12,000
13	12	0	주택가	주택가	4	14	2	14,000
14	13	0	주택가	주택가	7	14	3	17,000
15	14	0	주택가	주택가	2	8	5	8,000
16	15	0	주택가	주택가	2	10	4	11,000

순서 3 ››› '교외'의 더미변수를 C열에 작성한다.

(1) C열의 변수명을 '교외 더미변수'라는 것을 알 수 있도록 변경한다. 셀 C2:C16에서는 '교외'를 '1', '역전'과 '주택가'를 '0'으로 치환한다. 먼저 셀 C2:C16을 범위지정하고 메뉴의 [홈]-[편집]-[찾기 및 선택]-[바꾸기(R)]를 선택한다.

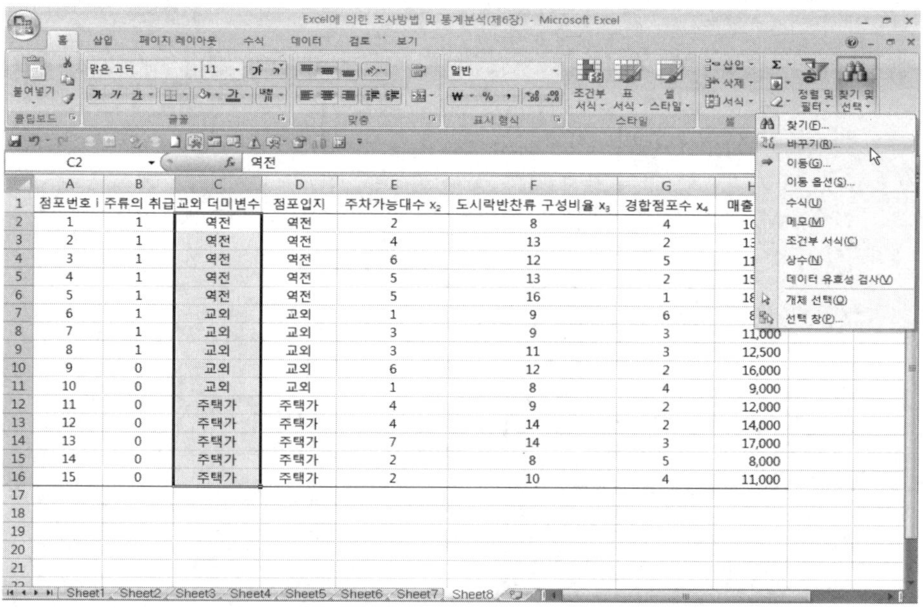

	A	B	C	D	E	F	G	H
1	점포번호 i	주류의 취급	교외 더미변수	점포입지	주차가능대수 x_2	도시락반찬류 구성비율 x_3	경합점포수 x_4	매출
2	1	1	역전	역전	2	8	4	10
3	2	1	역전	역전	4	13	2	13
4	3	1	역전	역전	6	12	5	11
5	4	1	역전	역전	5	13	2	15
6	5	1	역전	역전	5	16	1	18
7	6	1	교외	교외	1	9	6	8
8	7	1	교외	교외	3	9	3	11,000
9	8	1	교외	교외	3	11	3	12,500
10	9	0	교외	교외	6	12	2	16,000
11	10	0	교외	교외	1	8	4	9,000
12	11	0	주택가	주택가	4	9	2	12,000
13	12	0	주택가	주택가	4	14	2	14,000
14	13	0	주택가	주택가	7	14	3	17,000
15	14	0	주택가	주택가	2	8	5	8,000
16	15	0	주택가	주택가	2	10	4	11,000

(2) 먼저 [찾을 내용(N)]을 '교외'로 해서 다음과 같이 입력하고 [모두 바꾸기(A)]를 클릭한다.

(3) [찾을 내용(N)]을 '역전'으로 해서 다음과 같이 입력하고 [모두 바꾸기(A)]를 클릭한다.

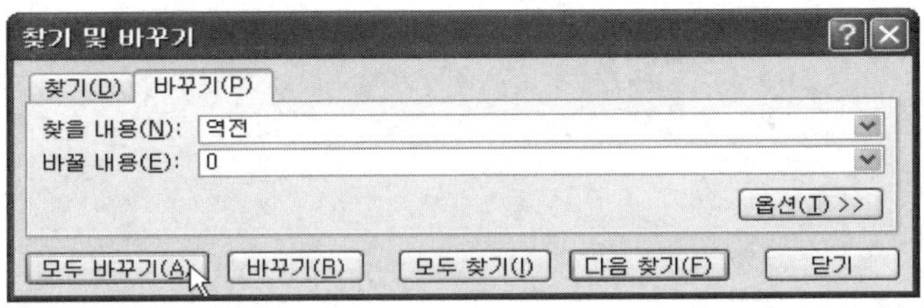

(4) [찾을 내용(N)]을 '주택가'로 해서 다음과 같이 입력하고 [모두 바꾸기(A)]를 클릭한다.

여기에서 [닫기]를 클릭한다.

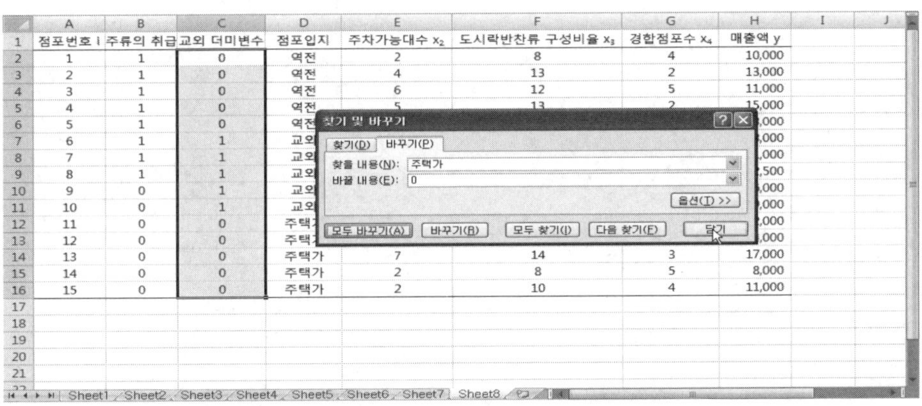

순서 4 ▸▸▸ 다음과 같이 '교외'에 대한 더미변수(C열)가 작성된다.

점포번호 i	주류의 취급	교외 더미변수	점포입지	주차가능대수 x_2	도시락반찬류 구성비율 x_3	경합점포수 x_4	매출액 y
1	1	0	역전	2	8	4	10,000
2	1	0	역전	4	13	2	13,000
3	1	0	역전	6	12	5	11,000
4	1	0	역전	5	13	2	15,000
5	1	0	역전	5	16	1	18,000
6	1	1	교외	1	9	6	8,000
7	1	1	교외	3	9	3	11,000
8	1	1	교외	3	11	3	12,500
9	0	1	교외	6	12	2	16,000
10	0	1	교외	1	8	4	9,000
11	0	0	주택가	4	9	2	12,000
12	0	0	주택가	4	14	2	14,000
13	0	0	주택가	7	14	3	17,000
14	0	0	주택가	2	8	5	8,000
15	0	0	주택가	2	10	4	11,000

순서 5 ▸▸▸ '주택가'에 대해서도 같은 순서로 더미변수화한다.

(1) D열의 변수명을 '주택가 더미변수'라는 것을 알 수 있도록 변경한다.

(2) 셀 D2:D16에서는 '주택가'를 '1', '역전'과 '교외'를 '0'으로 치환한다.

(3) 앞에서와 같은 방법으로 셀 D2:D16을 범위지정하고 메뉴의 [홈]-[편집]-[찾기 및 선택]-[바꾸기(R)]를 선택하여 더미변수화한다.

점포번호 i	주류의 취급	교외 더미변수	주택가 더미변수	주차가능대수 x_2	도시락반찬류 구성비율 x_3	경합점포수 x_4	매출액 y
1	1	0	0	2	8	4	10,000
2	1	0	0	4	13	2	13,000
3	1	0	0	6	12	5	11,000
4	1	0	0	5	13	2	15,000
5	1	0	0	5	16	1	18,000
6	1	1	0	1	9	6	8,000
7	1	1	0	3	9	3	11,000
8	1	1	0	3	11	3	12,500
9	0	1	0	6	12	2	16,000
10	0	1	0	1	8	4	9,000
11	0	0	1	4	9	2	12,000
12	0	0	1	4	14	2	14,000
13	0	0	1	7	14	3	17,000
14	0	0	1	2	8	5	8,000
15	0	0	1	2	10	4	11,000

■ 분석결과

'역전'을 기준으로 해서 점포입지의 정보와 같은 명목척도 데이터를 더미변수화한 데이터가 완성되었다.

질적인 설명변수의 영향을 파악하기 위해서는, 예제 6-9나 예제 6-10과 같이 더미변수화한 데이터를 설명변수로서 추가하고, 지금까지의 중회귀분석과 같은 절차로 분석하면 된다. 단, 질적인 설명변수를 포함하는 경우의 중회귀분석에는 몇 가지의 주의점이 있다.

첫째, 더미변수화하고 있지 않은 명목척도의 변수를 그대로 수치로서 분석을 실시해서는 안 된다고 하는 점이다. '역전'이 '1', '교외'가 '2', '주택가'가 '3'으로 이미 코드화해서 수치가 할당되어 있는 경우, 그 코드화되어 있는 변수를 그대로 이용해서 중회귀분석을 실시할 수는 없다. 반드시 '1'과 '0'의 2가변수를 이용해서 더미변수화하여 분석을 실시한다.

둘째, 더미변수화할 때에 어느 범주(앞의 예에서는 '역전')를 기준변수로 할 것인지에 따라서 결과는 변화하지 않는다고 하는 점이다.

셋째, 변수선택을 실시하여 더미변수를 제외할 때에는, 관련된 더미변수를 모두 제외하지 않으면 안 된다고 하는 점이다. 앞의 예에서는 '교외'라고 하는 더미변수를 제외한다면, 동시에 '주택가'의 변수도 제외하지 않으면 안 된다.

앞의 더미변수화한 데이터를 중회귀분석하게 되면 다음과 같은 결과를 얻게 된다.

요약 출력

회귀분석 통계량	
다중 상관계수	0.967
결정계수	0.935
조정된 결정계수	0.887
표준 오차	1051.898
관측수	15

분산 분석

	자유도	제곱합	제곱 평균	F 비	유의한 F
회귀	6	128381421	21396903	19.33765	0.000234
잔차	8	8851913	1106489.1		
계	14	137233333			

	계수	표준 오차	t 통계량	P-값	하위 95%	상위 95%	하위 95.0%	상위 95.0%
Y 절편	7179.496076	2550.186731	2.8152825	0.022658	1298.755	13060.24	1298.755	13060.24
주류의 취급	-373.926607	1014.908031	-0.368434	0.722108	-2714.309	1966.456	-2714.309	1966.456
교외 더미변수	655.2112465	849.9324382	0.770898	0.462925	-1304.736	2615.159	-1304.736	2615.159
주택가 더미변수	29.7425248	1219.7086	0.0243849	0.981143	-2782.911	2842.396	-2782.911	2842.396
주차가능대수 x2	513.8935268	238.309438	2.1564128	0.063141	-35.64902	1063.436	-35.64902	1063.436
도시락반찬류 구성비율 x3	540.5689244	198.2233387	2.72707	0.025963	83.46509	997.6728	83.46509	997.6728
경합점포수 x4	-846.341304	266.8614542	-3.171463	0.013166	-1461.725	-230.9577	-1461.725	-230.9577

Sheet1 Sheet2 Sheet3 Sheet4 Sheet5 Sheet6 Sheet7 Sheet8

판별분석 7

제1절 서론

판별분석(discriminant analysis)은 어떤 변수(하나 혹은 복수)를 이용해서, 그 개체가 소속하는 그룹을 판정하기 위한 수법이다. 판별분석과 회귀분석이 다른 점은 "예측하는 목적변수가 질적인가, 양적인가"이다. 회귀분석의 목적변수는 양적 데이터이다. 한편, 판별분석의 목적변수는 질적 데이터이다.

판별분석에서는 두 개 이상으로 분류되는 그룹 중에서 어느 그룹의 모집단에 소속되고 있는지 알고 있는 대상에 의거해서, 판단을 위한 예측식을 작성한다. 그리하여 그 예측식을 이용해서 소속이 불분명한 대상이 어느 그룹의 모집단에 속하는지를 추측한다.

판별분석에서는 그룹 수가 두 개인 경우를 2군의 판별, 그룹 수가 세 개 이상인 경우를 다군(多群)의 판별이라고 한다. 본서에서는 2군의 판별방법에 대해서 해설한다. 그리고 판별을 위한 예측식을 작성하려면, 상관비(相關比)에 의거한 수법과 마하라노비스의 거리에 의거한 수법 등 두 가지가 있다.

상관비에 의거한 판별분석은 Excel의 데이터 분석 내에 있는 회귀분석 도구, 혹은 해 찾기와 함수계산 등에 의해 각각 분석이 가능하다. 그러나 마하라노비스의 거리에 의거한 판별분석을 실시하려면, 함수계산 등의 기능을 이용해서 실행하지 않으면 안 된다. 그래서 본서에서는 해 찾기나 Excel의 함수계산 등의 기능을 이용해서 상관비에 의거한 판별분석과 마하라노비스의 거리에 의거한 판별분석의 사고방식이나 구조에 대해서 해설한다.

제2절 판별분석의 개요

판별분석에서는 두 개 이상으로 분류되는 그룹 중에서 어느 그룹의 모집단에 소속되는지가 분명한 대상에 의거한 예측식을 작성한다. 그리하여 그 예측식을 이용해서 소속이 불분명한 대상이 어느 그룹의 모집단에 속하는지를 추측한다.

즉, '브랜드 A와 브랜드 B'의 어느 쪽을 구매하느냐, 또는 '가격중시인가, 기능중시인가'라고 하는 두 개 이상의 그룹에 있어서, 이미 소속 그룹을 알고 있는 대상의 각 요인(예를 들면, 연령, 세대 연수입, 세대 사람수, 방문 빈도, 거주 연수 등)을 이용해서 소속 그룹이 불분명한 대상의 소속 그룹을 판정하는 것이 판별분석이다.

소속 그룹이 불분명한 대상이 브랜드 A를 구매하는 군과 브랜드 B를 구매하는 군의 어느 쪽에 속하는지를 '연령', '세대 연수입', '세대 사람수', '방문 빈도', '거주년수'로 판별한다면,

$$
\begin{aligned}
z = &\text{'연령의 영향력'} \times \text{'연령'} \\
&+ \text{'세대 연수입의 영향력'} \times \text{'세대 연수입'} \\
&+ \text{'세대 사람수의 영향력'} \times \text{'세대 사람수'} \\
&+ \text{'방문 빈도의 영향력'} \times \text{'방문 빈도'} \\
&+ \text{'거주년수의 영향력'} \times \text{'거주년수'}
\end{aligned}
$$

라고 하는 요인의 영향력을 각각 계수로서 가중치를 매긴 예측식을 이용해서 판정한다.

판별을 위한 예측식을 작성하려면, 상관비에 의거한 수법과 마하라노비스의 거리에 의거한 수법의 두 가지가 있다.

상관비에 의거한 수법에서는 상관비가 커지도록 판별을 위한 예측식을 구한다. 상관비는 질적 변수와 양적 변수의 관련성을 나타내는 척도이다. 상관비가 크다고 하는 것은, 그룹을 나눔으로써 각 그룹의 평균 차가 크고 각 그룹 내에서의 산포가 작다는 것을 의미한다. 또한 상관비는 회귀분석에 있어서의 결정계수와 같은 역할을 한다. 상관비는 0에서 1의 값을 취하며, 1에 가까울수록 관련이 강해진다.

마하라노비스의 거리에 의거한 방법에서는 각 군의 평균으로부터의 거리를 측정하여 평균으로부터의 거리가 가까운 군에 속한다고 판별한다. 이때에 이용되는 거리는 각 군의 산포를 고려한 거리가 되어, 이것을 마하라노비스의 거리라고 부른다.

또한 마하라노비스의 거리에 의거한 수법에서는 <그림 7-1>과 같이 데이터의 산포를 나타내는 분산공분산이, "두 모집단에서 같다"라고 가정할 수 있는지 어떤지로 산출의 방법이 다르다.

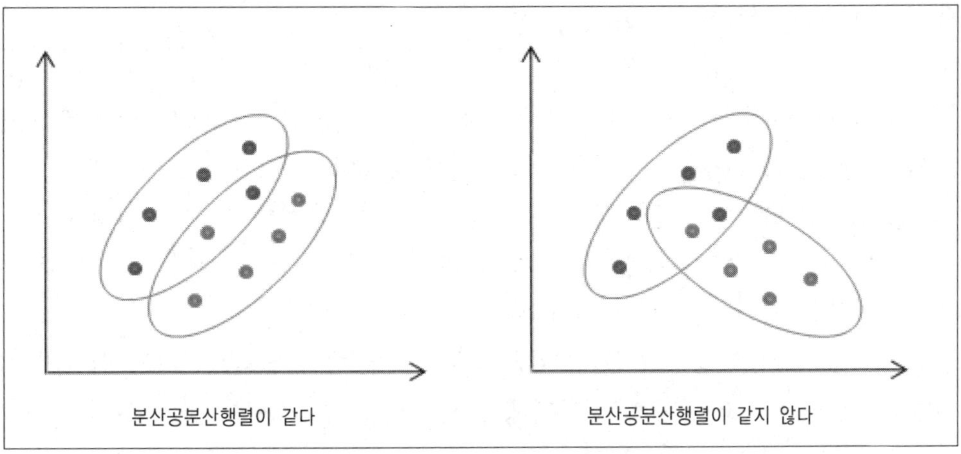

| 그림 7-1 | **분산공분산이 두 개의 모집단에서 같다고 가정할 수 있는 경우와 같다고 가정할 수 없는 경우의 예**

"분산공분산이 두 개의 모집단에서 같다"라고 하는 것은, 데이터를 공간에 표현했을 때 데이터의 산포 정도가 같다는 것을 의미한다. "분산공분산이 두 개의 모집단에서 같지 않다"라고 하는 것은, 데이터를 공간에 표현했을 때 데이터의 산포 정도가 다르다는 것을 의미한다. 또한 분산공분산행렬이 두 모집단에 있어서 같다고 가정한 경우의, 마하라노비스 거리에 의거한 방법은 상관비에 의거한 방법과 일치한다.

그래서 본장에서는 처음에 분산공분산이 두 개의 모집단에서 같다고 가정한 상관비에 의거한 수법에 대해서 해설하고, 이어서 마하라노비스의 거리에 의거한 수법을 분산공분산이 두 개의 모집단에서 같다고 가정한 경우와 가정하지 않은 경우로 나누어서 설명한다.

상관비에 의거한 판별분석의 흐름은 다음과 같다. 이들 일련의 절차를 시행함으로써 상관비에 의거한 판별분석을 실행할 수 있다.

◆ 상관비에 의거한 판별분석의 흐름

① 목적변수를 수치화한다(예제를 위한 데이터 7-1 참조).

② 수치화한 목적변수와 설명변수의 관계를 나타내는 예측식을 상관비에 의거한 방법으로 구한다(예제 7-1 참조).

③ 예측의 정도(精度)를 확인한다(예제 7-2 참조).

④ 계수의 검정을 실시한다(예제 7-3 참조).

⑤ 얻어진 예측식에 의거한 판정을 실시한다.

제4절 이후에서는 고객의 속성과 구매 브랜드의 데이터를 이용해서, 실제로 상관비에 의거한 판별분석을 실행하는 방법에 대해서 해설한다.

이하의 해설에서는 데이터의 분석 목적과 대조하여 분석에 의해 얻어진 예측식에 의한 판별은 행하지 않는다. 데이터의 분석 목적에 따라서는 얻어진 예측식으로부터 구체적인 판별을 실시하는 것도 가능하다.

마하라노비스의 거리에 의거한 판별분석의 흐름은 다음과 같다. 이들 일련의 절차를 시행함으로써 마하라노비스의 거리에 의거한 판별분석을 실행할 수 있다.

◆ 마하라노비스의 거리에 의거한 판별분석의 흐름

① 목적변수를 수치화한다(예제를 위한 데이터 <표 7-1> 참조).

② 등분산성을 가정할 수 있는지 어떤지를 검토한다(예제 7-6 참조).

③ 등분산성을 가정할 수 없으면, 등분산성을 가정하지 않고 수치화한 목적변수를 설명변수에 의해 판별한다(예제 7-4 참조).

④ 등분산성을 가정할 수 있으면, 등분산성을 가정하고 수치화한 목적변수를 설명변수에 의해 판별한다(예제 7-5 참조).

⑤ 예측의 정도(精度)를 확인한다.

⑥ 계수의 검정을 실시한다.

⑦ 얻어진 예측식에 의거한 판정을 실시한다.

제6절 이후에서는 고객의 속성과 구매 브랜드의 데이터를 이용해서, 실제로 마하라노비스의 거리에 의거한 판별분석을 실시하는 방법에 대해서 해설한다.

이하의 해설에서는 분석에 의해 얻어진 예측식에 의한 판별은 행하지 않는다. 그러나 실제로는 데이터의 분석 목적에 따라서는 얻어진 예측식으로부터 구체적인 판별을 실시하는 것도 가능하다. 또한 예측 정도(精度)의 확인이나 계수의 검정 등은 상관비에 의거한 판별분석의 방법에 대하여 해설할 때 실시하고 있으므로, 마하라노비스의 거리에 의거한 판별분석의 방법을 해설할 때에는 생략한다.

제3절 판별분석의 적용

고객의 속성에 의한 구매 브랜드의 판별을 목적으로 해서, <표 7-1>의 20명에 대한 고객의 속성과 구매 브랜드의 데이터를 판별분석한다. 고객의 회원 카드 정보로부터 '연령', '세대 연수입', '세대 사람수', '방문 빈도', '거주년수'를 알고 있다. 이들 데이터를 이용해서 브랜드 A와 브랜드 B 중 어느 쪽 브랜드를 구매할 것인지를 판별한다.

| 표 7-1 | 20명의 고객에 대한 속성과 구매 브랜드의 데이터

ID	구매 브랜드	연령	세대 연수입	세대 사람수	방문 빈도	거주년수
1	A	48	9000	4	5	6
2	A	58	8000	6	4	20
3	A	52	7000	6	4	12
4	A	63	7000	6	4	15
5	A	59	8000	4	6	6
6	A	38	11000	5	4	10
7	A	49	9000	5	5	9
8	A	62	8000	3	7	5
9	A	55	9000	5	3	5
10	A	66	8000	4	4	5
11	B	28	6000	2	2	2
12	B	33	4000	3	3	3
13	B	26	5000	3	1	2
14	B	40	7000	2	2	1
15	B	31	5000	2	1	3
16	B	24	6000	2	1	3
17	B	47	6000	3	1	1
18	B	30	7000	1	2	3
19	B	40	4000	1	2	2
20	B	30	4000	4	4	5

먼저 판별분석을 실시하기 위해서, 브랜드 A를 구매하는 군을 나타내는 'A'를 '1', 브랜드 B를 구매하는 군을 나타내는 'B'를 '－그룹 A의 관측대상 수/그룹 B의 관측대상 수(＝－10/10 ＝－1'로 변환한다.

이 목적변수를 '1'과 '-1'로 변환한 데이터를 이용해서 판별분석을 실시한다. 이것은 계산결과로부터 그룹을 판별할 때, 관측대상 수의 변화에 의해 판정기준의 값이 변동하지 않도록 목적변수를 수치화하기 위함이다. 계산결과로부터 그룹을 판별하는 과정에서의 규칙은,

(1) $y > c$, 관측대상은 그룹 A에 속한다고 판정

(2) $y < c$, 관측대상은 그룹 B에 속한다고 판정

이라고 하는 식으로 결정할 수 있다. 여기에서는 c가 판정기준이다. n_A를 브랜드 A를 구매하는 군의 관측대상 수, n_B를 브랜드 B를 구매하는 군의 관측대상 수라고 하면, 판정기준 c는

$$c = \frac{n_A}{n_A + n_B}$$

로 정해진다. 그러나 이대로는 각 군의 관측대상 수 n_A, n_B의 값이 바뀌면, 판정기준인 c의 값도 변화한다. 관측대상 수의 변화에 의해 c의 값이 변동하지 않도록 y를 수치화하지 않으면 안 된다. 따라서 다음의 어떤 한 방법에 의해서 y의 평균이 0이 되도록 수치화를 실시한다.

(1) 그룹 A : $y = 1$ 그룹 B : $y = -\frac{n_A}{n_B}$

(2) 그룹 A : $y = n_B$ 그룹 B : $y = -n_A$

(3) 그룹 A : $y = \frac{n_B}{n_A + n_B}$ 그룹 B : $y = -\frac{n_A}{n_A + n_B}$

(4) 그룹 A : $y = \frac{1}{n_A}$ 그룹 B : $y = -\frac{1}{n_B}$

브랜드 A를 구매하는 군을 나타내는 'A'를 '1', 브랜드 B를 구매하는 군을 나타내는 'B'를 '-1'로 하는 변환은 (1)의 방법을 이용해서 수치화를 실시하고 있는 것이 된다. 이 수치화에 의해 y의 값이 플러스인가 마이너스인가로 그룹을 판별하는 것이 가능하게 된다.

실제로 상관비에 의거한 방법에 의해 분석을 실시하면, 다음과 같은 결과가 얻어진다. 소속 그룹이 불분명한 대상이 브랜드 A를 구매하는 군과 브랜드 B를 구매하는 군의 어느 쪽에 속하는가는,

$$z = 0.135 \times \text{연령} + 0.012 \times \text{세대 연수입} + 1.000 \times \text{세대 사람수}$$
$$+ 0.871 \times \text{방문 빈도} + 0.079 \times \text{거주년수} - 21.226$$

이라고 하는 예측식에 의해 판정할 수 있다는 것을 알 수 있다.

결국 이 예측식의 플러스·마이너스에 의해, 브랜드 A를 구매하는 군인지 브랜드 B를 구매하는 군인지의 판별이 가능하다. 플러스인 경우에는 브랜드 A를 구매한다, 마이너스인 경우에는 브랜드 B를 구매한다고 판별하게 된다. 또 이때의 상관비는 0.955이다. 상관비가 클수록 질적 변수와 양적 변수의 관련성이 강하여, 질적 변수(군)에 의해 양적 변수의 분포방식이 다르다는 것을 의미한다. 브랜드 A를 구매할 것인가, 브랜드 B를 구매할 것인가는 잘 판별할 수 있다고 판단된다.

또 분석에 의해 얻어진 예측식의 판별적중률을 구하기 위해서, '실제의 구매 브랜드'와 '분석에 의해 얻어진 예측식에 의거한, 어느 쪽 브랜드를 구매하는가라고 하는 판정결과'에 대한 분할표를 작성한다. Excel에서 분할표를 작성하려면, 피벗 테이블을 이용한다. 이 분할표에 있어서 '실제의 구매 브랜드'와 '분석에 의해 얻어진 예측식에 의거한, 어느 쪽 브랜드를 구매하는가라고 하는 판정결과'가 모두 같은 값을 취하는 경우는, 바르게 판별된 셈이 된다.

바르게 판별된 빈도를 기초로 판별적중률은 구해진다. 실제로 판별적중률을 구하면, 얻어진 예측식에 의해 모든 대상이 바르게 판별되고 있다는 것을 알 수 있다. 그리하여 분석에 이용한 설명변수의 기여에 대해서, 그 변수가 도움이 되고 있는지 어떤지를 검증하면, 분석에 사용한 설명변수는 판별에 도움이 되지 않는다고는 말할 수 없고, '판별에 도움이 되고 있는 것 같다'고 이해할 수 있다.

한편, 마하라노비스의 거리에 의거한 수법에 의해 '분산공분산이 두 개의 모집단에서 같다고 가정하지 않는 경우'와 '같다고 가정한 경우'로 분석을 실시하면, 전술한 데이터에서는 상관비에 의거한 방법과 같은 결과가 얻어진다. 그리하여 모든 대상이 바르게 판별된다는 것을 알 수 있다.

앞의 적용 예와 같이 목적변수를 수치화함으로써, 상관비에 의거한 판별분석은 Excel의 데이터 분석 내에 있는 분석도구인 회귀분석 혹은 해 찾기와 함수계산 등에 의해서 각각 분석이 가능하다. 그러나 마하라노비스의 거리에 의거한 판별분석을 실시하려면, 함수계산 등의 기능을 이용해서 실행하지 않으면 안 된다.

그래서 본장에서는 해 찾기나 Excel의 함수계산 등의 기능을 이용해서 상관비에 의거한 판별분석과 마하라노비스의 거리에 의거한 판별분석의 사고방식이나 구조에 대해서 해설한다. 그리고 회귀분석 분석도구에 의한 분석방법에 대해서는 문제 삼지 않지만, 회귀분석 분석도구로 상관비에 의거한 판별분석은, 수치화한 변수를 목적변수로서 지정함으로써 실행가능하다.

제4절 Excel에 의한 상관비에 의거한 판별분석의 실행

판별분석에는 상관비에 의거한 수법과 마하라노비스의 거리에 의거한 수법 등 두 가지가 있다. 마하라노비스의 거리에 의거한 수법은 '분산공분산이 두 모집단에서 같다'고 가정할 수 있는지 어떤지로 계산방법이 다르다.

'분산공분산이 두 모집단에서 같다'고 가정한 경우의 마하라노비스의 거리에 의거한 수법은, 상관비에 의거한 방법과 일치한다. 따라서 판별분석은 분산공분산이 두 모집단에서 같은 경우와 같지 않은 경우 등 두 가지의 경우가 존재한다고 생각할 수도 있다.

분산공분산이 두 모집단에서 같은 경우는 회귀분석과 같은 계산방법으로 분석하는 것이 가능하다. 판별분석에 있어서의 목적변수 y는 개개의 관측대상이 소속하는 그룹을 나타내는 변수이다. 가령 두 개의 그룹 이름이 A 그룹과 B 그룹이라고 하면 A 그룹을 '1', B 그룹을 '-1'이라고 수치로 바꾸어 놓고 분석을 실행한다. 그 결과, 예측식이 구해진다. 이 예측식으로 계산되는 값을 사용해서 2군의 판별을 실시한다.

예를 들면, 고객의 연령, 세대 연수입, 세대 사람수, 방문 빈도, 거주년수로부터 구매 브랜드(브랜드 A와 브랜드 B)를 판정하는 경우에는,

$$z = a_1 \times \text{연령} + a_2 \times \text{세대 연수입} + a_3 \times \text{세대 사람수} + a_4 \times \text{방문 빈도} + a_5 \times \text{거주년수} + b$$

라고 하는 예측식을 생각한다. a_1, a_2, a_3, a_4, a_5는 각 설명변수의 영향의 정도를 나타내는 계수이며 b는 상수항이다.

회귀분석에서는 관측값(觀測値)과 예측값(豫測値)의 오차를 최소화했는데, 판별분석에서는 브랜드 A와 브랜드 B의 상관비를 최대로 하는 각 설명변수의 영향의 정도를 나타내는 계수 a_1, a_2, a_3, a_4, a_5를 결정한다.

상관비는 질적 변수(군)와 양적 변수(z)의 관련성을 나타내는 척도이다. 상관비가 클수록 질적 변수와 양적 변수의 관련성이 강하여, 질적 변수(군)에 의해 양적 변수의 분포방식이 다르다는 것을 의미한다.

상관비는 군간(群間) 제곱합을 총제곱합으로 나눔으로써 계산할 수 있다. 총제곱합은 양적 변수 전체의 산포 정도를 나타낸다. 군을 나누지 않고 전체로 계산한 경우의 편차제곱합이 된다. 그리하여 회귀분석에 있어서의 편차제곱합에 대한 분해와 마찬가지로 총제곱합은,

$$총제곱합 = 군내\ 제곱합 + 군간\ 제곱합$$

으로 분해할 수 있다.

군내(群內) 제곱합은 군내에서의 산포 정도를 나타낸다. 각 군에서의 편차제곱합을 합계한 것이 된다. 군간 제곱합은 군에 의해서 양적 변수(z)의 산포방식에 어느 정도의 차가 있는지를 표현하고 있다. 군이 두 개인 경우는 두 군에 대한 양적 변수의 평균의 차를 제곱한 것을 어떤 상수배함으로써 계산할 수 있다.

상관비는 질적 변수(군)와 양적 변수(z)의 관련성을 나타내는 척도이다(<그림 7-2> 참조). 상관비가 크다고 하는 것은 군간 제곱합이 크고 군내 제곱합이 작다고 하는 것을 나타낸다. 이것은 그룹을 나눔으로써 각 그룹의 평균의 차가 크고, 각 그룹 내에서의 산포가 작다는 것을 의미한다. 상관비를 크게 한다고 하는 것은, 각 데이터를 직선상에 사영(射影, projection)했을 때의 산포방식이 그룹마다 보다 잘 나누어지도록 한다고 하는 것이다. 그리하여 이 직선이 양적 변수(z)의 식이다. 이 식은 선형판별식이라고 불린다.

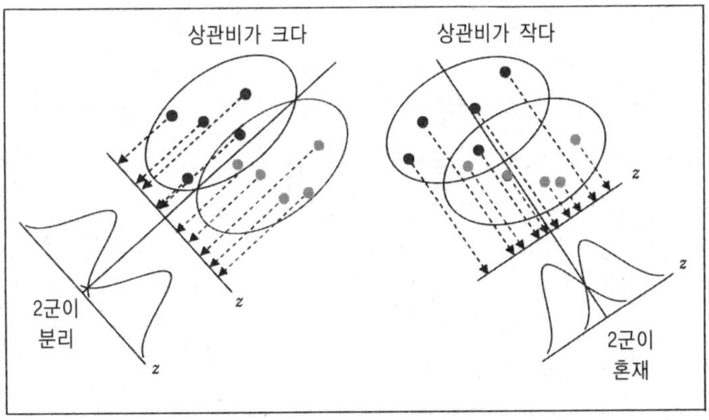

| 그림 7-2 | 상관비가 큰 경우와 상관비가 작은 경우

상관비는 회귀분석에 있어서의 결정계수와 같은 역할을 한다. 상관비는 0에서 1의 값을 취하며, 1에 가까울수록 질적 변수(군)와 양적 변수(z)의 관련이 강해진다.

상관비를 최대로 한다고 하는 것은 두 개의 군에 대한 'a_1 × 연령 + a_2 × 세대 연수입 + a_3 × 세대 사람수 + a_4 × 방문 빈도 + a_5 × 거주년수'의 값이 가능한 한 크게 떨어지도록 계수 a_1, a_2, a_3, a_4, a_5를 구하는 것이 된다. 따라서 브랜드 A를 구매하는 군과 브랜드 B를 구매하는 군의 경계치가 $z=0$이 되도록 상수항 b의 값을 구할 필요가 있다. 대부분의 경우는 브랜드 A를 구매하는 군의 z의 평균 z_A와 브랜드 B를 구매하는 군 2의 z의 평균 z_B에 대한 한가운데 값

$$\bar{z}=(z_A+z_B)/2$$

가 이용되고, 이 값이 0이 되도록 b의 값을 결정한다. 따라서 이때의 경계선은 두 분포가 교차하는 점을 통과하게 된다.

▶ Excel의'해 찾기'에 의한 상관비에 의거한 판별분석의 절차

상관비를 최대화하는 각 설명변수의 영향의 정도를 나타내는 계수를 결정하기 위한, 해 찾기와 함수계산에 의한 계산절차는 다음과 같다.

예제 7-1

<표 7-1>을 이용해서 상관비에 의거한 판별분석을 실시하고, 구매 브랜드(브랜드 A와 브랜드 B)를 고객의 연령, 세대 연수입, 세대 사람수, 방문 빈도, 거주년수로부터 판정하기 위한 예측식을 구한다.

순서 1 ▸▸▸ 회귀계수의 초기값의 지정

이번에는 '1'을 초기값으로 이용한다. 연령, 세대 연수입, 세대 사람수, 방문 빈도, 거주년수의 계수에 대한 초기값을 셀 C24:G24에 입력한다.

고객(i)	구매 브랜드	연령(x_1)	세대 연수입(x_2)	세대 사람수(x_3)	방문 빈도(x_4)	거주년수(x_5)	구매 브랜드(y)
1	A	48	9000	4	5	6	1
2	A	58	8000	6	4	20	1
3	A	52	7000	6	4	12	1
4	A	63	7000	6	4	15	1
5	A	59	8000	4	6	6	1
6	A	38	11000	5	4	10	1
7	A	49	9000	5	5	9	1
8	A	62	8000	3	7	5	1
9	A	55	9000	5	3	5	1
10	A	66	8000	4	4	5	1
11	B	28	6000	2	2	2	-1
12	B	33	4000	3	3	3	-1
13	B	26	5000	3	1	2	-1
14	B	40	7000	2	2	1	-1
15	B	31	5000	2	1	3	-1
16	B	24	6000	2	1	3	-1
17	B	47	6000	3	1	1	-1
18	B	30	7000	1	2	3	-1
19	B	40	4000	1	2	2	-1
20	B	30	4000	4	4	5	-1
		계수 a_1	계수 a_2	계수 a_3	계수 a_4	계수 a_5	
		1.000	1.000	1.000	1.000	1.000	

Sheet1 Sheet2 Sheet3

순서 2 ▸▸▸ 각 점포의 'z' 값 및 그 값의 총제곱합 계산

i번째 고객의 값은 '=SUMPRODUCT(i번째 대상의 설명변수 값, 회귀계수의 값)'으로 구해진다. 총제곱합은 '=DEVSQ(각 고객의 값이 입력되어 있는 범위)'로 구해진다.

I24 f_x =DEVSQ(I2:I21)

고객(i)	구매 브랜드	연령(x_1)	세대 연수입(x_2)	세대 사람수(x_3)	방문 빈도(x_4)	거주년수(x_5)	구매 브랜드(y)	양적 변수(z)
1	A	48	9000	4	5	6	1	9063
2	A	58	8000	6	4	20	1	8088
3	A	52	7000	6	4	12	1	7074
4	A	63	7000	6	4	15	1	7088
5	A	59	8000	4	6	6	1	8075
6	A	38	11000	5	4	10	1	11057
7	A	49	9000	5	5	9	1	9068
8	A	62	8000	3	7	5	1	8077
9	A	55	9000	5	3	5	1	9068
10	A	66	8000	4	4	5	1	8079
11	B	28	6000	2	2	2	-1	6034
12	B	33	4000	3	3	3	-1	4042
13	B	26	5000	3	1	2	-1	5032
14	B	40	7000	2	2	1	-1	7045
15	B	31	5000	2	1	3	-1	5037
16	B	24	6000	2	1	3	-1	6030
17	B	47	6000	3	1	1	-1	6052
18	B	30	7000	1	2	3	-1	7036
19	B	40	4000	1	2	2	-1	4045
20	B	30	4000	4	4	5	-1	4043
		계수 a_1	계수 a_2	계수 a_3	계수 a_4	계수 a_5		총제곱합
		1.000	1.000	1.000	1.000	1.000		70635752.6

Sheet1 Sheet2 Sheet3

[셀의 입력내용]

I2; =SUMPRODUCT(C2:G2,$C$24:$G$24) (I2를 I3에서 I21까지 복사한다)

I24;=DEVSQ(I2:I21)

순서 3 ▸▸▸ 군내 제곱합과 군간 제곱합 계산 및 상관비 계산

(1) 군내 제곱합은 '=DEVSQ(순서 2에서 구한 값의 군 1의 범위) + DEVSQ(순서 2에서 구한 값의 군 2의 범위'로 구해진다.

(2) 군간 제곱합은 '총제곱합 - 군내 제곱합'에 의해 구해진다.

(3) 상관비는 '군간 제곱합 / 총제곱합'에 의해 구해진다.

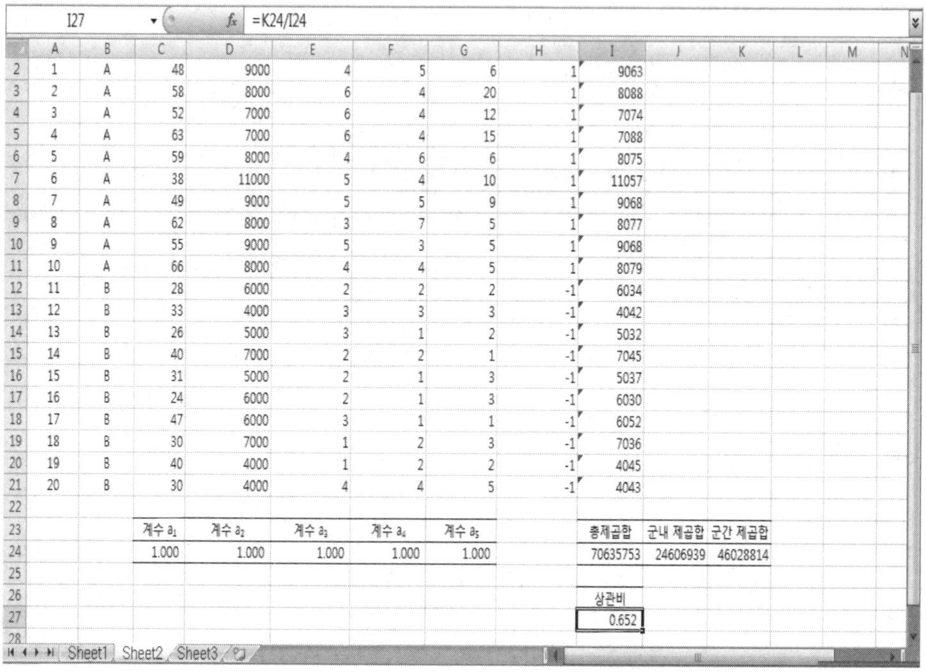

I27 =K24/I24

	A	B	C	D	E	F	G	H	I	J	K
2	1	A	48	9000	4	5	6	1	9063		
3	2	A	58	8000	6	4	20	1	8088		
4	3	A	52	7000	6	4	12	1	7074		
5	4	A	63	7000	6	4	15	1	7088		
6	5	A	59	8000	4	6	6	1	8075		
7	6	A	38	11000	5	4	10	1	11057		
8	7	A	49	9000	5	5	9	1	9068		
9	8	A	62	8000	3	7	5	1	8077		
10	9	A	55	9000	5	3	5	1	9068		
11	10	A	66	8000	4	4	5	1	8079		
12	11	B	28	6000	2	2	2	-1	6034		
13	12	B	33	4000	3	3	3	-1	4042		
14	13	B	26	5000	3	1	2	-1	5032		
15	14	B	40	7000	2	2	1	-1	7045		
16	15	B	31	5000	2	1	3	-1	5037		
17	16	B	24	6000	2	1	3	-1	6030		
18	17	B	47	6000	3	1	1	-1	6052		
19	18	B	30	7000	1	2	3	-1	7036		
20	19	B	40	4000	1	2	2	-1	4045		
21	20	B	30	4000	4	4	5	-1	4043		
22											
23			계수 a_1	계수 a_2	계수 a_3	계수 a_4	계수 a_5		총제곱합	군내 제곱합	군간 제곱합
24			1.000	1.000	1.000	1.000	1.000		70635753	24606939	46028814
25											
26									상관비		
27									0.652		

[셀의 입력내용]

J24;=DEVSQ(I2:I11)+DEVSQ(I12:I21)

K24;=I24-J24

I27; =K24/I24

순서 4 ▸▸▸ 메뉴에서 [데이터] 탭을 선택하고 [분석] 리본 내의 [해 찾기]를 선택한다.

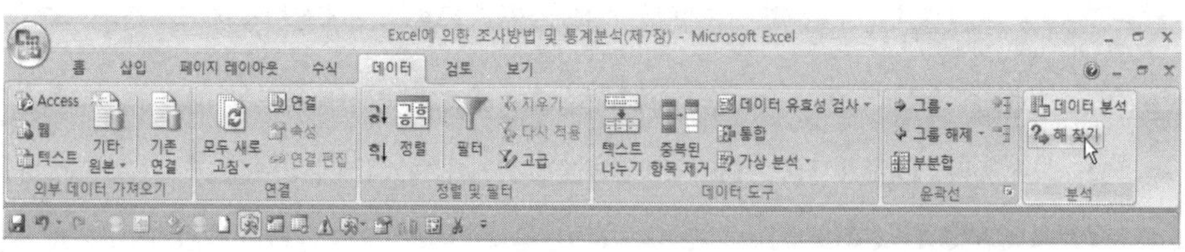

순서 5 ▸▸▸ [해 찾기]의 분석조건 설정

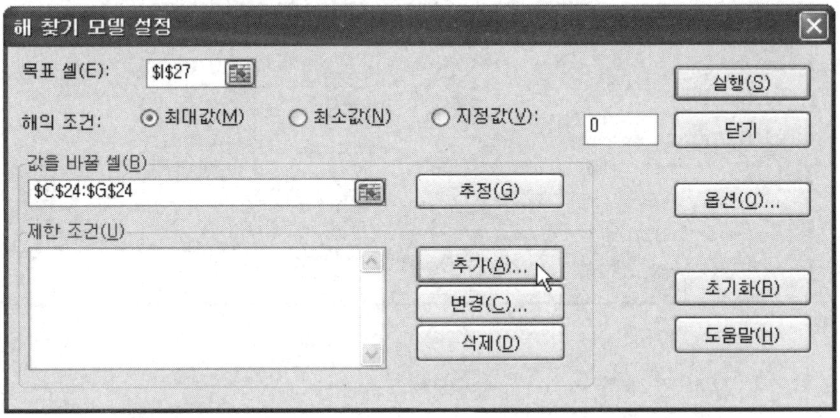

(1) [목표 셀]에 '상관비가 계산되어 있는 셀' 'I27'을 지정한다.

(2) [해의 조건]에 '최대값'을 선택한다.

(3) [값을 바꿀 셀]에 '계수(상수항)의 셀'의 초기값이 입력되어 있는 범위를 지정한다.

(4) [제한조건]에서 [추가]를 클릭하고, 각 계수에 1 이하라고 하는 제한조건을 추가한다.

순서 6 ▸▸▸ 계수에 제한 조건 추가

각 계수에 1 이하라고 하는 제한 조건을 붙인다. 제한 조건이 없으면 해 찾기에 의해 해를 구할 수 없으므로, 각 계수에 무엇인가의 조건을 붙이지 않으면 안 된다. [셀 참조 영역]에 각 계수의 셀 범위를 지정해서 1 이하라고 하는 제한 조건을 설정한다. [확인] 버튼을 클릭한다.

순서 7 ▸▸▸ 분석의 실행

[해 찾기 모델 설정] 대화상자로 되돌아오면, [실행] 버튼을 클릭한다.

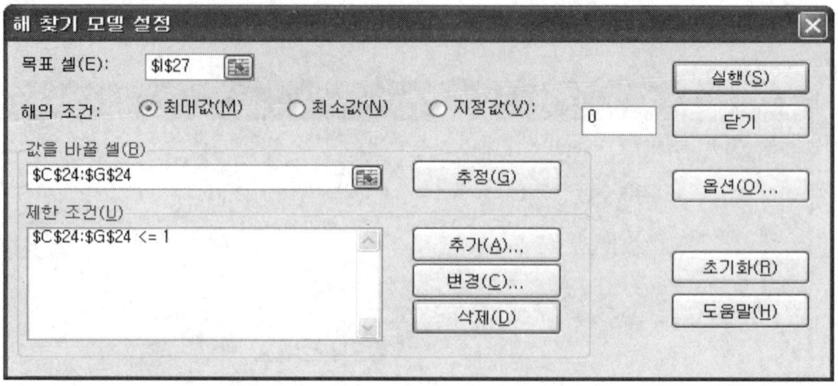

순서 8 ››› 해 찾기 결과 확인

[해 찾기 결과] 대화상자에서 [구한 해로 바꾸기]를 선택하고, [확인] 버튼을 클릭한다.

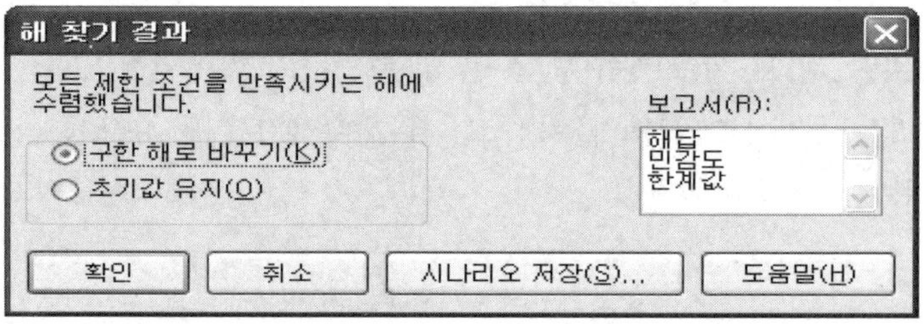

순서 9 ››› 다음과 같은 상관비를 최대화하는 계수의 값이 구해진다.

	B	C	D	E	F	G	H	I
1	구매 브랜드	연령(x_1)	세대 연수입(x_2)	세대 사람수(x_3)	방문 빈도(x_4)	거주년수(x_5)	구매 브랜드(y)	양적 변수(z)
2	A	48	9000	4	5	6	1	26.324564
3	A	58	8000	6	4	20	1	28.688616
4	A	52	7000	6	4	12	1	26.019569
5	A	63	7000	6	4	15	1	27.740423
6	A	59	8000	4	6	6	1	27.453105
7	A	38	11000	5	4	10	1	27.873446
8	A	49	9000	5	5	9	1	27.697645
9	A	62	8000	3	7	5	1	27.648899
10	A	55	9000	5	3	5	1	26.446778
11	A	66	8000	4	4	5	1	26.575319
12	B	28	6000	2	2	2	-1	15.023869
13	B	33	4000	3	3	3	-1	15.198273
14	B	26	5000	3	1	2	-1	13.658511
15	B	40	7000	2	2	1	-1	17.78667
16	B	31	5000	2	1	3	-1	13.411832
17	B	24	6000	2	1	3	-1	13.693298
18	B	47	6000	3	1	1	-1	17.634308
19	B	30	7000	1	2	3	-1	15.597766
20	B	40	4000	1	2	2	-1	13.191383
21	B	30	4000	4	4	5	-1	16.823706

계수 a_1	계수 a_2	계수 a_3	계수 a_4	계수 a_5
0.135	0.001	1.000	0.871	0.079

총제곱합	군내 제곱합	군간 제곱합
759.28602	33.89099	725.39503

상관비
0.955

Sheet1 Sheet2 Sheet3

이때의 상관비는 0.955이며 브랜드 A를 구매하는 군과 브랜드 B를 구매하는 군은 잘 판별되고 있다는 것을 알 수 있다.

순서 10 ››› 브랜드 A를 구매하는 군과 브랜드 B를 구매하는 군의 경계치를 $z=0$이 되도록 b의 값을 산출한다.

브랜드 A를 구매하는 군과 브랜드 B를 구매하는 군의 'a_1 × 연령 + a_2 × 세대 연수입 + a_3 × 세대 사람수 + a_4 × 방문 빈도 + a_5 × 거주년수'의 값의 평균을 산출한다. 그리하여 그 두 군의 평균에 대한 중점(中點)을 구하여, 그 중점에 '−1'을 곱한 값을 상수항 b로 한다.

	A	B	C	D	E	F	G	H	I	J	K	L
7	6	A	38	11000	5	4	10	1	27.87365227			
8	7	A	49	9000	5	5	9	1	27.6978133			
9	8	A	62	8000	3	7	5	1	27.6490476			
10	9	A	55	9000	5	3	5	1	26.44694575			
11	10	A	66	8000	4	4	5	1	26.57546703			
12	11	B	28	6000	2	2	2	-1	15.02398111			
13	12	B	33	4000	3	3	3	-1	15.19834739			
14	13	B	26	5000	3	1	2	-1	13.65860419			
15	14	B	40	7000	2	2	1	-1	17.78679995			
16	15	B	31	5000	2	1	3	-1	13.41192528			
17	16	B	24	6000	2	1	3	-1	13.69340983			
18	17	B	47	6000	3	1	1	-1	17.6344188			
19	18	B	30	7000	1	2	3	-1	15.59789598			
20	19	B	40	4000	1	2	2	-1	13.19145739			
21	20	B	30	4000	4	4	5	-1	16.82378116			
22												
23			계수 a_1	계수 a_2	계수 a_3	계수 a_4	계수 a_5		총제곱합	군내 제곱합	군간 제곱합	
24			0.135	0.001	1.000	0.871	0.079		759.2931627	33.891308	725.40185	
25												
26									상관비			
27									0.955			
28												
29												
30									브랜드 A 구매 군의 평균	27.247		
31									브랜드 B 구매 군의 평균	15.202		
32									중점	21.225		
33												

Sheet1 Sheet2 Sheet3

[셀의 입력내용]

J30;=AVERAGE(I2:I11)

J31;=AVERAGE(I12:I21)

J32;=AVERAGE(J30:J31)

순서 11 ››› 다음과 같은 선형판별식이 얻어진다.

	A	B	C	D	E	F	G	H	I	J	K
7	6	A	38	11000	5	4	10	1	27.87365227		
8	7	A	49	9000	5	5	9	1	27.6978133		
9	8	A	62	8000	3	7	5	1	27.6490476		
10	9	A	55	9000	5	3	5	1	26.44694575		
11	10	A	66	8000	4	4	5	1	26.57546703		
12	11	B	28	6000	2	2	2	-1	15.02398111		
13	12	B	33	4000	3	3	3	-1	15.19834739		
14	13	B	26	5000	3	1	2	-1	13.65860419		
15	14	B	40	7000	2	2	1	-1	17.78679995		
16	15	B	31	5000	2	1	3	-1	13.41192528		
17	16	B	24	6000	2	1	3	-1	13.69340983		
18	17	B	47	6000	3	1	1	-1	17.6344188		
19	18	B	30	7000	1	2	3	-1	15.59789598		
20	19	B	40	4000	1	2	2	-1	13.19145739		
21	20	B	30	4000	4	4	5	-1	16.82378116		
22											
23			계수 a_1	계수 a_2	계수 a_3	계수 a_4	계수 a_5		총제곱합	군내 제곱합	군간 제곱합
24			0.135	0.001	1.000	0.871	0.079		759.2931627	33.891308	725.40185
25											
26									상관비		
27									0.955		
28											
29											
30									브랜드 A 구매 군의 평균	27.247	
31									브랜드 B 구매 군의 평균	15.202	
32									중점	21.225	

Sheet1 Sheet2 Sheet3

$$z = 0.135 \times \text{연령} + 0.001 \times \text{세대 연수입} + 1.000 \times \text{세대 사람수}$$
$$+ 0.871 \times \text{방문 빈도} + 0.079 \times \text{거주년수} - 21.225$$

라고 하는 선형판별식이 얻어진다. 이 선형판별식의 값이 플러스인 경우에는 브랜드 A를 구매하고, 값이 마이너스인 경우에는 브랜드 B를 구매한다고 판정한다.

순서 12 ▸▸▸ 구한 a_1, a_2, a_3, a_4, a_5, b의 값을 이용해서 판별득점 z의 값을 계산하고, 판별득점 z의 값으로부터 어느 쪽 군에 포함되는지를 판정한다.

본 예제에서는 플러스라면 '브랜드 A를 구매하는 군', 마이너스라면 '브랜드 B를 구매하는 군'이라고 판정한다. 각 군의 판정에는 '=IF(판별득점 z의 값 >= 0, 1, -1' 이라고 하는 식을 이용한다.

	A	B	C	D	E	F	G	H	I	J	K
1	고객(i)	구매 브랜드	연령(x_1)	세대 연수입(x_2)	세대 사람수(x_3)	방문 빈도(x_4)	거주년수(x_5)	구매 브랜드(y)	양적 변수(Z)	z	판정
2	1	A	48	9000	4	5	6	1	26.32473235	5.100	1
3	2	A	58	8000	6	4	20	1	28.68876678	7.464	1
4	3	A	52	7000	6	4	12	1	26.01970085	4.795	1
5	4	A	63	7000	6	4	15	1	27.74055487	6.516	1
6	5	A	59	8000	4	6	6	1	27.45325363	6.229	1
7	6	A	38	11000	5	4	10	1	27.87365227	6.649	1
8	7	A	49	9000	5	5	9	1	27.6978133	6.473	1
9	8	A	62	8000	3	7	5	1	27.6490476	6.425	1
10	9	A	55	9000	5	3	5	1	26.44694575	5.222	1
11	10	A	66	8000	4	4	5	1	26.57546703	5.351	1
12	11	B	28	6000	2	2	2	-1	15.02398111	-6.201	-1
13	12	B	33	4000	3	3	3	-1	15.19834739	-6.026	-1
14	13	B	26	5000	3	1	2	-1	13.65860419	-7.566	-1
15	14	B	40	7000	2	2	1	-1	17.78679995	-3.438	-1
16	15	B	31	5000	2	1	3	-1	13.41192528	-7.813	-1
17	16	B	24	6000	2	1	3	-1	13.69340983	-7.531	-1
18	17	B	47	6000	3	1	1	-1	17.6344188	-3.590	-1
19	18	B	30	7000	1	2	3	-1	15.59789598	-5.627	-1
20	19	B	40	4000	1	2	2	-1	13.19145739	-8.033	-1
21	20	B	30	4000	4	4	5	-1	16.82378116	-4.401	-1
22											
23			계수 a_1	계수 a_2	계수 a_3	계수 a_4	계수 a_5		총제곱합	군내 제곱합	군간 제곱합
24			0.135	0.001	1.000	0.871	0.079		759.2931627	33.891308	725.40185
25											
26									상관비		

Sheet1 Sheet2 Sheet3

[셀의 입력내용]

J2;=I2-$J$32 (J2를 J3에서 J21까지 복사한다)

K2;=IF(J2>=0, 1, -1) (K2를 K3에서 K21까지 복사한다)

■ **분석결과**

이상의 순서에 따라 상관비를 최대화하는 각 계수의 값을 구하면,

$$z = 0.135 \times 연령 + 0.001 \times 세대\ 연수입 + 1.000 \times 세대\ 사람수 + 0.871 \times 방문\ 빈도 + 0.079 \times 거주년수 - 21.225$$

라고 하는 선형판별식이 얻어진다.

이 판별식의 부호에 의해서 브랜드 A를 구매하는 군인지 브랜드 B를 구매하는 군인지를 판별할 수 있다. 플러스 값의 경우에는 브랜드 A를 구매하고, 마이너스의 값인 경우에는 브랜드 B를 구매하게 된다. 각 고객에 대해서 계산한 z의 값은 판별득점이라고 불린다. 상관비는 0.955이며, 브랜드 A를 구매하는 군과 브랜드 B를 구매하는 군은 잘 판별되고 있다고 말할 수 있다.

제5절 상관비에 의거한 판별분석의 사고방식과 결과의 해석

1. 판별적중률

선형판별식이 정해지면 그 선형판별에 의한 판별적중률을 구하여, 분석결과의 정도(精度)를 확인할 필요가 있다. '구매 브랜드(변환) y'와 '판정'의 어느 쪽도 모두 '-1' 혹은 '1'과 같은 값을 취하는 경우는 바르게 판별된 셈이 된다. Excel에서 판별적중률을 구하려면, 피벗 테이블을 이용해서 '구매 브랜드(변환) y'와 '판정'의 분할표를 작성한다.

▶ **판별적중률 산출의 절차**

Excel에서 판별적중률의 산출을 위한 절차는 다음과 같다.

예제 7-2

<표 7-1>의 데이터를 상관비에 의거한 판별분석으로 분석함으로써 얻어진 결과를 이용해서, 판별적중률을 구하고 예측의 정도를 확인한다.

순서 1 ▸▸▸ 피벗 테이블에 의해 행에 '구매 브랜드(변환) y', 열에 '판정'을 취한 분할표를 작성한다.

(1) 메뉴의 [삽입]-[피벗 테이블]을 선택한다.

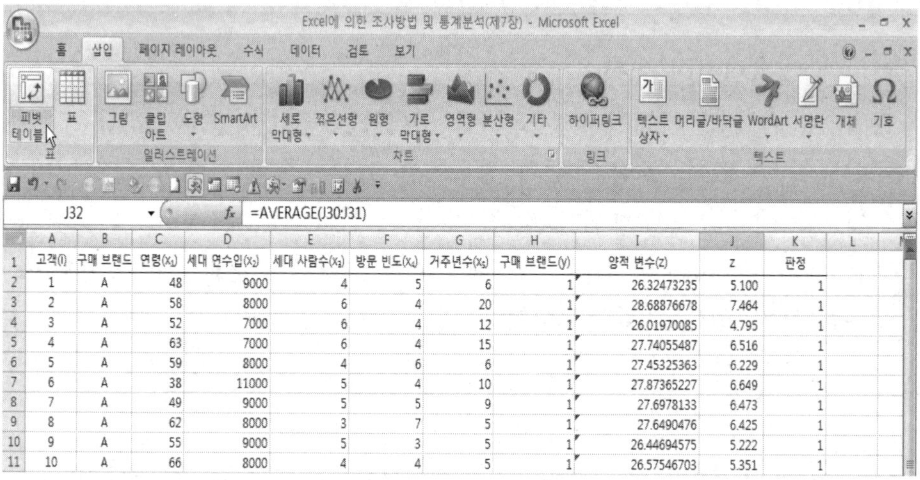

(2) [표 또는 범위 선택] 난에 전 데이터의 범위 셀 A1:K21을 지정한다(앞에서 [피벗 테이블]을 선택하기 전에 데이터의 임의의 셀에 카솔을 맞춰 두면 자동적으로 전 데이터 범위가 지정된다). 피벗 테이블 보고서를 넣을 위치는 [기존 워크시트]를 선택하고, 가령 셀 M2를 지정한다. 그리고 [확인] 버튼을 클릭한다.

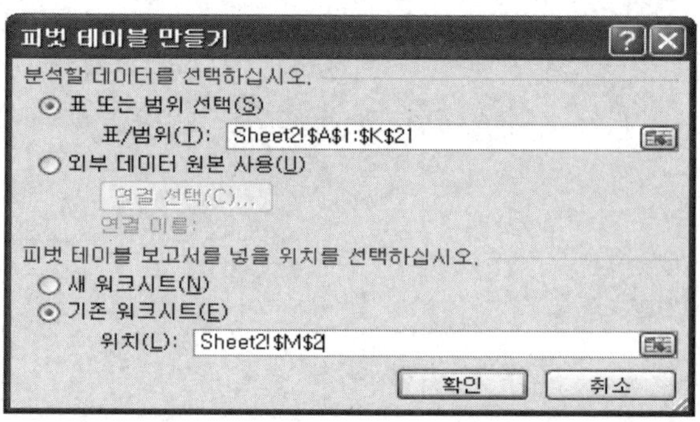

(3) [열 레이블]에 [판정]을 끌어다 붙인다. [행 레이블]에 [구매 브랜드(y)]를 끌어다 붙인다. [Σ 값]에 [판정]을 끌어다 붙인 다음에 ▼를 클릭하여 [값 필드 설정]을 선택한다.

(4) [사용할 함수]로서 [개수]를 선택하고 [확인] 버튼을 클릭한다.

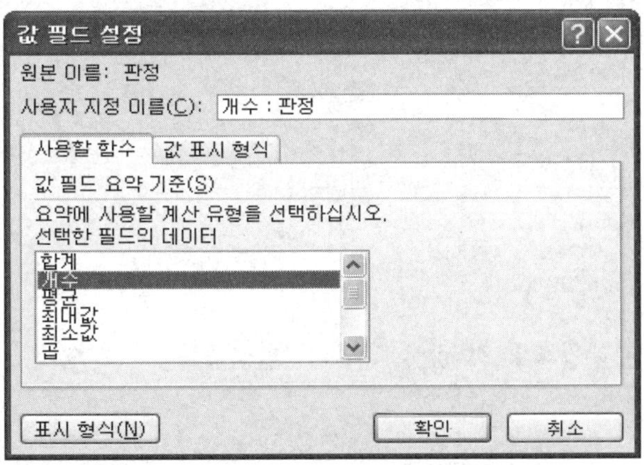

(5) 다음과 같이 피벗 테이블이 출력된다.

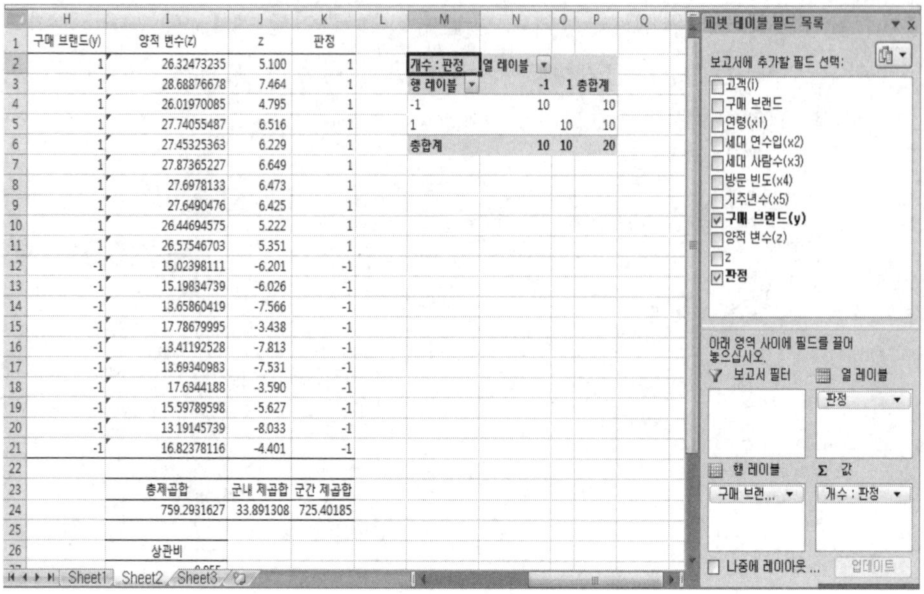

	H	I	J	K
1	구매 브랜드(y)	양적 변수(z)	z	판정
2	1	26.32473235	5.100	1
3	1	28.68876678	7.464	1
4	1	26.01970085	4.795	1
5	1	27.74055487	6.516	1
6	1	27.45325363	6.229	1
7	1	27.87365227	6.649	1
8	1	27.6978133	6.473	1
9	1	27.6490476	6.425	1
10	1	26.44694575	5.222	1
11	1	26.57546703	5.351	1
12	-1	15.02398111	-6.201	-1
13	-1	15.19834739	-6.026	-1
14	-1	13.65860419	-7.566	-1
15	-1	17.78679995	-3.438	-1
16	-1	13.41192528	-7.813	-1
17	-1	13.69340983	-7.531	-1
18	-1	17.6344188	-3.590	-1
19	-1	15.59789598	-5.627	-1
20	-1	13.19145739	-8.033	-1
21	-1	16.82378116	-4.401	-1
22				
23		총제곱합	군내 제곱합	군간 제곱합
24		759.2931627	33.891308	725.40185
25				
26		상관비		

개수 : 판정	열 레이블		
행 레이블	-1	1	총합계
-1	10		10
1		10	10
총합계	10	10	20

(6) [행 레이블]을 [구매 브랜드(y)], [열 레이블]을 [판정]으로 변경한다. 다음과 같은 분할표가 얻어진다.

	I	J	K
1	양적 변수(z)	z	판정
2	26.32473235	5.100	1
3	28.68876678	7.464	1
4	26.01970085	4.795	1
5	27.74055487	6.516	1
6	27.45325363	6.229	1
7	27.87365227	6.649	1
8	27.6978133	6.473	1
9	27.6490476	6.425	1
10	26.44694575	5.222	1
11	26.57546703	5.351	1
12	15.02398111	-6.201	-1
13	15.19834739	-6.026	-1
14	13.65860419	-7.566	-1
15	17.78679995	-3.438	-1
16	13.41192528	-7.813	-1

개수 : 판정	판정		
구매 브랜드(y)	-1	1	총합계
-1	10		10
1		10	10
총합계	10	10	20

순서 2 ››› 얻어진 분할표의 각 값으로부터 판별적중률을 계산한다.

개수 : 판정	판정		
구매 브랜드(y)	-1	1	총합계
-1	10		10
1		10	10
총합계	10	10	20

[구매 브랜드(y)]와 [판정] 모두 '-1' 혹은 '1'이라고 같은 값을 취하면 바르게 판별된 셈이 된다. 바르게 판별된 것은 '10 +10 = 20고객'으로 판별적중률은 100%이다.

■ **분석결과**

바르게 판별된 것은 20고객, 틀리게 판별된 것은 0고객으로, 판별적중률은 100%이다. 모두 바르게 판별되고 있다는 것을 알 수 있다.

2. 계수의 검정

어떤 특정 설명변수의 기여에 대해서, 그 변수가 도움이 되고 있는지 어떤지를 검증하기 위하여 얻어진 계수에 대해서 검정을 실시한다. 그러기 위해서는 분석에 이용한 설명변수가 판별에 도움이 되고 있는지를 Wilks의 Λ(윌크스의 람다) 통계량을 이용해서 검증한다. 즉, 검정통계량 F를 산출하여, 군간(群間)에 전혀 차이가 없다(분석에 사용한 설명변수는 2군의 판별에 아무런 기여를 못한다)고 하는 귀무가설을 검정한다.

Wilks의 Λ는 분석에 이용한 설명변수를 이용해서, 2군이 어느 정도 판별되는지를 나타내는 하나의 지표다. Wilks의 Λ 통계량은 $0 \leq \Lambda \leq 1$의 값을 취하며, Λ가 0에 가까울수록 2군간의 차이가 크다는 것을 나타낸다. 분석에 이용한 설명변수가 판별에 도움이 되는지를 검증하려면, Wilks의 Λ 통계량에 대한 검정통계량 F를 산출하여 군간에 전혀 차이가 없다(분석에 사용한 설명변수는 2군의 판별에 아무런 기여를 못한다)고 하는 귀무가설을 검정한다.

Wilks의 Λ 통계량은 분석에 이용한 설명변수에 대해서 전체의 편차제곱합·곱의 합 행렬 $S_{전체}$와 군내의 편차제곱합·곱의 합 행렬 $S_{군내}$의 행렬식의 비율에 의해,

$$\Lambda = |S_{군내}| / |S_{전체}|$$

라고 정의할 수 있다. 그리하여 2군을 비교하는 경우에는 검정통계량 F

$$F = \frac{\text{전 데이터 수} - \text{군의 수} - \text{설명변수의 수} + 1}{\text{설명변수의 수}} \times \frac{1-\Lambda}{\Lambda}$$

가 제1자유도 '설명변수의 수', 제2자유도 '전 데이터의 수-군의 수-설명변수의 수+1'의 F분포에 따른다고 하는 사실을 이용해서, 군간에 전혀 차이가 없다(분석에 사용한 설명변수는 2군의 판별에 아무런 기여를 못한다)고 하는 귀무가설을 검정한다.

앞에서 설명한 전체의 편차제곱합·곱의 합 행렬 $S_{전체}$는 각 설명변수의 전 데이터에 대한 평균을 $\bar{x}_1, \bar{x}_2, \bar{x}_3, \bar{x}_4, \bar{x}_5$라고 하면, 각 설명변수의 편차제곱합과 각 설명변수 간의 편차 곱의 합에 의해,

$$S_{全体} = \begin{bmatrix} \sum(x_{1i}-\bar{x}_1)^2 & \sum(x_{2i}-\bar{x}_2)(x_{1i}-\bar{x}_1) & \cdots & \sum(x_{5i}-\bar{x}_5)(x_{1i}-\bar{x}_1) \\ \sum(x_{1i}-\bar{x}_1)(x_{2i}-\bar{x}_2) & \sum(x_{2i}-\bar{x}_2)^2 & \cdots & \sum(x_{5i}-\bar{x}_5)(x_{2i}-\bar{x}_2) \\ \sum(x_{1i}-\bar{x}_1)(x_{3i}-\bar{x}_3) & \sum(x_{2i}-\bar{x}_2)(x_{3i}-\bar{x}_3) & \cdots & \sum(x_{5i}-\bar{x}_5)(x_{3i}-\bar{x}_3) \\ \sum(x_{1i}-\bar{x}_1)(x_{4i}-\bar{x}_4) & \sum(x_{2i}-\bar{x}_2)(x_{4i}-\bar{x}_4) & \cdots & \sum(x_{5i}-\bar{x}_5)(x_{4i}-\bar{x}_4) \\ \sum(x_{1i}-\bar{x}_1)(x_{5i}-\bar{x}_5) & \sum(x_{2i}-\bar{x}_2)(x_{5i}-\bar{x}_5) & \cdots & \sum(x_{5i}-\bar{x}_5)^2 \end{bmatrix}$$

로 구해진다. 그리고 전체의 편차제곱합·곱의 합 행렬 $S_{전체}$는 대칭행렬이다. 따라서 'x_1의 편차와 x_2의 편차에 대한 곱의 합 S_{21}'과 'x_2의 편차와 x_1의 편차에 대한 곱의 합 S_{12}'처럼 행렬의 대각선상의 윗부분과 아랫부분에서 대응하는 곳은 같은 값이 된다.

군내의 편차제곱합·곱의 합 행렬 $S_{군내}$는, 브랜드 A를 구매하는 군과 브랜드 B를 구매하는 군에 대한 편차제곱합·곱의 합 행렬 S_A, S_B를 구하고, 각각을 더함으로써 계산할 수 있다. 브랜드 A를 구매하는 군과 브랜드 B를 구매하는 군으로 데이터를 나누어서 계산하는 것 이외는, 브랜드 A를 구매하는 군과 브랜드 B를 구매하는 군에서의 편차제곱합·곱의 합 행렬 S_A, S_B는 전체의 편차제곱합·곱의 합 행렬 $S_{전체}$와 같은 순서로 구해진다. 그리고 브랜드 A를 구매하는 군과 브랜드 B를 구매하는 군에서의 편차제곱합·곱의 합 행렬 S_A, S_B도 대칭행렬이다. 그 때문에 행렬 대각선상의 윗부분과 아랫부분에서 대응하는 곳은 같은 값이 된다.

다음에 Wilks의 Λ 통계량을, 분석에 이용한 설명변수에 대해서 전체의 편차제곱합·곱의 합 행렬 $S_{전체}$와 군내의 편차제곱합·곱의 합 행렬 $S_{군내}$의 행렬식에 대한 비율에 의해 구하고, 검정통계량 F를 계산하여 P값을 구한다. P값은 FDIST 함수에 의해 '=FDIST(F값, 제1자유도, 제2자유도)'로 구해진다.

▶ 계수의 검정 절차

Excel에서 계수의 검정을 위한 실행 절차는 다음과 같다.

예제 7-3

<표 7-1>의 데이터를 이용해서 고객에 대한 '연령', '세대 연수입', '세대 사람수', '방

문 빈도', '거주년수'의 각 설명변수가 2군의 판별에 무언가 기여를 하고 있는지 어떤지를 계수의 검정을 실시해서 확인한다.

순서 1 ▸▸▸ 각 설명변수의 데이터 전체의 평균을 구한다.

C30 =AVERAGE(C2:C21)

	A	B	C	D	E	F	G
1	고객(i)	구매 브랜드	연령(x_1)	세대 연수입(x_2)	세대 사람수(x_3)	방문 빈도(x_4)	거주년수(x_5)
2	1	A	48	9000	4	5	6
3	2	A	58	8000	6	4	20
4	3	A	52	7000	6	4	12
5	4	A	63	7000	6	4	15
6	5	A	59	8000	4	6	6
7	6	A	38	11000	5	4	10
8	7	A	49	9000	5	5	9
9	8	A	62	8000	3	7	5
10	9	A	55	9000	5	3	5
11	10	A	66	8000	4	4	5
12	11	B	28	6000	2	2	2
13	12	B	33	4000	3	3	3
14	13	B	26	5000	3	1	2
15	14	B	40	7000	2	2	1
16	15	B	31	5000	2	1	3
17	16	B	24	6000	2	1	3
18	17	B	47	6000	3	1	1
19	18	B	30	7000	1	2	3
20	19	B	40	4000	1	2	2
21	20	B	30	4000	4	4	5
22							
29			연령(x_1)	세대 연수입(x_2)	세대 사람수(x_3)	방문 빈도(x_4)	거주년수(x_5)
30		평균전체	43.95	6900	3.55	3.25	5.9
31							

[셀의 입력내용]

C30;=AVERAGE(C2:C21)　　　　　(C30을 D30에서 G30까지 복사한다)

순서 2 ▸▸▸ 각 설명변수의 데이터와 데이터 전체의 평균과의 편차를 구하여 전체의 편차제곱합을 계산한다.

C56 =SUMSQ(C36:C55)

	A	B	C	D	E	F	G	H
34								
35		ID(i)	x_{1i}-x_1 bar	x_{2i}-x_2 bar	x_{3i}-x_3 bar	x_{4i}-x_4 bar	x_{5i}-x_5 bar	
36		1	4.050	2100.000	0.450	1.750	0.100	
37		2	14.050	1100.000	2.450	0.750	14.100	
38		3	8.050	100.000	2.450	0.750	6.100	
39		4	19.050	100.000	2.450	0.750	9.100	
40		5	15.050	1100.000	0.450	2.750	0.100	
41		6	-5.950	4100.000	1.450	0.750	4.100	
42		7	5.050	2100.000	1.450	1.750	3.100	
43		8	18.050	1100.000	-0.550	3.750	-0.900	
44		9	11.050	2100.000	1.450	-0.250	-0.900	
45		10	22.050	1100.000	0.450	0.750	-0.900	
46		11	-15.950	-900.000	-1.550	-1.250	-3.900	
47		12	-10.950	-2900.000	-0.550	-0.250	-2.900	
48		13	-17.950	-1900.000	-0.550	-2.250	-3.900	
49		14	-3.950	100.000	-1.550	-1.250	-4.900	
50		15	-12.950	-1900.000	-1.550	-2.250	-2.900	
51		16	-19.950	-900.000	-1.550	-2.250	-2.900	
52		17	3.050	-900.000	-0.550	-2.250	-4.900	
53		18	-13.950	100.000	-2.550	-1.250	-2.900	
54		19	-3.950	-2900.000	-2.550	-1.250	-3.900	
55		20	-13.950	-2900.000	0.450	0.750	-0.900	
56		전체 제곱합	3554.950	69800000.000	48.950	57.750	475.800	
57								

[셀의 입력내용]

C36;=C2-C$30 (C36을 D36에서 G36까지 복사한다)

(C36:G36를 C37:G55까지 복사한다)

C56;=SUMSQ(C36:C55) (C56을 D56에서 G56까지 복사한다)

순서 3 ››› 각 설명변수의 편차간 곱을 데이터 전체에 대해서 계산하고, 각 설명변수간의 전체 편차 곱의 합을 구한다.

C81 =SUM(C61:C80)

	B	C	D	E	I	J	K	L	M
60	ID(i)	$(x_{1i}-x_1$ bar$)(x_{2i}-x_2$ bar$)$	$(x_{1i}-x_1$ bar$)(x_{3i}-x_3$ bar$)$	$(x_{1i}-x_1$ bar$)(x_{4i}-x_4$ bar$)$	$(x_{2i}-x_2$ bar$)(x_{5i}-x_5$ bar$)$	$(x_{3i}-x_3$ bar$)(x_{4i}-x_4$ bar$)$	$(x_{3i}-x_3$ bar$)(x_{5i}-x_5$ bar$)$	$(x_{4i}-x_4$ bar$)(x_{5i}-x_5$ bar$)$	
61	1	8505.000	1.823	7.088	210.000	0.788	0.045	0.175	
62	2	15455.000	34.423	10.538	15510.000	1.838	34.545	10.575	
63	3	805.000	19.723	6.038	610.000	1.838	14.945	4.575	
64	4	1905.000	46.673	14.288	910.000	1.838	22.295	6.825	
65	5	16555.000	6.773	41.388	110.000	1.238	0.045	0.275	
66	6	-24395.000	-8.628	-4.463	16810.000	1.088	5.945	3.075	
67	7	10605.000	7.323	8.838	6510.000	2.538	4.495	5.425	
68	8	19855.000	-9.927	67.688	-990.000	-2.063	0.495	-3.375	
69	9	23205.000	16.023	-2.763	-1890.000	-0.363	-1.305	0.225	
70	10	24255.000	9.923	16.538	-990.000	0.338	-0.405	-0.675	
71	11	14355.000	24.723	19.938	3510.000	1.938	6.045	4.875	
72	12	31755.000	6.023	2.738	8410.000	0.138	1.595	0.725	
73	13	34105.000	9.873	40.388	7410.000	1.238	2.145	8.775	
74	14	-395.000	6.123	4.938	-490.000	1.938	7.595	6.125	
75	15	24605.000	20.073	29.138	5510.000	3.488	4.495	6.525	
76	16	17955.000	30.923	44.888	2610.000	3.488	4.495	6.525	
77	17	-2745.000	-1.678	-6.862	4410.000	1.238	2.695	11.025	
78	18	-1395.000	35.573	17.438	-290.000	3.188	7.395	3.625	
79	19	11455.000	10.073	4.938	11310.000	3.188	9.945	4.875	
80	20	40455.000	-6.278	-10.463	2610.000	0.338	-0.405	-0.675	
81	전체 합계	266900.000	259.550	312.250	81800.000	29.250	127.100	79.500	
82									

[셀의 입력내용]

C61;=$C36*D36 (C61을 D61에서 F61까지 복사한다)

G61;=$D36*E36 (G61을 H61에서 I61까지 복사한다)

J61;=$E36*F36 (J61을 K61에 복사한다)

L61;=$F36*G36 (C61:L61을 C62:L80까지 복사한다)

C81;=SUM(C61:C80) (C81을 D81에서 L81까지 복사한다)

순서 4 ››› 데이터 전체의 편차제곱합과 곱의 합으로부터 데이터 전체의 편차제곱합·곱의 합 행렬을 작성한다.

(1) 앞에서 구한 각 설명변수의 편차제곱합, 각 설명변수간 편차 곱의 합에 대한 값을 대응하는 셀의 상반부에 입력한다.

	B	C	D	E	F	G	H	I	J
67	7	10605.000	7.323	8.838	15.655	3045.000	3675.000	6510.000	
68	8	19855.000	-9.927	67.688	-16.245	-605.000	4125.000	-990.000	-
69	9	23205.000	16.023	-2.763	-9.945	3045.000	-525.000	-1890.000	-
70	10	24255.000	9.923	16.538	-19.845	495.000	825.000	-990.000	
71	11	14355.000	24.723	19.938	62.205	1395.000	1125.000	3510.000	
72	12	31755.000	6.023	2.738	31.755	1595.000	725.000	8410.000	
73	13	34105.000	9.873	40.388	70.005	1045.000	4275.000	7410.000	
74	14	-395.000	6.123	4.938	19.355	-155.000	-125.000	-490.000	
75	15	24605.000	20.073	29.138	37.555	2945.000	4275.000	5510.000	
76	16	17955.000	30.923	44.888	57.855	1395.000	2025.000	2610.000	
77	17	-2745.000	-1.678	-6.862	-14.945	495.000	2025.000	4410.000	
78	18	-1395.000	35.573	17.438	40.455	-255.000	-125.000	-290.000	
79	19	11455.000	10.073	4.938	15.405	7395.000	3625.000	11310.000	
80	20	40455.000	-6.278	-10.463	12.555	-1305.000	-2175.000	2610.000	
81	전체 합계	266900.000	259.550	312.250	699.900	31100.000	34500.000	81800.000	2
82									
83									
84									
85	$S_{전체}$	X_1	X_2	X_3	X_4	X_5			
86	X_1	3554.950	266900.000	259.550	312.250	699.900			
87	X_2		69800000.000	31100.000	34500.000	81800.000			
88	X_3			48.950	29.250	127.100			
89	X_4				57.750	79.500			
90	X_5					475.800			
91									
92									
93									
94									

Sheet1 Sheet2 Sheet3

[셀의 입력내용]

C86;=C56

D86;=C81 (D86을 E86에서 G86까지 복사한다)

D87;=D56

E87;=G81 (E87을 F87에서 G87까지 복사한다)

E88;=E56

F88;=J81 (F88을 G88에 복사한다)

F89;=F56

G89;=L81

G90;=G56

(2) 상반부만의 값이 입력된 데이터 전체의 편차제곱합·곱의 합 행렬의 라벨을 포함한 데이터 전체의 범위를 선택해서 복사한다.

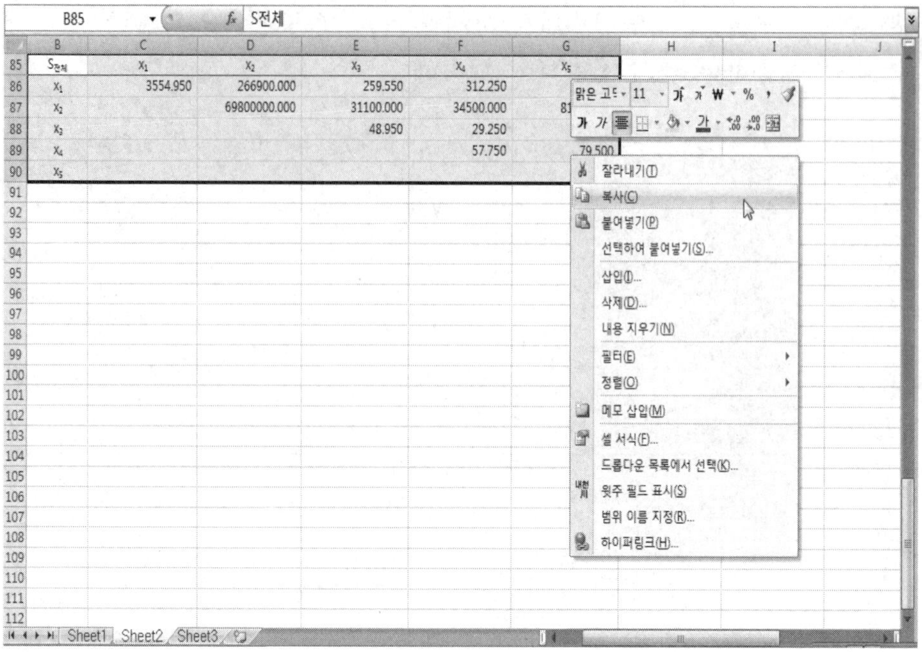

(3) 적당한 장소(아래의 그림에서는 셀 B92)를 선택하고 마우스 오른쪽을 클릭한 다음 [선택하여 붙여넣기(S)]를 선택한다.

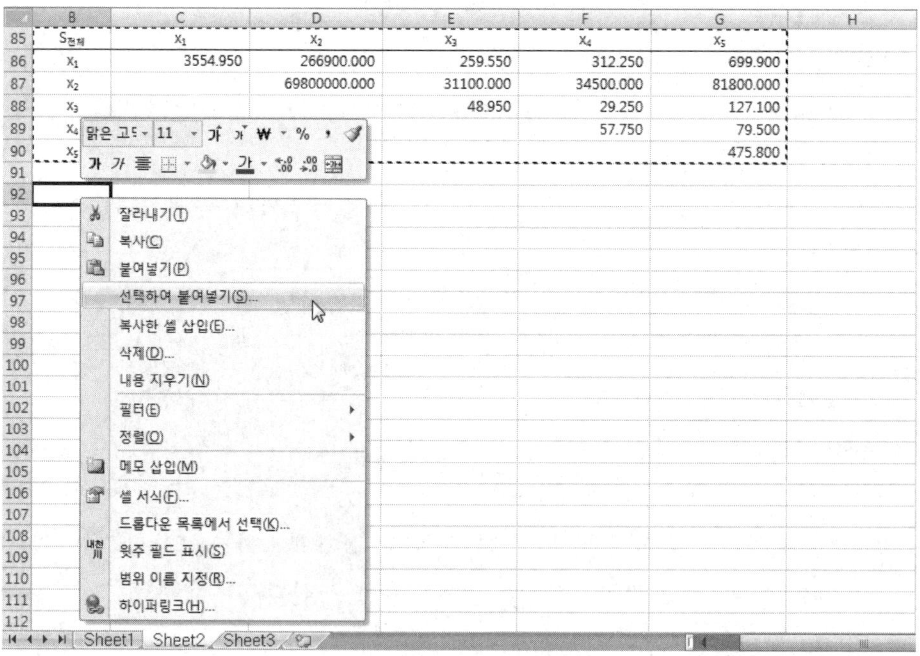

(4) [선택하여 붙여넣기] 대화상자에서 [값(V)]을 선택하고 [확인]을 클릭한다.

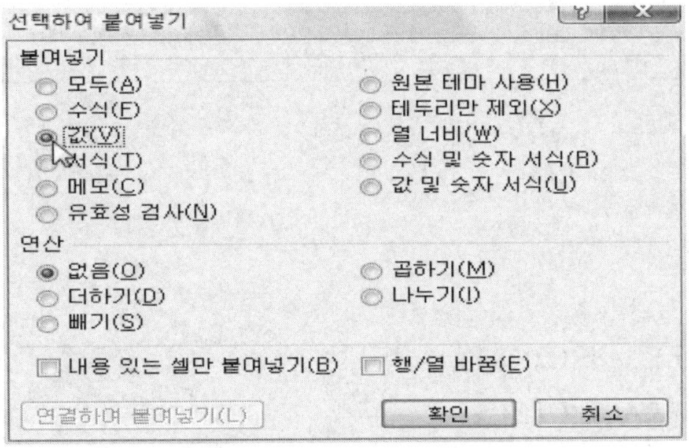

(5) 다시 상반부만의 값이 입력된 데이터 전체의 편차제곱합·곱의 합 행렬의 라벨을 포함한 데이터 전체의 범위를 선택해서 복사한다. 앞에서 [선택하여 붙여넣기] 대화상자에서 [값(V)]을 선택하여 붙여넣은 셀 B92를 선택하고, [선택하여 붙여넣기] 대화상자에서 [값(V)], [내용 있는 셀만 붙여넣기(B)], [행/열 바꿈(E)]를 선택한 다음 [확인]을 클릭한다.

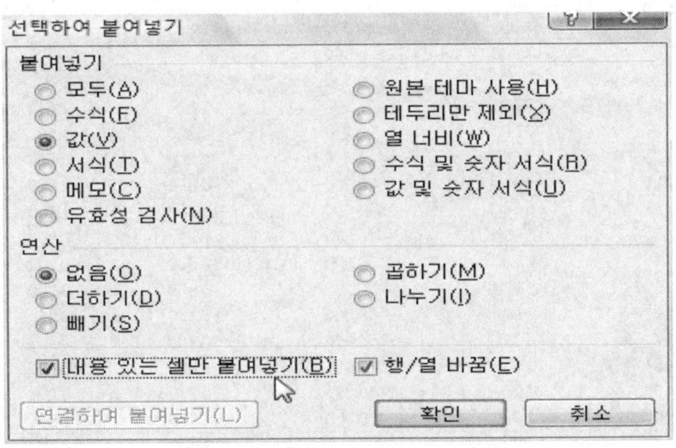

순서 5 ››› 다음과 같이 데이터 전체의 편차제곱합·곱의 합 행렬이 완성된다.

	B	C	D	E	F	G	H
92	$S_{전체}$	x_1	x_2	x_3	x_4	x_5	
93	x_1	3554.950	266900.000	259.550	312.250	699.900	
94	x_2	266900.000	69800000.000	31100.000	34500.000	81800.000	
95	x_3	259.550	31100.000	48.950	29.250	127.100	
96	x_4	312.250	34500.000	29.250	57.750	79.500	
97	x_5	699.900	81800.000	127.100	79.500	475.800	
98							

순서 6 ››› 군마다 설명변수의 평균을 구한다.

	B	C	D	E	F	G	H
29		연령(x_1)	세대 연수입(x_2)	세대 사람수(x_3)	방문 빈도(x_4)	거주년수(x_5)	
30	평균$_{전체}$	43.95	6900	3.55	3.25	5.9	
31	평균$_A$	55	8400	4.8	4.6	9.3	
32	평균$_B$	32.9	5400	2.3	1.9	2.5	
33							

[셀의 입력내용]

C31;=AVERAGE(C2:C11)

C32;=AVERAGE(C12:C21)　　　　　(C31:C32를 D31:G32까지 복사한다)

순서 7 ››› 각 설명변수의 데이터와 군마다의 평균과의 편차를 구하고, 군마다의 편차제곱합을 계산한다.

	I	J	K	L	M	N	O
35	ID(i)	$x_{1i}-x_1$ bar	$x_{2i}-x_2$ bar	$x_{3i}-x_3$ bar	$x_{4i}-x_4$ bar	$x_{5i}-x_5$ bar	
36	1	-7.000	600.000	-0.800	0.400	-3.300	
37	2	3.000	-400.000	1.200	-0.600	10.700	
38	3	-3.000	-1400.000	1.200	-0.600	2.700	
39	4	8.000	-1400.000	1.200	-0.600	5.700	
40	5	4.000	-400.000	-0.800	1.400	-3.300	
41	6	-17.000	2600.000	0.200	-0.600	0.700	
42	7	-6.000	600.000	0.200	0.400	-0.300	
43	8	7.000	-400.000	-1.800	2.400	-4.300	
44	9	0.000	600.000	0.200	-1.600	-4.300	
45	10	11.000	-400.000	-0.800	-0.600	-4.300	
46	11	-4.900	600.000	-0.300	0.100	-0.500	
47	12	0.100	-1400.000	0.700	1.100	0.500	
48	13	-6.900	-400.000	0.700	-0.900	-0.500	
49	14	7.100	1600.000	-0.300	0.100	-1.500	
50	15	-1.900	-400.000	-0.300	-0.900	0.500	
51	16	-8.900	600.000	-0.300	-0.900	0.500	
52	17	14.100	600.000	0.700	-0.900	-1.500	
53	18	-2.900	1600.000	-1.300	0.100	0.500	
54	19	7.100	-1400.000	-1.300	0.100	-0.500	
55	20	-2.900	-1400.000	1.700	2.100	2.500	
56	브랜드 A 제곱합	642.000	12400000.000	9.600	12.400	232.100	
57	브랜드 B 제곱합	470.900	12400000.000	8.100	8.900	12.500	
58							

[셀의 입력내용]

J36;=C2-C$31　　　　(J36을 K36에서 N36까지 복사한다)

　　　　　　　　　　(J36:N36을 J37:N45까지 복사한다)

J46;=C12-C$32　　　　(J46을 K46에서 N46까지 복사한다)

　　　　　　　　　　(J46:N46을 J47:N55까지 복사한다)

순서 8 ▸▸▸ 브랜드 A를 구매하는 군의 각 설명변수의 편차간 곱을 계산한다.

	N	O	P	Q	R	S
60	ID(i)	$(x_{1i}-x_1\ bar)(x_{2i}-x_2\ bar)$	$(x_{1i}-x_1\ bar)(x_{3i}-x_3\ bar)$	$(x_{1i}-x_1\ bar)(x_{4i}-x_4\ bar)$	$(x_{1i}-x_1\ bar)(x_{5i}-x_5\ bar)$	$(x_{2i}-x_2\ bar)(x_{3i}-x_3\ bar)$
61	1	-4200.000	5.600	-2.800	23.100	-480.000
62	2	-1200.000	3.600	-1.800	32.100	-480.000
63	3	4200.000	-3.600	1.800	-8.100	-1680.000
64	4	-11200.000	9.600	-4.800	45.600	-1680.000
65	5	-1600.000	-3.200	5.600	-13.200	320.000
66	6	-44200.000	-3.400	10.200	-11.900	520.000
67	7	-3600.000	-1.200	-2.400	1.800	120.000
68	8	-2800.000	-12.600	16.800	-30.100	720.000
69	9	0.000	0.000	0.000	0.000	120.000
70	10	-4400.000	-8.800	-6.600	-47.300	320.000

	N	T	U	V	W	X
60	ID(i)	$(x_{2i}-x_2\ bar)(x_{4i}-x_4\ bar)$	$(x_{2i}-x_2\ bar)(x_{5i}-x_5\ bar)$	$(x_{3i}-x_3\ bar)(x_{4i}-x_4\ bar)$	$(x_{3i}-x_3\ bar)(x_{5i}-x_5\ bar)$	$(x_{4i}-x_4\ bar)(x_{5i}-x_5\ bar)$
61	1	240.000	-1980.000	-0.320	2.640	-1.320
62	2	240.000	-4280.000	-0.720	12.840	-6.420
63	3	840.000	-3780.000	-0.720	3.240	-1.620
64	4	840.000	-7980.000	-0.720	6.840	-3.420
65	5	-560.000	1320.000	-1.120	2.640	-4.620
66	6	-1560.000	1820.000	-0.120	0.140	-0.420
67	7	240.000	-180.000	0.080	-0.060	-0.120
68	8	-960.000	1720.000	-4.320	7.740	-10.320
69	9	-960.000	-2580.000	-0.320	-0.860	6.880
70	10	240.000	1720.000	0.480	3.440	2.580

[셀의 입력내용]

O61;=$J36*K36 (O61을 P61에서 R61까지 복사한다)

S61;=$K36*L36 (S61을 T61에서 U61까지 복사한다)

V61;=$L36*M36 (V61을 W61에 복사한다)

X61;=$M36*N36 (O61:X61을 O62:X70까지 복사한다)

순서 9 ▸▸▸ 브랜드 B를 구매하는 군의 각 설명변수의 편차간 곱을 계산한다.

	N	O	P	Q	R	S
60	ID(i)	$(x_{1i}-x_1\ bar)(x_{2i}-x_2\ bar)$	$(x_{1i}-x_1\ bar)(x_{3i}-x_3\ bar)$	$(x_{1i}-x_1\ bar)(x_{4i}-x_4\ bar)$	$(x_{1i}-x_1\ bar)(x_{5i}-x_5\ bar)$	$(x_{2i}-x_2\ bar)(x_{3i}-x_3\ bar)$
61	1	-4200.000	5.600	-2.800	23.100	-480.000
62	2	-1200.000	3.600	-1.800	32.100	-480.000
63	3	4200.000	-3.600	1.800	-8.100	-1680.000
64	4	-11200.000	9.600	-4.800	45.600	-1680.000
65	5	-1600.000	-3.200	5.600	-13.200	320.000
66	6	-44200.000	-3.400	10.200	-11.900	520.000
67	7	-3600.000	-1.200	-2.400	1.800	120.000
68	8	-2800.000	-12.600	16.800	-30.100	720.000
69	9	0.000	0.000	0.000	0.000	120.000
70	10	-4400.000	-8.800	-6.600	-47.300	320.000
71	11	-2940.000	1.470	-0.490	2.450	-180.000
72	12	-140.000	0.070	0.110	0.050	-980.000
73	13	2760.000	-4.830	6.210	3.450	-280.000
74	14	11360.000	-2.130	0.710	-10.650	-480.000
75	15	760.000	0.570	1.710	-0.950	120.000
76	16	-5340.000	2.670	8.010	-4.450	-180.000
77	17	8460.000	9.870	-12.690	-21.150	420.000
78	18	-4640.000	3.770	-0.290	-1.450	-2080.000
79	19	-9940.000	-9.230	0.710	-3.550	1820.000
80	20	4060.000	-4.930	-6.090	-7.250	-2380.000

	N	T	U	V	W	X
60	ID(i)	$(x_{2i}-x_2\ bar)(x_{4i}-x_4\ bar)$	$(x_{2i}-x_2\ bar)(x_{5i}-x_5\ bar)$	$(x_{3i}-x_3\ bar)(x_{4i}-x_4\ bar)$	$(x_{3i}-x_3\ bar)(x_{5i}-x_5\ bar)$	$(x_{4i}-x_4\ bar)(x_{5i}-x_5\ bar)$
61	1	240.000	-1980.000	-0.320	2.640	-1.320
62	2	240.000	-4280.000	-0.720	12.840	-6.420
63	3	840.000	-3780.000	-0.720	3.240	-1.620
64	4	840.000	-7980.000	-0.720	6.840	-3.420
65	5	-560.000	1320.000	-1.120	2.640	-4.620
66	6	-1560.000	1820.000	-0.120	0.140	-0.420
67	7	240.000	-180.000	0.080	-0.060	-0.120
68	8	-960.000	1720.000	-4.320	7.740	-10.320
69	9	-960.000	-2580.000	-0.320	-0.860	6.880
70	10	240.000	1720.000	0.480	3.440	2.580
71	11	60.000	-300.000	-0.030	0.150	-0.050
72	12	-1540.000	-700.000	0.770	0.350	0.550
73	13	360.000	200.000	-0.630	-0.350	0.450
74	14	160.000	-2400.000	-0.030	0.450	-0.150
75	15	360.000	-200.000	0.270	-0.150	-0.450
76	16	-540.000	300.000	0.270	-0.150	-0.450
77	17	-540.000	-900.000	-0.630	-1.050	1.350
78	18	160.000	800.000	-0.130	-0.650	0.050
79	19	-140.000	700.000	-0.130	0.650	-0.050
80	20	-2940.000	-3500.000	3.570	4.250	5.250

[셀의 입력내용]

O71;=$J46*K46 (O71을 P71에서 R71까지 복사한다)

S71;=$K46*L46 (S71을 T71에서 U71까지 복사한다)

V71;=$L46*M46 (V71을 W71에 복사한다)

X71;=$M46*N46 (O71:X71을 O72:X80까지 복사한다)

순서 10 ››› 군마다의 편차 곱의 합을 구한다.

O81 fx =SUM(O61:O70)

	N	O	P	Q	R	S	T	U	V	W	X
60	ID(i)	$(x_{1i}-x_1\ bar)(x_{2i}-x_2\ bar)$	$(x_{1i}-x_1\ bar)(x_{3i}-x_3\ bar)$	$(x_{1i}-x_1\ bar)(x_{4i}-x_4\ bar)$	$(x_{1i}-x_1\ bar)(x_{5i}-x_5\ bar)$	$(x_{2i}-x_2\ bar)(x_{3i}-x_3\ bar)$	$(x_{2i}-x_2\ bar)(x_{4i}-x_4\ bar)$	$(x_{2i}-x_2\ bar)(x_{5i}-x_5\ bar)$	$(x_{3i}-x_3\ bar)(x_{4i}-x_4\ bar)$	$(x_{3i}-x_3\ bar)(x_{5i}-x_5\ bar)$	$(x_{4i}-x_4\ bar)(x_{5i}-x_5\ bar)$
61	1	-4200.000	5.600	-2.800	23.100	-480.000	240.000	-1980.000	-0.320	2.640	-1.320
62	2	-1200.000	3.600	-1.800	32.100	-480.000	240.000	-4280.000	-0.720	12.840	-6.420
63	3	4200.000	-3.600	1.800	-8.100	-1680.000	840.000	-3780.000	-0.720	3.240	-1.620
64	4	-11200.000	9.600	-4.800	45.600	-1680.000	840.000	-7980.000	-0.720	6.840	-3.420
65	5	-1600.000	-3.200	5.600	-13.200	320.000	-560.000	1320.000	-1.120	2.640	-4.620
66	6	-44200.000	-3.400	10.200	-11.900	520.000	-1560.000	1820.000	-0.120	0.140	-0.420
67	7	-3600.000	-1.200	-2.400	1.800	120.000	240.000	-180.000	0.080	-0.060	-0.120
68	8	-2800.000	-12.600	16.800	-30.100	720.000	-960.000	1720.000	-4.320	7.740	-10.320
69	9	0.000	0.000	0.000	0.000	120.000	-960.000	-2580.000	-0.320	-0.860	6.880
70	10	-4400.000	-8.800	-6.600	-47.300	320.000	240.000	1720.000	0.480	3.440	2.580
71	11	-2940.000	1.470	-0.490	2.450	-180.000	60.000	-300.000	-0.030	0.150	-0.050
72	12	-140.000	0.070	0.110	0.050	-980.000	-1540.000	-700.000	0.770	0.350	0.550
73	13	2760.000	-4.830	6.210	3.450	-280.000	360.000	200.000	-0.630	-0.350	0.450
74	14	11360.000	-2.130	0.710	-10.650	-480.000	160.000	-2400.000	-0.030	0.450	-0.150
75	15	760.000	0.570	1.710	-0.950	120.000	360.000	-200.000	0.270	-0.150	-0.450
76	16	-5340.000	2.670	8.010	-4.450	-180.000	-540.000	300.000	0.270	-0.150	-0.450
77	17	8460.000	9.870	-12.690	-21.150	420.000	-540.000	-900.000	-0.630	-1.050	1.350
78	18	-4640.000	3.770	-0.290	-1.450	-2080.000	160.000	800.000	-0.130	-0.650	0.050
79	19	-9940.000	-9.230	0.710	-3.550	1820.000	-140.000	700.000	-0.130	0.650	-0.050
80	20	4060.000	-4.930	-6.090	-7.250	-2380.000	-2940.000	-3500.000	3.570	4.250	5.250
81	브랜드 A 합계	-69000.000	-14.000	16.000	-8.000	-2200.000	-1400.000	-14200.000	-7.800	38.600	-18.800
82	브랜드 B 합계	4400.000	-2.700	-2.100	-43.500	-4200.000	-4600.000	-6000.000	3.300	3.500	6.500

[셀의 입력내용]

O81;=SUM(O61:O70)

O82;=SUM(O71:O80) (O81:O82를 P81:X82까지 복사한다)

순서 11 ▸▸▸ 브랜드 A를 구매하는 군의 편차제곱합과 곱의 합으로부터 브랜드 A를 구매하는 군의 편차제곱합·곱의 합 행렬을 작성한다.

(1) 앞에서 구한 각 설명변수의 편차제곱합, 각 설명변수간 편차 곱의 합에 대한 값을 대응하는 셀의 상반부에 입력한다.

	I	J	K	L	M	N
85	S_A	x_1	x_2	x_3	x_4	x_5
86	x_1	642.000	-69000.000	-14.000	16.000	-8.000
87	x_2		12400000.000	-2200.000	-1400.000	-14200.000
88	x_3			9.600	-7.800	38.600
89	x_4				12.400	-18.800
90	x_5					232.100

[셀의 입력내용]

J86;=J56

K86;=O81 (K86을 L86에서 N86까지 복사한다)

K87;=K56

L87;=S81 (L87을 M87에서 N87까지 복사한다)

L88;=L56

M88;=V81 (M88을 N88에 복사한다)

M89;=M56

N89;=X81

N90;=N56

(2) [순서 4]의 (2)에서 (5)까지의 순서와 같은 방법으로 실행한다.

순서 12 ▸▸▸ 다음과 같이 브랜드 A를 구매하는 군에서의 편차제곱합·곱의 합 행렬이 완성된다.

	I	J	K	L	M	N
85	S_A	x_1	x_2	x_3	x_4	x_5
86	x_1	642.000	-69000.000	-14.000	16.000	-8.000
87	x_2		12400000.000	-2200.000	-1400.000	-14200.000
88	x_3			9.600	-7.800	38.600
89	x_4				12.400	-18.800
90	x_5					232.100
91						
92	S_A	x_1	x_2	x_3	x_4	x_5
93	x_1	642.000	-69000.000	-14.000	16.000	-8.000
94	x_2	-69000.000	12400000.000	-2200.000	-1400.000	-14200.000
95	x_3	-14.000	-2200.000	9.600	-7.800	38.600
96	x_4	16.000	-1400.000	-7.800	12.400	-18.800
97	x_5	-8.000	-14200.000	38.600	-18.800	232.100

순서 13 ▸▸▸ 브랜드 B를 구매하는 군의 편차제곱합과 곱의 합으로부터 브랜드 B를 구매하는 군의 편차제곱합·곱의 합 행렬을 작성한다.

(1) 앞에서 구한 각 설명변수의 편차제곱합, 각 설명변수간 편차 곱의 합에 대한 값을 대응하는 셀의 상반부에 입력한다.

	P	Q	R	S	T	U
85	S_B	x_1	x_2	x_3	x_4	x_5
86	x_1	470.900	4400.000	-2.700	-2.100	-43.500
87	x_2		12400000.000	-4200.000	-4600.000	-6000.000
88	x_3			8.100	3.300	3.500
89	x_4				8.900	6.500
90	x_5					12.500

(2) [순서 4]의 (2)에서 (5)까지의 순서와 같은 방법으로 실행한다.

순서 14 ▸▸▸ 다음과 같이 브랜드 B를 구매하는 군에서의 편차제곱합·곱의 합 행렬이 완성된다.

	P	Q	R	S	T	U
85	S_B	x_1	x_2	x_3	x_4	x_5
86	x_1	470.900	4400.000	-2.700	-2.100	-43.500
87	x_2		12400000.000	-4200.000	-4600.000	-6000.000
88	x_3			8.100	3.300	3.500
89	x_4				8.900	6.500
90	x_5					12.500
91						
92	S_B	x_1	x_2	x_3	x_4	x_5
93	x_1	470.900	4400.000	-2.700	-2.100	-43.500
94	x_2	4400.000	12400000.000	-4200.000	-4600.000	-6000.000
95	x_3	-2.700	-4200.000	8.100	3.300	3.500
96	x_4	-2.100	-4600.000	3.300	8.900	6.500
97	x_5	-43.500	-6000.000	3.500	6.500	12.500

순서 15 ▸▸▸ 브랜드 A를 구매하는 군과 브랜드 B를 구매하는 군의 편차제곱합·곱의 합 행렬 S_A, S_B를 더해서 군내의 편차제곱합·곱의 합 행렬 $S_{군내}$를 구한다.

	B	C	D	E	F	G
99	$S_{군내}$	x_1	x_2	x_3	x_4	x_5
100	x_1	1112.900	-64600.000	-16.700	13.900	-51.500
101	x_2	-64600.000	24800000.000	-6400.000	-6000.000	-20200.000
102	x_3	-16.700	-6400.000	17.700	-4.500	42.100
103	x_4	13.900	-6000.000	-4.500	21.300	-12.300
104	x_5	-51.500	-20200.000	42.100	-12.300	244.600

[셀의 입력내용]

C100;=J93+Q93　　　　　　(C100을 D100에서 G100까지 복사한다)
(C100:G100을 C101:G104까지 복사한다)

순서 16 ▸▸▸ 전체의 편차제곱합·곱의 합 행렬 $S_{전체}$와 군내의 편차제곱합·곱의 합 행렬 $S_{군내}$의 행렬식을 계산하고, Wilks의 Λ 통계량을 구한다.

(1) 전체의 편차제곱합·곱의 합 행렬 $S_{전체}$와 군내의 편차제곱합·곱의 합 행렬 $S_{군내}$의 행렬식을 MDETERM 함수로 구한다.

(2) Wilks의 Λ 통계량은 분석에 이용한 설명변수에 대해서 전체의 편차제곱합·곱의 합 행렬 $S_{전체}$와 군내의 편차제곱합·곱의 합 행렬 $S_{군내}$의 행렬식에 대한 비율에 의해,

$$\Lambda = |S_{군내}| / |S_{전체}|$$

로 구한다.

C109　　=C108/C107

	B	C	D	E	F	G	H
85	$S_{전체}$	x_1	x_2	x_3	x_4	x_5	
86	x_1	3554.950	266900.000	259.550	312.250	699.900	
87	x_2		69800000.000	31100.000	34500.000	81800.000	
88	x_3			48.950	29.250	127.100	
89	x_4				57.750	79.500	
90	x_5					475.800	
91							
92	$S_{전체}$	x_1	x_2	x_3	x_4	x_5	
93	x_1	3554.950	266900.000	259.550	312.250	699.900	
94	x_2	266900.000	69800000.000	31100.000	34500.000	81800.000	
95	x_3	259.550	31100.000	48.950	29.250	127.100	
96	x_4	312.250	34500.000	29.250	57.750	79.500	
97	x_5	699.900	81800.000	127.100	79.500	475.800	
98							
99	$S_{군내}$	x_1	x_2	x_3	x_4	x_5	
100	x_1	1112.900	-64600.000	-16.700	13.900	-51.500	
101	x_2	-64600.000	24800000.000	-6400.000	-6000.000	-20200.000	
102	x_3	-16.700	-6400.000	17.700	-4.500	42.100	
103	x_4	13.900	-6000.000	-4.500	21.300	-12.300	
104	x_5	-51.500	-20200.000	42.100	-12.300	244.600	
105							
106							
107	$\|S_{전체}\|$	19169976555750000.0					
108	$\|S_{군내}\|$	855658416280000.0					
109	Wilks의 Λ	0.045					
110							

[셀의 입력내용]

C107;=MDETERM(C93:G97)

C108;=MDETERM(C100:G104)

C109;=C108/C107

순서 17 ▸▸▸ 검정통계량 F를 계산하고 P를 구하여, 유의수준과 비교해서 귀무가설이 기각되는지 어떤지 판단한다.

(1) 2군을 비교하는 경우에는 검정통계량 F는

$$F=\frac{\text{전체 데이터의 수}-\text{군의 수}-\text{설명변수의 수}+1}{\text{설명변수의 수}}\times\frac{1-\Lambda}{\Lambda}$$

에 의해 구한다.

(2) P값은 FDIST 함수에 의해서 구할 수 있다.

C110 fx =((20-2-5+1)/5)*((1-C109)/C109)

	B	C	D	E	F
107	$\lvert S_{전체} \rvert$	19169976555750000.0			
108	$\lvert S_{군내} \rvert$	855658416280000.0			
109	Wilks의 Λ	0.045			
110	F값	59.931			
111	p값	0.000			
112					

[셀의 입력내용]

C110;=((20-2-5+1)/5)*((1-C109)/C109)

C111;=FDIST(C110,5,14)

■ 분석결과

P값을 구하면, P값이 0.05보다 작아서 유의수준 5%에서 귀무가설이 기각된다. 따라서 군간에 전혀 차이가 없다(분석에 사용한 설명변수는 2군의 판별에 아무런 기여를 못한다)고 하는 귀무가설은 기각된다. 즉, 분석에 이용한 설명변수가 판별에 도움이 되고 있지 않다고는 말할 수 없고, 판별에 도움이 된다고 할 수 있다.

제4절 마하라노비스의 거리에 의거한 판별분석의 사고방식과 구조

상관비를 최대로 하는 각 계수를 구한다고 하는 관점에서 판별분석을 설명해 왔는데, 판별분석에는 또 하나 마하라노비스의 거리에 의거한 수법이 있다.

마하라노비스의 거리에 의거한 방법은, 각 군으로부터 마하라노비스라고 불리는 거리를 측정하여 각 대상은 거리가 가까운 쪽 군에 속한다고 판별하는 방법이다. 그리고 마하라노비스의 거리에 의거한 판별분석에서는 분산공분산이 같지 않은 경우와 분산공분산이 같은 경우에 대한 분석방법이 다르다.

그래서 본절에서는 처음에 마하라노비스의 거리에 대해서 해설하고, 분산공분산이 같지 않은 경우와 같은 경우에 대한 각각의 분석방법을 보인다. 마지막으로 등분산성의 검정방법에 대해서 설명한다.

1. 마하라노비스의 거리

그룹 A와 그룹 B가 있는데, i번째의 표본 n_i가 어느 쪽 그룹에 속하는지를 판정하는 경우를 생각한다. 이때 n_i가 75이며 그룹 A의 평균으로부터는 10만큼 떨어져 있고, 그룹 B의 평균으로부터는 5만큼 떨어져 있다고 한다(<그림 7-3> 참조). 판단기준으로서 그룹 A와 그룹 B의 평균으로부터의 거리를 이용한다면, n_i는 그룹 B에 속한다고 판단할 수 있다. 그러나 어느 쪽 그룹에 속하는지를 판정하려면, 평균으로부터의 거리만이 아니라 그룹 A와 그룹 B의 산포(散布)도 고려할 필요가 있다. 이 분포의 산포(표준편차)를 고려한 거리가 마하라노비스의 거리가 된다.

1변량인 경우의 마하라노비스의 거리는, 그룹 A와 그룹 B의 분포가 정규분포를 하고 있다고 가정하면,

$$D = \frac{|\text{데이터} - \text{평균}|}{\text{표준편차}}$$

으로 정의할 수 있다. 그룹 A와 그룹 B의 표준편차가 각각 8과 3이라고 하면, 분포 A로부터의 마하라노비스의 거리는,

$$D = \frac{|65 - 75|}{8} = 1.25$$

분포 B로부터의 마하라노비스의 거리는,

$$D = \frac{|80-75|}{3} = 1.67$$

이 된다. 마하라노비스의 거리에서 보면 n_i는 B보다도 A에 가까워, 모집단 A에 속한다고 판별할 수 있다. 분포의 산포를 고려함으로써 단순히 평균으로부터의 거리에 의해 판정한 경우와 다른 결과가 얻어진다.

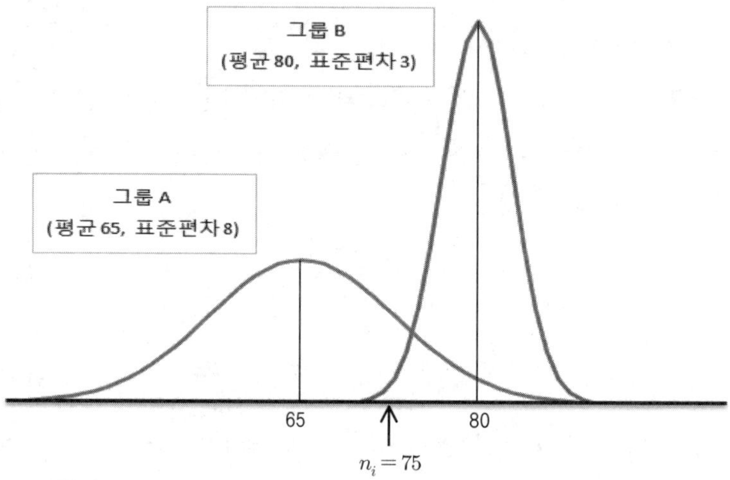

|그림 7-3| **그룹 A, 그룹 B와 i번째의 표본 n_i**

그리고 1변량의 경우, 표본의 그룹 A와 그룹 B의 모집단까지의 거리로서 마하라노비스의 거리 D_A과 D_B의 제곱은,

$$D_A^2 = \left(\frac{\text{데이터 그룹 } A\text{의 평균}}{\text{그룹 } A\text{의 표준편차}}\right) = \left(\frac{x - \bar{x}_A}{S_A}\right)^2$$

$$D_B^2 = \left(\frac{\text{데이터 그룹 } B\text{의 평균}}{\text{그룹 } B\text{의 표준편차}}\right) = \left(\frac{x - \bar{x}_B}{S_B}\right)^2$$

으로 표현된다. 이때,

$$D_A^2 < D_B^2 \text{라면 모집단 } A$$

$$D_A^2 > D_B^2 \text{라면 모집단 } B$$

에 속한다고 가정한다. 2변량 이상인 경우의 마하라노비스의 거리는 행렬 표기에 의해,

$$D^2 = (X - \overline{X})' S^{-1} (X - \overline{X})$$

로 표현된다. 여기에서 S^{-1}은 표본으로부터 계산한 분산공분산행렬의 역행렬을 나타낸다. 2변량 이상의 경우도

$$D_A^2 < D_B^2 \text{라면 모집단 A}$$

$$D_A^2 > D_B^2 \text{라면 모집단 B}$$

에 속한다고 정의할 수 있다. 그리고 일반적으로는,

$$z = D_A^2 - D_B^2$$

라고 하는 함수를 생각해서, $z > 0$이라면 모집단 B에 속하고, $z < 0$이라면 모집단 A에 속한다고 판정한다. 이 함수는 판별함수라고 불린다.

두 개의 모집단에 대한 분산공분산행렬이 같은 경우, 두 개의 모집단으로부터의 거리가 같은 점($D_A^2 = D_B^2$이 되는 점)을 구하면 직선이 된다.

등분산을 가정할 수 있는 경우에는 이 판별함수가 선형판별함수가 된다.

모집단 A와 모집단 B의 분산공분산이 같지 않은 경우, 두 개의 모집단으로부터의 거리가 같은 점은 곡선이 된다.

이 때문에 두 개의 모집단으로부터의 거리가 같은 경계선을 구하는 식은 번잡해진다. 따라서 마하라노비스의 거리를 직접 이용해서 판별을 실시하는 편이 간단하다. 그 경우는,

$$D_A^2 < D_B^2 \text{라면 모집단 } A$$

$$D_A^2 > D_B^2 \text{라면 모집단 } B$$

에 속하는 것으로 한다.

선형판별함수를 쓸 수 있는 것은 모집단 A와 모집단 B의 분산공분산이 같은 경우이며, 판별분석에서는 모집단의 등분산성에 대한 검정을 실시할 필요가 있다.

2. 분산공분산이 같지 않은 경우의 마하라노비스 거리에 의거한 판별분석

모집단 A와 모집단 B의 분산공분산이 같지 않은 경우, 두 개의 모집단으로부터의 거리가 같은 점은 곡선이 된다. 이때, 마하라노비스의 거리의 제곱은,

$$D_A^2 = (X - \overline{X}_A)' S_A^{-1} (X - \overline{X}_A)$$

$$D_B^2 = (X - \overline{X}_B)' S_B^{-1} (X - \overline{X}_B)$$

으로 계산할 수 있다. 그리고 평균 $\overline{X}_A$와 $\overline{X}_B$는 그룹 A와 그룹 B의 평균, $S_A{}^{-1}$와 $S_B{}^{-1}$는 그룹 A와 그룹 B의 분산공분산행렬에 대한 역행렬을 나타낸다. 이 D_A^2과 D_B^2에 의해,

$$D_A^2 < D_B^2 \text{라면 모집단 } A$$

$$D_A^2 > D_B^2 \text{라면 모집단 } B$$

라고 하는 정의에 따라 판별을 실시한다.

▶ 분산공분산이 같지 않은 경우의 마하라노비스의 거리에 의거한 판별분석의 절차

<표 7-1>의 데이터는 실제로 Excel을 이용해서 다음과 같은 행렬 계산의 절차에 따라, 분산공분산이 같지 않은 경우의 마하라노비스의 거리에 의거한 판별분석으로 분석할 수 있다.

예제 7-4

<표 7-1>의 데이터를 이용해서 분산공분산이 같지 않은 경우의 마하라노비스의 거리에 의거한 판별분석을 실시하고, '구매 브랜드(브랜드 A와 브랜드 B)'를 고객의 '연령', '세대 연수입', '세대 사람수', '방문 빈도', '거주년수'로부터 판정한다.

순서 1 ▸▸▸ 군1(브랜드 A를 구매하는 군)의 각 설명변수에 대한 평균을 계산한다.

	A	B	C	D	E	F	G	H	I
1	고객(i)	구매 브랜드	연령(x_1)	세대 연수입(x_2)	세대 사람수(x_3)	방문 빈도(x_4)	거주년수(x_5)	구매 브랜드(y)	
2	1	A	48	9000	4	5	6	1	
3	2	A	58	8000	6	4	20	1	
4	3	A	52	7000	6	4	12	1	
5	4	A	63	7000	6	4	15	1	
6	5	A	59	8000	4	6	6	1	
7	6	A	38	11000	5	4	10	1	
8	7	A	49	9000	5	5	9	1	
9	8	A	62	8000	3	7	5	1	
10	9	A	55	9000	5	3	5	1	
11	10	A	66	8000	4	4	5	1	
12	11	B	28	6000	2	2	2	-1	
13	12	B	33	4000	3	3	3	-1	
14	13	B	26	5000	3	1	2	-1	
15	14	B	40	7000	2	2	1	-1	
16	15	B	31	5000	2	1	3	-1	
17	16	B	24	6000	2	1	3	-1	
18	17	B	47	6000	3	1	1	-1	
19	18	B	30	7000	1	2	3	-1	
20	19	B	40	4000	1	2	2	-1	
21	20	B	30	4000	4	4	5	-1	
22									
23			연령(x_1)	세대 연수입(x_2)	세대 사람수(x_3)	방문 빈도(x_4)	거주년수(x_5)		
24		군1의 평균	55.000	8400.000	4.800	4.600	9.300		
25									

[셀의 입력내용]

C24;=AVERAGE(C2:C11)　　　(C24를 D24에서 G24까지 복사한다)

순서 2 ▸▸▸ 군1의 분산공분산행렬을 구한다.

(1) 먼저 대각선상의 상반부 각 셀을 계산한다.

	B	C	D	E	F	G
23		연령(x_1)	세대 연수입(x_2)	세대 사람수(x_3)	방문 빈도(x_4)	거주년수(x_5)
24	군1의 평균	55.000	8400.000	4.800	4.600	9.300
25						
26	군1의분산공분산행렬	연령(x_1)	세대 연수입(x_2)	세대 사람수(x_3)	방문 빈도(x_4)	거주년수(x_5)
27	연령(x_1)	71.333	-7666.667	-1.556	1.778	-0.889
28	세대 연수입(x_2)		1377777.778	-244.444	-155.556	-1577.778
29	세대 사람수(x_3)			1.067	-0.867	4.289
30	방문 빈도(x_4)				1.378	-2.089
31	거주년수(x_5)					25.789

[셀의 입력내용]

C27;=VAR(C2:C11)

D28;=VAR(D2:D11)

E29;=VAR(E2:E11)

F30;=VAR(F2:F11)

G31;=VAR(G2:G11)

D27;=CORREL($C$2:$C$11, D$2:D$11) *STDEV($C$2:$C$11)*STDEV(D$2:D$11)

(D27을 E27에서 G27까지 복사한다)

E28;=CORREL($D$2:$D$11, E$2:E$11)*STDEV($D$2:$D$11)*STDEV(E$2:E$11)

(E28을 F28에서 G28까지 복사한다)

F29;=CORREL($E$2:$E$11, F$2:F$11)*STDEV($E$2:$E$11)*STDEV(F$2:F$11)

(F29을 G29에 복사한다)

G30;=CORREL($F$2:$F$11, G$2:G$11)*STDEV($F$2:$F$11)*STDEV(G$2:G$11)

(2) 대각선상의 하반부 각 셀을 입력한다.

	B	C	D	E	F	G
23		연령(x_1)	세대 연수입(x_2)	세대 사람수(x_3)	방문 빈도(x_4)	거주년수(x_5)
24	군1의 평균	55.000	8400.000	4.800	4.600	9.300
25						
26	군1의분산공분산행렬	연령(x_1)	세대 연수입(x_2)	세대 사람수(x_3)	방문 빈도(x_4)	거주년수(x_5)
27	연령(x_1)	71.333	-7666.667	-1.556	1.778	-0.889
28	세대 연수입(x_2)	-7666.667	1377777.778	-244.444	-155.556	-1577.778
29	세대 사람수(x_3)	-1.556	-244.444	1.067	-0.867	4.289
30	방문 빈도(x_4)	1.778	-155.556	-0.867	1.378	-2.089
31	거주년수(x_5)	-0.889	-1577.778	4.289	-2.089	25.789

[셀의 입력내용]

C28;=D27

C29;=E27

C30;=F27

C31;=G27

D29;=E28

D30;=F28

D31;=G28

E30;=F29

E31;=G29

F31;=G30

순서 3 ››› 군1의 분산공분산행렬의 역행렬을 구한다.

군1의 분산공분산행렬의 역행렬을 구하려면, EXCEL의 MINVERSE 함수를 이용해서 구할 수 있다.

(1) 역행렬을 출력하고 싶은 셀의 범위 I27:M31을 클릭해서 선택한다.

(2) 셀 I27에 '=MINVERSE(C27:G31)'을 입력하고 Ctrl +Shift +Enter↵ 키를 동시에 눌러 배열복사를 실시한다.

I27 | {=MINVERSE(C27:G31)}

	H	I	J	K	L	M
26	군1의분산공분산행렬의 역행렬	연령(x_1)	세대 연수입(x_2)	세대 사람수(x_3)	방문 빈도(x_4)	거주년수(x_5)
27	연령(x_1)	0.092	0.001	0.987	0.444	-0.086
28	세대 연수입(x_2)	0.001	0.000	0.008	0.004	-0.001
29	세대 사람수(x_3)	0.987	0.008	18.809	8.459	-1.946
30	방문 빈도(x_4)	0.444	0.004	8.459	4.677	-0.793
31	거주년수(x_5)	-0.086	-0.001	-1.946	-0.793	0.257

순서 4 ››› 군2(브랜드 B를 구매하는 군)의 각 설명변수에 대한 평균을 계산한다.

C34 | =AVERAGE(C12:C21)

	B	C	D	E	F	G
23		연령(x_1)	세대 연수입(x_2)	세대 사람수(x_3)	방문 빈도(x_4)	거주년수(x_5)
24	군1의 평균	55.000	8400.000	4.800	4.600	9.300
25						
26	군1의분산공분산행렬	연령(x_1)	세대 연수입(x_2)	세대 사람수(x_3)	방문 빈도(x_4)	거주년수(x_5)
27	연령(x_1)	71.333	-7666.667	-1.556	1.778	-0.889
28	세대 연수입(x_2)	-7666.667	1377777.778	-244.444	-155.556	-1577.778
29	세대 사람수(x_3)	-1.556	-244.444	1.067	-0.867	4.289
30	방문 빈도(x_4)	1.778	-155.556	-0.867	1.378	-2.089
31	거주년수(x_5)	-0.889	-1577.778	4.289	-2.089	25.789
32						
33		연령(x_1)	세대 연수입(x_2)	세대 사람수(x_3)	방문 빈도(x_4)	거주년수(x_5)
34	군2의 평균	32.900	5400.000	2.300	1.900	2.500

[셀의 입력내용]

C34;=AVERAGE(C12:C21)　　　　(C34를 D34에서 G34까지 복사한다)

순서 5 ››› 군2의 분산공분산행렬을 구한다.

[순서 2]의 (1), (2)와 같은 방법으로 먼저 대각선상의 상반부와 하반부의 각 셀을 계산한다.

	B	C	D	E	F	G
33		연령(x_1)	세대 연수입(x_2)	세대 사람수(x_3)	방문 빈도(x_4)	거주년수(x_5)
34	군2의 평균	32.900	5400.000	2.300	1.900	2.500
35						
36	군2의분산공분산행렬	연령(x_1)	세대 연수입(x_2)	세대 사람수(x_3)	방문 빈도(x_4)	거주년수(x_5)
37	연령(x_1)	52.322	488.889	-0.300	-0.233	-4.833
38	세대 연수입(x_2)	488.889	1377777.778	-466.667	-511.111	-666.667
39	세대 사람수(x_3)	-0.300	-466.667	0.900	0.367	0.389
40	방문 빈도(x_4)	-0.233	-511.111	0.367	0.989	0.722
41	거주년수(x_5)	-4.833	-666.667	0.389	0.722	1.389

[셀의 입력내용]

C37;=VAR(C12:C21)

D38;=VAR(D12:D21)

E39;=VAR(E12:E21)

F40;=VAR(F12:F21)

G41;=VAR(G12:G21)

D37;=CORREL($C$12:$C$21, D$12:D$21)*STDEV($C$12:$C$21)*STDEV(D$12:D$21)

(D37을 E37에서 G37까지 복사한다)

E38;=CORREL($D$12:$D$21, E$12:E$21)*STDEV($D$12:$D$21)*STDEV(E$12:E$21)

(E38을 F38에서 G38까지 복사한다)

F39;=CORREL($E$12:$E$21, F$12:F$21)*STDEV($E$12:$E$21)*STDEV(F$12:F$21)

(F39을 G39에 복사한다)

G40;=CORREL($F$12:$F$21, G$12:G$21)*STDEV($F$12:$F$21)*STDEV(G$12:G$21)

C38;=D37

C39;=E37

C40;=F37

C41;=G37

D39;=E38

D40;=F38

D41;=G38

E40;=F39

E41;=G39

F41;=G40

순서 6 ▸▸▸ 군2의 분산공분산행렬의 역행렬을 구한다.

군2의 분산공분산행렬의 역행렬을 구하려면, EXCEL의 MINVERSE 함수를 이용해서 구할 수 있다.

(1) 역행렬을 출력하고 싶은 셀의 범위 I37:M41을 클릭해서 선택한다.

(2) 셀 I37에 '=MINVERSE(C37:G41)'을 입력하고 Ctrl +Shift +Enter↵ 키를 동시에 눌러 배열복사를 실시한다.

	H	I	J	K	L	M
36	군2의분산공분산행렬의 역행렬	연령(x_1)	세대 연수입(x_2)	세대 사람수(x_3)	방문 빈도(x_4)	거주년수(x_5)
37	연령(x_1)	0.039	0.000	-0.009	-0.131	0.229
38	세대 연수입(x_2)	0.000	0.000	0.000	0.000	0.001
39	세대 사람수(x_3)	-0.009	0.000	1.447	-0.267	-0.141
40	방문 빈도(x_4)	-0.131	0.000	-0.267	2.202	-1.505
41	거주년수(x_5)	0.229	0.001	-0.141	-1.505	2.616

순서 7 ▸▸▸ 군1과 군2 각 고객의 설명변수에 대한 값과 평균과의 편차를 계산한다.

	I	J	K	L	M	N	O	P	Q	R
1	x_1-군1평균	x_2-군1평균	x_3-군1평균	x_4-군1평균	x_5-군1평균	x_1-군2평균	x_2-군2평균	x_3-군2평균	x_4-군2평균	x_5-군2평균
2	-7.000	600.000	-0.800	0.400	-3.300	15.100	3600.000	1.700	3.100	3.500
3	3.000	-400.000	1.200	-0.600	10.700	25.100	2600.000	3.700	2.100	17.500
4	-3.000	-1400.000	1.200	-0.600	2.700	19.100	1600.000	3.700	2.100	9.500
5	8.000	-1400.000	1.200	-0.600	5.700	30.100	1600.000	3.700	2.100	12.500
6	4.000	-400.000	-0.800	1.400	-3.300	26.100	2600.000	1.700	4.100	3.500
7	-17.000	2600.000	0.200	-0.600	0.700	5.100	5600.000	2.700	2.100	7.500
8	-6.000	600.000	0.200	0.400	-0.300	16.100	3600.000	2.700	3.100	6.500
9	7.000	-400.000	-1.800	2.400	-4.300	29.100	2600.000	0.700	5.100	2.500
10	0.000	600.000	0.200	-1.600	-4.300	22.100	3600.000	2.700	1.100	2.500
11	11.000	-400.000	-0.800	-0.600	-4.300	33.100	2600.000	1.700	2.100	2.500
12	-27.000	-2400.000	-2.800	-2.600	-7.300	-4.900	600.000	-0.300	0.100	-0.500
13	-22.000	-4400.000	-1.800	-1.600	-6.300	0.100	-1400.000	0.700	1.100	0.500
14	-29.000	-3400.000	-1.800	-3.600	-7.300	-6.900	-400.000	0.700	-0.900	-0.500
15	-15.000	-1400.000	-2.800	-2.600	-8.300	7.100	1600.000	-0.300	0.100	-1.500
16	-24.000	-3400.000	-2.800	-3.600	-6.300	-1.900	-400.000	-0.300	-0.900	0.500
17	-31.000	-2400.000	-2.800	-3.600	-6.300	-8.900	600.000	-0.300	-0.900	0.500
18	-8.000	-2400.000	-1.800	-3.600	-8.300	14.100	600.000	0.700	-0.900	-1.500
19	-25.000	-1400.000	-3.800	-2.600	-6.300	-2.900	1600.000	-1.300	0.100	0.500
20	-15.000	-4400.000	-3.800	-2.600	-7.300	7.100	-1400.000	-1.300	0.100	-0.500
21	-25.000	-4400.000	-0.800	-0.600	-4.300	-2.900	-1400.000	1.700	2.100	2.500

[셀의 입력내용]

I2;=C2-C$24 (I2를 J2에서 M2까지 복사한다)

N2;=C2-C$34 (N2를 O2에서 R2까지 복사한다)

(I2:R2를 I3:R21까지 복사한다)

순서 8 ▸▸▸ 군1과 군2의 마하라노비스의 거리를 계산하고, 각각의 고객이 군1과 군2의 어느 쪽에 속하는지 판별한다.

'군1의 마하라노비스의 거리 > 군2의 마하라노비스의 거리'라면 '−1'이라 하고, '군1의 마하라노비스의 거리 < 군2의 마하라노비스의 거리'라면 '1'이라 한다. '−1'이라면 브랜드 B를 구매하는 군, '1'이라면 브랜드 A를 구매하는 군이 된다. 각 군의 판정에는 '=IF(군1의 마하라노비스의 거리에 대한 제곱 > 군2의 마하라노비스의 거리에 대한 제곱, −1, 1)'이라고 하는 식을 이용한다.

S2 | {=MMULT(MMULT(I2:M2, $I$27:$M$31), TRANSPOSE(I2:M2))}

	S	T	U	V	W	X	Y	Z
1	군1의 마하라노비스의 거리	군2의 마하라노비스의 거리	판정					
2	4.570	79.521	1					
3	6.164	980.446	1					
4	6.260	304.318	1					
5	3.117	565.510	1					
6	2.494	92.259	1					
7	5.518	223.773	1					
8	2.880	170.383	1					
9	4.646	84.946	1					
10	4.533	93.495	1					
11	4.818	99.053	1					
12	689.600	2.772	-1					
13	564.979	2.444	-1					
14	726.533	4.636	-1					
15	420.559	4.141	-1					
16	892.074	3.194	-1					
17	880.576	2.841	-1					
18	349.877	6.563	-1					
19	788.166	4.922	-1					
20	977.861	6.765	-1					
21	393.730	6.721	-1					

(1) S2에 '=MMULT(MMULT(I2:M2, $I$27:$M$31), TRANSPOSE(I2:M2))'라고 입력한 다음에 [Ctrl] +[Shift] +[Enter↵] 키를 동시에 눌러 배열복사를 실시한다.

(2) T2에 '=MMULT(MMULT(N2:R2, $I$37:$M$41), TRANSPOSE(N2:R2))'라고 입력한 다음에 [Ctrl] +[Shift] +[Enter↵] 키를 동시에 눌러 배열복사를 실시한다.

(3) U2에 '=IF(S2>T2, -1, 1)'라고 입력한다.

(4) S2:U2를 S3:U21까지 복사한다.

■ **분석결과**

<표 7-1>의 데이터를 이용해서 분산공분산이 같지 않은 경우의 마하라노비스의 거리에 의거한 판별분석을 실시한 결과로부터, 상관비에 의거한 방법과 마찬가지로 모든 대상이 브랜드 A를 구매하는지 브랜드 B를 구매하는지가 올바르게 판별되고 있다는 것을 알 수 있다.

3. 분산공분산이 같은 경우의 마하라노비스 거리에 의거한 판별분석

모집단 A와 모집단 B의 분산공분산이 같다고 가정할 수 있는 경우에는, 2군에 공통의 분산공분산행렬은 다음과 같다.

$$S = \frac{(\text{그룹 } A\text{의 편차제곱합행렬}) + (\text{그룹 } B\text{의 편차제곱합행렬})}{n_A + n_B - 2}$$
$$= \frac{(n_A - 1) \times (\text{그룹 } A\text{의 분산공분산행렬}) + (n_B - 1) \times (\text{그룹 } B\text{의 분산공분산행렬})}{n_A + n_B - 2}$$

이 분산공분산행렬을 이용해서, 그룹 A와 그룹 B의 마하라노비스의 거리에 대한 제곱은,

$$D_A^2 = (X - \overline{X}_A)' S_A^{-1} (X - \overline{X}_A)$$
$$D_B^2 = (X - \overline{X}_B)' S_B^{-1} (X - \overline{X}_B)$$

으로 계산할 수 있다. 이 D_A^2과 D_B^2을 이용해서,

$$D_A^2 < D_B^2 \text{라면 모집단 } A$$
$$D_A^2 > D_B^2 \text{라면 모집단 } B$$

에 속한다고 판별한다. 그리고 일반적으로는,

$$z = D_A^2 - D_B^2$$

라고 하는 함수를 생각해서, $z > 0$이라면 모집단 B에 속하고, $z < 0$이라면 모집단 A에 속한다고 판정한다.

▶ 분산공분산이 같은 경우의 마하라노비스의 거리에 의거한 판별분석의 절차

<표 7-1>의 데이터를 실제로 Excel의 행렬 계산에 의해 분산공분산이 같은 경우의 마하라노비스의 거리에 의거한 판별분석으로 분석하는 절차는 다음과 같다. 군1(브랜드 *A*를 구매하는 군)의 분산공분산행렬과 군2(브랜드 *B*를 구매하는 군)의 분산공분산행렬을 구하는 절차까지는 분산공분산이 같지 않은 경우와 같다.

예 제 7-5

<표 7-1>의 데이터를 이용해서 분산공분산이 같은 경우의 마하라노비스의 거리에 의거한 판별분석을 실시하고, '구매 브랜드(브랜드 *A*와 브랜드 *B*)'를 고객의 '연령', '세대 연수입', '세대 사람수', '방문 빈도', '거주년수'로부터 판정한다.

순서 1 ▸▸▸ 군1(브랜드 A를 구매하는 군)의 각 설명변수에 대한 평균을 계산한다.

	A	B	C	D	E	F	G	H	I
1	고객(i)	구매 브랜드	연령(x_1)	세대 연수입(x_2)	세대 사람수(x_3)	방문 빈도(x_4)	거주년수(x_5)	구매 브랜드(y)	
2	1	A	48	9000	4	5	6	1	
3	2	A	58	8000	6	4	20	1	
4	3	A	52	7000	6	4	12	1	
5	4	A	63	7000	6	4	15	1	
6	5	A	59	8000	4	6	6	1	
7	6	A	38	11000	5	4	10	1	
8	7	A	49	9000	5	5	9	1	
9	8	A	62	8000	3	7	5	1	
10	9	A	55	9000	5	3	5	1	
11	10	A	66	8000	4	4	5	1	
12	11	B	28	6000	2	2	2	-1	
13	12	B	33	4000	3	3	3	-1	
14	13	B	26	5000	3	1	2	-1	
15	14	B	40	7000	2	2	1	-1	
16	15	B	31	5000	2	1	3	-1	
17	16	B	24	6000	2	1	3	-1	
18	17	B	47	6000	3	1	1	-1	
19	18	B	30	7000	1	2	3	-1	
20	19	B	40	4000	1	2	2	-1	
21	20	B	30	4000	4	4	5	-1	
22									
23			연령(x_1)	세대 연수입(x_2)	세대 사람수(x_3)	방문 빈도(x_4)	거주년수(x_5)		
24		군1의 평균	55.000	8400.000	4.800	4.600	9.300		
25									

[셀의 입력내용]

C24;=AVERAGE(C2:C11)　　　(C24를 D24에서 G24까지 복사한다)

순서 2 ▸▸▸ 군1의 분산공분산행렬을 구한다.

C27 =VAR(C2:C11)

	B	C	D	E	F	G
26	군1의분산공분산행렬	연령(x_1)	세대 연수입(x_2)	세대 사람수(x_3)	방문 빈도(x_4)	거주년수(x_5)
27	연령(x_1)	71.333	-7666.667	-1.556	1.778	-0.889
28	세대 연수입(x_2)	-7666.667	1377777.778	-244.444	-155.556	-1577.778
29	세대 사람수(x_3)	-1.556	-244.444	1.067	-0.867	4.289
30	방문 빈도(x_4)	1.778	-155.556	-0.867	1.378	-2.089
31	거주년수(x_5)	-0.889	-1577.778	4.289	-2.089	25.789

[셀의 입력내용]

C27;=VAR(C2:C11)

D28;=VAR(D2:D11)

E29;=VAR(E2:E11)

F30;=VAR(F2:F11)

G31;=VAR(G2:G11)

D27;=CORREL($C$2:$C$11, D$2:D$11)*STDEV($C$2:$C$11)*STDEV(D$2:D$11)

(D27을 E27에서 G27까지 복사한다)

E28;=CORREL($D$2:$D$11, E$2:E$11)*STDEV($D$2:$D$11)*STDEV(E$2:E$11)

(E28을 F28에서 G28까지 복사한다)

F29;=CORREL($E$2:$E$11, F$2:F$11)*STDEV($E$2:$E$11)*STDEV(F$2:F$11)

(F29을 G29에 복사한다)

G30;=CORREL($F$2:$F$11, G$2:G$11)*STDEV($F$2:$F$11)*STDEV(G$2:G$11)

C28;=D27

C29;=E27

C30;=F27

C31;=G27

D29;=E28

D30;=F28

D31;=G28

E30;=F29

E31;=G29

F31;=G30

순서 3 ▸▸▸ 군2(브랜드 B를 구매하는 군)의 각 설명변수에 대한 평균을 계산한다.

C34 =AVERAGE(C12:C21)

	B	C	D	E	F	G
23		연령(x_1)	세대 연수입(x_2)	세대 사람수(x_3)	방문 빈도(x_4)	거주년수(x_5)
24	군1의 평균	55.000	8400.000	4.800	4.600	9.300
25						
26	군1의분산공분산행렬	연령(x_1)	세대 연수입(x_2)	세대 사람수(x_3)	방문 빈도(x_4)	거주년수(x_5)
27	연령(x_1)	71.333	-7666.667	-1.556	1.778	-0.889
28	세대 연수입(x_2)	-7666.667	1377777.778	-244.444	-155.556	-1577.778
29	세대 사람수(x_3)	-1.556	-244.444	1.067	-0.867	4.289
30	방문 빈도(x_4)	1.778	-155.556	-0.867	1.378	-2.089
31	거주년수(x_5)	-0.889	-1577.778	4.289	-2.089	25.789
32						
33		연령(x_1)	세대 연수입(x_2)	세대 사람수(x_3)	방문 빈도(x_4)	거주년수(x_5)
34	군2의 평균	32.900	5400.000	2.300	1.900	2.500

[셀의 입력내용]

C34;=AVERAGE(C12:C21)　　　(C34를 D34에서 G34까지 복사한다)

순서 4 ▸▸▸ 군2의 분산공분산행렬을 구한다.

[순서 2]의 (1), (2)와 같은 방법으로 대각선상의 상반부와 하반부의 각 셀을 계산한다.

	B	C	D	E	F	G
33		연령(x_1)	세대 연수입(x_2)	세대 사람수(x_3)	방문 빈도(x_4)	거주년수(x_5)
34	군2의 평균	32.900	5400.000	2.300	1.900	2.500
35						
36	군2의분산공분산행렬	연령(x_1)	세대 연수입(x_2)	세대 사람수(x_3)	방문 빈도(x_4)	거주년수(x_5)
37	연령(x_1)	52.322	488.889	-0.300	-0.233	-4.833
38	세대 연수입(x_2)	488.889	1377777.778	-466.667	-511.111	-666.667
39	세대 사람수(x_3)	-0.300	-466.667	0.900	0.367	0.389
40	방문 빈도(x_4)	-0.233	-511.111	0.367	0.989	0.722
41	거주년수(x_5)	-4.833	-666.667	0.389	0.722	1.389

[셀의 입력내용]

C37;=VAR(C12:C21)

D38;=VAR(D12:D21)

E39;=VAR(E12:E21)

F40;=VAR(F12:F21)

G41;=VAR(G12:G21)

D37;=CORREL($C$12:$C$21, D$12:D$21)*STDEV($C$12:$C$21)*STDEV(D$12:D$21)

(D37을 E37에서 G37까지 복사한다)

E38;=CORREL($D$12:$D$21, E$12:E$21)*STDEV($D$12:$D$21)*STDEV(E$12:E$21)

(E38을 F38에서 G38까지 복사한다)

F39;=CORREL($E$12:$E$21, F$12:F$21)*STDEV($E$12:$E$21)*STDEV(F$12:F$21)

(F39을 G39에 복사한다)

G40;=CORREL($F$12:$F$21, G$12:G$21)*STDEV($F$12:$F$21)*STDEV(G$12:G$21)

C38;=D37

C39;=E37

C40;=F37

C41;=G37

D39;=E38

D40;=F38

D41;=G38

E40;=F39

E41;=G39

F41;=G40

순서 5 ▸▸▸ 군1과 군2에 공통의 분산공분산행렬을 계산한다.

공통의 분산공분산행렬은 출력하고 싶은 셀의 범위(C48:G52)를 선택하고 셀 C48에 '=((군1의 표본의 크기-1)*군1의 분산공분산행렬 데이터 범위+(군2의 표본의 크기-1)*군2의 분산공분산행렬 데이터 범위)/(군1의 표본의 크기+군2의 표본의 크기-2)'라고 입력한 다음에, Ctrl + Shift + Enter↵ 키를 동시에 눌러 배열복사를 실시함으로써 계산할 수 있다.

C48 {=(($C$43-1)*C27:G31+($C$44-1)*C37:G41)/($C$43+$C$44-2)}

	B	C	D	E	F	G	H	I	J	K
26	군1의분산공분산행렬	연령(x1)	세대 연수입(x2)	세대 사람수(x3)	방문 빈도(x4)	거주년수(x5)	군1의분산공분산행렬의 역행렬	연령(x1)	세대 연수입	세대 사람수
27	연령(x1)	71.333	-7666.667	-1.556	1.778	-0.889	연령(x1)	0.092	0.001	0.987
28	세대 연수입(x2)	-7666.667	1377777.778	-244.444	-155.556	-1577.778	세대 연수입(x2)	0.001	0.000	0.008
29	세대 사람수(x3)	-1.556	-244.444	1.067	-0.867	4.289	세대 사람수(x3)	0.987	0.008	18.809
30	방문 빈도(x4)	1.778	-155.556	-0.867	1.378	-2.089	방문 빈도(x4)	0.444	0.004	8.459
31	거주년수(x5)	-0.889	-1577.778	4.289	-2.089	25.789	거주년수(x5)	-0.086	-0.001	-1.946
32										
33		연령(x1)	세대 연수입(x2)	세대 사람수(x3)	방문 빈도(x4)	거주년수(x5)				
34	군2의 평균	32.900	5400.000	2.300	1.900	2.500				
35										
36	군2의분산공분산행렬	연령(x1)	세대 연수입(x2)	세대 사람수(x3)	방문 빈도(x4)	거주년수(x5)	군2의분산공분산행렬의 역행렬	연령(x1)	세대 연수입	세대 사람수
37	연령(x1)	52.322	488.889	-0.300	-0.233	-4.833	연령(x1)	0.039	0.000	-0.009
38	세대 연수입(x2)	488.889	1377777.778	-466.667	-511.111	-666.667	세대 연수입(x2)	0.000	0.000	0.000
39	세대 사람수(x3)	-0.300	-466.667	0.900	0.367	0.389	세대 사람수(x3)	-0.009	0.000	1.447
40	방문 빈도(x4)	-0.233	-511.111	0.367	0.989	0.722	방문 빈도(x4)	-0.131	0.000	-0.267
41	거주년수(x5)	-4.833	-666.667	0.389	0.722	1.389	거주년수(x5)	0.229	0.001	-0.141
42										
43	군1의 표본의 크기	10								
44	군2의 표본의 크기	10								
45										
46		공통의 분산공분산행렬								
47		연령(x1)	세대 연수입(x2)	세대 사람수(x3)	방문 빈도(x4)	거주년수(x5)				
48		61.828	-3588.889	-0.928	0.772	-2.861				
49		-3588.889	1377777.778	-355.556	-333.333	-1122.222				
50		-0.928	-355.556	0.983	-0.250	2.339				
51		0.772	-333.333	-0.250	1.183	-0.683				
52		-2.861	-1122.222	2.339	-0.683	13.589				

Sheet1 Sheet2 Sheet3

(1) 공통의 분산공분산행렬은 출력하고 싶은 셀의 범위(C48:G52)를 선택한다.

(2) C48에 '=(($C$43-1)*C27:G31+($C$44-1)*C37:G41)/($C$43+$C$44-2)'라고 입력한 다음에 Ctrl +Shift +Enter↵ 키를 동시에 눌러 배열복사를 실시한다.

순서 6 ▸▸▸ 공통의 분산공분산행렬에 대한 역행렬을 구한다.

C57   fx {=MINVERSE(C48:G52)}

	C	D	E	F	G
46	공통의 분산공분산행렬				
47	연령(x_1)	세대 연수입(x_2)	세대 사람수(x_3)	방문 빈도(x_4)	거주년수(x_5)
48	61.828	-3588.889	-0.928	0.772	-2.861
49	-3588.889	1377777.778	-355.556	-333.333	-1122.222
50	-0.928	-355.556	0.983	-0.250	2.339
51	0.772	-333.333	-0.250	1.183	-0.683
52	-2.861	-1122.222	2.339	-0.683	13.589
53					
54					
55	공통의 분산공분산행렬에 대한 역행렬				
56	연령(x_1)	세대 연수입(x_2)	세대 사람수(x_3)	방문 빈도(x_4)	거주년수(x_5)
57	0.021	0.000	0.040	0.018	0.004
58	0.000	0.000	0.000	0.000	0.000
59	0.040	0.000	1.970	0.368	-0.272
60	0.018	0.000	0.368	1.044	0.027
61	0.004	0.000	-0.272	0.027	0.127

(1) 역행렬을 출력하고 싶은 셀의 범위 C57:G61을 선택한다.

(2) 셀 C57에 '=MINVERSE(C48:G52)'라고 입력한 다음에 Ctrl +Shift +Enter↵ 키를 동시에 눌러 배열복사를 실시한다.

순서 7 ▸▸▸ 각 고객의 설명변수에 대한 값과 평균과의 편차를 계산한다.

	I	J	K	L	M	N	O	P	Q	R
1	x_1-군1평균	x_2-군1평균	x_3-군1평균	x_4-군1평균	x_5-군1평균	x_1-군2평균	x_2-군2평균	x_3-군2평균	x_4-군2평균	x_5-군2평균
2	-7.000	600.000	-0.800	0.400	-3.300	15.100	3600.000	1.700	3.100	3.500
3	3.000	-400.000	1.200	-0.600	10.700	25.100	2600.000	3.700	2.100	17.500
4	-3.000	-1400.000	1.200	-0.600	2.700	19.100	1600.000	3.700	2.100	9.500
5	8.000	-1400.000	1.200	-0.600	5.700	30.100	1600.000	3.700	2.100	12.500
6	4.000	-400.000	-0.800	1.400	-3.300	26.100	2600.000	1.700	4.100	3.500
7	-17.000	2600.000	0.200	-0.600	0.700	5.100	5600.000	2.700	2.100	7.500
8	-6.000	600.000	0.200	0.400	-0.300	16.100	3600.000	2.700	3.100	6.500
9	7.000	-400.000	-1.800	2.400	-4.300	29.100	2600.000	0.700	5.100	2.500
10	0.000	600.000	0.200	-1.600	-4.300	22.100	3600.000	2.700	1.100	2.500
11	11.000	-400.000	-0.800	-0.600	-4.300	33.100	2600.000	1.700	2.100	2.500
12	-27.000	-2400.000	-2.800	-2.600	-7.300	-4.900	600.000	-0.300	0.100	-0.500
13	-22.000	-4400.000	-1.800	-1.600	-6.300	0.100	-1400.000	0.700	1.100	0.500
14	-29.000	-3400.000	-1.800	-3.600	-7.300	-6.900	-400.000	0.700	-0.900	-0.500
15	-15.000	-1400.000	-2.800	-2.600	-8.300	7.100	1600.000	-0.300	0.100	-1.500
16	-24.000	-3400.000	-2.800	-3.600	-6.300	-1.900	-400.000	-0.300	-0.900	0.500
17	-31.000	-2400.000	-2.800	-3.600	-6.300	-8.900	600.000	-0.300	-0.900	0.500
18	-8.000	-2400.000	-1.800	-3.600	-8.300	14.100	600.000	0.700	-0.900	-1.500
19	-25.000	-1400.000	-3.800	-2.600	-6.300	-2.900	1600.000	-1.300	0.100	0.500
20	-15.000	-4400.000	-3.800	-2.600	-7.300	7.100	-1400.000	-1.300	0.100	-0.500
21	-25.000	-4400.000	-0.800	-0.600	-4.300	-2.900	-1400.000	1.700	2.100	2.500

[셀의 입력내용]

I2;=C2-C$24 (I2를 J2에서 M2까지 복사한다)

N2;=C2-C$34 (N2를 O2에서 R2까지 복사한다)

(I2:R2를 I3:R21까지 복사한다)

순서 8 ▸▸▸ 군1과 군2의 마하라노비스의 거리를 계산하고, 각각의 고객이 군1과 군2의 어느 쪽에 속하는지 판별한다.

'군1의 마하라노비스의 거리 > 군2의 마하라노비스의 거리'라면 '−1'이라 하고, '군1의 마하라노비스의 거리 < 군2의 마하라노비스의 거리'라면 '1'이라 한다. '−1'이라면 브랜드 B를 구매하는 군, '1'이라면 브랜드 A를 구매하는 군이 된다. 각 군의 판정에는 '=IF(군1의 마하라노비스의 거리에 대한 제곱 > 군2의 마하라노비스의 거리에 대한 제곱, −1, 1)'이라고 하는 식을 이용한다.

S2 {=MMULT(MMULT(I2:M2, $I$36:$M$40), TRANSPOSE(I2:M2))}

	S	T	U	V	W	X	Y	Z
1	군1의 마하라노비스의 거리	군2의 마하라노비스의 거리	판정					
2	1.997	67.250	1					
3	9.891	105.392	1					
4	3.276	64.627	1					
5	4.193	87.562	1					
6	2.270	81.962	1					
7	7.310	92.380	1					
8	1.128	83.949	1					
9	6.985	89.184	1					
10	5.187	72.004	1					
11	4.013	72.476	1					
12	79.914	0.582	-1					
13	79.779	2.678	-1					
14	99.905	3.103	-1					
15	49.112	5.129	-1					
16	102.137	2.180	-1					
17	98.847	2.490	-1					
18	54.062	8.129	-1					
19	76.645	4.657	-1					
20	108.575	5.799	-1					
21	65.310	9.004	-1					

(1) S2에 '=MMULT(MMULT(I2:M2, $I$36:$M$40), TRANSPOSE(I2:M2))'라고 입력한 다음에 Ctrl +Shift +Enter↵ 키를 동시에 눌러 배열복사를 실시한다.

(2) T2에 '=MMULT(MMULT(N2:R2, $I$36:$M$40), TRANSPOSE(N2:R2))'라고 입력한 다음에 Ctrl +Shift +Enter↵ 키를 동시에 눌러 배열복사를 실시한다.

(3) U2에 '=IF(S2>T2, -1, 1)'라고 입력한다.

(4) S2:U2를 S3:U21까지 복사한다.

■ **분석결과**

<표 7-1>의 데이터를 이용해서 분산공분산이 같은 경우의 마하라노비스의 거리에 의거한 판별분석을 실시한 결과, 얻어진 그룹의 판별결과로부터, 분산공분산행렬이 다르거나 같거나 이 예의 경우에는 어느 쪽의 경우도 오판별은 존재하지 않는다. 따라서 같은 판별결과가 얻어지고 있다는 것을 알 수 있다.

4. 등분산성의 가정에 대한 검증

여기에서는 두 그룹의 분산공분산행렬이 같다고 할 수 있는지 어떤지를 검토하는 방법에 대해서 해설한다.

앞에서 두 그룹의 모집단에 대하여 분산공분산행렬이 같다고 가정하고 판별분석을 실시하는 방법과, 분산공분산행렬이 같다고는 가정할 수 없는 경우의 분석방법 각각에 대해서 설명했다. "분산공분산행렬이 같은지 어떤지"의 판단은, "분산공분산행렬이 다르다고 단정할 수 있는지 어떤지"의 가설검정에 의해 실시한다.

그 가설검정은 군1(브랜드 A를 구매하는 군)과 군2(브랜드 B를 구매하는 군)의 각 군의 분산공분산행렬을 S_1, S_2라 하고, 모집단의 분산공분산행렬이 같다고 가정한 경우의 분산공분산행렬을 S라고 했을 때, 검정통계량

$$M=(n_1+n_2-2)\log|s|-(n_1-1)\log|s_1|-(n_2-1)\log|s_2|$$

을 구해서 실시한다. 여기에서 $|s_1|$, $|s_2|$는 각각의 분산공분산행렬에 대한 행렬식을 나타내고, n_1, n_2는 각각의 군에 대한 표본의 크기를 나타낸다. 이 검정통계량은 모집단에서 분산공분산행렬이 같다고 하는 귀무가설이 올바를 때에, 자유도 $p(p+1)/2$의 카이제곱분포에 따른다. 여기에서 p는 설명변수의 수를 나타낸다.

공통의 분산공분산행렬 S, 군1, 군2의 분산공분산행렬에 대한 행렬식 $|s|$, $|s_1|$, $|s_2|$를 구하면, 각각 4528328.254, 498722.366, 152536.504가 된다. 여기에서 행렬식은 Excel 함수의 MDETERM에 의해 계산할 수 있다.

검정통계량 M에 대한 P값은 Excel 함수인 CHIDIST 함수에 의해 구해진다. 검정통계량 M에 대한 P값과 유의수준을 비교해서 귀무가설을 기각할 수 있는지를 판단한다.

▶ 등분산성의 가정에 대한 검정의 절차

실제로 Excel의 함수 계산에 의해 등분산성의 가정에 대한 검정을 실시하는 절차는 다음과 같다.

예제 7-6

<표 7-1>의 데이터를 이용해서 분산공분산행렬이 같은지 어떤지의 판단을, 분산공분산행렬이 다르다고 단정할 수 있는지 어떤지의 가설검정에 의해 실시한다.

순서 1 ▸▸▸ 군1과 군2의 분산공분산행렬 S_1, S_2의 행렬식을 계산한다.

H27 | f_x =MDETERM(C27:G31)

	B	C	D	E	F	G	H
26	군1의분산공분산행렬	연령(x_1)	세대 연수입(x_2)	세대 사람수(x_3)	방문 빈도(x_4)	거주년수(x_5)	군1의분산공분산행렬에 대한 행렬식
27	연령(x_1)	71.333	-7666.667	-1.556	1.778	-0.889	49872236.617
28	세대 연수입(x_2)	-7666.667	1377777.778	-244.444	-155.556	-1577.778	
29	세대 사람수(x_3)	-1.556	-244.444	1.067	-0.867	4.289	
30	방문 빈도(x_4)	1.778	-155.556	-0.867	1.378	-2.089	
31	거주년수(x_5)	-0.889	-1577.778	4.289	-2.089	25.789	
32							
33		연령(x_1)	세대 연수입(x_2)	세대 사람수(x_3)	방문 빈도(x_4)	거주년수(x_5)	
34	군2의 평균	32.900	5400.000	2.300	1.900	2.500	
35							
36	군2의분산공분산행렬	연령(x_1)	세대 연수입(x_2)	세대 사람수(x_3)	방문 빈도(x_4)	거주년수(x_5)	군2의분산공분산행렬에 대한 행렬식
37	연령(x_1)	52.322	488.889	-0.300	-0.233	-4.833	15253650.358
38	세대 연수입(x_2)	488.889	1377777.778	-466.667	-511.111	-666.667	
39	세대 사람수(x_3)	-0.300	-466.667	0.900	0.367	0.389	
40	방문 빈도(x_4)	-0.233	-511.111	0.367	0.989	0.722	
41	거주년수(x_5)	-4.833	-666.667	0.389	0.722	1.389	

[셀의 입력내용]

H27;=MDETERM(C27:G31)

H37;=MDETERM(C37:G41)

순서 2 ▸▸▸ 모집단의 분산공분산행렬이 같다고 가정한 경우의 분산공분산행렬(공통의 분산공분산행렬) S에 대한 행렬식을 계산한다.

N27 | f_x =MDETERM(I27:M31)

	I	J	K	L	M	N
26	연령(x_1)	세대 연수입(x_2)	세대 사람수(x_3)	방문 빈도(x_4)	거주년수(x_5)	공통의 분산공분산행렬에 대한 행렬식
27	61.828	-3588.889	-0.928	0.772	-2.861	452832825.429
28	-3588.889	1377777.778	-355.556	-333.333	-1122.222	
29	-0.928	-355.556	0.983	-0.250	2.339	
30	0.772	-333.333	-0.250	1.183	-0.683	
31	-2.861	-1122.222	2.339	-0.683	13.589	

[셀의 입력내용]

N27;=MDETERM(I27:M31)

순서 3 ‣‣‣ 검정통계량 M을 계산하고 P를 구하여, P값과 유의수준을 비교해서 귀무가설이 기각되는지 어떤지를 판단한다.

I47 　 f_x =CHIDIST(I44, I46)

	H	I	J
43	분산공분산행렬이 같은지 어떤지의 검정		
44	M	50.371	
45	설명변수의 수	5	
46	자유도	15	
47	P값	0.000	

[셀의 입력내용]

I44;=(C43+C44-2)*LN(N27)-(C43-1)*LN(H27)-(C44-1)*LN(H37)

I45;5

I46;=I45*(I45+1)/2

U47;=CHIDIST(I44, I46)

■ 분석결과

P값을 구하면 0.000이 된다. P값이 0.05보다 작으므로 유의수준 5%에서 귀무가설은 기각된다. 따라서 모집단에 있어서 분산공분산행렬이 같다고는 할 수 없고, 모집단에 있어서 분산공분산행렬이 같지 않다고 가정하고 판별분석을 실시하는 것이 타당하다고 할 수 있다.

단, 귀무가설이 기각되지 않는 경우에는, 분산공분산행렬이 같다고 가정하고 판별분석을 실시한다.

8 수량화이론

제1절 서론

지금까지 해설을 실시한 수법은 공통적으로 양적 데이터를 다룬 수법이었다. 그러나 데이터에는 양적 데이터뿐만 아니라 질적 데이터도 존재한다. 예를 들면, 브랜드의 이미지, 점포의 환경, 점원의 서비스와 같은 감정이나 이미지 등은 수치로는 표현할 수 없는 질적인 데이터라고 할 수 있다. 이와 같은 질적 데이터 중에는 사람들의 의사결정에 영향을 미치는 것도 적지 않다. 질적인 데이터를 어떠한 절차를 통해서 수치로 변환(수량화)해서 다룰 수 있다면, 변수 간의 관계를 파악하기 쉬워져서 의미가 있다고 할 수 있다.

브랜드의 이미지를 수량화하는 것을 예로 생각해 보자. 브랜드의 이미지 변화를 그래프 등에 의해 표현함으로써 그때까지는 알 수 없었던 질적 관계가 밝혀진다. 그 결과, 연구개발이나 마케팅 전략에 있어서의 가일층 발전의 가능성도 생각할 수 있다.

질적 데이터의 수량화 이미지는 패턴이 비슷한 대상끼리의 차이를 가능한 한 적게 하고, 패턴이 비슷하지 않은 대상끼리의 차이를 크게 되도록 수치를 부여하는 절차가 된다. 질적 데이터 혹은 비계량 데이터에 대한 분석법은 많은 연구자들이 서로 다른 영역에서 각각 독자적인 이름 아래 독립적으로 발전시켜 왔다고 하는 흥미 있는 역사적 배경을 가지고 있다.

단순히 수치로 나타낼 수 없는 질적 데이터를 수량화하는 방법은 **수량화이론**이라고 불린다. 수량화이론은 명목척도나 순서척도로 측정되는 질적 데이터를 다루기 위한 수법의 집합으로, 일본의 통계학자 하야시 치키오(林知己夫)가 중심으로 발전시켜 온 이론이다. 결과적으로는 더미변수법과 아주 유사한 것인데, 더미변수법이 아직 보급되어 있지 않았던 1949～1954년경에 이미 오늘날의 체계적인 형태를 갖추고 있었다는 점에서 높이 평가할 만하다. 수량화이론에는 수량화Ⅰ류, 수량화Ⅱ류, 수량화Ⅲ류, 수량화Ⅳ류 등 네 가지 방법이 널리 알려져 있다. 그 중에서 수량화Ⅰ류는 중회귀분석을 질적 데이터로 확장한 것이라고 간주할 수도 있다. 또한 수량화Ⅱ류는 판별분석을 질적 데이터로 확장한 것이라고 간주할 수도 있다. 따라서 질적 변수를 어떻게 수치화할 것인지가 문제가 된다. 수량화할 수 있으면, 수량화Ⅰ류와 수량화Ⅱ류는 전술한 중회귀분석이나 판별분석과 같은 절차에 의해 분석하는 것이 가능하다.

그리고 수량화Ⅲ류는 범주형 데이터의 패턴 분류를 실시하기 위한 수법이다. 또한 수량화Ⅳ류는 대상끼리의 관계를 밝히기 위한 수법이다. 수량화Ⅲ류와 수량화Ⅳ는 포지셔닝·세그멘테이션을 위한 수법이다.

제2절 수량화Ⅰ류

수량화Ⅰ류는 전술한 회귀분석을 설명변수가 명목척도나 순서척도라고 하는 질적 데이터의 경우로 확장한 수법이라고 간주할 수 있다. 회귀분석과 다른 점은 설명변수가 질적 데이터가 되는 점이다. 설명변수가 질적 데이터일 때의 설명이나 예측을 실시하는 경우에는, 수량화Ⅰ류를 이용한다. 수량화Ⅰ류는 연대, 성별, 직업분류 등 질적인 요인에 관한 정보에 의거해서 구입금액과 같은 양적으로 측정된 값을 설명 혹은 예측하기 위한 방법이다.

수량화Ⅰ류의 흐름은 다음과 같다. 이들 일련의 절차를 실시함으로써 수량화Ⅰ류를 실행할 수 있다.

◆ 수량화 I 류의 흐름

① 더미변수를 이용해서 설명변수를 수치화한다(예제 8-1에서 해설).
② 목적변수와 각 설명변수와의 관계를 나타내는 예측식을 구한다(예제 8-2에서 해설).
③ 카테고리 수량의 표준화를 실시한다(예제 8-3에서 해설).
④ 예측의 정도(精度)를 확인한다(예제 8-4에서 해설).
⑤ 분석에 이용한 설명변수의 영향의 정도를 확인한다(예제 8-5에서 해설).
⑥ 얻어진 예측식에 의거한 예측을 실시한다.

20명의 고객의 상품구입액과 그 고객의 속성 데이터를 이용해서, 실제로 수량화 I 류에 의해 분석을 실시하는 방법에 대해서 해설하기로 한다. 이하의 해설에서는 데이터의 분석목적과 대조해서 수량화 I 류에 의하여 얻어진 예측식에 의한 예측은 실시하지 않는다. 실제로 데이터의 분석목적에 따라서는 얻어진 예측식으로부터 구체적인 예측을 실시하는 것도 가능하다.

1. 수량화 I 류의 적용예

상품구입액을 고객의 속성으로부터 예측하는 것을 목적으로 해서, <표 8-1>의 20명 고객의 상품구입액과 그 고객의 속성 데이터를 수량화 I 류로 분석한다.

수량화 I 류는 질적인 설명변수의 각 요인을 이용해서 양적인 목적변수(외적기준)의 값을 예측하기 위한 방법이다. 20명의 고객에 대해서 목적변수(외적기준)인 '상품구입액'과 '연대', '주소', '직업', '교통수단'이라고 하는 각 요인 아이템의 각 카테고리에 대한 반응이 <표 8-1>과 같이 얻어져 있는 경우, 수량화 I 류를 적용함으로써 각 요인으로부터 상품구입액을 예측하는 것이 가능하다.

여기에서 요인 아이템이란 '연대'나 '주소' 등의 항목을 가리킨다. 카테고리란 '연대'라면 '20대, 30대, 40대, 50대', '주소'라면 '서울, 인천, 수원, 안양'이라고 하는 분류를 나타낸다.

각 대상이 각 요인 아이템의 어느 카테고리에 반응(해당)했는가에 따라, 그 대상의 목적변수(외적기준)를 예측한다. 그러기 위해서는 각각의 아이템·카테고리에 대해서 어떠한 수량을 부여하지 않으면 안 된다. 그때에 카테고리에 부여하는 수량을 조작적으로 정해서, 각 대상의 수량과 목적변수(외적기준)의 값이 가능한 한 비슷하도록 하는 것이 수량화 I 류의 기본적인 분석의 틀이다.

수량화 I 류에서는 먼저 질적인 설명변수의 더미변수화를 실시한다. 설명변수를 수치화할 수 있으면, 중회귀분석과 같은 절차에 의해 관측치와 예측치의 잔차제곱합을 최소로 함으로써 분석이 가능하게 된다.

| 표 8-1 | **20명의 고객에 대한 질적 데이터와 상품구입액**

ID	연대	주소	직업	교통수단	상품구입액(만원)
1	4	2	1	2	72
2	3	4	2	3	24
3	4	1	1	1	84
4	3	3	3	3	48
5	3	2	3	3	60
6	4	2	3	3	72
7	3	4	3	3	36
8	3	3	2	3	60
9	4	1	3	3	72
10	4	3	3	3	60
11	4	2	3	3	60
12	5	1	1	1	84
13	2	3	1	2	36
14	2	4	1	3	12
15	3	1	4	2	108
16	5	2	4	2	84
17	2	2	2	3	48
18	2	1	3	3	60
19	3	1	3	3	72
20	4	1	4	2	120

라벨	연대	주소	직업	교통수단
1		서울	전업주부	도보·자전거
2	20대	인천	파트타임·아르바이트	자동차
3	30대	수원	회사원·공무원	전차
4	40대	안양	자영업	
5	50대			

▶ 더미변수화의 절차

Excel에 있어서 질적인 설명변수를 더미변수로 변화하기 위한 절차는 다음과 같다.

예제 8-1

<표 8-1>을 이용해서 수량화 I 류를 실행하기 위하여, 설명변수를 더미변수로 변환한다.

순서 1 ▸▸▸ 처음에 연대를 더미변수화하기 위해서, 새로운 열을 B열과 C열 사이에 3열 삽입한다.

	A	B	C	D	E	F	G	H	I
1	ID(i)	연대x_1				주소x_2	직업x_3	교통수단x_4	상품구입액(만원)y
2	1	4				2	1	2	72
3	2	3				4	2	3	24
4	3	4				1	1	1	84
5	4	3				3	3	3	48
6	5	3				2	3	3	60
7	6	4				2	3	3	72
8	7	3				4	3	3	36

순서 2 ▸▸▸ 새로 삽입된 C열, D열, E열에 B열의 내용을 복사한다.

	A	B	C	D	E	F	G	H	I
1	ID(i)	연대x_1	연대x_1	연대x_1	연대x_1	주소x_2	직업x_3	교통수단x_4	상품구입액(만원)y
2	1	4	4	4	4	2	1	2	72
3	2	3	3	3	3	4	2	3	24
4	3	4	4	4	4	1	1	1	84
5	4	3	3	3	3	3	3	3	48
6	5	3	3	3	3	2	3	3	60
7	6	4	4	4	4	2	3	3	72
8	7	3	3	3	3	4	3	3	36
9	8	3	3	3	3	3	2	3	60
10	9	4	4	4	4	1	3	3	72
11	10	4	4	4	4	3	3	3	60
12	11	4	4	4	4	2	3	3	60
13	12	5	5	5	5	1	1	1	84
14	13	2	2	2	2	3	1	2	36
15	14	2	2	2	2	4	1	3	12
16	15	3	3	3	3	1	4	2	108
17	16	5	5	5	5	2	4	2	84
18	17	2	2	2	2	2	2	3	48
19	18	2	2	2	2	1	3	3	60
20	19	3	3	3	3	1	3	3	72
21	20	4	4	4	4	1	4	2	120

순서 3 ▸▸▸ B열로부터 E열에 있어서 연대의 더미변수를 작성한다.

셀 B2:B21에서는 '2를 1', '그 이외의 수치를 0'으로 바꾸어서, '20대'를 '1', 그 이외의 연대를 '0'으로 한다.

(1) 셀 B1, C1, D1, E1을 각각 '연대x_{11}', '연대x_{12}', '연대x_{13}', '연대x_{14}'로 변경한다.

	A	B	C	D	E	F	G	H	I
1	ID(i)	연대x_{11}	연대x_{12}	연대x_{13}	연대x_{14}	주소x_2	직업x_3	교통수단x_4	상품구입액(만원)y
2	1	4	4	4	4	2	1	2	72
3	2	3	3	3	3	4	2	3	24
4	3	4	4	4	4	1	1	1	84
5	4	3	3	3	3	3	3	3	48
6	5	3	3	3	3	2	3	3	60
7	6	4	4	4	4	2	3	3	72
8	7	3	3	3	3	4	3	3	36
9	8	3	3	3	3	3	2	3	60
10	9	4	4	4	4	1	3	3	72
11	10	4	4	4	4	3	3	3	60
12	11	4	4	4	4	2	3	3	60
13	12	5	5	5	5	1	1	1	84
14	13	2	2	2	2	3	1	2	36
15	14	2	2	2	2	4	1	3	12
16	15	3	3	3	3	1	4	2	108
17	16	5	5	5	5	2	4	2	84
18	17	2	2	2	2	2	2	3	48
19	18	2	2	2	2	1	3	3	60
20	19	3	3	3	3	1	3	3	72
21	20	4	4	4	4	1	4	2	120

(2) 셀 B2:B21을 선택하고, [홈] 탭 내의 [편집] 리본 내에서 [찾기 및 선택] 내의 [바꾸기(R)]를 선택한다.

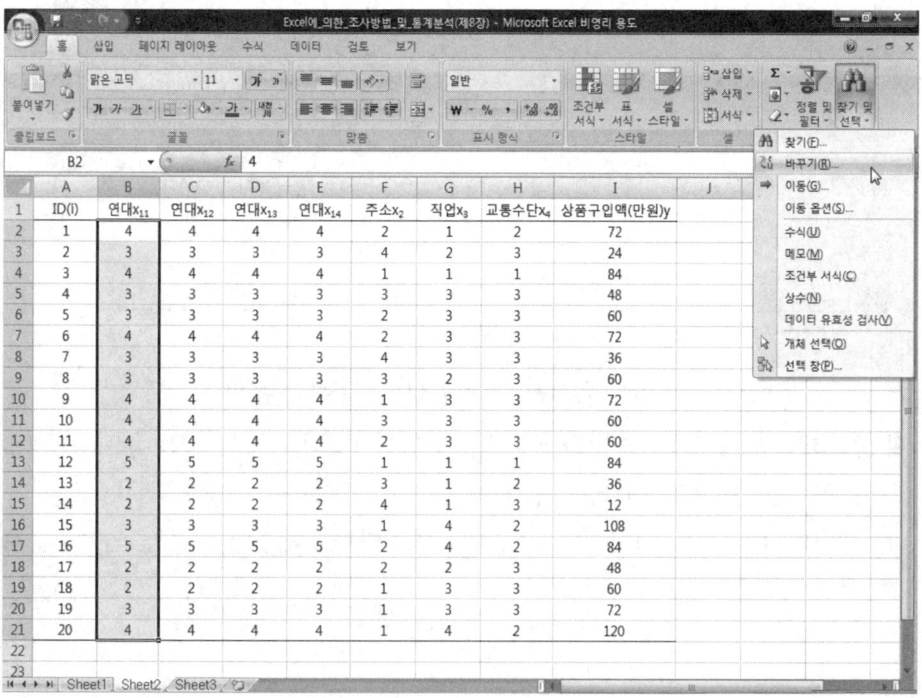

(3) [찾기 및 바꾸기] 대화상자에서 [찾을 내용(N)] 난에 '2', [바꿀 내용(E)] 난에 '1'을 기입한다. [모두 바꾸기(A)]를 클릭해서 '2'를 '1'로 바꾼다.

(4) [찾기 및 바꾸기] 대화상자에서 [찾을 내용(N)] 난에 '3', [바꿀 내용(E)] 난에 '0'을 기입한다. [모두 바꾸기(A)]를 클릭해서 '3'을 '0'으로 바꾼다.

(5) [찾기 및 바꾸기] 대화상자에서 [찾을 내용(N)] 난에 '4', [바꿀 내용(E)] 난에 '0'을 기입한다. [모두 바꾸기(A)]를 클릭해서 '4'를 '0'으로 바꾼다.

(6) [찾기 및 바꾸기] 대화상자에서 [찾을 내용(N)] 난에 '5', [바꿀 내용(E)] 난에 '0'을 기입한다. [모두 바꾸기(A)]를 클릭해서 '5'를 '0'으로 바꾼다.

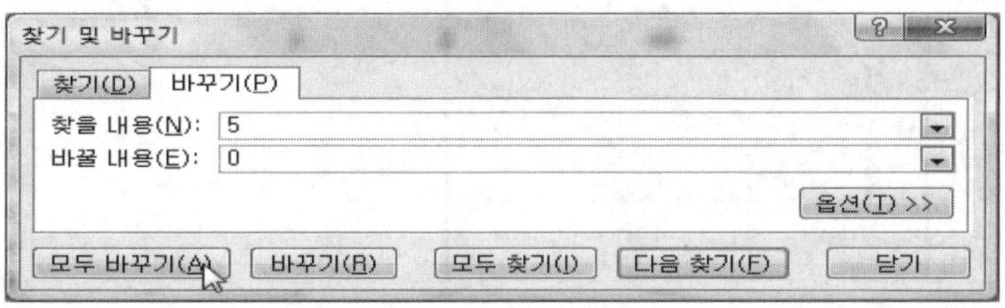

(7) 셀 B2:B21에서 '2는 1', '그 이외의 수치는 0'으로 바뀌어 있음을 확인할 수 있다.

	A	B	C	D	E	F	G	H	I
1	ID(i)	연대x_{11}	연대x_{12}	연대x_{13}	연대x_{14}	주소x_2	직업x_3	교통수단x_4	상품구입액(만원)y
2	1	0	4	4	4	2	1	2	72
3	2	0	3	3	3	4	2	3	24
4	3	0	4	4	4	1	1	1	84
5	4	0	3	3	3	3	3	3	48
6	5	0	3	3	3	2	3	3	60
7	6	0	4	4	4	2	3	3	72
8	7	0	3	3	3	4	3	3	36
9	8	0	3	3	3	3	2	3	60
10	9	0	4	4	4	1	3	3	72
11	10	0	4	4	4	3	3	3	60
12	11	0	4	4	4	2	3	3	60
13	12	0	5	5	5	1	1	1	84
14	13	1	2	2	2	3	1	2	36
15	14	1	2	2	2	4	1	3	12
16	15	0	3	3	3	1	4	2	108
17	16	0	5	5	5	2	4	2	84
18	17	1	2	2	2	2	2	3	48
19	18	1	2	2	2	1	3	3	60
20	19	0	3	3	3	1	3	3	72
21	20	0	4	4	4	1	4	2	120

(8) 다른 연대의 카테고리도 같은 절차로 더미변수화한다. 셀 C2:C21에서 '3은 1', '그 이외의 수치는 0'으로 바꾼다. 셀 D2:D21에서 '4는 1', '그 이외의 수치는 0'으로 바꾼다. 셀 E2:E21에서 '5는 1', '그 이외의 수치는 0'으로 바꾼다.

	A	B	C	D	E	F	G	H	I
1	ID(i)	연대x_{11}	연대x_{12}	연대x_{13}	연대x_{14}	주소x_2	직업x_3	교통수단x_4	상품구입액(만원)y
2	1	0	0	1	0	2	1	2	72
3	2	0	1	0	0	4	2	3	24
4	3	0	0	1	0	1	1	1	84
5	4	0	1	0	0	3	3	3	48
6	5	0	1	0	0	2	3	3	60
7	6	0	0	1	0	2	3	3	72
8	7	0	1	0	0	4	3	3	36
9	8	0	1	0	0	3	2	3	60
10	9	0	0	1	0	1	3	3	72
11	10	0	0	1	0	3	3	3	60
12	11	0	0	1	0	2	3	3	60
13	12	0	0	0	1	1	1	1	84
14	13	1	0	0	0	3	1	2	36
15	14	1	0	0	0	4	1	3	12
16	15	0	1	0	0	1	4	2	108
17	16	0	0	0	1	2	4	2	84
18	17	1	0	0	0	2	2	3	48
19	18	1	0	0	0	1	3	3	60
20	19	0	1	0	0	1	3	3	72
21	20	0	0	1	0	1	4	2	120

순서 4 ▸▸▸ 주소, 직업, 교통수단도 마찬가지로 해서 더미변수화한다.

주소, 직업, 교통수단도 더미변수화할 때에는 '1'을 '0'으로 하고 다른 수치를 '1'로 변화하는 경우에는 주의가 필요하다. '1'을 '0'으로 바꾼 다음에 다른 수치를 '1'로 바꾸지 않으면 올바르게 더미변수를 작성할 수 없다.

	F	G	H	I	J	K	L	M	N	O	P	Q
1	주소x_{21}	주소x_{22}	주소x_{23}	주소x_{24}	직업x_{31}	직업x_{32}	직업x_{33}	직업x_{34}	교통수단x_{41}	교통수단x_{42}	교통수단x_{43}	상품구입액(만원)y
2	0	1	0	0	1	0	0	0	0	1	0	72
3	0	0	0	1	0	1	0	0	0	0	1	24
4	1	0	0	0	1	0	0	0	1	0	0	84
5	0	0	1	0	0	0	1	0	0	0	1	48
6	0	1	0	0	0	0	1	0	0	0	1	60
7	0	1	0	0	0	0	1	0	0	0	1	72
8	0	0	0	1	0	0	1	0	0	0	1	36
9	0	0	1	0	0	1	0	0	0	0	1	60
10	1	0	0	0	0	0	1	0	0	0	1	72
11	0	0	1	0	0	0	1	0	0	0	1	60
12	0	1	0	0	0	0	1	0	0	0	1	60
13	1	0	0	0	1	0	0	0	1	0	0	84
14	0	0	1	0	1	0	0	0	0	1	0	36
15	0	0	0	1	1	0	0	0	0	0	1	12
16	1	0	0	0	0	0	0	1	0	1	0	108
17	0	1	0	0	0	0	0	1	0	1	0	84
18	0	1	0	0	0	1	0	0	0	0	1	48
19	1	0	0	0	0	0	1	0	0	0	1	60
20	1	0	0	0	0	0	1	0	0	0	1	72
21	1	0	0	0	0	0	0	1	0	1	0	120
22												
23												

Sheet1 Sheet2 Sheet3

그리하여 이 더미변수화한 설명변수를 이용해서 목적변수(외적기준)와 예측치와의 오차가 최소가 되도록 카테고리의 계수(카테고리 수량)의 값을 결정한다.

실제로 후술하게 될 Excel에서의 계산 절차에서, 수량화 I 류에 의해 <표 8-1>의 데이터를 분석하면,

$$
\begin{aligned}
\text{예측치} = & 68.59 \times x_{11} + 83.98 \times x_{12} + 89.63 \times x_{13} + 78.37 \times x_{14} \\
& - 13.13 \times x_{22} - 20.89 \times x_{23} - 44.16 \times x_{24} \\
& + 3.64 \times x_{32} + 1.58 \times x_{33} + 32.48 \times x_{34} - 8.10 \times x_{42} - 12.43 \times x_{43}
\end{aligned}
$$

이라고 하는 예측식이 얻어진다. 그러나 이 예측식에서는 두 번째 이후의 각 아이템(설명변수)의 제1카테고리 계수(카테고리 수량)는 항상 0으로 되어 있다. 그들 카테고리는 분석에서 제외되어, 그 계수를 0으로 하고 있다는 것과 같은 의미이다.

단, 카테고리 수량의 해석을 실시하는 데 있어서 특정의 카테고리 수량을 0으로 하는 데 지장이 생기는 경우는, 각 아이템 내의 카테고리 수량이 0이 되도록 카테고리

수량을 변환한다. 이것을 **카테고리 수량의 기준화**라고 한다.

카테고리 수량의 기준화를 실시함으로써 두 번째 이후의 각 아이템(설명변수)의 제 1카테고리 계수를 다른 것과 같게 얻는 것이 가능하게 된다. 카테고리 수량의 기준화를 실시하면 예측식은,

$$
\begin{aligned}
\text{예측치} =& -13.73 \times x_{11} + 1.66 \times x_{12} + 7.31 \times x_{13} - 3.94 \times x_{14} \\
& + 14.74 \times x_{21} + 1.61 \times x_{22} - 6.15 \times x_{23} - 29.42 \times x_{24} \\
& - 6.13 \times x_{31} - 2.49 \times x_{32} - 4.55 \times x_{33} + 26.35 \times x_{34} \\
& + 10.11 \times x_{41} + 2.01 \times x_{42} - 2.33 \times x_{43}
\end{aligned}
$$

이 된다.

이 기준화한 예측식을 사용해서 예측치를 구하더라도, 기준화하지 않은 예측식을 이용한 경우와 같은 예측치를 얻을 수 있다. 그리하여 어느 정도 얻어진 예측식이 도움이 되는지를 측정할 지표인 결정계수를 구하면, 구해진 예측식에 의해서 약 96.6%의 정보를 설명할 수 있다는 것을 알 수 있다. 또한 각 요인 중에서는 주소가 가장 상품구입액에 영향을 많이 미치고 있다는 것도 나타낸다.

회귀분석 도구에서는 간단한 조작으로 수량화 I 류를 실행할 수 있다. 그러나 그 사고방식이나 구조를 이해하는 것은 어렵다. 한편, 해 찾기나 함수계산을 이용하면 조작은 다소 복잡해지지만, 수량화 I 류의 구조를 단계적으로 이해할 수 있다.

그래서 본서에서는 해 찾기나 Excel의 함수계산 등의 기능을 이용해서 수량화 I 류의 사고방식이나 구조에 역점을 두고 해설한다. 그리고 '회귀분석 도구'에 의한 분석방법에 대해서는 문제삼지 않지만, '회귀분석 도구'는 질적인 설명변수를 수치화한 다음에는 중회귀분석과 같은 절차로 분석이 실행 가능하다.

2. Excel에 의한 수량화 I 류의 실행

수량화 I 류는 목적변수(외적기준)를 예측할 설명변수가 질적 데이터라고 하는 것이 회귀분석과 다르다. 그러나 설명변수를 수치화할 수 있다면, 중회귀분석과 같은 절차에 의해 관측치와 예측치의 잔차제곱합을 최소로 함으로써 분석가능하다.

먼저 질적인 설명변수의 더미변수화를 실행한다. 그리고 목적변수(외적기준)와 더미변수화한 설명변수를 이용해서 목적변수(외적기준)와 예측치의 오차가 최소가 되도록 카테고리 계수(카테고리 수량)의 값을 결정한다.

수량화 I 류에서는 목적변수(외적기준)와 더미변수화한 설명변수를 이용해서,

$$y = a_{11} \times x_{11} + a_{12} \times x_{12} + a_{13} \times x_{13} + a_{14} \times x_{14} + a_{21} \times x_{21} + a_{22} \times x_{22} + a_{23} \times x_{23} + a_{24} \times x_{24}$$
$$+ a_{31} \times x_{31} + a_{32} \times x_{32} + a_{33} \times x_{33} + a_{34} \times x_{34} + a_{41} \times x_{41} + a_{42} \times x_{42} + a_{43} \times x_{43}$$

이라고 하는 함수를 생각하여, 목적변수(외적기준)와 예측치의 오차가 최소가 되도록 각 계수(각 카테고리 수량) $a_{11}, a_{12}, a_{13}, a_{14}, a_{21}, a_{22}, a_{23}, a_{24}, a_{31}, a_{32}, a_{33}, a_{34}, a_{41}, a_{42}, a_{43}$의 값을 결정한다.

단, $x_{11}, x_{12}, x_{13}, x_{14}, x_{21}, x_{22}, x_{23}, x_{24}, x_{31}, x_{32}, x_{33}, x_{34}, x_{41}, x_{42}, x_{43}$은 각 아이템(설명변수)의 더미변수화한 카테고리이다.

x_{11}은 제1번째의 아이템인 연대의 제1카테고리 '20대', x_{12}는 제1번째의 아이템인 연대의 제2카테고리 '30대', x_{13}는 제1번째의 아이템인 연대의 제3카테고리 '40대', x_{14}는 제1번째의 아이템인 연대의 제4카테고리 '50대'를 나타내고 있다.

x_{21}은 제2번째의 아이템인 주소의 제1카테고리 '서울', x_{22}은 제2번째의 아이템인 주소의 제2카테고리 '인천', x_{23}은 제2번째의 아이템인 주소의 제3카테고리 '수원', x_{24}는 제2번째의 아이템인 주소의 제4카테고리 '안양'을 나타내고 있다.

그리고 $x_{31}, x_{32}, x_{33}, x_{34}$는 각각 마찬가지로 제3번째의 아이템인 직업의 각 카테고리, x_{41}, x_{42}, x_{43}은 각각 마찬가지로 제4번째의 아이템인 교통수단의 각 카테고리가 된다.

그리고 각 카테고리 사이에는 $x_{11} + x_{12} + x_{13} + x_{14} = 1$이라고 하는 관계가 각 아이템(설명변수) 사이에 있어서 성립하기 때문에, x_{11}, x_{12}, x_{13}가 0이면, x_{14}는 1이라고 하는 것은 바로 알 수 있다. 그래서 통상 2번째 이후의 각 아이템으로부터 하나씩 카테고리를 제거해서 해를 구한다.

해 찾기를 이용해서 분석을 실시할 때는, "2번째 이후의 각 아이템으로부터 하나를 제거하는 카테고리로서 계수(카테고리 수량)의 값을 0으로 한다"고 하는 제약을 두고 관측치와 예측치의 잔차제곱합을 최소로 한다.

▶ Excel의'해 찾기'에 의한 수량화 I 류의 절차

Excel의 해 찾기와 함수계산에 의하여 관측치와 예측치의 잔차제곱합을 최소로 하는 계수를 구하기 위한 구체적인 분석의 절차는 다음과 같다. 이때에는 "2번째 이후

의 각 아이템으로부터 하나를 제거하는 카테고리로서 계수(카테고리 수량)의 값을 0으로 한다"고 하는 제약을 두고 있다.

예제 8-2

<표 8-1>을 이용해서 해 찾기에 의해 수량화 I 류를 실행하고, '연대', '주소', '직업', '교통수단'이라고 하는 각 요인으로부터 상품구입액을 예측하기 위한 예측식을 구한다.

순서 1 ▸▸▸ 계수(카테고리 수량)의 초기치를 설정한다.

이번에는 '1'을 초기치로 해서, 각 계수의 초기치를 셀 B24:P24에 입력한다.

	A	B	C	D	E	F	G	H	I	J	K	L	M	N	O	P	Q
1	ID(i)	연대x_{11}	연대x_{12}	연대x_{13}	연대x_{14}	주소x_{21}	주소x_{22}	주소x_{23}	주소x_{24}	직업x_{31}	직업x_{32}	직업x_{33}	직업x_{34}	교통수단x_{41}	교통수단x_{42}	교통수단x_{43}	상품구입액(만원
2	1	0	0	1	0	0	1	0	0	1	0	0	0	0	1	0	72
3	2	0	1	0	0	0	0	0	1	0	1	0	0	0	0	1	24
4	3	0	0	1	0	1	0	0	0	1	0	0	0	1	0	0	84
5	4	0	1	0	0	0	0	1	0	0	0	1	0	0	0	1	48
6	5	0	1	0	0	0	1	0	0	0	0	1	0	0	0	1	60
7	6	0	0	1	0	0	1	0	0	0	0	1	0	0	0	1	72
8	7	0	1	0	0	0	0	0	1	0	0	1	0	0	0	1	36
9	8	0	1	0	0	0	0	1	0	0	1	0	0	0	0	1	60
10	9	0	0	1	0	1	0	0	0	0	0	1	0	0	0	1	72
11	10	0	0	1	0	0	0	1	0	0	0	1	0	0	0	1	60
12	11	0	0	1	0	0	1	0	0	0	0	1	0	0	0	1	60
13	12	0	0	0	1	1	0	0	0	1	0	0	0	1	0	0	84
14	13	1	0	0	0	0	0	1	0	1	0	0	0	0	1	0	36
15	14	1	0	0	0	0	0	0	1	1	0	0	0	0	0	1	12
16	15	0	1	0	0	1	0	0	0	0	0	0	1	0	1	0	108
17	16	0	0	0	1	0	1	0	0	0	0	0	1	0	1	0	84
18	17	1	0	0	0	0	1	0	0	0	1	0	0	0	0	1	48
19	18	1	0	0	0	1	0	0	0	0	0	1	0	0	0	1	60
20	19	0	1	0	0	1	0	0	0	0	0	1	0	0	0	1	72
21	20	0	0	1	0	1	0	0	0	0	0	0	1	0	1	0	120
22																	
23		a_{11}	a_{12}	a_{13}	a_{14}	a_{21}	a_{22}	a_{23}	a_{24}	a_{31}	a_{32}	a_{33}	a_{34}	a_{41}	a_{42}	a_{43}	
24		1	1	1	1	1	1	1	1	1	1	1	1	1	1	1	
25																	
26																	
27																	
28																	
29																	
30																	

Sheet1 Sheet2 Sheet3

순서 2 ▸▸▸ 각 고객에 대해서 상품구입액의 예측치를 구한다.

i번째 고객의 예측치는 SUMPRODUCT 함수로 구해진다.

R2 | f_x =SUMPRODUCT(B2:P2, $B$24:$P$24)

	C	D	E	F	G	H	I	J	K	L	M	N	O	P	Q	R
1	연대x_{12}	연대x_{13}	연대x_{14}	주소x_{21}	주소x_{22}	주소x_{23}	주소x_{24}	직업x_{31}	직업x_{32}	직업x_{33}	직업x_{34}	교통수단x_{41}	교통수단x_{42}	교통수단x_{43}	상품구입액(만원)y	예측치
2	0	1	0	0	1	0	0	1	0	0	0	0	1	0	72	4
3	1	0	0	0	0	0	1	0	1	0	0	0	0	1	24	4
4	0	1	0	1	0	0	0	1	0	0	0	1	0	0	84	4
5	1	0	0	0	0	1	0	0	0	1	0	0	0	1	48	4
6	1	0	0	0	1	0	0	0	0	1	0	0	0	1	60	4
7	0	1	0	0	1	0	0	0	0	1	0	0	0	1	72	4
8	1	0	0	0	0	0	1	0	0	1	0	0	0	1	36	4
9	1	0	0	0	0	1	0	0	1	0	0	0	0	1	60	4
10	0	1	0	1	0	0	0	0	0	1	0	0	0	1	72	4
11	0	1	0	0	0	1	0	0	0	1	0	0	0	1	60	4
12	0	1	0	0	1	0	0	0	0	1	0	0	0	1	60	4
13	0	0	1	1	0	0	0	1	0	0	0	1	0	0	84	4
14	0	0	0	0	0	1	0	1	0	0	0	0	1	0	36	4
15	0	0	0	0	0	0	1	1	0	0	0	0	0	1	12	4
16	1	0	0	1	0	0	0	0	0	0	1	0	1	0	108	4
17	0	0	1	0	1	0	0	0	0	0	1	0	1	0	84	4
18	0	0	0	0	1	0	0	0	1	0	0	0	0	1	48	4
19	0	0	0	1	0	0	0	0	0	1	0	0	0	1	60	4
20	1	0	0	1	0	0	0	0	0	1	0	0	0	1	72	4
21	0	1	0	1	0	0	0	0	0	0	1	0	1	0	120	4
22																
23	a_{12}	a_{13}	a_{14}	a_{21}	a_{22}	a_{23}	a_{24}	a_{31}	a_{32}	a_{33}	a_{34}	a_{41}	a_{42}	a_{43}		
24	1	1	1	1	1	1	1	1	1	1	1	1	1	1		

Sheet1 Sheet2 Sheet3

[셀의 입력내용]

R2;=SUMPRODUCT(B2:P2, $B$24:$P$24)　　(R2를 R3에서 R21까지 복사한다)

순서 3 ››› 실제의 상품구입액(관측치)과 예측치의 잔차를 계산하여 잔차제곱합을 구한다.

잔차는 '상품구입액의 관측치 - 예측치'로 구해진다. 잔차제곱합은 '=SUMSQ(잔차의 범위)'로 구해진다.

S24 | f_x =SUMSQ(S2:S21)

	D	E	F	G	H	I	J	K	L	M	N	O	P	Q	R	S
1	연대x_{13}	연대x_{14}	주소x_{21}	주소x_{22}	주소x_{23}	주소x_{24}	직업x_{31}	직업x_{32}	직업x_{33}	직업x_{34}	교통수단x_{41}	교통수단x_{42}	교통수단x_{43}	상품구입액(만원)y	예측치	잔차
2	1	0	0	1	0	0	1	0	0	0	0	1	0	72	4	68
3	0	0	0	0	0	1	0	1	0	0	0	0	1	24	4	20
4	1	0	1	0	0	0	1	0	0	0	1	0	0	84	4	80
5	0	0	0	0	1	0	0	0	1	0	0	0	1	48	4	44
6	0	0	0	1	0	0	0	0	1	0	0	0	1	60	4	56
7	1	0	0	1	0	0	0	0	1	0	0	0	1	72	4	68
8	0	0	0	0	0	1	0	0	1	0	0	0	1	36	4	32
9	0	0	0	0	1	0	0	1	0	0	0	0	1	60	4	56
10	1	0	1	0	0	0	0	0	1	0	0	0	1	72	4	68
11	1	0	0	0	1	0	0	0	1	0	0	0	1	60	4	56
12	1	0	0	1	0	0	0	0	1	0	0	0	1	60	4	56
13	0	1	1	0	0	0	1	0	0	0	1	0	0	84	4	80
14	0	0	0	0	1	0	1	0	0	0	0	1	0	36	4	32
15	0	0	0	0	0	1	1	0	0	0	0	0	1	12	4	8
16	0	0	1	0	0	0	0	0	0	1	0	1	0	108	4	104
17	0	1	0	1	0	0	0	0	0	1	0	1	0	84	4	80
18	0	0	0	1	0	0	0	1	0	0	0	0	1	48	4	44
19	0	0	1	0	0	0	0	0	1	0	0	0	1	60	4	56
20	0	0	1	0	0	0	0	0	1	0	0	0	1	72	4	68
21	1	0	1	0	0	0	0	0	0	1	0	1	0	120	4	116
22																
23	a_{13}	a_{14}	a_{21}	a_{22}	a_{23}	a_{24}	a_{31}	a_{32}	a_{33}	a_{34}	a_{41}	a_{42}	a_{43}			잔차제곱합
24	1	1	1	1	1	1	1	1	1	1	1	1	1			84032.000

Sheet1 Sheet2 Sheet3

[셀의 입력내용]

S2;=Q2-R2 (S2를 S3에서 S21까지 복사한다)

S24;=SUMSQ(S2:S21)

순서 4 ▸▸▸ 탭의 [데이터]를 선택하고 [분석] 리본 내의 [해 찾기]를 선택한다.

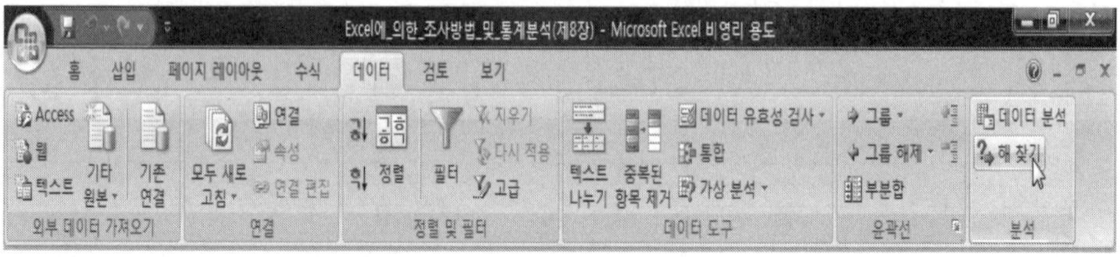

순서 5 ▸▸▸ 해 찾기에서의 분석조건을 설정한다.

(1) [목표 셀]에 '잔차제곱합이 계산되고 있는 셀'의 어드레스를 지정한다.

(2) [해의 조건]에 [최소값]을 선택한다.

(3) [값을 바꿀 셀]에 '계수의 초기치가 입력되어 있는 셀'의 어드레스를 지정한다.

(4) [추가(A)]를 클릭하고, "2번째 이후의 각 아이템으로부터 하나를 제거하는 카테고리로서 계수(카테고리 수량)의 값을 0으로 한다"고 하는 제약조건을 추가한다.

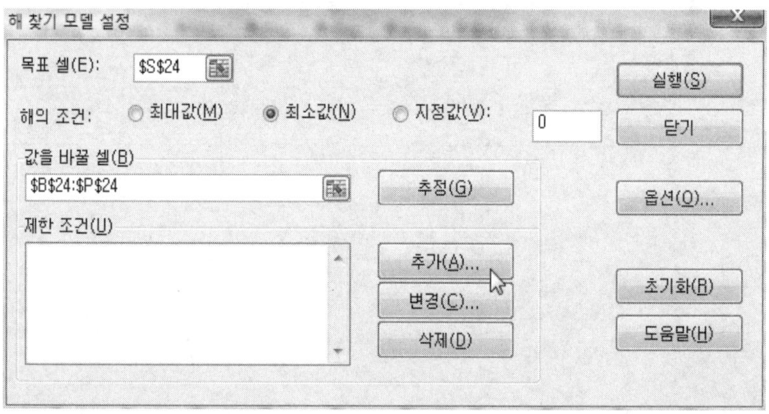

순서 6 ▸▸▸ "2번째 이후의 각 아이템으로부터 하나를 제거하는 카테고리로서 계수(카테고리 수량)의 값을 0으로 한다(a_{21}, a_{31}, a_{41}의 각 계수의 값이 0)"고 하는 제약조건을 추가한다.

(1) 다음과 같이 입력하고 [추가(A)] 버튼을 클릭하면, a_{21}의 값이 '0'이라고 하는 제약조건을 추가할 수 있다.

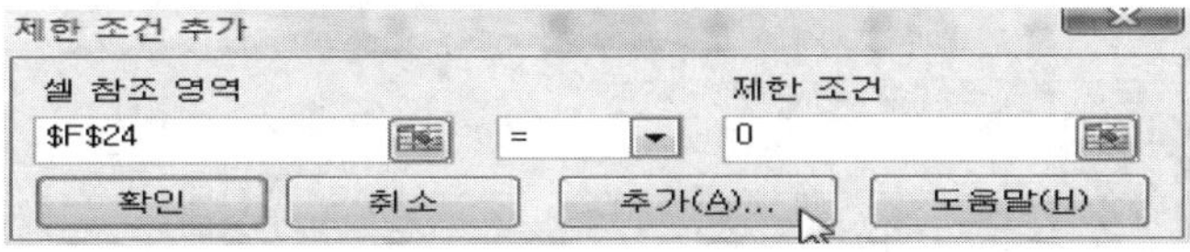

(2) 다음과 같이 입력하고 [추가(A)] 버튼을 클릭하면, a_{31}의 값이 '0'이라고 하는 제약조건을 추가할 수 있다.

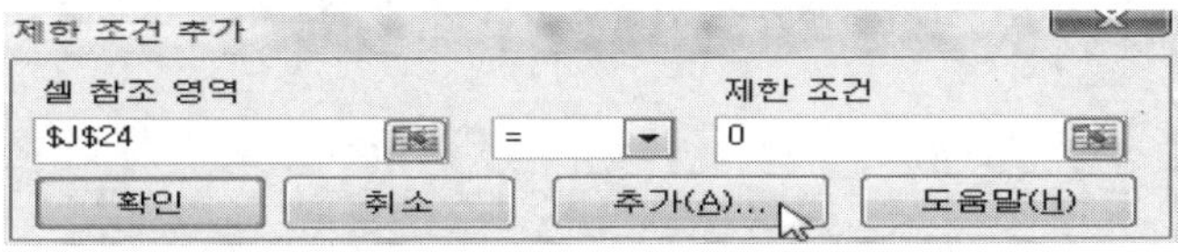

(3) 다음과 같이 입력하고 [추가(A)] 버튼을 클릭하면, a_{41}의 값이 '0'이라고 하는 제약조건을 추가할 수 있다.

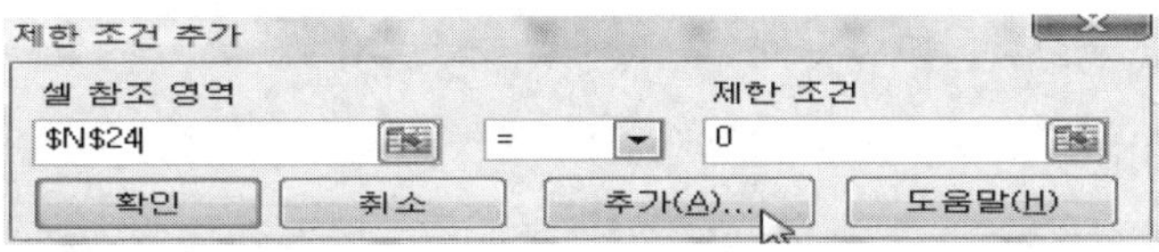

(4) [취소]버튼을 클릭하면 원래의 화면으로 되돌아간다.

순서 7 ››› 다음의 화면에서 [실행] 버튼을 클릭하여 분석을 실행한다.

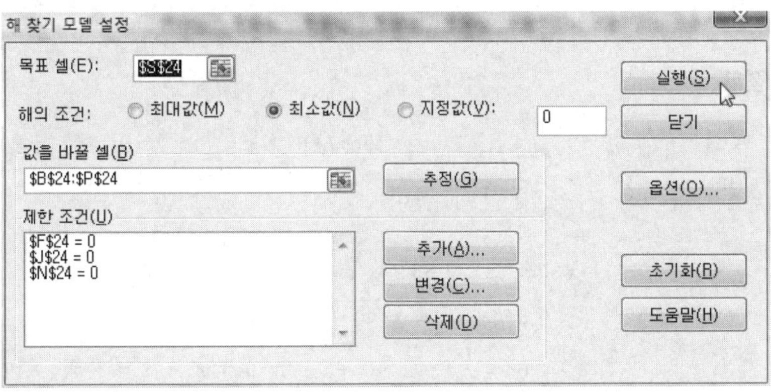

순서 8 ▸▸▸ [해 찾기 결과] 대화상자가 표시되면 [구한 해로 바꾸기]를 선택하고, [확인]을 클릭한다.

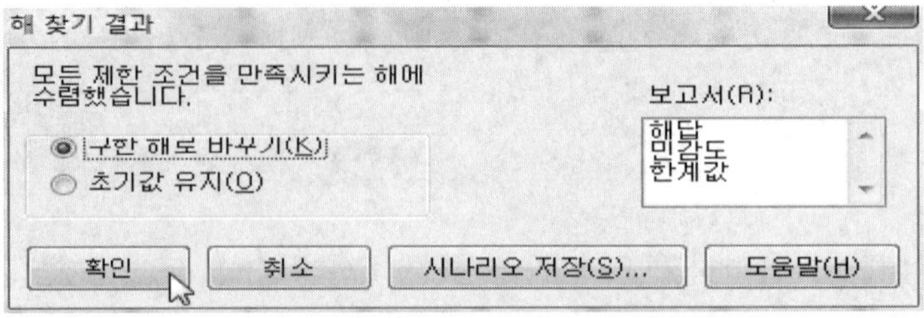

순서 9 ▸▸▸ 다음과 같이 잔차제곱합을 최소화하는 각 계수(카테고리 수량)의 값이 구해진다.

	A	B	C	D	E	F	G	H	I	J	K	L	M	N	O	P	Q	R	S
1	ID(i)	연대x_{11}	연대x_{12}	연대x_{13}	연대x_{14}	주소x_{21}	주소x_{22}	주소x_{23}	주소x_{24}	직업x_{31}	직업x_{32}	직업x_{33}	직업x_{34}	교통수단x_{41}	교통수단x_{42}	교통수단x_{43}	상품구입액(만원)y	예측치	잔차
2	1	0	0	1	0	0	1	0	0	1	0	0	0	0	1	0	72	68.4049	3.595141
3	2	0	1	0	0	0	0	0	1	0	1	0	0	0	0	1	24	31.033	-7.03297
4	3	0	0	1	0	1	0	0	0	1	0	0	0	1	0	0	84	89.6283	-5.62826
5	4	0	1	0	0	0	0	1	0	0	0	1	0	0	0	1	48	52.2286	-4.22859
6	5	0	1	0	0	0	1	0	0	0	0	1	0	0	0	1	60	59.9958	0.004155
7	6	0	0	1	0	0	1	0	0	0	0	1	0	0	0	1	72	65.649	6.351048
8	7	0	1	0	0	0	0	0	1	0	0	1	0	0	0	1	36	28.967	7.033012
9	8	0	1	0	0	0	0	1	0	0	1	0	0	0	0	1	60	54.2946	5.705427
10	9	0	0	1	0	1	0	0	0	0	0	1	0	0	0	1	72	78.7749	-6.77486
11	10	0	0	1	0	0	0	1	0	0	0	1	0	0	0	1	60	57.8817	2.118306
12	11	0	0	1	0	0	1	0	0	0	0	1	0	0	0	1	60	65.649	-5.64895
13	12	0	0	0	1	1	0	0	0	1	0	0	0	1	0	0	84	78.371	5.629011
14	13	1	0	0	0	0	0	1	0	1	0	0	0	0	1	0	36	39.5951	-3.59511
15	14	1	0	0	0	0	0	0	1	1	0	0	0	0	0	1	12	11.9999	5.13E-05
16	15	0	1	0	0	1	0	0	0	0	0	0	1	0	1	0	108	108.359	-0.35899
17	16	0	0	0	1	0	1	0	0	0	0	0	1	0	1	0	84	89.6289	-5.62891
18	17	1	0	0	0	0	1	0	0	0	1	0	0	0	0	1	48	46.6724	1.827557
19	18	1	0	0	0	1	0	0	0	0	0	1	0	0	0	1	60	57.7324	2.267637
20	19	0	1	0	0	1	0	0	0	0	0	1	0	0	0	1	72	73.1218	-1.12175
21	20	0	0	1	0	1	0	0	0	0	0	0	1	0	1	0	120	114.012	5.987906

	B	C	D	E	F	G	H	I	J	K	L	M	N	O	P	S
23	a_{11}	a_{12}	a_{13}	a_{14}	a_{21}	a_{22}	a_{23}	a_{24}	a_{31}	a_{32}	a_{33}	a_{34}	a_{41}	a_{42}	a_{43}	잔차제곱합
24	68.586	83.975	89.628	78.371	0.000	-13.126	-20.893	-44.155	0.000	3.644	1.578	32.481	0.000	-8.097	-12.431	437.036

Sheet1 Sheet2 Sheet3

■ 분석결과

수량화 I 류에 의해 a_{21}, a_{31}, a_{41} 의 각 계수(각 카테고리 수량)의 값을 0으로 해서 해를 구하면, 예측식은 다음과 같이 된다.

$$
\begin{aligned}
\text{예측치} = & 68.59 \times x_{11} + 83.98 \times x_{12} + 89.63 \times x_{13} + 78.37 \times x_{14} \\
& - 13.13 \times x_{22} - 20.89 \times x_{23} - 44.16 \times x_{24} \\
& + 3.64 \times x_{32} + 1.58 \times x_{33} + 32.48 \times x_{34} - 8.10 \times x_{42} - 12.43 \times x_{43}
\end{aligned}
$$

3. 카테고리 수량의 표준화

카테고리 수량의 해석을 실시하는 데 있어서 특정의 카테고리 수량을 0으로 하는 데에 지장이 생기는 경우는 카테고리 수량의 표준화(standardization) 또는 기준화를 실시한다. 카테고리 수량의 표준화는 각 아이템 내의 카테고리 수량이 0이 되도록 카테고리 수량을 변환함으로써 가능하게 된다.

수량화 I 류에서는 예측식을 구하려면 2번째 이후의 각 아이템(설명변수)의 제1카테고리에 대응하는 수량 a_{21}, a_{31}, a_{41} 을 각각 0으로 하고 있다. 따라서 2번째 이후의 각 아이템(설명변수)의 제1카테고리 계수(카테고리 수량)는 항상 0이 된다. 이것은 제거한 카테고리 수량을 0으로 하는 것과 같다는 것을 의미하고 있다. 얻어지는 카테고리 수량 a_{11}, a_{12}, a_{13}, a_{14}, a_{22}, a_{23}, a_{24}, a_{32}, a_{33}, a_{34}, a_{42}, a_{43} 은 제거한 카테고리를 기초로 생각할 때, 아이템 내에서의 조건의 변화가 예측치의 증감에 미치는 영향도(影響度)를 나타내고 있다.

단, 카테고리 수량의 해석을 실시하는 데 있어서 특정의 카테고리 수량을 0으로 하는 데 지장이 생기는 경우는, 각 아이템 내의 카테고리 수량이 0이 되도록 카테고리 수량을 변환한다. 이것을 카테고리 수량의 기준화라고 한다.

카테고리 수량의 표준화(기준화)를 실시함으로써 2번째 이후의 각 아이템(설명변수)의 제1카테고리 계수(카테고리 수량)를 다른 것과 마찬가지로 얻을 수가 있다.

카테고리 수량의 기준화를 실시하려면, 각 아이템 내의 카테고리 수량이 0이 되도록 카테고리 수량을 변환하지 않으면 안 된다. 그렇게 하기 위해서 각 카테고리에 대해 $[a_{11} \times x_{11}]$, $[a_{12} \times x_{12}]$, $[a_{13} \times x_{13}]$, $[a_{14} \times x_{14}]$, $[a_{21} \times x_{21}]$, $[a_{22} \times x_{22}]$, $[a_{23} \times x_{23}]$, $[a_{24} \times x_{24}]$, $[a_{31} \times x_{31}]$, $[a_{32} \times x_{32}]$, $[a_{33} \times x_{33}]$, $[a_{34} \times x_{34}]$, $[a_{41} \times x_{41}]$, $[a_{42} \times x_{42}]$, $[a_{43} \times x_{43}]$ 을 산출하고, 각 카테고리에서의 합계를 구한다. 그리하여 그 합계를 각 아이템 내에서 합산한 카테고리 합계로부터, 각 아이템 내의 카테고리 평균을 산출한다. 또한 얻어진 예측치에 대해서도 합계와 평균을 구한다. 그리고 카테고리 수량의 기준화를 실시한 예측식을 사용해서 예측치를 구하더라도, 기준화하지 않은 예측식을 이용한 경우와 같은 예측치를 얻을 수 있다.

▶ 카테고리 수량의 표준화 절차

카테고리 수량의 표준화 또는 기준화를 위한 구체적인 Excel에서의 계산절차는 다음과 같다.

예제 8-3

<표 8-1>을 이용해서 해 찾기에 의해 수량화 I 류를 실행함으로써 얻어진 '연대', '주소', '직업', '교통수단'이라고 하는 각 요인으로부터 상품구입액을 예측하기 위한 예측식의 카테고리 수량을 표준화(기준화)한다. 그리고 모든 카테고리 계수가 존재하는 예측식을 구한다.

순서 1 ▸▸▸ 각 카테고리에 대해서 $[a_{11} \times x_{11}]$, $[a_{12} \times x_{12}]$, ⋯, $[a_{42} \times x_{42}]$, $[a_{43} \times x_{43}]$ 을 산출하고, 각 카테고리에서의 합계를 구한다. 그리고 얻어진 예측치의 합계를 구한다.

	A	B	C	D	E	F	G	H	I	J	K	L	M	N	O	P	Q
23		a_{11}	a_{12}	a_{13}	a_{14}	a_{21}	a_{22}	a_{23}	a_{24}	a_{31}	a_{32}	a_{33}	a_{34}	a_{41}	a_{42}	a_{43}	
24		68.586	83.975	89.628	78.371	0.000	-13.126	-20.893	-44.155	0.000	3.644	1.578	32.481	0.000	-8.097	-12.431	
25																	
26																	
27	ID(i)	$a_{11}*x_{11}$	$a_{12}*x_{12}$	$a_{13}*x_{13}$	$a_{14}*x_{14}$	$a_{21}*x_{21}$	$a_{22}*x_{22}$	$a_{23}*x_{23}$	$a_{24}*x_{24}$	$a_{31}*x_{31}$	$a_{32}*x_{32}$	$a_{33}*x_{33}$	$a_{34}*x_{34}$	$a_{41}*x_{41}$	$a_{42}*x_{42}$	$a_{43}*x_{43}$	예측치
28	1	0.000	0.000	89.628	0.000	0.000	-13.126	0.000	0.000	0.000	0.000	0.000	0.000	0.000	-8.097	0.000	68.405
29	2	0.000	83.975	0.000	0.000	0.000	0.000	0.000	-44.155	0.000	3.644	0.000	0.000	0.000	0.000	-12.431	31.033
30	3	0.000	0.000	89.628	0.000	0.000	0.000	0.000	0.000	0.000	0.000	0.000	0.000	0.000	0.000	0.000	89.628
31	4	0.000	83.975	0.000	0.000	0.000	0.000	-20.893	0.000	0.000	0.000	1.578	0.000	0.000	0.000	-12.431	52.229
32	5	0.000	83.975	0.000	0.000	0.000	-13.126	0.000	0.000	0.000	0.000	1.578	0.000	0.000	0.000	-12.431	59.996
33	6	0.000	0.000	89.628	0.000	0.000	-13.126	0.000	0.000	0.000	0.000	1.578	0.000	0.000	0.000	-12.431	65.649
34	7	0.000	83.975	0.000	0.000	0.000	0.000	0.000	-44.155	0.000	0.000	1.578	0.000	0.000	0.000	-12.431	28.967
35	8	0.000	83.975	0.000	0.000	0.000	0.000	-20.893	0.000	0.000	3.644	0.000	0.000	0.000	0.000	-12.431	54.295
36	9	0.000	0.000	89.628	0.000	0.000	0.000	0.000	0.000	0.000	0.000	1.578	0.000	0.000	0.000	-12.431	78.775
37	10	0.000	0.000	89.628	0.000	0.000	0.000	-20.893	0.000	0.000	0.000	1.578	0.000	0.000	0.000	-12.431	57.882
38	11	0.000	0.000	89.628	0.000	0.000	-13.126	0.000	0.000	0.000	0.000	1.578	0.000	0.000	0.000	-12.431	65.649
39	12	0.000	0.000	0.000	78.371	0.000	0.000	0.000	0.000	0.000	0.000	0.000	0.000	0.000	0.000	0.000	78.371
40	13	68.586	0.000	0.000	0.000	0.000	0.000	-20.893	0.000	0.000	0.000	0.000	0.000	0.000	-8.097	0.000	39.595
41	14	68.586	0.000	0.000	0.000	0.000	0.000	0.000	-44.155	0.000	0.000	0.000	0.000	0.000	0.000	-12.431	12.000
42	15	0.000	83.975	0.000	0.000	0.000	0.000	0.000	0.000	0.000	0.000	0.000	32.481	0.000	-8.097	0.000	108.359
43	16	0.000	0.000	0.000	78.371	0.000	-13.126	0.000	0.000	0.000	0.000	0.000	32.481	0.000	-8.097	0.000	89.629
44	17	68.586	0.000	0.000	0.000	0.000	-13.126	0.000	0.000	0.000	3.644	0.000	0.000	0.000	0.000	-12.431	46.672
45	18	68.586	0.000	0.000	0.000	0.000	0.000	0.000	0.000	0.000	0.000	1.578	0.000	0.000	0.000	-12.431	57.732
46	19	0.000	83.975	0.000	0.000	0.000	0.000	0.000	0.000	0.000	0.000	1.578	0.000	0.000	0.000	-12.431	73.122
47	20	0.000	0.000	89.628	0.000	0.000	0.000	0.000	0.000	0.000	0.000	0.000	32.481	0.000	-8.097	0.000	114.012
48	합계	274.343	587.826	627.398	156.742	0.000	-78.755	-83.573	-132.464	0.000	10.931	14.199	97.444	0.000	-40.487	-161.604	1271.999

Sheet1 / Sheet2 / Sheet3

[셀의 입력내용]

B28;=B$24*B2 (B28을 C28에서 P28까지 복사한다)

Q28;=R2 (B28:Q28을 B29:Q47까지 복사한다)

B48;=SUM(B28:B47) (B48을 C48에서 Q48까지 복사한다)

순서 2 ▸▸▸ 각 카테고리에서의 합계를 각 아이템 내에서 합산한 카테고리 합계와 예측치의 합계로부터, 각 아이템 내에서의 카테고리 평균과 예측치의 평균을 산출한다.

B49 ▾ f_x =SUM(B48:E48)

	A	B	C	D	E	F	G	H	I	J	K	L	M	N	O	P	Q
23		a_{11}	a_{12}	a_{13}	a_{14}	a_{21}	a_{22}	a_{23}	a_{24}	a_{31}	a_{32}	a_{33}	a_{34}	a_{41}	a_{42}	a_{43}	
24		68.586	83.975	89.628	78.371	0.000	-13.126	-20.893	-44.155	0.000	3.644	1.578	32.481	0.000	-8.097	-12.431	
25																	
26																	
27	ID(i)	$a_{11}*x_{11}$	$a_{12}*x_{12}$	$a_{13}*x_{13}$	$a_{14}*x_{14}$	$a_{21}*x_{21}$	$a_{22}*x_{22}$	$a_{23}*x_{23}$	$a_{24}*x_{24}$	$a_{31}*x_{31}$	$a_{32}*x_{32}$	$a_{33}*x_{33}$	$a_{34}*x_{34}$	$a_{41}*x_{41}$	$a_{42}*x_{42}$	$a_{43}*x_{43}$	예측치
28	1	0.000	0.000	89.628	0.000	0.000	-13.126	0.000	0.000	0.000	0.000	0.000	0.000	0.000	-8.097	0.000	68.405
29	2	0.000	83.975	0.000	0.000	0.000	0.000	0.000	-44.155	0.000	3.644	0.000	0.000	0.000	0.000	-12.431	31.033
30	3	0.000	0.000	89.628	0.000	0.000	0.000	0.000	0.000	0.000	0.000	0.000	0.000	0.000	0.000	0.000	89.628
31	4	0.000	83.975	0.000	0.000	0.000	0.000	-20.893	0.000	0.000	0.000	1.578	0.000	0.000	0.000	-12.431	52.229
32	5	0.000	83.975	0.000	0.000	0.000	-13.126	0.000	0.000	0.000	0.000	1.578	0.000	0.000	0.000	-12.431	59.996
33	6	0.000	0.000	89.628	0.000	0.000	-13.126	0.000	0.000	0.000	0.000	1.578	0.000	0.000	0.000	-12.431	65.649
34	7	0.000	83.975	0.000	0.000	0.000	0.000	0.000	-44.155	0.000	0.000	1.578	0.000	0.000	0.000	-12.431	28.967
35	8	0.000	83.975	0.000	0.000	0.000	0.000	-20.893	0.000	0.000	3.644	0.000	0.000	0.000	0.000	-12.431	54.295
36	9	0.000	0.000	89.628	0.000	0.000	0.000	0.000	0.000	0.000	0.000	1.578	0.000	0.000	0.000	-12.431	78.775
37	10	0.000	0.000	89.628	0.000	0.000	0.000	-20.893	0.000	0.000	0.000	1.578	0.000	0.000	0.000	-12.431	57.882
38	11	0.000	0.000	89.628	0.000	0.000	-13.126	0.000	0.000	0.000	0.000	1.578	0.000	0.000	0.000	-12.431	65.649
39	12	0.000	0.000	0.000	78.371	0.000	0.000	0.000	0.000	0.000	0.000	0.000	0.000	0.000	0.000	0.000	78.371
40	13	68.586	0.000	0.000	0.000	0.000	0.000	-20.893	0.000	0.000	0.000	0.000	0.000	0.000	-8.097	0.000	39.595
41	14	68.586	0.000	0.000	0.000	0.000	0.000	0.000	-44.155	0.000	0.000	0.000	0.000	0.000	0.000	-12.431	12.000
42	15	0.000	83.975	0.000	0.000	0.000	0.000	0.000	0.000	0.000	0.000	0.000	32.481	0.000	-8.097	0.000	108.359
43	16	0.000	0.000	0.000	78.371	0.000	-13.126	0.000	0.000	0.000	0.000	0.000	32.481	0.000	-8.097	0.000	89.629
44	17	68.586	0.000	0.000	0.000	0.000	-13.126	0.000	0.000	0.000	3.644	0.000	0.000	0.000	0.000	-12.431	46.672
45	18	68.586	0.000	0.000	0.000	0.000	0.000	0.000	0.000	0.000	0.000	1.578	0.000	0.000	0.000	-12.431	57.732
46	19	0.000	83.975	0.000	0.000	0.000	0.000	0.000	0.000	0.000	0.000	1.578	0.000	0.000	0.000	-12.431	73.122
47	20	0.000	0.000	89.628	0.000	0.000	0.000	0.000	0.000	0.000	0.000	0.000	32.481	0.000	-8.097	0.000	114.012
48	합계	274.343	587.826	627.398	156.742	0.000	-78.755	-83.573	-132.464	0.000	10.931	14.199	97.444	0.000	-40.487	-161.604	1271.999
49	카테고리 합계	1646.309				-294.792				122.574				-202.091			1271.999
50	카테고리 평균	82.3154				-14.7396				6.1287				-10.1046			63.6000

Sheet1 Sheet2 Sheet3

[셀의 입력내용]

B49;=SUM(B48:E48)

F49;=SUM(F48:I48)

J49;=SUM(J48:M48)

N49;=SUM(N48:P48)

Q49;=SUM(Q28:Q47)

B50;=B49/20

F50;=F49/20

J50;=J49/20

N50;=N49/20

Q50;=Q49/20

순서 3 ▸▸▸ 아이템 내의 카테고리 평균을 기초로 카테고리 수량의 표준화(기준화)를 실시한다.

B54 f_x =B24-$B$50

	A	B	C	D	E	F	G	H	I	J	K	L	M	N	O	P	Q
23		a_{11}	a_{12}	a_{13}	a_{14}	a_{21}	a_{22}	a_{23}	a_{24}	a_{31}	a_{32}	a_{33}	a_{34}	a_{41}	a_{42}	a_{43}	
24		68.586	83.975	89.628	78.371	0.000	-13.126	-20.893	-44.155	0.000	3.644	1.578	32.481	0.000	-8.097	-12.431	
25																	
26																	
27	ID(i)	a_{11}*x_{11}	a_{12}*x_{12}	a_{13}*x_{13}	a_{14}*x_{14}	a_{21}*x_{21}	a_{22}*x_{22}	a_{23}*x_{23}	a_{24}*x_{24}	a_{31}*x_{31}	a_{32}*x_{32}	a_{33}*x_{33}	a_{34}*x_{34}	a_{41}*x_{41}	a_{42}*x_{42}	a_{43}*x_{43}	예측치
28	1	0.000	0.000	89.628	0.000	0.000	-13.126	0.000	0.000	0.000	0.000	0.000	0.000	0.000	-8.097	0.000	68.405
29	2	0.000	83.975	0.000	0.000	0.000	0.000	0.000	-44.155	0.000	3.644	0.000	0.000	0.000	0.000	-12.431	31.033
30	3	0.000	0.000	89.628	0.000	0.000	0.000	0.000	0.000	0.000	0.000	0.000	0.000	0.000	0.000	0.000	89.628
31	4	0.000	83.975	0.000	0.000	0.000	0.000	-20.893	0.000	0.000	0.000	1.578	0.000	0.000	0.000	-12.431	52.229
32	5	0.000	83.975	0.000	0.000	0.000	-13.126	0.000	0.000	0.000	0.000	1.578	0.000	0.000	0.000	-12.431	59.996
33	6	0.000	0.000	89.628	0.000	0.000	-13.126	0.000	0.000	0.000	0.000	1.578	0.000	0.000	0.000	-12.431	65.649
34	7	0.000	83.975	0.000	0.000	0.000	0.000	0.000	-44.155	0.000	0.000	1.578	0.000	0.000	0.000	-12.431	28.967
35	8	0.000	83.975	0.000	0.000	0.000	0.000	-20.893	0.000	0.000	3.644	0.000	0.000	0.000	0.000	-12.431	54.295
36	9	0.000	0.000	89.628	0.000	0.000	0.000	0.000	0.000	0.000	0.000	1.578	0.000	0.000	0.000	-12.431	78.775
37	10	0.000	0.000	89.628	0.000	0.000	0.000	-20.893	0.000	0.000	0.000	1.578	0.000	0.000	0.000	-12.431	57.882
38	11	0.000	0.000	89.628	0.000	0.000	-13.126	0.000	0.000	0.000	0.000	1.578	0.000	0.000	0.000	-12.431	65.649
39	12	0.000	0.000	0.000	78.371	0.000	0.000	0.000	0.000	0.000	0.000	0.000	0.000	0.000	0.000	0.000	78.371
40	13	68.586	0.000	0.000	0.000	0.000	0.000	-20.893	0.000	0.000	0.000	0.000	0.000	0.000	-8.097	0.000	39.595
41	14	68.586	0.000	0.000	0.000	0.000	0.000	0.000	-44.155	0.000	0.000	0.000	0.000	0.000	0.000	-12.431	12.000
42	15	0.000	83.975	0.000	0.000	0.000	0.000	0.000	0.000	0.000	0.000	0.000	32.481	0.000	-8.097	0.000	108.359
43	16	0.000	0.000	0.000	78.371	0.000	-13.126	0.000	0.000	0.000	0.000	0.000	32.481	0.000	-8.097	0.000	89.629
44	17	68.586	0.000	0.000	0.000	0.000	-13.126	0.000	0.000	0.000	3.644	0.000	0.000	0.000	0.000	-12.431	46.672
45	18	68.586	0.000	0.000	0.000	0.000	0.000	0.000	0.000	0.000	0.000	1.578	0.000	0.000	0.000	-12.431	57.732
46	19	0.000	83.975	0.000	0.000	0.000	0.000	0.000	0.000	0.000	0.000	1.578	0.000	0.000	0.000	-12.431	73.122
47	20	0.000	0.000	89.628	0.000	0.000	0.000	0.000	0.000	0.000	0.000	0.000	32.481	0.000	-8.097	0.000	114.012
48	합계	274.343	587.826	627.398	156.742	0.000	-78.755	-83.573	-132.464	0.000	10.931	14.199	97.444	0.000	-40.487	-161.604	1271.999
49	카테고리 합계	1646.309				-294.792				122.574				-202.091			1271.999
50	카테고리 평균	82.3154				-14.7396				6.1287				-10.1046			63.6000
51																	
52																	
53	카테고리 수량	a_{11}	a_{12}	a_{13}	a_{14}	a_{21}	a_{22}	a_{23}	a_{24}	a_{31}	a_{32}	a_{33}	a_{34}	a_{41}	a_{42}	a_{43}	상수항
54	기준화	-13.730	1.660	7.313	-3.944	14.740	1.614	-6.154	-29.415	-6.129	-2.485	-4.551	26.353	10.105	2.007	-2.326	63.600

Sheet1 Sheet2 Sheet3

[셀의 입력내용]

B54;=B24-$B$50 (B54를 C54에서 E54까지 복사한다)

F54;=F24-$F$50 (F54를 G54에서 I54까지 복사한다)

J54;=J24-$J$50 (J54를 K54에서 M54까지 복사한다)

N54;=N24-$N$50 (N54를 O54에서 P54까지 복사한다)

Q54;=Q50

■ 분석결과

카테고리 수량의 표준화 또는 기준화를 실시하면, 예측식은 다음과 같이 된다.

$$
\begin{aligned}
\text{예측치} = & -13.73\times x_{11}+1.66\times x_{12}+7.31\times x_{13}-3.94\times x_{14} \\
& +14.74\times x_{21}+1.61\times x_{22}-6.15\times x_{23}-29.42\times x_{24} \\
& -6.13\times x_{31}-2.49\times x_{32}-4.55\times x_{33}+26.35\times x_{34} \\
& +10.11\times x_{41}+2.01\times x_{42}-2.33\times x_{43}
\end{aligned}
$$

그리고 이 기준화한 예측식을 이용해서 예측치를 구하더라도, 기준화하지 않은 예측식을 이용한 경우와 같은 예측치를 얻을 수 있다.

4. 결정계수

다음에 얻어진 예측식이 어느 정도 도움이 되고 있는지를 측정하는 지표인 결정계수를 구한다. 수량화 I 류에 의해 얻어진 예측식이 어느 정도 도움이 되고 있는지를 측정하는 지표는, 회귀분석의 경우와 마찬가지로 결정계수가 된다. 결정계수 R^2은,

$$\begin{aligned} \boldsymbol{R^2} &= \text{목적변수에 대한 예측치의 편차제곱합 / 목적변수의 편차제곱합} \\ &= 1 - (\text{잔차의 편차제곱합 / 목적변수의 편차제곱합}) \end{aligned}$$

으로 구해진다[1]. 그리하여 목적변수(외적기준)의 관측치와 예측치의 상관계수는 중상관계수라고 불리며, 결정계수는 중상관계수의 제곱과 일치한다.

결정계수는 $0 \leq R^2 \leq 1$의 범위를 취하며, 결정계수 R^2의 값이 1에 가까울수록 잔차제곱합의 비율이 작아져서 데이터는 예측식에 의해서 잘 설명될 수 있다. 반면 0에 가까울수록 잔차제곱합의 비율이 커져서 데이터는 예측식에 의해서 잘 설명될 수 없게 된다.

▶ 결정계수 산출의 절차

구체적인 Excel에 의한 계산절차는 다음과 같다.

예제 8-4

<표 8-1>을 이용해서 '연대', '주소', '직업', '교통수단'이라고 하는 각 요인에 의한 상품구입액의 예측에 대한 정도(精度)를 수정된 결정계수를 구해서 확인한다.

순서 1 ▸▸▸ 목적변수의 편차제곱합을 계산한다.

목적변수의 편차제곱합은 VAR 함수에 의해서 계산할 수 있다.

---

1) 중회귀분석의 경우와 마찬가지로 결정계수의 값은 설명변수를 늘리면 증가하는 경향이 있다. 분석에 사용한 설명변수의 수를 고려한 수정된 결정계수 R^{*2}가 이용된다.
자세한 내용은 노형진, EXCEL 및 SPSS를 활용한 다변량분석 원리와 실천, 한올출판사, 2010, pp. 252~253을 참조할 것.

V24 | f_x =VAR(Q2:Q21)*(20-1)

	I	J	K	L	M	N	O	P	Q	R	S	T	U	V
1	주소x_{24}	직업x_{31}	직업x_{32}	직업x_{33}	직업x_{34}	교통수단x_{41}	교통수단x_{42}	교통수단x_{43}	상품구입액(만원)y	예측치	잔차			
2	0	1	0	0	0	0	1	0	72	68.4049	3.595141			
3	1	0	1	0	0	0	0	1	24	31.033	-7.032974			
4	0	1	0	0	0	1	0	0	84	89.6283	-5.628263			
5	0	0	0	1	0	0	0	1	48	52.2286	-4.228587			
6	0	0	0	1	0	0	0	1	60	59.9958	0.004155			
7	0	0	0	1	0	0	0	1	72	65.649	6.351048			
8	1	0	0	1	0	0	0	1	36	28.967	7.033012			
9	0	0	1	0	0	0	0	1	60	54.2946	5.705427			
10	0	0	0	1	0	0	0	1	72	78.7749	-6.774858			
11	0	0	0	1	0	0	0	1	60	57.8817	2.118306			
12	0	0	0	1	0	0	0	1	60	65.649	-5.648952			
13	0	1	0	0	0	1	0	0	84	78.371	5.629011			
14	0	1	0	0	0	0	1	0	36	39.5951	-3.595106			
15	1	1	0	0	0	0	0	1	12	11.9999	5.13E-05			
16	0	0	0	0	1	0	1	0	108	108.359	-0.358987			
17	0	0	0	0	1	0	1	0	84	89.6289	-5.628914			
18	0	0	1	0	0	0	0	1	48	46.6724	1.327557			
19	0	0	0	1	0	0	0	1	60	57.7324	2.267637			
20	0	0	0	1	0	0	0	1	72	73.1218	-1.121751			
21	0	0	0	0	1	0	1	0	120	114.012	5.987906			
22														
23	a_{24}	a_{31}	a_{32}	a_{33}	a_{34}	a_{41}	a_{42}	a_{43}			잔차제곱합		잔차제곱합	437.036
24	-44.155	0.000	3.644	1.578	32.481	0.000	-8.097	-12.431			437.036		상품구입액의 편차제곱합	12988.800
25													상품구입액 예측치의 편차제곱합	
26													결정계수 R^2	
27	$a_{24}*x_{24}$	$a_{31}*x_{31}$	$a_{32}*x_{32}$	$a_{33}*x_{33}$	$a_{34}*x_{34}$	$a_{41}*x_{41}$	$a_{42}*x_{42}$	$a_{43}*x_{43}$	예측치				중상관계수 R	
28	0.000	0.000	0.000	0.000	0.000	0.000	-8.097	0.000	68.405					
29	-44.155	0.000	3.644	0.000	0.000	0.000	0.000	-12.431	31.033					
30	0.000	0.000	0.000	0.000	0.000	0.000	0.000	0.000	89.628					
31	0.000	0.000	0.000	1.578	0.000	0.000	0.000	-12.431	52.229					
32	0.000	0.000	0.000	1.578	0.000	0.000	0.000	-12.431	59.996					
33	0.000	0.000	0.000	1.578	0.000	0.000	0.000	-12.431	65.649					
34	-44.155	0.000	0.000	1.578	0.000	0.000	0.000	-12.431	28.967					

Sheet1 Sheet2 Sheet3

[셀의 입력내용]

V23;=S24

V24;=VAR(Q2:Q21)*(20-1)

순서 2 ▸▸▸ 목적변수에 대한 예측치의 잔차제곱합을 계산한다.

목적변수에 대한 예측치의 잔차제곱합은 '목적변수의 편차제곱합 S_T - 잔차의 편차제곱합 S_e'에 의해 계산할 수 있다.

V25 | f_x =V24-V23

	U	V	W
23	잔차제곱합	437.036	
24	상품구입액의 편차제곱합	12988.800	
25	상품구입액 예측치의 편차제곱합	12551.764	
26	결정계수 R^2		
27	중상관계수 R		
28			

[셀의 입력내용]

V25;=V24-V23

순서 3 ▸▸▸ 결정계수 R^2과 중상관계수 R을 산출한다.

(1) 결정계수 R^2을 다음의 계산식에 의해서 산출한다.

R^2 = 목적변수에 대한 예측치의 편차제곱합 / 목적변수의 편차제곱합
= 1 − (잔차의 편차제곱합 / 목적변수의 편차제곱합)

(2) 중상관계수 R을 결정계수 R^2의 제곱근을 취함으로써 구한다.

V27 fx =SQRT(V26)

	U	V	W
23	잔차제곱합	437.036	
24	상품구입액의 편차제곱합	12988.800	
25	상품구입액 예측치의 편차제곱합	12551.764	
26	결정계수 R²	0.966	
27	중상관계수 R	0.983	
28			

[셀의 입력내용]

V26;=V25/V24

V27;=SQRT(V26)

■ **분석결과**

결정계수를 산출하면 0.966이 되어, 구해진 예측식에 의해서 약 96.6%의 정보가 설명되고 있다는 것을 알 수 있다.

5. 각 아이템의 범위

마지막으로 각 아이템의 범위(range)를 조사한다. 범위는 각 아이템 내의 각 카테고리에 주어진 기준화된 수량의 범위 '수량의 최대치 − 수량의 최소치'에 의해서 구해진다. 범위가 클수록 목적변수(외적기준)에 미치는 영향이 크게 된다. 즉, 보다 중요한 카테고리라고 할 수 있다.

▶ **범위의 산출 절차**

구체적인 Excel에서의 범위를 계산하기 위한 절차는 다음과 같다.

예제 8-5

<표 8-1>을 이용해서 해 찾기에 의해 수량화 I 류를 실행했을 때의 '연대', '주소', '직업', '교통수단'이라고 하는 각 요인의 상품구입액 예측치에 대한 영향의 강도를, 범위를 구해서 밝힌다.

순서 1 ▸▸▸ 기준화된 카테고리의 최대치와 최소치를 구한다.

O56 | f_x =MIN(N54:P54)

	A	B	C	D	E	F	G	H	I	J	K	L	M	N	O	P	Q
53	카테고리 수량	a_{11}	a_{12}	a_{13}	a_{14}	a_{21}	a_{22}	a_{23}	a_{24}	a_{31}	a_{32}	a_{33}	a_{34}	a_{41}	a_{42}	a_{43}	상수항
54	기준화	-13.730	1.660	7.313	-3.944	14.740	1.614	-6.154	-29.415	-6.129	-2.485	-4.551	26.353	10.105	2.007	-2.326	63.600
55		최대치	7.313			최대치	14.740			최대치	26.353			최대치	10.105		
56		최소치	-13.730			최소치	-29.415			최소치	-6.129			최소치	-2.326		
57																	
58																	

[셀의 입력내용]

B55;=MAX(B54:E54)

B56;=MIN(B54:E54)

G55;=MAX(F54:I54)

G56;=MIN(F54:I54)

K55;=MAX(J54:M54)

K56;=MIN(J54:M54)

O55;=MAX(N54:P54)

O56;=MIN(N54:P54)

순서 2 ▸▸▸ 각 아이템의 범위를 기준화된 카테고리의'최대치－최소치'에 의해 계산한다.

C57 | f_x =C55-C56

	A	B	C	D	E	F	G	H	I	J	K	L	M	N	O	P	Q
53	카테고리 수량	a_{11}	a_{12}	a_{13}	a_{14}	a_{21}	a_{22}	a_{23}	a_{24}	a_{31}	a_{32}	a_{33}	a_{34}	a_{41}	a_{42}	a_{43}	상수항
54	기준화	-13.730	1.660	7.313	-3.944	14.740	1.614	-6.154	-29.415	-6.129	-2.485	-4.551	26.353	10.105	2.007	-2.326	63.600
55		최대치	7.313			최대치	14.740			최대치	26.353			최대치	10.105		
56		최소치	-13.730			최소치	-29.415			최소치	-6.129			최소치	-2.326		
57		범위	21.042			범위	44.155			범위	32.481			범위	12.431		
58																	
59																	

[셀의 입력내용]

C57;=C55-C56

의해 두 개의 군이 가장 잘 판별되도록, 카테고리에 대한 계수(카테고리 수량)를 결정한다. 이것이 수량화Ⅱ류의 기본적인 개념이다.

| 표 8-2 | **20명 고객의 '구매 브랜드'와 각 요인 아이템**

ID	구매 브랜드	연대	건강지향	정보수집
1	A	4	1	3
2	A	4	1	3
3	A	2	2	2
4	A	3	2	2
5	A	3	2	2
6	A	3	2	2
7	A	2	1	1
8	A	2	1	3
9	A	5	1	1
10	A	2	1	1
11	B	2	3	1
12	B	3	1	3
13	B	5	3	2
14	B	5	3	2
15	B	4	2	3
16	B	3	3	1
17	B	5	3	2
18	B	4	2	3
19	B	5	3	2
20	B	4	2	3

라벨	연대	건강지향	정보수집
1		낮다	낮다
2	20대	보통	보통
3	30대	높다	높다
4	40대		
5	50대		

수량화Ⅱ류에 있어서의 목적변수(외적기준)는 개개의 관측대상이 소속하는 그룹을 나타내는 변수이다. 판별분석의 경우와 마찬가지로 브랜드 A를 구매하는 군을 나타내고 있는 'A'를 '1', 브랜드 B를 구매하는 군을 나타내는 'B'를 '-1'이라고 하는 수치로 변환해서 분석을 실행한다(<표 8-3> 참조). 이와 같이 변환하는 것은, 분석결과로부터 그룹을 판별할 때에, 각 그룹의 관측대상 n_A와 n_B의 값이 변함으로써 판별기준이 변화하지 않도록 하기 위함이다. 분석결과로부터의 그룹의 판별은 판정기준인 c를 기초로 해서,

① $y > c$, 관측대상은 A에 속한다고 판정

② $y < c$, 관측대상은 B에 속한다고 판정

이라고 하는 규칙에 의거해서 결정된다. 판정기준 c는, n_A를 그룹 A의 관측대상 수,

n_B를 그룹 B의 관측대상 수라고 하면,

$$c = \frac{n_A}{n_A + n_B}$$

로 정해진다. 그러나 이대로는 그룹의 관측대상 수 n_A와 n_B의 값이 변하면, 판정기준인 c의 값도 변화한다. 따라서 관측대상 수의 변화에 의해 c의 값이 변동하지 않도록 y를 수치화하지 않으면 안 된다. 그 때문에 여기에서는 다음 ①의 방법에 의해 y의 평균이 0이 되도록 수치화하고 있다. 그 밖에도 ②~④와 같이 수치화할 수 있다.

① 그룹 A : $y = 1$ 그룹 B : $y = -\frac{n_A}{n_B}$

② 그룹 A : $y = n_B$ 그룹 B : $y = -n_A$

③ 그룹 A : $y = \frac{n_B}{n_A + n_B}$ 그룹 B : $y = -\frac{n_A}{n_A + n_B}$

④ 그룹 A : $y = \frac{1}{n_A}$ 그룹 B : $y = -\frac{1}{n_B}$

이 수치화에 의해 y의 값이 플러스인가 마이너스인가로 브랜드 A를 구매하는 군인지 브랜드 B를 구매하는 군인지를 판별할 수 있다.

| 표 8-3 | 질적인 목적변수의 수치화와 질적인 설명변수의 더미변수화

ID	구매 브랜드	연대x_{11}	연대x_{12}	연대x_{13}	연대x_{14}	건강지향x_{21}	건강지향x_{22}	건강지향x_{23}	정보수집x_{31}	정보수집x_{32}	정보수집x_{33}	구매 브랜드(변환)y
1	A	0	0	1	0	1	0	0	0	0	1	1
2	A	0	0	1	0	1	0	0	0	0	1	1
3	A	1	0	0	0	0	1	0	0	1	0	1
4	A	0	1	0	0	0	1	0	0	1	0	1
5	A	0	1	0	0	0	1	0	0	1	0	1
6	A	0	1	0	0	0	1	0	0	1	0	1
7	A	1	0	0	0	1	0	0	1	0	0	1
8	A	1	0	0	0	1	0	0	0	0	1	1
9	A	0	0	0	1	1	0	0	1	0	0	1
10	A	1	0	0	0	1	0	0	1	0	0	1
11	B	1	0	0	0	0	0	1	1	0	0	-1
12	B	0	1	0	0	1	0	0	0	0	1	-1
13	B	0	0	0	1	0	0	1	0	1	0	-1
14	B	0	0	0	1	0	0	1	0	1	0	-1
15	B	0	0	1	0	0	1	0	0	0	1	-1
16	B	0	1	0	0	0	0	1	1	0	0	-1
17	B	0	0	0	1	0	0	1	0	1	0	-1
18	B	0	0	1	0	0	1	0	0	0	1	-1
19	B	0	0	0	1	0	0	1	0	1	0	-1
20	B	0	0	1	0	0	1	0	0	0	1	-1

또한 수량화Ⅱ류에서는 질적인 설명변수를 <표 8-3>과 같이 더미변수를 이용해서 수치화할 필요가 있다. 이 수치화의 절차는 수량화Ⅰ류일 경우의 더미변수화와 같은 절차가 된다(예제 8-1 참조).

이상과 같이 질적인 설명변수를 더미변수화하고, 질적인 목적변수를 수치화함으로써 판별분석과 같은 절차에 의해 수량화Ⅱ류를 실행하는 것이 가능하다.

실제로 브랜드 A를 구매하는 군을 '1', 브랜드 B를 구매하는 군을 '-1'이라고 수치화하고, 질적인 설명변수를 더미변수화한 데이터를 Excel의 해 찾기를 이용한 절차로 수량화Ⅱ류에 의해 분석을 실행하면,

$$z = 0.46 \times x_{12} - 0.78 \times x_{13} + 1.33 \times x_{14} + 2.07 \times x_{22} + 3.26 \times x_{23} - 1.30 \times x_{32} + 1.97 \times x_{33}$$

이라고 하는 예측식이 얻어진다. 이 예측식의 부호에 의하여 브랜드 A를 구매하는 군인지 브랜드 B를 구매하는 군인지를 예측할 수 있다.

플러스의 값인 경우에는 브랜드 A를 구매하고, 마이너스의 값인 경우에는 브랜드 B를 구매한다고 하는 식으로 판단한다. 또한 상관비는 0.965로 얻어진다. 이것에 의해 브랜드 A를 구매하는 군인지 브랜드 B를 구매하는 군인지는 잘 예측할 수 있다는 것을 알 수 있다.

예측식은 "각 아이템의 하나를 제거하는 카테고리로서 계수(카테고리 수량)의 값을 0으로 한다"라고 하는 제약조건을 두고 구하고 있다. 따라서 각 아이템(설명변수)의 제1카테고리 계수(카테고리 수량)는 항상 0이 된다. 이것은 제거한 카테고리의 수량을 0으로 하는 것과 같은 것을 의미하고 있다. 얻어지는 카테고리 수량은 제거한 카테고리를 기초로 생각할 때, 아이템 내에서의 조건의 변화가 예측치의 증감에 미치는 영향도를 나타내고 있다.

단, 카테고리 수량의 해석을 행하는 데 있어서 특정의 카테고리 수량을 0으로 하는 데에 지장이 생기는 경우는, 각 아이템 내의 카테고리 수량이 0이 되도록 카테고리 수량을 변환하여 카테고리 수량의 기준화를 실시한다. 카테고리 수량의 기준화를 실시하면, 예측식은,

$$\begin{aligned} z = &- 0.25 \times x_{11} + 0.21 \times x_{12} - 1.03 \times x_{13} + 1.07 \times x_{14} \\ &- 1.70 \times x_{21} + 0.37 \times x_{22} + 1.56 \times x_{23} - 0.17 \times x_{24} - 1.47 \times x_{31} + 1.80 \times x_{32} \end{aligned}$$

가 된다. 그리고 이 기준화한 예측식을 사용해서 예측치를 구하더라도, 기준화하지 않은 예측식을 이용한 경우와 마찬가지의 예측치를 얻을 수 있다. 또한 분석으로부터

각 요인 중에서 정보수집이 가장 상품구입액에 영향을 많이 미치고 있다는 것을 알 수 있다.

수량화Ⅱ류는 질적인 설명변수를 더미변수화하고, 질적인 목적변수를 수치화한다. 이것에 의해서 판별분석과 같은 절차에 의해 분석할 수 있다. 즉, Excel의 데이터 분석 내에 있는 회귀분석 도구 혹은 해 찾기와 함수계산 등에 의해, 각각의 분석이 가능하다. 회귀분석 도구에서는 간단한 조작으로 수량화Ⅱ류를 실행할 수 있지만, 그 사고방식이나 구조를 이해하는 것은 어렵다. 해 찾기나 함수계산을 이용하면 조작은 다소 복잡해지지만 수량화Ⅱ류의 구조를 단계적으로 이해하기 쉽다.

그래서 본서에서는 해 찾기나 함수계산 등의 기능을 이용해서 수량화Ⅱ류의 사고방식이나 구조에 중점을 두고 해설한다. 그리고 '회귀분석 도구'에 의한 분석방법에 대해서는 문제삼지 않지만, '회귀분석 도구'에서는 질적인 설명변수를 더미변수화하고, 질적인 목적변수를 수치화함으로써 판별분석과 같은 절차로 분석이 실행가능하다.

2. 수량화Ⅱ류의 사고방식과 구조

수량화Ⅱ류에서는 목적변수(외적기준) y를 수치화하지 않으면 안 된다. 전술한 예에서는, 브랜드 A를 구매하는 군을 나타내고 있는 'A'를 '1', 브랜드 B를 구매하는 군을 나타내고 있는 'B'를 '-1'이라고 하는 식으로 수치로 변환했다. 이 변환에 의해 목적변수(외적기준) y의 값이 플러스인지 마이너스인지로 브랜드 A를 구매하는 군인지 브랜드 B를 구매하는 군인지를 판별가능하게 된다. 이와 같이 변환하는 것은 분석결과로부터 그룹을 판별할 때에, 각 그룹의 관측대상 수 n_A와 n_B의 값이 변함으로써 판정기준이 변화하지 않도록 하기 위함이다.

또한 수량화Ⅱ류에서는 질적인 설명변수를 더미변수화할 필요가 있다. 이 더미변수화의 절차는 수량화Ⅰ류일 경우의 더미변수화와 같은 절차가 된다. 이상과 같이 질적인 설명변수를 더미변수화하고, 질적인 목적변수를 수치화함으로써 판별분석과 같은 절차에 의해 수량화Ⅱ류를 실행하는 것이 가능하게 된다.

수량화Ⅱ류에서는,

$$y = a_{11} \times x_{11} + a_{12} \times x_{12} + a_{13} \times x_{13} + a_{14} \times x_{14} + a_{21} \times x_{21} + a_{22} \times x_{22} + a_{23} \times x_{23} + a_{31} \times x_{31} + a_{32} \times x_{32} + a_{33} \times x_{33}$$

이라고 하는 예측식을 생각하여, 이 예측식으로 계산되는 값을 사용해서 2군의 판별

을 실행한다. 이때, 예측식은 브랜드 A를 구매하는 군과 브랜드 B를 구매하는 군의

상관비 = 군내 제곱합 / 총제곱합이 최대가 되도록 계수 a_{11}, a_{12}, a_{13}, a_{14}, a_{21}, a_{22}, a_{23}, a_{31}, a_{32}, a_{33}을 결정함으로써 구해진다. 총제곱합은 양적 변수 전체의 산포 정도를 나타내며, 군으로 나타내지 않고 전체로 계산한 편차제곱합이 된다. 그리하여 총제곱합에는,

총제곱합 = 군내 제곱합 + 군간 제곱합

이라고 하는 관계가 성립한다. 군내 제곱합은 군내에서의 산포 정도를 나타내고, 각 군에서의 편차제곱합을 합계한 것이 된다. 그리하여 군간 제곱합은 군에 의해서 양적 변수(z)의 산포방식에 어느 정도의 차가 있는지를 표현하고 있다.

상관비는 질적 변수(군)와 양적 변수(z)의 관련성을 나타낸다. 상관비가 클수록 질적 변수와 양적 변수의 관련성이 강하고, 질적 변수의 값(군)에 의해 양적 변수의 산포방식이 다르다는 것을 의미한다. 요컨대 상관비가 크다고 하는 것은 군간 제곱합이 크지만 군내 제곱합은 작다고 하는 것을 나타낸다. 그것은 또 그룹을 나눔으로써 각 그룹 평균의 차가 크고, 각 그룹 내에서의 산포가 작다고 하는 것을 의미한다. 따라서 상관비를 크게 한다고 하는 것은, 각 데이터를 직선상에 사영(射影)했을 때에 산포방식이 그룹에 의해 보다 잘 나누어지도록 한다고 하는 것과 같다.

단, 각 카테고리 사이에는,

$$x_{11}+x_{12}+x_{13}+x_{14}=1$$

이라고 하는 관계가 각 아이템(설명변수) 사이에 있어서 성립한다. 따라서 x_{11}, x_{12}, x_{13}가 0이면, x_{14}는 1이라고 하는 것은 명백하다. 그래서 각 아이템(설명변수)으로부터 임의로 하나씩의 카테고리를 제거해서 해를 구할 필요가 있다. 그리고 해 찾기를 이용해서 분석을 실행할 때에는, "각 설명변수로부터 임의로 하나씩 제거할 카테고리 계수의 값을 0으로 한다"고 하는 제약을 두고 상관비를 최대화한다.

▶ 해 찾기에 의한 수량화Ⅱ류의 절차

수량화Ⅱ류에 의해서 상관비를 최대로 하는 계수 $a_{11}, a_{12}, a_{13}, a_{14}, a_{21}, a_{22}, a_{23}, a_{31}, a_{32}, a_{33}$을 결정하는 절차는 다음과 같다. 이번의 데이터에서는 a_{11}, a_{21}, a_{31}의 각 계수의 값을 0으로 해서 구하고 있다.

예제 8-6

<표 8-2>를 이용해서 해 찾기에 의해 수량화Ⅱ류를 실행하여, '연대', '건강지향', '정보수집'이라고 하는 각 요인으로부터 구매 브랜드를 예측하기 위한 예측식을 구한다.

순서 1 ▸▸▸ 계수의 초기값을 설정한다.

이번에는 '1'을 초기값으로서 이용한다. 계수의 초기값을 셀 C24:L24에 입력한다.

	C	D	E	F	G	H	I	J	K	L	M
1	연대x_{11}	연대x_{12}	연대x_{13}	연대x_{14}	건강지향x_{21}	건강지향x_{22}	건강지향x_{23}	정보수집x_{31}	정보수집x_{32}	정보수집x_{33}	구매 브랜드(변환)y
2	0	0	1	0	1	0	0	0	0	1	1
3	0	0	1	0	1	0	0	0	0	1	1
4	1	0	0	0	0	1	0	0	1	0	1
5	0	1	0	0	0	1	0	0	1	0	1
6	0	1	0	0	0	1	0	0	1	0	1
7	0	1	0	0	0	1	0	0	1	0	1
8	1	0	0	0	1	0	0	1	0	0	1
9	1	0	0	0	1	0	0	0	0	1	1
10	0	0	0	1	1	0	0	1	0	0	1
11	1	0	0	0	1	0	0	1	0	0	1
12	1	0	0	0	0	0	1	1	0	0	-1
13	0	1	0	0	1	0	0	0	0	1	-1
14	0	0	0	1	0	0	1	0	1	0	-1
15	0	0	0	1	0	0	1	0	1	0	-1
16	0	0	1	0	0	1	0	0	0	1	-1
17	0	1	0	0	0	0	1	1	0	0	-1
18	0	0	0	1	0	0	1	0	1	0	-1
19	0	0	1	0	0	1	0	0	0	1	-1
20	0	0	0	1	0	0	1	0	1	0	-1
21	0	0	1	0	0	1	0	0	0	1	-1
22											
23	a_{11}	a_{12}	a_{13}	a_{14}	a_{21}	a_{22}	a_{23}	a_{31}	a_{32}	a_{33}	
24	1.000	1.000	1.000	1.000	1.000	1.000	1.000	1.000	1.000	1.000	

Sheet1 Sheet2 Sheet3 Sheet4

순서 2 ▸▸▸ 각 고객에 대해서 $a_{11}x_{11}+a_{12}x_{12}+a_{13}x_{13}+a_{14}x_{14}+a_{21}x_{21}+a_{22}x_{22}+a_{23}x_{23}+a_{31}x_{31}+a_{32}x_{32}+a_{33}x_{33}$(SUMPRODUCT)을 계산해서, 총제곱합을 구한다.

	C	D	E	F	G	H	I	J	K	L	M	N
1	연대x_{11}	연대x_{12}	연대x_{13}	연대x_{14}	건강지향x_{21}	건강지향x_{22}	건강지향x_{23}	정보수집x_{31}	정보수집x_{32}	정보수집x_{33}	구매 브랜드(변환)y	SUMPRODUCT
2	0	0	1	0	1	0	0	0	0	1	1	3
3	0	0	1	0	1	0	0	0	0	1	1	3
4	1	0	0	0	0	1	0	0	1	0	1	3
5	0	1	0	0	0	1	0	0	1	0	1	3
6	0	1	0	0	0	1	0	0	1	0	1	3
7	0	1	0	0	0	1	0	0	1	0	1	3
8	1	0	0	0	1	0	0	1	0	0	1	3
9	1	0	0	0	1	0	0	0	0	1	1	3
10	0	0	0	1	1	0	0	1	0	0	1	3
11	1	0	0	0	1	0	0	1	0	0	1	3
12	1	0	0	0	0	0	1	1	0	0	-1	3
13	0	1	0	0	1	0	0	0	0	1	-1	3
14	0	0	0	1	0	0	1	0	1	0	-1	3
15	0	0	0	1	0	0	1	0	1	0	-1	3
16	0	0	1	0	0	1	0	0	0	1	-1	3
17	0	1	0	0	0	0	1	1	0	0	-1	3
18	0	0	0	1	0	0	1	0	1	0	-1	3
19	0	0	1	0	0	1	0	0	0	1	-1	3
20	0	0	0	1	0	0	1	0	1	0	-1	3
21	0	0	1	0	0	1	0	0	0	1	-1	3
22												
23	a_{11}	a_{12}	a_{13}	a_{14}	a_{21}	a_{22}	a_{23}	a_{31}	a_{32}	a_{33}		총제곱합
24	1.000	1.000	1.000	1.000	1.000	1.000	1.000	1.000	1.000	1.000		180.000

Sheet1 Sheet2 Sheet3 Sheet4

[셀의 입력내용]

N2; =SUMPRODUCT(C2:L2, $C$24:$L$24)　(N2를 N3에서 N21까지 복사한다)

N24;=SUMSQ(N2:N21)

순서 3 ››› 군내 제곱합과 군간 제곱합을 계산하고, 상관비를 구한다.

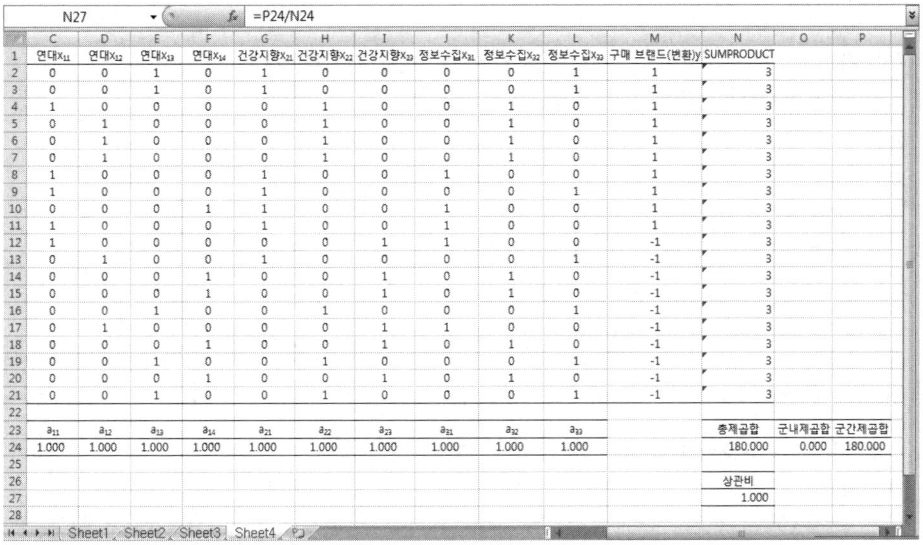

N27 =P24/N24

	C	D	E	F	G	H	I	J	K	L	M	N	O	P
1	연대x_{11}	연대x_{12}	연대x_{13}	연대x_{14}	건강지향x_{21}	건강지향x_{22}	건강지향x_{23}	정보수집x_{31}	정보수집x_{32}	정보수집x_{33}	구매 브랜드(변환)y	SUMPRODUCT		
2	0	0	1	0	1	0	0	0	0	1	1	3		
3	0	0	1	0	1	0	0	0	0	1	1	3		
4	1	0	0	0	0	1	0	0	1	0	1	3		
5	0	1	0	0	0	1	0	0	1	0	1	3		
6	0	1	0	0	0	1	0	0	1	0	1	3		
7	0	1	0	0	0	1	0	0	1	0	1	3		
8	1	0	0	0	1	0	0	1	0	0	1	3		
9	1	0	0	0	1	0	0	0	0	1	1	3		
10	0	0	0	1	1	0	0	1	0	0	1	3		
11	1	0	0	0	1	0	0	1	0	0	1	3		
12	1	0	0	0	0	0	1	1	0	0	-1	3		
13	0	1	0	0	1	0	0	0	0	1	-1	3		
14	0	0	0	1	0	0	1	0	1	0	-1	3		
15	0	0	0	1	0	0	1	0	1	0	-1	3		
16	0	0	1	0	0	1	0	0	0	1	-1	3		
17	0	1	0	0	0	0	1	1	0	0	-1	3		
18	0	0	0	1	0	0	1	0	1	0	-1	3		
19	0	0	1	0	0	1	0	0	0	1	-1	3		
20	0	0	0	1	0	0	1	0	1	0	-1	3		
21	0	0	1	0	0	1	0	0	0	1	-1	3		
22														
23	a_{11}	a_{12}	a_{13}	a_{14}	a_{21}	a_{22}	a_{23}	a_{31}	a_{32}	a_{33}		총제곱합	군내제곱합	군간제곱합
24	1.000	1.000	1.000	1.000	1.000	1.000	1.000	1.000	1.000	1.000		180.000	0.000	180.000
25														
26												상관비		
27												1.000		
28														

Sheet1 Sheet2 Sheet3 Sheet4

[셀의 입력내용]

O24;=DEVSQ(N2:N11)+DEVSQ(N12:N21)

P24;=N24-O24

N27;=P24/N24

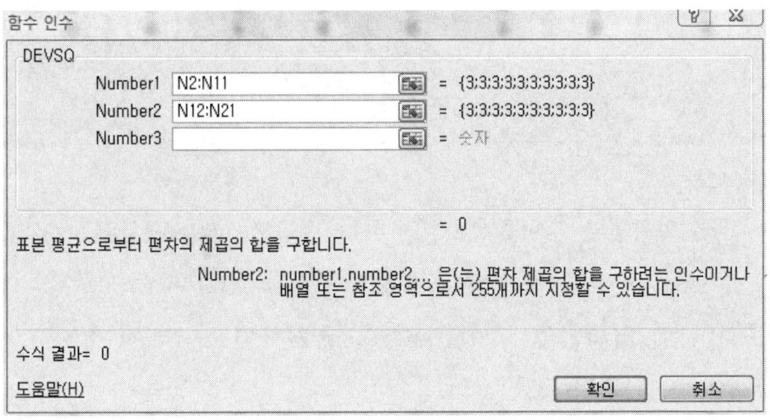

군내 제곱합을 구할 때는 표본 평균으로부터 편차의 제곱의 합을 구하는 함수 DEVSQ를 이용하여 계산한다.

순서 4 ▸▸▸ 탭의 [데이터]를 선택하고 [분석] 리본 내의 [해 찾기]를 선택한다.

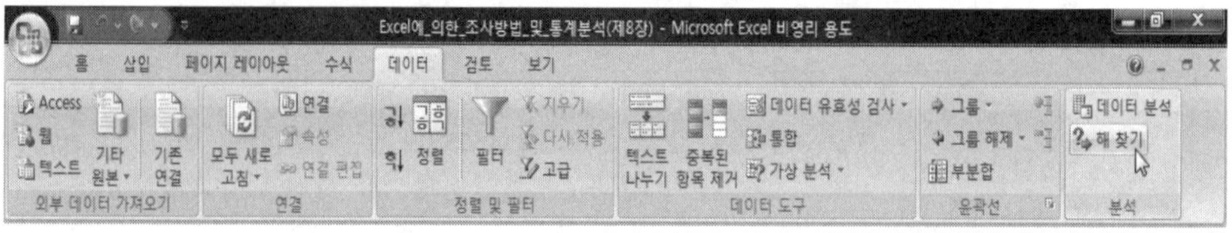

순서 5 ▸▸▸ 해 찾기 모델 설정

(1) [목표 셀]에 '상관비가 계산되어 있는 셀'의 어드레스를 지정한다.

(2) [해의 조건]에 [최대값]을 선택한다.

(3) [값을 바꿀 셀]에 '계수의 초기치가 입력되어 있는' 셀의 어드레스를 지정한다.

(4) [추가] 버튼을 클릭하여, "각 아이템의 하나를 제거할 카테고리로서 계수의 값을 0으로 한다"고 하는 제약조건을 추가한다.

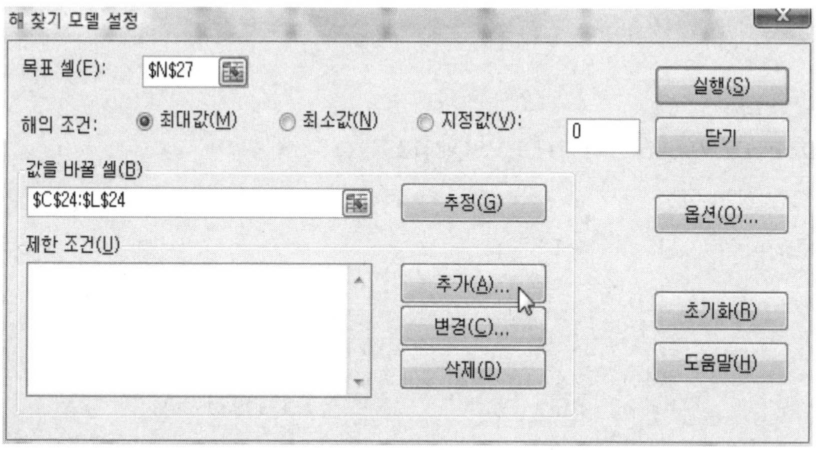

순서 6 ▸▸▸ "각 아이템의 하나를 제거할 카테고리로서 계수(카테고리 수량)의 값을 0 (a_{11}, a_{21}, a_{31} 의 각 계수의 값을 0)으로 한다"고 하는 제약조건을 추가한다.

(1) 다음과 같이 입력하고 [추가] 버튼을 클릭하면 a_{11}의 값이 '0'이라고 하는 제약조건이 추가된다.

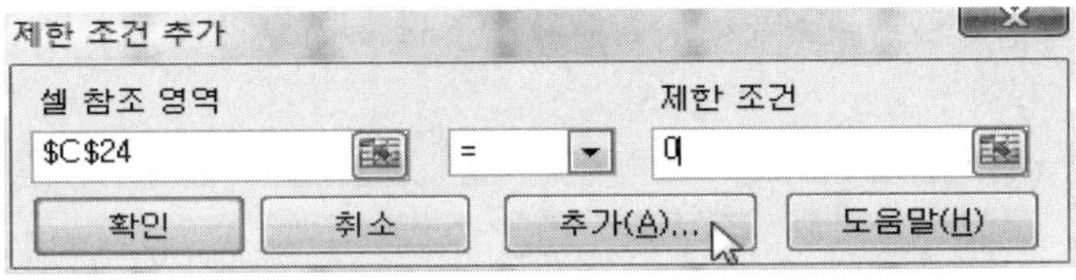

(2) 다음과 같이 입력하고 [추가] 버튼을 클릭하면 a_{21}의 값이 '0'이라고 하는 제약조건이 추가된다.

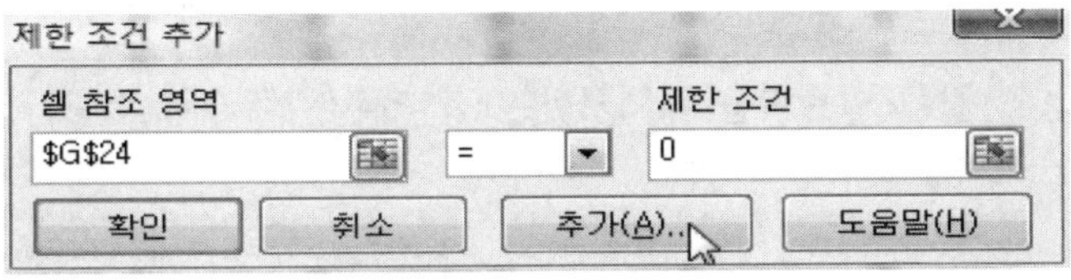

(3) 다음과 같이 입력하고 [추가] 버튼을 클릭하면 a_{31}의 값이 '0'이라고 하는 제약조건이 추가된다.

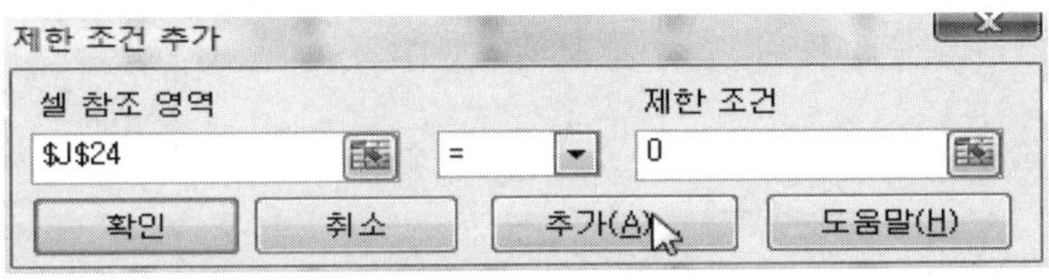

[취소] 버튼을 클릭하면 원래의 화면으로 되돌아간다.

순서 7 ▸▸▸ [해 찾기 모델 설정] 화면에서 [실행]을 클릭하여 분석을 실행한다.

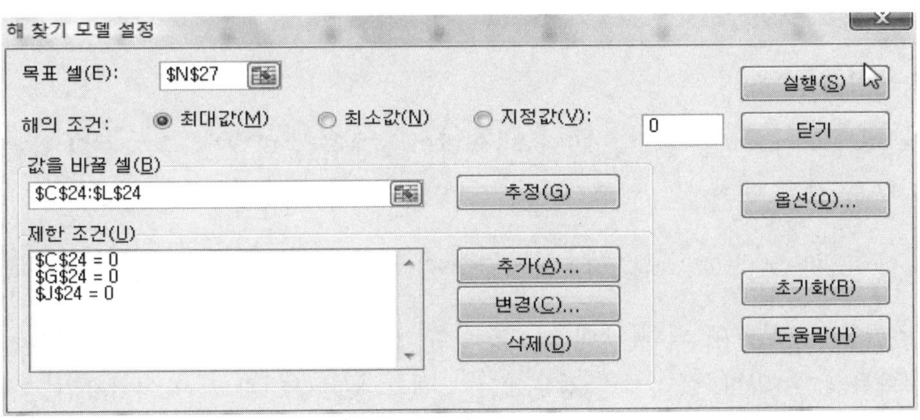

순서 8 ››› [해 찾기 결과] 대화상자가 나타나면 다음과 같이 선택하고 [확인]을 클릭한다.

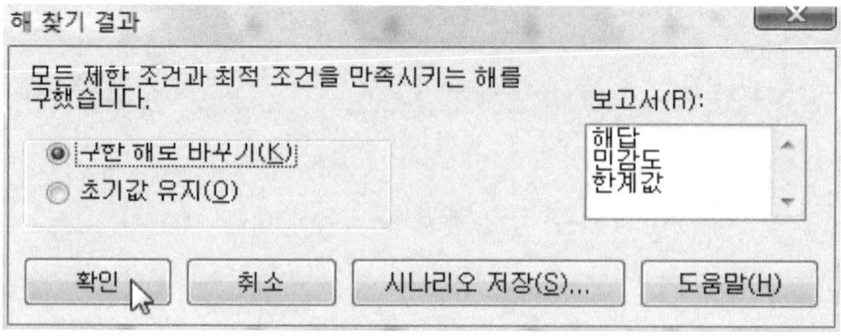

순서 9 ››› 다음과 같은 상관비를 최대화하는 각 계수(카테고리 수량)의 값이 구해진다.

	C	D	E	F	G	H	I	J	K	L	M	N	O	P
1	연대x_{11}	연대x_{12}	연대x_{13}	연대x_{14}	건강지향x_{21}	건강지향x_{22}	건강지향x_{23}	정보수집x_{31}	정보수집x_{32}	정보수집x_{33}	구매 브랜드(변환)y	SUMPRODUCT		
2	0	0	1	0	1	0	0	0	0	1	1	1.190		
3	0	0	1	0	1	0	0	0	0	1	1	1.190		
4	1	0	0	0	0	1	0	0	1	0	1	0.775		
5	0	1	0	0	0	1	0	0	1	0	1	1.237		
6	0	1	0	0	0	1	0	0	1	0	1	1.237		
7	0	1	0	0	0	1	0	0	1	0	1	1.237		
8	1	0	0	0	1	0	0	1	0	0	1	0.000		
9	1	0	0	0	1	0	0	0	0	1	1	1.972		
10	0	0	0	1	1	0	0	1	0	0	1	1.326		
11	1	0	0	0	1	0	0	1	0	0	1	0.000		
12	1	0	0	0	0	0	1	1	0	0	-1	3.258		
13	0	1	0	0	1	0	0	0	0	1	-1	2.435		
14	0	0	0	1	0	0	1	0	1	0	-1	3.285		
15	0	0	0	1	0	0	1	0	1	0	-1	3.285		
16	0	0	1	0	0	1	0	0	0	1	-1	3.263		
17	0	1	0	0	0	0	1	1	0	0	-1	3.720		
18	0	0	0	1	0	0	1	0	1	0	-1	3.285		
19	0	0	1	0	0	1	0	0	0	1	-1	3.263		
20	0	0	0	1	0	0	1	0	1	0	-1	3.285		
21	0	0	1	0	0	1	0	0	0	1	-1	3.263		
22														
23	a_{11}	a_{12}	a_{13}	a_{14}	a_{21}	a_{22}	a_{23}	a_{31}	a_{32}	a_{33}		총제곱합	군내제곱합	군간제곱합
24	0.000	0.463	-0.782	1.326	0.000	2.073	3.258	0.000	-1.298	1.972		119.156	4.229	114.927
25														
26												상관비		
27												0.965		
28														

Sheet1 Sheet2 Sheet3 Sheet4

■ 분석결과

상관비를 최대화하는 각 설명변수의 영향의 정도를 나타내는 각 계수의 값을 구하면 다음과 같은 예측식이 얻어진다.

$$z = 0.46 \times x_{12} - 0.78 \times x_{13} + 1.33 \times x_{14} + 2.07 \times x_{22} + 3.26 \times x_{23} - 1.30 \times x_{32} + 1.97 \times x_{33}$$

이 예측식의 부호에 의해 브랜드 A를 구매하는 군인지, 브랜드 B를 구매하는 군인지를 예측할 수 있다. 플러스인 경우에는 브랜드 A를 구매하고, 마이너스인 경우에는 브랜드 B를 구매한다고 판정하게 된다. 또한 상관비는 0.965이다. 이것에 의해 브랜드 A를 구매하는 군인지 브랜드 B를 구매하는 군인지 잘 예측할 수 있다는 것을 알 수 있다.

3. 카테고리 수량의 표준화

카테고리 수량을 해석하는 데 있어서 특정의 카테고리 수량을 0으로 하는 것에 지장이 생기는 경우는, 카테고리 수량의 표준화 또는 기준화를 실시한다. 카테고리 수량의 기준화는 각 아이템 내의 카테고리 수량이 0이 되도록 카테고리 수량을 변환함으로써 가능하다.

예측식은 "각 아이템의 하나를 제거할 카테고리로서 계수(카테고리 수량)의 값을 0으로 한다"고 하는 제약조건을 두고 구한다. 따라서 각 아이템(설명변수)의 제1카테고리의 계수는 항상 0이 된다. 이것은 제거한 카테고리의 수량을 0으로 하는 것과 같은 것을 의미한다. 얻어지는 카테고리 수량 $a_{11}, a_{12}, a_{13}, a_{14}, a_{21}, a_{22}, a_{23}, a_{31}, a_{32}, a_{33}$은 제거한 카테고리를 기초로 생각할 때, 아이템 내에서의 조건의 변화가 예측치의 증감에 미치는 영향도를 나타낸다.

단, 카테고리 수량을 해석하는 데 있어서 특정의 카테고리 수량을 0으로 하는 것에 지장이 생기는 경우는, 각 아이템 내의 카테고리 수량이 0이 되도록 카테고리 수량을 변환하여 카테고리 수량의 기준화를 실시한다. 그것을 위하여 각 카테고리에 대해서 '$a_{11} \times x_{11}$', '$a_{12} \times x_{12}$', '$a_{13} \times x_{13}$', '$a_{14} \times x_{14}$', '$a_{21} \times x_{21}$', '$a_{22} \times x_{22}$', '$a_{23} \times x_{23}$', '$a_{31} \times x_{31}$', '$a_{32} \times x_{32}$', '$a_{33} \times x_{33}$'을 산출하고 각 카테고리에서의 합계를 구한다.

그리하여 그 합계를 각 아이템 내에서 합산한 카테고리 합계로부터, 각 아이템 내의 카테고리 평균을 산출하고 카테고리의 기준화를 실시한다. 그리고 그 기준화한 예측식을 사용해서 예측치를 구하더라도, 기준화하지 않은 예측식을 이용한 경우와 같은 예측치를 얻을 수 있다.

▶ 카테고리 수량의 표준화 절차

카테고리 수량의 표준화(기준화)를 위한 구체적인 Excel에서의 계산절차는 다음과 같다.

예제 8-7

<표 8-2>를 이용해서 해 찾기에 의해 수량화Ⅱ류를 실행함으로써 얻어진 '연대', '건강지향', '정보수집'이라고 하는 각 요인으로부터 구매 브랜드를 예측하기 위한 예측식의 카테고리 수량을 기준화하여, 모든 카테고리 계수가 존재하는 예측식을 구한다.

순서 1 ▸▸▸ 각 카테고리에 대해서'$a_{11} \times x_{11}$', '$a_{12} \times x_{12}$', …, '$a_{32} \times x_{32}$', '$a_{33} \times x_{33}$'을 산출하고, 각 카테고리에서의 합계를 구한다.

	B	C	D	E	F	G	H	I	J	K	L
30	ID(i)	a_{11}*x_{11}	a_{12}*x_{12}	a_{13}*x_{13}	a_{14}*x_{14}	a_{21}*x_{21}	a_{22}*x_{22}	a_{23}*x_{23}	a_{31}*x_{31}	a_{32}*x_{32}	a_{33}*x_{33}
31	1	0.000	0.000	-0.782	0.000	0.000	0.000	0.000	0.000	0.000	1.972
32	2	0.000	0.000	-0.782	0.000	0.000	0.000	0.000	0.000	0.000	1.972
33	3	0.000	0.000	0.000	0.000	0.000	2.073	0.000	0.000	-1.298	0.000
34	4	0.000	0.463	0.000	0.000	0.000	2.073	0.000	0.000	-1.298	0.000
35	5	0.000	0.463	0.000	0.000	0.000	2.073	0.000	0.000	-1.298	0.000
36	6	0.000	0.463	0.000	0.000	0.000	2.073	0.000	0.000	-1.298	0.000
37	7	0.000	0.000	0.000	0.000	0.000	0.000	0.000	0.000	0.000	0.000
38	8	0.000	0.000	0.000	0.000	0.000	0.000	0.000	0.000	0.000	1.972
39	9	0.000	0.000	0.000	1.326	0.000	0.000	0.000	0.000	0.000	0.000
40	10	0.000	0.000	0.000	0.000	0.000	0.000	0.000	0.000	0.000	0.000
41	11	0.000	0.000	0.000	0.000	0.000	0.000	3.258	0.000	0.000	0.000
42	12	0.000	0.463	0.000	0.000	0.000	0.000	0.000	0.000	0.000	1.972
43	13	0.000	0.000	0.000	1.326	0.000	0.000	3.258	0.000	-1.298	0.000
44	14	0.000	0.000	0.000	1.326	0.000	0.000	3.258	0.000	-1.298	0.000
45	15	0.000	0.000	-0.782	0.000	0.000	2.073	0.000	0.000	0.000	1.972
46	16	0.000	0.463	0.000	0.000	0.000	0.000	3.258	0.000	0.000	0.000
47	17	0.000	0.000	0.000	1.326	0.000	0.000	3.258	0.000	-1.298	0.000
48	18	0.000	0.000	-0.782	0.000	0.000	2.073	0.000	0.000	0.000	1.972
49	19	0.000	0.000	0.000	1.326	0.000	0.000	3.258	0.000	-1.298	0.000
50	20	0.000	0.000	-0.782	0.000	0.000	2.073	0.000	0.000	0.000	1.972
51	합계	0.000	2.314	-3.912	6.628	0.000	14.510	19.546	0.000	-10.385	13.805

Sheet1 Sheet2 Sheet3 Sheet4

[셀의 입력내용]

C31;=C$24*C2 (C31을 D31에서 L31까지 복사한다)

(C31:L31을 C32:L50까지 복사한다)

C51;=SUM(C31:C50) (C51을 D51에서 L51까지 복사한다)

순서 2 ▸▸▸ 각 카테고리에서의 합계를 각 아이템 내에서 합산한 카테고리 합계로부터, 각 아이템 내의 카테고리 평균을 산출한다.

	B	C	D	E	F	G	H	I	J	K	L
30	ID(i)	a_{11}*x_{11}	a_{12}*x_{12}	a_{13}*x_{13}	a_{14}*x_{14}	a_{21}*x_{21}	a_{22}*x_{22}	a_{23}*x_{23}	a_{31}*x_{31}	a_{32}*x_{32}	a_{33}*x_{33}
31	1	0.000	0.000	-0.782	0.000	0.000	0.000	0.000	0.000	0.000	1.972
32	2	0.000	0.000	-0.782	0.000	0.000	0.000	0.000	0.000	0.000	1.972
33	3	0.000	0.000	0.000	0.000	0.000	2.073	0.000	0.000	-1.298	0.000
34	4	0.000	0.463	0.000	0.000	0.000	2.073	0.000	0.000	-1.298	0.000
35	5	0.000	0.463	0.000	0.000	0.000	2.073	0.000	0.000	-1.298	0.000
36	6	0.000	0.463	0.000	0.000	0.000	2.073	0.000	0.000	-1.298	0.000
37	7	0.000	0.000	0.000	0.000	0.000	0.000	0.000	0.000	0.000	0.000
38	8	0.000	0.000	0.000	0.000	0.000	0.000	0.000	0.000	0.000	1.972
39	9	0.000	0.000	0.000	1.326	0.000	0.000	0.000	0.000	0.000	0.000
40	10	0.000	0.000	0.000	0.000	0.000	0.000	0.000	0.000	0.000	0.000
41	11	0.000	0.000	0.000	0.000	0.000	0.000	3.258	0.000	0.000	0.000
42	12	0.000	0.463	0.000	0.000	0.000	0.000	0.000	0.000	0.000	1.972
43	13	0.000	0.000	0.000	1.326	0.000	0.000	3.258	0.000	-1.298	0.000
44	14	0.000	0.000	0.000	1.326	0.000	0.000	3.258	0.000	-1.298	0.000
45	15	0.000	0.000	-0.782	0.000	0.000	2.073	0.000	0.000	0.000	1.972
46	16	0.000	0.463	0.000	0.000	0.000	0.000	3.258	0.000	0.000	0.000
47	17	0.000	0.000	0.000	1.326	0.000	0.000	3.258	0.000	-1.298	0.000
48	18	0.000	0.000	-0.782	0.000	0.000	2.073	0.000	0.000	0.000	1.972
49	19	0.000	0.000	0.000	1.326	0.000	0.000	3.258	0.000	-1.298	0.000
50	20	0.000	0.000	-0.782	0.000	0.000	2.073	0.000	0.000	0.000	1.972
51	합계	0.000	2.314	-3.912	6.628	0.000	14.510	19.546	0.000	-10.385	13.805
52	카테고리 합계	5.0305				34.0553			3.4198		
53	카테고리 평균	0.2515				1.7028			0.1710		

[셀의 입력내용]

C52;=SUM(C51:F51)

G52;=SUM(G51:I51)

J52;=SUM(J51:L51)

C53;=C52/20

G53;=G52/20

J53;=J52/20

순서 3 ▸▸▸ 아이템 내의 카테고리 평균을 기초로 카테고리 수량의 표준화(기준화)를 실시한다.

L57 f_x =L24-$J$53

	B	C	D	E	F	G	H	I	J	K	L
33	3	0.000	0.000	0.000	0.000	0.000	2.073	0.000	0.000	-1.298	0.000
34	4	0.000	0.463	0.000	0.000	0.000	2.073	0.000	0.000	-1.298	0.000
35	5	0.000	0.463	0.000	0.000	0.000	2.073	0.000	0.000	-1.298	0.000
36	6	0.000	0.463	0.000	0.000	0.000	2.073	0.000	0.000	-1.298	0.000
37	7	0.000	0.000	0.000	0.000	0.000	0.000	0.000	0.000	0.000	0.000
38	8	0.000	0.000	0.000	0.000	0.000	0.000	0.000	0.000	0.000	1.972
39	9	0.000	0.000	0.000	1.326	0.000	0.000	0.000	0.000	0.000	0.000
40	10	0.000	0.000	0.000	0.000	0.000	0.000	0.000	0.000	0.000	0.000
41	11	0.000	0.000	0.000	0.000	0.000	0.000	3.258	0.000	0.000	0.000
42	12	0.000	0.463	0.000	0.000	0.000	0.000	0.000	0.000	0.000	1.972
43	13	0.000	0.000	0.000	1.326	0.000	0.000	3.258	0.000	-1.298	0.000
44	14	0.000	0.000	0.000	1.326	0.000	0.000	3.258	0.000	-1.298	0.000
45	15	0.000	0.000	-0.782	0.000	0.000	2.073	0.000	0.000	0.000	1.972
46	16	0.000	0.463	0.000	0.000	0.000	0.000	3.258	0.000	0.000	0.000
47	17	0.000	0.000	0.000	1.326	0.000	0.000	3.258	0.000	-1.298	0.000
48	18	0.000	0.000	-0.782	0.000	0.000	2.073	0.000	0.000	0.000	1.972
49	19	0.000	0.000	0.000	1.326	0.000	0.000	3.258	0.000	-1.298	0.000
50	20	0.000	0.000	-0.782	0.000	0.000	2.073	0.000	0.000	0.000	1.972
51	합계	0.000	2.314	-3.912	6.628	0.000	14.510	19.546	0.000	-10.385	13.805
52	카테고리 합계	5.0305				34.0553			3.4198		
53	카테고리 평균	0.2515				1.7028			0.1710		
56	카테고리 수량	a_{11}	a_{12}	a_{13}	a_{14}	a_{21}	a_{22}	a_{23}	a_{31}	a_{32}	a_{33}
57	기준화	-0.252	0.211	-1.034	1.074	-1.703	0.370	1.555	-0.171	-1.469	1.801

[셀의 입력내용]

C57;=C24-$C$53 (C57을 D57에서 F57까지 복사한다)

G57;=G24-$G$53 (G57을 H57에서 I57까지 복사한다)

J57;=J24-$J$53 (J57을 K57에서 L57까지 복사한다)

■ 분석결과

이상의 카테고리 수량의 표준화 작업에 의해 예측식은 다음과 같이 된다.

$$z = -0.25\times x_{11} + 0.21\times x_{12} - 1.03\times x_{13} + 1.07\times x_{14}$$
$$-1.70\times x_{21} + 0.37\times x_{22} + 1.56\times x_{23} - 0.17\times x_{24} - 1.47\times x_{31} + 1.80\times x_{32}$$

그리고 이 표준화한 예측식을 사용해서 예측치를 구하더라도, 표준화하지 않은 예측식을 이용한 경우와 같은 예측치를 얻을 수 있다.

4. 각 아이템의 범위

수량화 I 류의 경우와 마찬가지로 각 아이템의 범위(range)를 조사한다. 범위는 각 아이템 내의 각 카테고리에 주어진 표준화된 수량의 범위 '수량의 최대치-수량의 최소치'에 의해서 구해진다. 범위가 클수록 목적변수(외적기준)에 미치는 영향이 크게 되어 보다 중요한 카테고리라고 할 수 있다.

▶ 범위의 산출 절차

구체적인 Excel에서의 범위를 계산하기 위한 절차는 다음과 같다.

예제 8-8

<표 8-2>를 이용해서 해 찾기에 의해 수량화Ⅱ류를 실행했을 때의 '연대', '건강지향', '정보수집'이라고 하는 각 요인으로부터 구매 브랜드의 예측에 대한 영향의 강도를, 범위를 구해서 밝히기로 한다.

순서 1 ▸▸▸ 표준화된 카테고리의 최대치와 최소치를 구한다.

K59 =MIN(J57:L57)

	이름 상자	C	D	E	F	G	H	I	J	K	L	M
56	카테고리 수량	a_{11}	a_{12}	a_{13}	a_{14}	a_{21}	a_{22}	a_{23}	a_{31}	a_{32}	a_{33}	
57	기준화	-0.252	0.211	-1.034	1.074	-1.703	0.370	1.555	-0.171	-1.469	1.801	
58		최대치	1.074			최대치	1.555		최대치	1.801		
59		최소치	-1.034			최소치	-1.703		최소치	-1.469		
60												

[셀의 입력내용]

D58;=MAX(C57:F57)
D59;=MIN(C57:F57)
H58;=MAX(G57:J57)
H59;=MIN(G57:J57)
K58;=MAX(J57:L57)
K59;=MIN(J57:L57)

순서 2 ››› 각 아이템의 범위를 표준화(기준화)된 카테고리의'최대치−최소치'에 의해서 계산한다.

K60 =K58-K59

	B	C	D	E	F	G	H	I	J	K	L	M
56	카테고리 수량	a_{11}	a_{12}	a_{13}	a_{14}	a_{21}	a_{22}	a_{23}	a_{31}	a_{32}	a_{33}	
57	기준화	-0.252	0.211	-1.034	1.074	-1.703	0.370	1.555	-0.171	-1.469	1.801	
58		최대치	1.074			최대치	1.555		최대치	1.801		
59		최소치	-1.034			최소치	-1.703		최소치	-1.469		
60		범위	2.108			범위	3.258		범위	3.270		
61												

[셀의 입력내용]

D60;=D58-D59
H60;=H58-H59
K60;=K58-K59

■ 분석결과

각 아이템에서의 범위는 아이템1(연대)에서는 2.108, 아이템2(건강지향)에서는 3.258, 아이템3(정보수집)에서는 3.270으로 되어 있다. 이로부터 아이템3의 범위가 가장 크다는 것을 알 수 있다. 정보수집이 목적변수(외적기준)에 미치는 영향이 가장 크다. 즉, 정보수집이 가장 중요한 요인이라고 하는 것을 알 수 있다.

9 정준상관분석

제1절 서론

중회귀분석에서는 하나의 목적변수에 대한 복수의 설명변수의 관계를 분명히 할 수가 있었다. 복수의 목적변수가 존재하는 경우에는 **정준상관분석**(canonical correlation analysis)을 이용한다. 정준상관분석에서는 분산을 최대화하는 축을 두 개 구해서, 그 두 개의 축 사이의 상관을 최대로 함으로써 복수의 목적변수에 대한 복수의 설명변수의 관계를 밝힌다고 하는 것을 목표로 한다.

예를 들면, 2조의 변수군 X 및 Y의 관계를 알고 싶다고 하는 경우, 두 개의 변수에 대해서 데이터 사이의 관련성을 구하려면, 각 데이터끼리의 상관계수를 구하는 방법을 생각할 수 있다. 그러나 항목이 늘어나면 구하는 상관계수는 증가하여, 모든 상관계수를 최대화하는 것은 대단히 힘이 든다. 그래서 각 데이터를 대표하는 종합지표를 구하여, 각각의 종합지표 사이의 상관계수 최대화를 실시한다. 이것이 정준상관분석이다.

Excel에서 정준상관분석을 실행하려면, 해 찾기나 Excel의 함수계산 등의 기능을 이용해서 실행하지 않으면 안 된다. 본장에서는 액정 텔레비전에 대한 이미지의 평가인 '디자인'과 '기능성'의 데이터와, 태도의 평가 데이터인 '매력도'와 '선호도'의 데이터를 정준상관분석해서, 이미지와 태도의 평가의 관계를 밝히는 방법을 설명한다. 또한 정준상관의 사고방식과 구조에 대해서 단계적으로 해설한다.

제2절 정준상관분석의 개념

정준상관분석은 2조의 변수군 X 및 Y의 관계를 알고 싶다고 하는 경우에 이용된다. 예를 들면, 20종류의 액정 텔레비전에 대해서 '디자인'과 '기능성'이라고 하는 '이미지'에 대한 두 개의 평가와, '매력도'와 '선호도'라고 하는 '태도'에 대한 두 개의 평가가 각각 얻어져 있다고 한다.

두 변수의 데이터 사이의 관련성을 구하려면, 각 이미지와 각 태도의 평가 데이터끼리의 상관계수를 구하는 것을 생각할 수 있다. 그 경우, '디자인'과 '매력도', '디자인'과 '선호도', '기능성'과 '매력도', '기능성'과 '선호도'라고 하는 식으로 네 가지의 상관계수를 구하게 된다. 그러나 더욱 항목이 늘어나면 상관계수는 증가하여, 모든 상관계수를 최대화하는 것은 대단히 힘이 든다. 그래서 이미지군과 태도군을 대표하는 종합지표를 구하여, 각각의 종합지표 사이의 상관계수를 최대화하는 것을 생각한다. 이미지군의 종합지표 z와 태도군의 종합지표 w는,

$$z = a_1 \times \text{'디자인'} + a_2 \times \text{'기능성'}$$

$$w = b_1 \times \text{'매력도'} + b_2 \times \text{'선호도'}$$

로 각각 표현된다.

이 z와 w는 **정준변량**(正準變量)이라 불리고, z와 w의 상관계수를 최대화하는 계수 a_1, a_2, b_1, b_2를 구하기 위한 방법이 **정준상관분석**이다.

'디자인'과 '기능성'이라고 하는 '이미지'에 대한 변수를 x, '매력도'와 '선호도'라고 하는 '태도'에 대한 변수를 y라고 하면, 정준변량 z와 w의 상관계수를 최대화하는 이미지는 각 변수 x와 y로 생성되는 두 개의 공간 $S(X)$와 $S(Y)$ 내에서, 정준변량 z와 w가 자유롭게 움직이는 공간을 이용해서 설명할 수 있다(<그림 9-1> 참조).

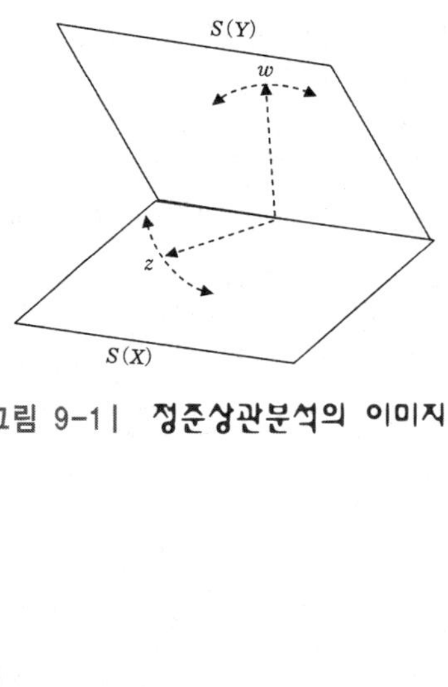

| 그림 9-1 | 정준상관분석의 이미지

이때에 정준변량 z와 w가 가장 근접한 상태에서 멈추면 <그림 9-2>와 같이 된다. 정준변량 z의 바로 아래에는 w가, w의 바로 위에는 z가 오고, 두 개의 정준변량이 이루는 각은 θ가 된다. $S(X)$와 $S(Y)$의 두 공간은 각 변수 x와 y에 의해 결정되므로, 정준변량 z와 w를 가능한 한 근접시키고 싶어도 한계가 있다.

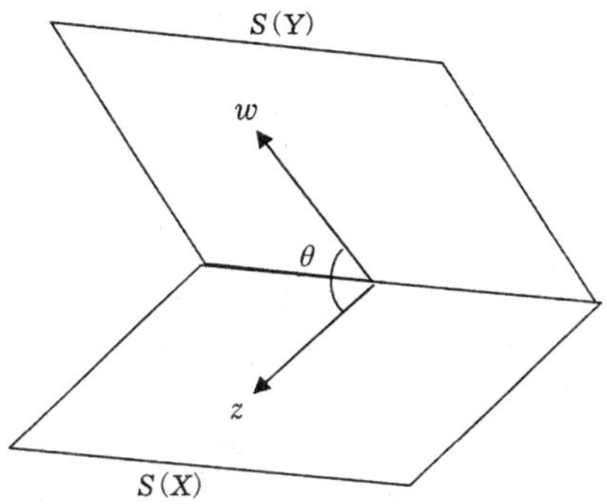

| 그림 9-2 | **정준변량 z와 w가 가장 근접한 상태에서 정지**

그러나 $S(X)$와 $S(Y)$의 두 공간이 본래 근접하고 있으면, 정준변량 z와 w는 대단히 가까이 접근하게 된다(<그림 9-3> 참조). 그때에는 θ도 작은 각도가 되므로, 이 각도가 최소가 될 때 정준변량 z와 w의 상관계수가 최대가 된다.

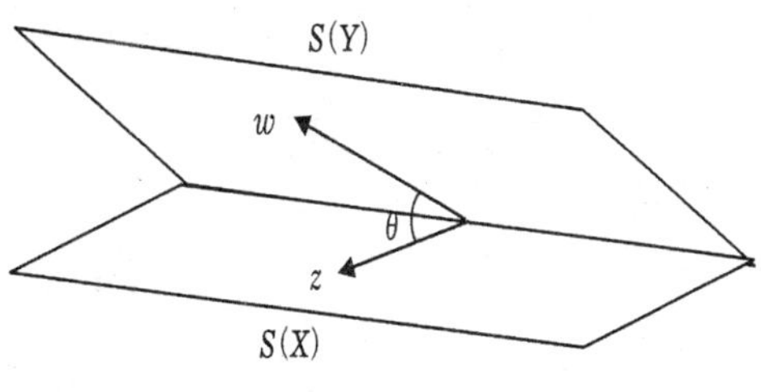

| 그림 9-3 | **정준상관계수가 최대가 되는 이미지 예**

정준상관분석의 흐름은 다음과 같다. 이들 일련의 절차를 실행함으로써 정준상관분석을 실행할 수 있다.

◆ 정준상관분석의 흐름

① 데이터를 평균 0, 분산 1로 표준화한다(예제 9-1에서 해설).

② 정준상관계수를 최대로 하는 계수를 구한다(예제 9-2에서 해설).

③ 예측의 정도(精度)를 확인한다(예제 9-2에서 해설).

④ 유효한 정준상관계수의 개수를 결정한다(예제 9-3에서 해설).

20종류의 액정 텔레비전에 대해서 '디자인'과 '기능성'이라고 하는 '이미지'에 대한 두 개의 평가와, '매력도'와 '선호도'라고 하는 '태도'에 대한 두 개의 평가에 대한 데이터를 이용해서, 실제로 정준상관분석을 실행하는 방법에 대해서 해설한다.

제3절 정준상관분석의 적용예

20종류의 액정 텔레비전에 있어서의 '디자인', '기능성', '매력도'와 '선호도'에 대한 평가 데이터가 얻어져 있다. 정준상관분석에 의해 이 데이터를 분석함으로써, '디자인'과 '기능성'에 대한 데이터로부터 '이미지'에 대한 지표를 작성하고, 또 '매력도'와 '선호도'의 데이터로부터 '태도'에 대한 지표를 작성하여, '이미지'와 '태도'의 관계에 대한 해명을 목표로 한다.

20종류의 액정 텔레비전에 대해서, '디자인'과 '기능성'이라고 하는 '이미지'에 대한 두 개의 평가와, '매력도'와 '선호도'라고 하는 '태도'에 대한 두 개의 평가가 <표 9-1>과 같이 각각 얻어져 있다고 한다.

| 표 9-1 | 20종류의 액정 TV에 대한 '이미지'와 '태도'에 관한 평가 데이터

액정 TV의 기종	이미지		태도	
	디자인 x_1	기능성 x_2	매력도 y_1	선호도 y_2
1	46	34	28	39
2	60	31	50	46
3	81	59	63	72
4	94	84	92	92
5	76	67	86	52
6	31	53	41	39
7	34	38	25	25
8	78	75	64	76
9	54	43	38	55
10	86	53	60	70
11	53	43	34	42
12	78	31	52	67
13	96	66	77	88
14	71	90	86	65
15	67	58	60	70
16	32	68	74	45
17	44	55	60	42
18	59	46	42	67
19	76	30	37	64
20	84	51	54	79

이 데이터를 정준상관분석하고, 그 결과로부터 '디자인'과 '기능성'을 합성한 '이미지'의 지표와, '매력도'와 '선호도'를 합성한 '태도'의 지표와의 관련성 해명을 목표로 한다.

정준상관분석에서는 이미지군의 종합지표(정준변량) z와 태도군의 종합지표(정준변량) w는,

$$z = a_1 \times \text{'디자인'} + a_2 \times \text{'기능성'}$$

$$w = b_1 \times \text{'매력도'} + b_2 \times \text{'선호도'}$$

라고 표현할 수 있다. 그리하여 이 정준변량 z와 w의 상관계수를 최대화하는 계수 $a_1, a_2,\ b_1, b_2$를 구한다. 그리고 상관계수는 변량의 단위를 취하는 방식에 의존하지 않으므로, 수치계산의 정도(精度)와 해석의 용이함으로부터 원래의 데이터를 표준화(평균 0, 분산 1)해서 분석하는 경우가 많다. 따라서 본 예제에 있어서도 데이터를 표준화해서 분석을 실시한다.

▶ 데이터 표준화의 절차

Excel을 이용해서 데이터를 평균 0, 분산 1로 표준화하는 구체적인 절차는 다음과 같다.

예제 9-1

<표 9-1>의 데이터를 정준상관분석에 있어서의 수치계산의 정도(精度)와 해석의 용이성을 생각하여, 평균 0, 분산 1로 표준화한다.

순서 1 ››› 각 변수의 평균과 표준편차를 구한다.

	A	B	C	D	E	F	G	H
1	액정 TV의 기종	이미지		태도				
2		디자인x_1	기능성x_2	매력도y_1	선호도y_2			
3	1	46	34	28	39			
4	2	60	31	50	46			
5	3	81	59	63	72			
6	4	94	84	92	92			
7	5	76	67	86	52			
8	6	31	53	41	39			
9	7	34	38	25	25			
10	8	78	75	64	76			
11	9	54	43	38	55			
12	10	86	53	60	70			
13	11	53	43	34	42			
14	12	78	31	52	67			
15	13	96	66	77	88			
16	14	71	90	86	65			
17	15	67	58	60	70			
18	16	32	68	74	45			
19	17	44	55	60	42			
20	18	59	46	42	67			
21	19	76	30	37	64			
22	20	84	51	54	79			
23	평균	65.000	53.750	56.150	59.750			
24	표준편차	20.280	17.462	19.752	18.023			
25								

Sheet1 / Sheet2 / Sheet3

[셀의 입력내용]

B23;=AVERAGE(B3:B22) (B23을 C23에서 E23까지 복사한다)

B24;=STDEV(B2:B22) (B24를 C24에서 E24까지 복사한다)

순서 2 ▸▸▸ 각 변수를 평균 0, 표준편차 1이 되도록 표준화한다.

(1) STANDARDIZE 함수를 이용해서 표준화할 수 있다.

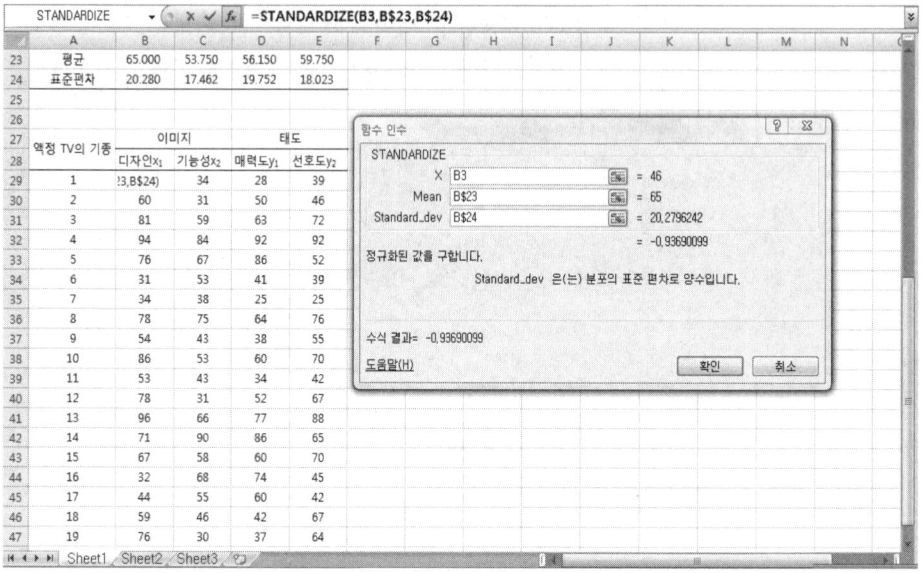

	A	B	C	D	E
23	평균	65.000	53.750	56.150	59.750
24	표준편차	20.280	17.462	19.752	18.023
25					
26					
27	액정 TV의 기종	이미지		태도	
28		디자인x_1	기능성x_2	매력도y_1	선호도y_2
29	1	3,B$24)	34	28	39
30	2	60	31	50	46
31	3	81	59	63	72
32	4	94	84	92	92
33	5	76	67	86	52
34	6	31	53	41	39
35	7	34	38	25	25
36	8	78	75	64	76
37	9	54	43	38	55
38	10	86	53	60	70
39	11	53	43	34	42
40	12	78	31	52	67
41	13	96	66	77	88
42	14	71	90	86	65
43	15	67	58	60	70
44	16	32	68	74	45
45	17	44	55	60	42
46	18	59	46	42	67
47	19	76	30	37	64

(2) 다음과 같이 각 변수들이 표준화되어 있음을 확인할 수 있다.

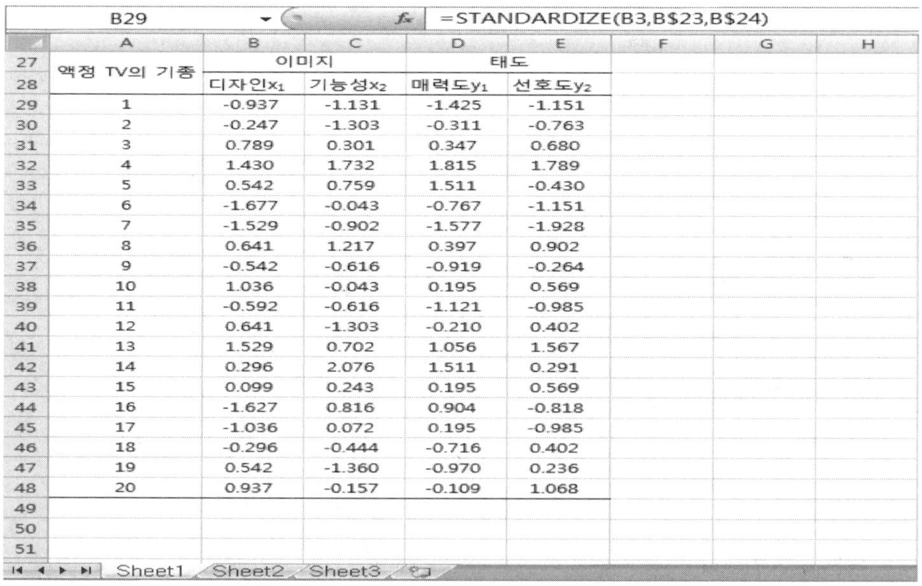

	A	B	C	D	E
27	액정 TV의 기종	이미지		태도	
28		디자인x_1	기능성x_2	매력도y_1	선호도y_2
29	1	-0.937	-1.131	-1.425	-1.151
30	2	-0.247	-1.303	-0.311	-0.763
31	3	0.789	0.301	0.347	0.680
32	4	1.430	1.732	1.815	1.789
33	5	0.542	0.759	1.511	-0.430
34	6	-1.677	-0.043	-0.767	-1.151
35	7	-1.529	-0.902	-1.577	-1.928
36	8	0.641	1.217	0.397	0.902
37	9	-0.542	-0.616	-0.919	-0.264
38	10	1.036	-0.043	0.195	0.569
39	11	-0.592	-0.616	-1.121	-0.985
40	12	0.641	-1.303	-0.210	0.402
41	13	1.529	0.702	1.056	1.567
42	14	0.296	2.076	1.511	0.291
43	15	0.099	0.243	0.195	0.569
44	16	-1.627	0.816	0.904	-0.818
45	17	-1.036	0.072	0.195	-0.985
46	18	-0.296	-0.444	-0.716	0.402
47	19	0.542	-1.360	-0.970	0.236
48	20	0.937	-0.157	-0.109	1.068
49					
50					
51					

[셀의 입력내용]

B29;=STANDARDIZE(B3,B$23,B$24)　(B29를 C29에서 E29까지 복사한다)
(B29:E29를 B30:E48까지 복사한다)

이 데이터를 실제로 정준상관분석을 실행해 보면, 액정 텔레비전의 이미지지표(디자인과 기능성을 합성한 변량)와 태도지표(매력도와 선호도를 합성한 변량)의 상관은 대단히 높다는 것을 알 수 있다.

그리하여 '이미지'와 '태도' 사이에는 두 개의 관계성이 존재하고 있다는 사실이 분명해진다. 하나의 관계성은 대충 전반적인 평가의 정도를 나타내어, 특히 디자인에 대한 값과 선호도에 대한 값이 크다. 각각 이들의 평가에 대한 정도만큼 영향을 미치고 있다고 생각된다. 한편, 다른 하나의 관계성으로서는 '디자인 vs. 기능성', '매력도 vs. 선호도'라고 하는 대비구조가 존재하고 있다는 사실이 나타났다.

제4절 상관비에 의거한 정준상관분석의 실행

복수의 목적함수가 존재하는 경우에는 정준상관분석에 의해 분산을 최대화하는 축을 두 개 구해서, 그 두 개의 축 사이의 상관을 최대화함으로써 데이터 사이의 관련성을 명확히 한다. 즉, 정준상관분석에서는 각 데이터를 대표하는 종합지표를 구하여 각각의 종합지표 사이의 상관계수를 최대화한다. 요컨대 <표 9-1>에서라면, 정준변량이라고 불리는 이미지군의 종합지표 z와 태도군의 종합지표 w를,

$$z = a_1 \times \text{'디자인'} + a_2 \times \text{'기능성'}$$
$$w = b_1 \times \text{'매력도'} + b_2 \times \text{'선호도'}$$

로 각각 계산한다.

그리하여 정준변량 z와 w의 상관계수를 최대화하는 계수 a_1, a_2, b_1, b_2를 구한다. 이때에 정준변량에 의해서 한데 모아지는 변수 사이의 관계를 가능한 한 남기도록 집약한다. 따라서 정준상관분석은 정준변량 w가 1변량이면 중회귀분석과 일치하고, 정준변량 w가 1변량이며 2군 이상으로 나누어져 있으면 판별분석과 일치한다.

정준상관분석에서는 일반적으로 p개의 변수와 q개의 1 변수 사이에서는 $p \times q$개의

상관계수를 구하는 것이 가능한데, $p \le q$로 하면 p개의 정준상관으로 집약할 수 있다. 이때, 플러스의 고유치가 p개 얻어지므로, 그들 고유치를 큰 순서로 늘어놓아 $\lambda_1, \lambda_2, \cdots, \lambda_p$라고 한다. 이 경우, λ_1에 대한 계수(고유벡터) a(그 a에 대응하는 b)에 의해 얻어지는 종합지표를 나타내는 합성변량 z와 w를 제1정준변량이라고 부른다. 또한 λ_1을 제1정준변량이라 하고, 제1정준변량만으로는 원래의 변량군의 관계를 잘 나타낼 수 없는 경우에는, 순서대로 $\lambda_2, \lambda_3, \cdots, \lambda_p$로 채택하여 이것들에 의해 얻어지는 합성변량을 이용한다. 각각을 제2정준변량, 제3정준변량, …, 제p정준변량이라고 부른다. 정준변량 z와 w의 상관계수는,

$$\frac{z\text{와 } w\text{의 공분산}}{\sqrt{z\text{의 분산} \times w\text{의 분산}}} = \frac{\frac{1}{n}zw}{\sqrt{\frac{1}{n}z'z \times \frac{1}{n}w'w}}$$

에 의해 구해진다. 여기에서 z'와 w'는 각각 z와 w를 전치한 것이다.

정준변량 z와 w의 상관계수는, 각각을 상수배한 경우의 상관계수와 같다. 따라서 분산이 1이 되도록 표준화해도 일반성은 잃지 않는다. 그 때문에 $\frac{1}{n}z'z = 1$, $\frac{1}{n}w'w = 1$이라고 하는 조건하에서 분자 $\frac{1}{n}zw$를 최대화하면 되게 된다. 그리고 정준상관계수는 하나의 변수와 다른 하나의 변수 사이의 상관을 나타내는 단상관계수, 하나의 변수와 p개의 변수 사이의 상관을 나타내는 중상관계수의 일반화로서, p개의 변량과 q개의 변량 사이의 상관을 나타내고 있다. 실제의 계산에서는 원래 변수의 단위에 의한 영향을 제거하기 위해서 각 변수를 미리 평균 0, 분산 1로 표준화해 놓는 것이 일반적이다.

▶ 해 찾기에 의한 정준상관분석의 절차

해 찾기에 의한 정준상관분석을 실행하기 위한 구체적인 절차는 다음과 같다.

예제 9-2

<표 9-1>의 데이터를 정준상관분석을 실행하여, '디자인'과 '기능성'에 대한 데이터로부터 '이미지'에 대한 지표를 작성한다. 또한 '매력도'와 '선호도'의 데이터로부터 '태도'에 대한 지표를 작성하고, '이미지'와 '태도'의 관계성을 밝힌다.

순서 1 ▸▸▸ 제1정준변량의 계수에 대한 초기치를 설정한다.

여기에서는 '1'을 초기치로서 이용한다. 각 계수의 초기치를 셀 B52:E52에 입력한다.

	A	B	C	D	E	F	G	H
51		a_1	a_2	b_1	b_2			
52	계수1	1.000	1.000	1.000	1.000			
53								
54								

순서 2 ▸▸▸ 정준변량 z_1(이미지군)과 w_1(태도군)을 구하고, 정준변량 z_1과 w_1의 제곱합과 정준변량 z_1과 w_1의 곱의 합을 계산한다.

(1) 정준변량 z_1은 '$z_1 = a_1 \times$(디자인)$+ a_2$(기능성)'에 의해 구해진다. 따라서 액정 텔레비전 기종 i의 정준변량 z_1의 값은 SUMPRODUCT 함수로 얻어진다.

(2) 정준변량 w_1은 '$w_1 = b_1 \times$(매력도)$+ b_2$(선호도)'에 의해 구해진다. 따라서 액정 텔레비전 기종 i의 정준변량 w_1의 값도 SUMPRODUCT 함수로 얻어진다.

F29 =SUMPRODUCT($B$52:$C$52, B29:C29)

	A	B	C	D	E	F	G	H	I	J
27	액정 TV의 기종	이미지		태도		이미지군z_1	태도군w_1	이미지군z_1^2	태도군w_1^2	$z_1 * w_1$
28		디자인x_1	기능성x_2	매력도y_1	선호도y_2					
29	1	-0.937	-1.131	-1.425	-1.151	-2.068	-2.576	4.276	6.638	5.328
30	2	-0.247	-1.303	-0.311	-0.763	-1.549	-1.074	2.400	1.154	1.664
31	3	0.789	0.301	0.347	0.680	1.090	1.026	1.187	1.054	1.118
32	4	1.430	1.732	1.815	1.789	3.162	3.604	10.000	12.992	11.398
33	5	0.542	0.759	1.511	-0.430	1.301	1.081	1.693	1.169	1.407
34	6	-1.677	-0.043	-0.767	-1.151	-1.720	-1.918	2.957	3.680	3.299
35	7	-1.529	-0.902	-1.577	-1.928	-2.431	-3.505	5.908	12.286	8.520
36	8	0.641	1.217	0.397	0.902	1.858	1.299	3.452	1.688	2.414
37	9	-0.542	-0.616	-0.919	-0.264	-1.158	-1.182	1.341	1.398	1.369
38	10	1.036	-0.043	0.195	0.569	0.993	0.764	0.985	0.583	0.758
39	11	-0.592	-0.616	-1.121	-0.985	-1.207	-2.106	1.458	4.436	2.543
40	12	0.641	-1.303	-0.210	0.402	-0.662	0.192	0.438	0.037	-0.127
41	13	1.529	0.702	1.056	1.567	2.230	2.623	4.974	6.880	5.850
42	14	0.296	2.076	1.511	0.291	2.372	1.803	5.625	3.249	4.275
43	15	0.099	0.243	0.195	0.569	0.342	0.764	0.117	0.583	0.261
44	16	-1.627	0.816	0.904	-0.818	-0.811	0.085	0.658	0.007	-0.069
45	17	-1.036	0.072	0.195	-0.985	-0.964	-0.790	0.929	0.624	0.761
46	18	-0.296	-0.444	-0.716	0.402	-0.740	-0.314	0.547	0.099	0.232
47	19	0.542	-1.360	-0.970	0.236	-0.818	-0.734	0.669	0.538	0.600
48	20	0.937	-0.157	-0.109	1.068	0.779	0.959	0.607	0.920	0.748
49							합계1	50.221	60.016	52.349
50										
51		a_1	a_2	b_1	b_2					
52	계수1	1.000	1.000	1.000	1.000					

Sheet1 Sheet2 Sheet3

[셀의 입력내용]

F29;=SUMPRODUCT($B$52:$C$52, B29:C29)

G29;=SUMPRODUCT($D$52:$E$52, D29:E29)

H29;=F29^2

I29;=G29^2

J29;=F29*G29 (F29:J29를 F30:J48까지 복사한다)

H49;=SUM(H29:H48) (H49를 I49에서 J49까지 복사한다)

순서 3 ▸▸▸ 이미지군 z_1과 태도군 w_1의 분산과 이미지군 z_1과 태도군 w_1의 공분산을 각각 계산하여, 이미지군 z_1과 태도군 w_1의 제1상관계수를 구한다.

(1) 이미지군 z_1과 태도군 w_1의 분산은 이미지군 z_1과 태도군 w_1의 제곱합을 (데이터 수 - 1)로 나누어서 구한다.

(2) 이미지군 z_1과 태도군 w_1의 공분산은 이미지군 z_1과 태도군 w_1의 곱의 합을 (데이터 수 - 1)로 나누어서 구한다.

(3) 이미지군 z_1과 태도군 w_1의 상관계수는 이미지군 z_1과 태도군 w_1의 분산과 이미지군 z_1과 태도군 w_1의 공분산에 의해,

$$\frac{\text{이미지군 } z_1\text{과 이미지군 } w_1\text{의 공분산}}{\sqrt{(\text{이미지군 } z_1\text{의 분산} \times \text{이미지군 } w_1\text{의 분산})}}$$

으로 계산할 수 있다.

B58 =B56/SQRT(B54*B55)

	A	B	C	D	E	F	G	H	I	J
36	8	0.641	1.217	0.397	0.902	1.858	1.299	3.452	1.688	2.414
37	9	-0.542	-0.616	-0.919	-0.264	-1.158	-1.182	1.341	1.398	1.369
38	10	1.036	-0.043	0.195	0.569	0.993	0.764	0.985	0.583	0.758
39	11	-0.592	-0.616	-1.121	-0.985	-1.207	-2.106	1.458	4.436	2.543
40	12	0.641	-1.303	-0.210	0.402	-0.662	0.192	0.438	0.037	-0.127
41	13	1.529	0.702	1.056	1.567	2.230	2.623	4.974	6.880	5.850
42	14	0.296	2.076	1.511	0.291	2.372	1.803	5.625	3.249	4.275
43	15	0.099	0.243	0.195	0.569	0.342	0.764	0.117	0.583	0.261
44	16	-1.627	0.816	0.904	-0.818	-0.811	0.085	0.658	0.007	-0.069
45	17	-1.036	0.072	0.195	-0.985	-0.964	-0.790	0.929	0.624	0.761
46	18	-0.296	-0.444	-0.716	0.402	-0.740	-0.314	0.547	0.099	0.232
47	19	0.542	-1.360	-0.970	0.236	-0.818	-0.734	0.669	0.538	0.600
48	20	0.937	-0.157	-0.109	1.068	0.779	0.959	0.607	0.920	0.748
49							합계1	50.221	60.016	52.349
50										
51		a_1	a_2	b_1	b_2					
52	계수1	1.000	1.000	1.000	1.000					
53										
54	이미지군의 분산	2.643								
55	태도군의 분산	3.159								
56	이미지군과 태도군의 공분산	2.755								
57										
58	제1정준상관계수	0.954								
59										
60										

Sheet1 Sheet2 Sheet3

[셀의 입력내용]

B54;=H49/(20-1)

B55;=I49/(20-1)

B56;=J49/(20-1)

B58;=B56/SQRT(B54*B55)

순서 4 ▸▸▸ 제1고유치를 제1정준상관계수의 제곱근에 의해 계산한다.

	A	B	C	D	E	F	G
54	이미지군의 분산	2.643					
55	태도군의 분산	3.159					
56	이미지군과 태도군의 공분산	2.755					
57							
58	제1정준상관계수	0.954					
59	제1고유치	0.976					
60							

[셀의 입력내용]

B59;=SQRT(B58)

순서 5 ▸▸▸ 탭의 [데이터]를 선택하고 [분석] 리본 내의 [해 찾기]를 선택한다.

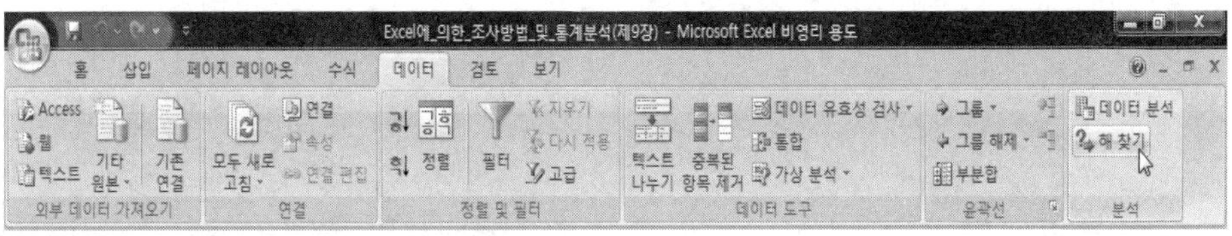

순서 6 ▸▸▸ 해 찾기 모델 설정

(1) [목표 셀]에 제1정준상관계수가 계산되어 있는 셀 B58을 지정한다.

(2) [해의 조건]에 [최대값]을 선택한다.

(3) [값을 바꿀 셀]에 제1정준변량 계수의 초기치의 범위를 지정한다.

(4) [추가]를 클릭하여 이미지군과 태도군의 분산이 각각 '1'이라고 하는 제한조건을 추가한다.

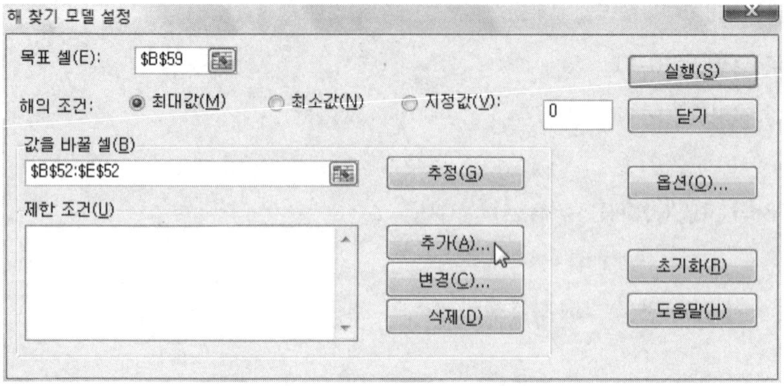

순서 7 ▸▸▸ 계수에 제한조건을 추가한다.

다음과 같이 입력하고 [추가]를 클릭한다.

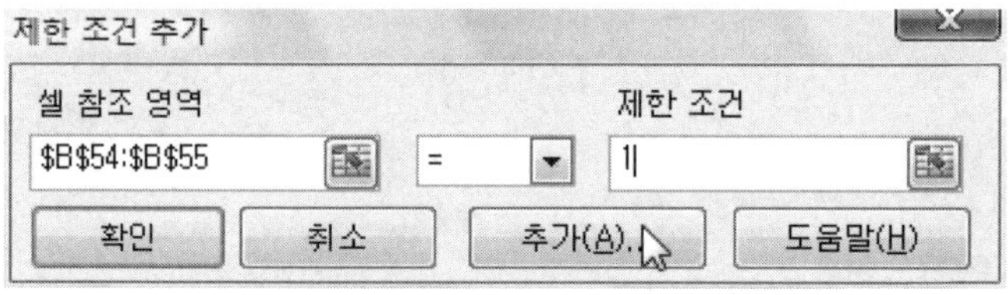

순서 8 ▸▸▸ [제한 조건 추가] 화면에서 [취소]를 클릭하면 원래의 화면으로 되돌아간다.

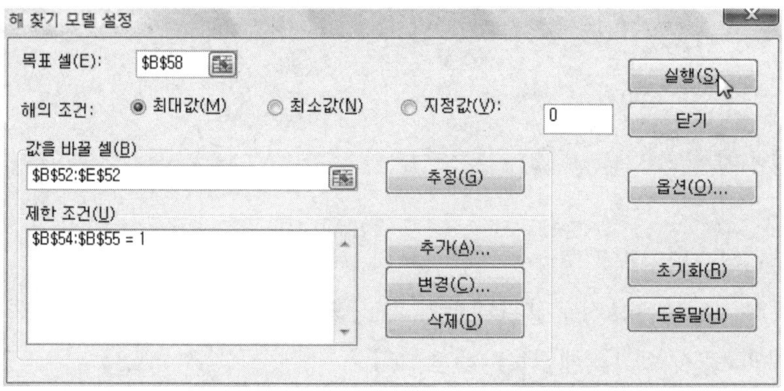

위의 화면에서 [실행]을 클릭하여 분석을 실행한다.

순서 9 ▸▸▸ [해 찾기 결과] 대화상자가 나타나면 다음과 같이 선택하고 [확인]을 클릭한다.

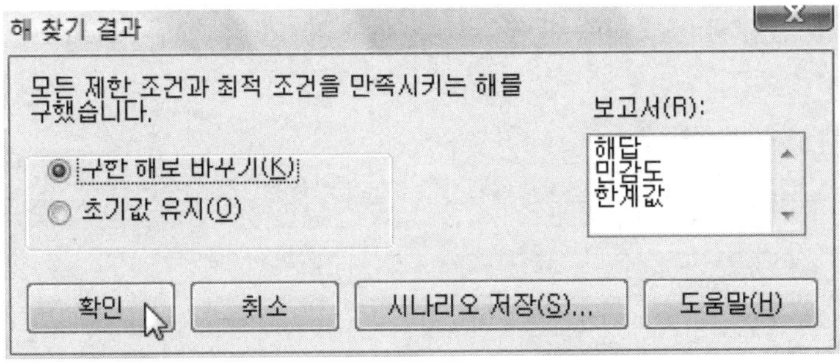

순서 10 ▸▸▸ 제1상관계수를 최대화하는 제1정준변량의 계수 값이 구해진다.

	A	B	C	D	E	F	G
51		a_1	a_2	b_1	b_2		
52	계수1	0.695	0.529	0.509	0.615		
53							
54	이미지군의 분산	1.000					
55	태도군의 분산	1.000					
56	이미지군과 태도군의 공분산	0.956					
57							
58	제1정준상관계수	0.956					
59	제1고유치	0.978					
60							
61							

(1) 제1정준상관계수는 0.956으로 높은 값을 보이고 있어, 제1정준변량에서의 이미지군(디자인과 기능성을 합성한 변량)과 태도군(매력도와 선호도를 합성한 변량)의 상관은 높다고 할 수 있다.

(2) 제1정준변량에서는 각각의 변량군 내에서 어느 평가의 결과를 보더라도 값이 커서, 대략적으로는 전반적인 평가가 높음을 나타낸다고 생각된다. 특히 이미지군에서는 디자인이 크고 태도군에서는 선호도가 크므로, 각각 이들을 대표하는 정준변량이라고 해석할 수 있다.

순서 11 ▸▸▸ 제2정준변량에 대한 계수의 초기치를 적당히 지정하고, 제1정준변량과 제2정준변량 각 계수의 곱의 합을 계산한다.

(1) 이번에도 '1'을 초기치로서 이용하여, 계수의 초기치를 셀 B62:E62에 입력한다.

(2) 제1정준변량과 제2정준변량의 각 계수의 곱의 합은 SUMPRODUCT 함수로 구해진다.

F62 =SUMPRODUCT(B52:E52, B62:E62)

	A	B	C	D	E	F
51		a_1	a_2	b_1	b_2	
52	계수1	0.695	0.529	0.509	0.615	
53						
54	이미지군의 분산	1.000				
55	태도군의 분산	1.000				
56	이미지군과 태도군의 공분산	0.956				
57						
58	제1정준상관계수	0.956				
59	제1고유치	0.978				
60						
61		a_1	a_2	b_1	b_2	계수1과 계수2의 곱의 합
62	계수2	1.000	1.000	1.000	1.000	2.348
63						
64						

[셀의 입력내용]

B62:E62;1

F62;=SUMPRODUCT(B52:E52, B62:E62)

순서 12 ▸▸▸ 정준변량 z_2(이미지군)와 w_2(태도군)를 구하고, 정준변량 z_2와 w_2의 제곱합, 정준변량 z_2와 w_2의 곱의 합을 계산한다.

K29 =SUMPRODUCT($B$62:$C$62, B29:C29)

	F	G	H	I	J	K	L	M	N	O
27–28	이미지군z_1	태도군w_1	이미지군z_1^2	태도군w_1^2	$z_1 * w_1$	이미지군z_2	태도군w_2	이미지군z_2^2	태도군w_2^2	$z_2 * w_2$
29	-1.250	-1.434	1.562	2.055	1.792	-2.068	-2.576	4.276	6.638	5.328
30	-0.861	-0.628	0.741	0.394	0.540	-1.549	-1.074	2.400	1.154	1.664
31	0.708	0.594	0.501	0.353	0.421	1.090	1.026	1.187	1.054	1.118
32	1.911	2.024	3.651	4.098	3.868	3.162	3.604	10.000	12.992	11.398
33	0.779	0.505	0.606	0.255	0.393	1.301	1.081	1.693	1.169	1.407
34	-1.188	-1.098	1.412	1.206	1.305	-1.720	-1.918	2.957	3.680	3.299
35	-1.540	-1.988	2.372	3.954	3.062	-2.431	-3.505	5.908	12.286	8.520
36	1.090	0.757	1.187	0.573	0.824	1.858	1.299	3.452	1.688	2.414
37	-0.703	-0.630	0.494	0.397	0.443	-1.158	-1.182	1.341	1.398	1.369
38	0.697	0.449	0.486	0.202	0.313	0.993	0.764	0.985	0.583	0.758
39	-0.737	-1.176	0.543	1.384	0.867	-1.207	-2.106	1.458	4.436	2.543
40	-0.244	0.140	0.059	0.020	-0.034	-0.662	0.192	0.438	0.037	-0.127
41	1.434	1.501	2.056	2.254	2.153	2.230	2.623	4.974	6.880	5.850
42	1.304	0.949	1.701	0.900	1.237	2.372	1.803	5.625	3.249	4.275
43	0.197	0.449	0.039	0.202	0.089	0.342	0.764	0.117	0.583	0.261
44	-0.700	-0.043	0.489	0.002	0.030	-0.811	0.085	0.658	0.007	-0.069
45	-0.682	-0.506	0.465	0.256	0.345	-0.964	-0.790	0.929	0.624	0.761
46	-0.441	-0.117	0.194	0.014	0.052	-0.740	-0.314	0.547	0.099	0.232
47	-0.343	-0.349	0.117	0.122	0.119	-0.818	-0.734	0.669	0.538	0.600
48	0.568	0.601	0.323	0.362	0.342	0.779	0.959	0.607	0.920	0.748
49		합계1	19.000	19.000	18.161		합계2	50.221	60.016	52.349

[셀의 입력내용]

K29;=SUMPRODUCT($B$62:$C$62, B29:C29)

L29;=SUMPRODUCT($D$62:$E$62, D29:E29)

M29;=K29^2

N29;=L29^2

O29;=K29*L29 (K29:O29를 K30:O48까지 복사한다)

M49;=SUM(M29:M48) (M49를 N49에서 O49까지 복사한다)

순서 13 ››› 이미지군 z_2와 태도군 w_2의 분산, 이미지군 z_2와 태도군 w_2의 공분산을 각각 계산하고, 이미지군 z_2와 태도군 w_2의 제2상관계수를 구한다.

B68 =B66/SQRT(B64*B65)

	A	B	C	D	E	F	G	H
61		a_1	a_2	b_1	b_2	계수1과 계수2의 곱의 합		
62	계수2	1.000	1.000	1.000	1.000	2.348		
63								
64	이미지군의 분산	2.643						
65	태도군의 분산	3.159						
66	이미지군과 태도군의 공분산	2.755						
67								
68	제2정준상관계수	0.954						
69								
70								

[셀의 입력내용]

B64;=M49/(20-1)

B65;=N49/(20-1)

B66;=O49/(20-1)

B68;=B66/SQRT(B64*B65)

순서 14 ››› 제2고유치를 제2정준상관계수의 제곱근에 의해 계산한다.

B69 =SQRT(B68)

	A	B	C	D	E	F	G	H
61		a_1	a_2	b_1	b_2	계수1과 계수2의 곱의 합		
62	계수2	1.000	1.000	1.000	1.000	2.348		
63								
64	이미지군의 분산	2.643						
65	태도군의 분산	3.159						
66	이미지군과 태도군의 공분산	2.755						
67								
68	제2정준상관계수	0.954						
69	제2고유치	0.976						
70								

[셀의 입력내용]

B69;=SQRT(B68)

순서 15 ››› 탭의 [데이터]를 선택하고 [분석] 리본 내의 [해 찾기]를 선택한다.

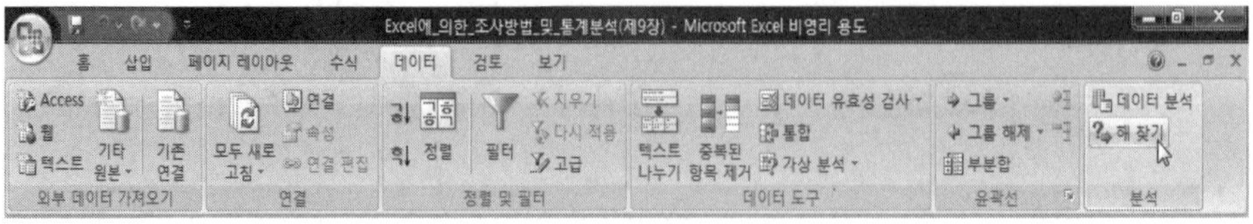

순서 16 ››› 해 찾기 모델 설정

(1) [목표 셀]에 제2정준상관계수가 계산되어 있는 셀 B68을 지정한다.

(2) [해의 조건]에 [최대값]을 선택한다.

(3) [값을 바꿀 셀]에 제2정준변량 계수의 초기치의 범위를 지정한다.

(4) [추가]를 클릭하여 이미지군과 태도군의 분산이 각각 '1'이라고 하는 제한조건을 추가한다.

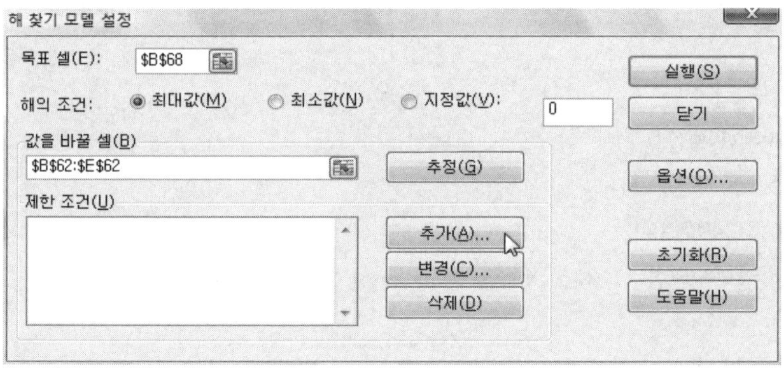

순서 17 ››› 계수에 제한조건을 추가한다.

(1) 이미지군과 태도군의 분산이 각각 '1'이라고 하는 조건을 제한조건으로서 다음과 같이 입력하고 [추가]를 클릭한다.

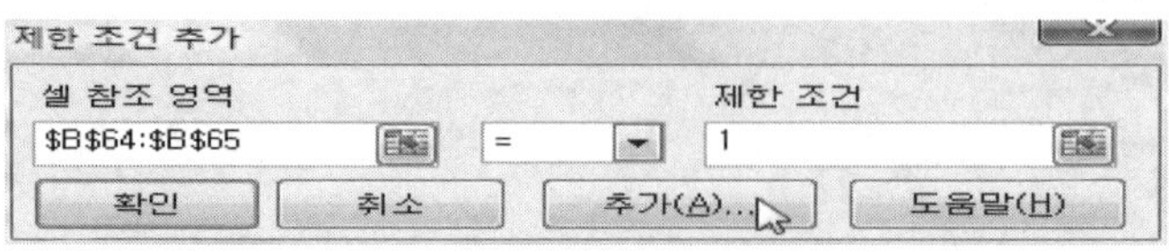

(2) 제1정준변량과 제2정준변량의 각 계수에 대한 곱의 합이 0이라고 하는 조건을 제한조건에 추가한다. [추가]를 클릭한다.

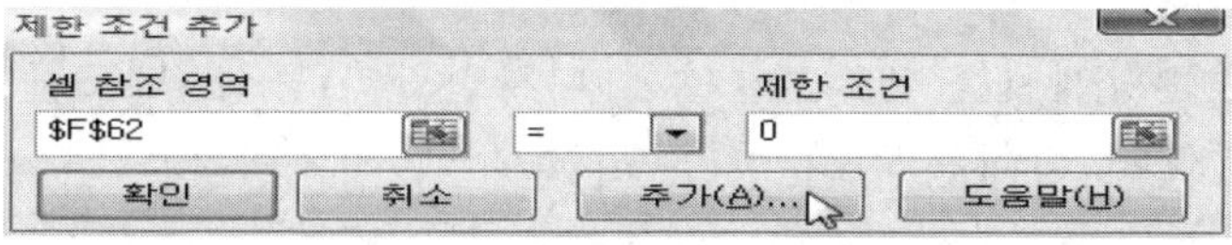

순서 18 ▸▸▸ [제한 조건 추가] 화면에서 [취소]를 클릭하면 원래의 화면으로 되돌아간다. 여기에서 [실행]을 클릭하여 분석을 실행한다.

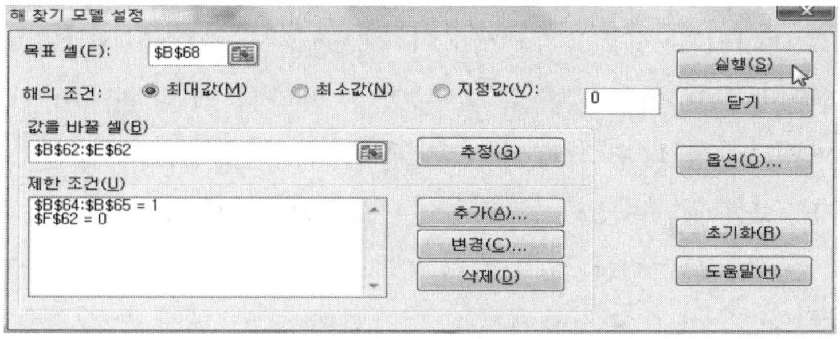

순서 19 ▸▸▸ [해 찾기 결과] 대화상자가 나타나면 다음과 같이 선택하고 [확인]을 클릭한다.

순서 20 ▸▸▸ 제2상관계수를 최대화하는 제2정준변량의 계수 값이 구해진다.

	A	B	C	D	E	F	G	H
61		a_1	a_2	b_1	b_2	계수1과 계수2의 곱의 합		
62	계수2	-0.716	0.966	1.166	-0.987	0.000		
63								
64	이미지군의 분산	1.000						
65	태도군의 분산	1.000						
66	이미지군과 태도군의 공분산	0.701						
67								
68	제2정준상관계수	0.701						
69	제2고유치	0.837						
70								

(1) 제2정준상관계수는 0.701로 높은 값을 보이고 있어, 제2정준변량에서의 이미지군(디자인과 기능성을 합성한 변량)과 태도군(매력도와 선호도를 합성한 변량)의 상관은 높다는 것을 알았다.

(2) 제2정준변량에서는 이미지군에서 디자인과 기능성, 태도군에서 매력도와 선호도의 대비 형태로 되어 있다. 따라서 제2정준변량은 이미지군에서는 '디자인 vs. 기능성', 태도군에서는 '매력도 vs. 선호도'라고 하는 대비를 나타내는 정준변량이라고 해석할 수 있다.

■ 분석결과

<표 9-1>의 데이터를 정준상관분석하면, 제1정준상관계수는 0.956, 제2정준상관계수는 0.701이라고 하는 높은 값으로 되어 있다. 따라서 액정 텔레비전의 이미지군(디자인과 기능성을 합성한 변량)과 태도군(매력도와 선호도를 합성한 변량)의 상관은 대단히 높다는 것을 알 수 있다. 그리하여 제1정준변량에서는 각각의 변량군 내에서 어느 평가의 결과를 보더라도 값이 커서, 대략적으로는 전반적인 평가가 높음을 나타낸다고 생각된다. 특히 이미지군에서는 디자인이 크고 태도군에서는 선호도가 크므로, 각각 이들을 대표하는 정준변량이라고 해석할 수 있다.

한편, 제2정준변량에서는, 이미지군에서는 디자인과 기능성, 태도군에서는 매력도와 선호도의 대비의 형태로 되어 있다. 따라서 제2정준변량은 이미지군에서는 '디자인 vs. 기능성', 태도군에서는 '매력도 vs. 선호도'라고 하는 대비를 나타내는 정준변량이라고 해석할 수 있다.

제5절 유효한 정준상관계수의 개수 결정

정준상관분석에서는 p개의 변수와 q개의 변수($p \leq q$)가 있으면, p개의 정준상관계수를 구할 수 있다. 그러나 모든 것을 구한다고는 할 수 없다. 각 정준상관계수를 구하는 것에 의미가 있는지를 생각하여, 몇 개의 정준상관계수를 받아들일지를 결정할 필요가 있다. 그러기 위해서는 **바트렛 검정**(Bartlett's test)이라고 불리는 모집단에 있어서 유효한 정준상관계수의 개수를 정하기 위한 검정을 실시한다.

바트렛 검정에서는 p개의 변수와 q개의 변수($p \le q$)가 있어 p개의 고유치(λ)가, $\lambda_1^2 \ge \lambda_2^2 \ge \cdots \ge \lambda_p^2$으로 얻어져 있을 때에, 귀무가설을 '1부터 k번째까지의 정준상관계수가 0', 대립가설을 '1부터 k번째까지의 정준상관계수가 0이 아니다'로 설정한다. 그리하여 그 귀무가설 하에서의 검정통계량 χ^2

$$\chi^2 = -\left\{(n-1) - \frac{1}{2}(p+q+1)\right\} \times \log_e \prod_{k=1}^{m}(1-\lambda_k^2)$$

가 자유도 $p \times q$의 χ^2분포에 점근적으로 따른다고 한다. 단,

$$\prod_{k=1}^{m}(1-\lambda_k^2) = (1-\lambda_1^2) \times (1-\lambda_2^2) \times \cdots \times (1-\lambda_m^2)$$

이다.

얻어진 검정통계량 χ^2으로부터 P값을 산출하고, 그 P값이 설정하고 있는 유의수준(5%나 1% 등) 이하이면 귀무가설을 기각한다. 요컨대, 제1정준상관계수로부터 제k 정준상관계수까지 0이라고는 할 수 없다고 한다. 또 $k+1$번째의 정준상관계수의 검정에 대해서는, 검정통계량 χ^2

$$\chi^2 = -\left\{(n-1) - \frac{1}{2}(p+q+1)\right\} \times \log_e \prod_{j=k+1}^{m}(1-\lambda_k^2)$$

는 자유도 $(p-k) \times (q-k)$의 χ^2분포에 점근적으로 따른다는 사실로부터, 이 성질을 이용해서 $k+1$번째의 변수에 대한 검정을 실시한다. 그리고 Excel에서는, 유의확률 P값은 CHIDIST 함수에 의해 구해진다.

▶ 바트렛 검정의 절차

Excel에서 바트렛 검정을 실행하기 위한 구체적인 절차는 다음과 같다.

예제 9-3

<표 9-1>의 데이터를 정준상관분석을 실행한 결과 얻어진 정준상관계수를 몇 개까지 받아들이면 좋을지를 바트렛 검정(Bartlett's test)에 의해 판단한다. <표 9-1>의 데이터에서는 이미지와 태도에 대해서 각각 두 개의 변수가 있기 때문에, 두 개의 정준상

관이 구해지고, 제2정준상관계수까지 산출된다. 그래서 이들 두 개의 각 정준상관계수를 받아들여야 할지를 바트렛 검정에 의해 판단한다.

제1정준상관계수의 검정에서는, 모집단에 대한 제1정준상관계수를 p_1이라 하면, 귀무가설을 '$p_1 = 0$', 대립가설을 '$p_1 \neq 0$'이라고 설정해서, 이 귀무가설 하에서의 검정통계량 χ^2를 구해서 검정한다. 제2정준상관계수의 검정에서는, 모집단에 대한 제2정준상관계수를 p_2라 하고, 귀무가설을 '$p_2 = 0$', 대립가설을 '$p_2 \neq 0$'이라고 한다. 그리하여 이 귀무가설 하에서 검정통계량 χ^2를 구하여 검정을 실시한다.

순서 1 ▸▸▸ 제1정준상관계수의 검정을 실시한다.

(1) 모집단에 대한 제1정준상관계수를 p_1이라 하고, 귀무가설 '$p_1 = 0$' 하에서 검정통계량 χ^2를 구한다.

(2) 검정통계량 χ^2로부터 유의확률 P값을 계산한다.

(3) P값은 CHIDIST 함수에 의해서 구해진다.

(4) P값과 유의수준을 비교해서 귀무가설이 기각되는지 어떤지를 판단한다.

B71 | 이름 상자 | fx =-((20-1)-0.5*(2+2+1))*LN((1-(B59)^2)*(1-(B69)^2))

	A	B	C	D	E	F	G	H
58	제1정준상관계수	0.956						
59	제1고유치	0.978						
60								
61		a_1	a_2	b_1	b_2	계수1과 계수2의 곱의 합		
62	계수2	-0.716	0.966	1.166	-0.987	0.000		
63								
64	이미지군의 분산	1.000						
65	태도군의 분산	1.000						
66	이미지군과 태도군의 공분산	0.701						
67								
68	제2정준상관계수	0.701						
69	제2고유치	0.837						
70								
71	검정통계량1	71.389						
72	P값	0.000						
73								

P값은 0.000이며, 유의수준을 5%로 하면 P값은 0.05보다 작으므로 귀무가설은 기각된다. 따라서 제1정준상관계수 p_1은 0이라고는 할 수 없다.

순서 2 ▸▸▸ 제2정준상관계수의 검정을 실시한다.

(1) 모집단에 대한 제2정준상관계수를 p_2라 하고, 귀무가설 '$p_2 = 0$' 하에서 검정통계량 χ^2를 구한다.

(2) 검정통계량 χ^2로부터 유의확률 P값을 계산한다.

(3) P값은 CHIDIST 함수에 의해서 구해진다.

(4) P값과 유의수준을 비교해서 귀무가설이 기각되는지 어떤지를 판단한다.

B74   fx =-((20-1)-0.5*(2+2+1))*LN((1-(B69)^2))

	A	B	C	D	E	F	G	H
58	제1정준상관계수	0.956						
59	제1고유치	0.978						
60								
61		a_1	a_2	b_1	b_2	계수1과 계수2의 곱의 합		
62	계수2	-0.716	0.966	1.166	-0.987	0.000		
63								
64	이미지군의 분산	1.000						
65	태도군의 분산	1.000						
66	이미지군과 태도군의 공분산	0.701						
67								
68	제2정준상관계수	0.701						
69	제2고유치	0.837						
70								
71	검정통계량1	71.389						
72	P값	0.000						
73								
74	검정통계량2	19.906						
75	P값	0.001						
76								

P값은 0.001이며, 유의수준을 5%로 하면 P값은 0.05보다 작으므로 귀무가설은 기각된다. 따라서 제2정준상관계수 p_2는 0이라고는 할 수 없다.

■ 분석결과

제1정준상관계수의 검정에서는 제1고유치가 0.978, 제2고유치가 0.837, 데이터 수가 20, 변량 수는 각각 2이다. 따라서 검정통계량 χ^2는,

$$\chi^2 = -\left\{(20-1) - \frac{1}{2}(2+2+1)\right\} \times \log_e(1-0.978^2) \times (1-0.837^2) = 71.389$$

가 된다. 자유도는 4(2×2)이며, P값은 0.000이 된다. 유의수준을 5%로 하면 P값은

0.05보다 작으므로 귀무가설은 기각된다. 따라서 제1정준상관계수 p_1은 0이라고는 할 수 없다.

제2정준상관계수의 검정에 있어서, 검정통계량 χ^2를 구하면,

$$\chi^2 = -\left\{(20-1) - \frac{1}{2}(2+2+1)\right\} \times \log_e(1-0.837^2) = 19.906$$

이 된다. 자유도는 4이며, P값을 CHIDIST 함수로 구하면 0.001이 된다. 유의수준을 5%로 하면 P값은 0.05보다 작으므로 귀무가설은 기각된다. 따라서 제2정준상관계수 p_2는 0이라고는 할 수 없다. 이상으로부터 정준상관계수는 제1정준상관계수와 제2정준상관계수를 각각 채택한다.

주성분분석 10

제1절 주성분분석의 기초지식

1. 주성분분석의 개요

▶ 주성분분석

주성분분석(principal component analysis)이란 상관이 있는 많은 변수의 값을 하나 또는 소수의 합성변수(주성분)로 나타내는 기법이다. 그 때 이 합성변수 안에 원래의 변수가 가지고 있는 정보를 가능한 한 많이 포함시키는 것이 필요하다. 다시 말하면 주성분분석이란 해석하고자 하는 다차원의 데이터를 거기에 포함된 정보의 손실을 가능한 한 적게 해서 하나 혹은 소수 차원의 데이터로 축약하는 수법이다. 주성분분석을 활용하면 관측대상이 어떠한 위치에 있는지 시각적으로 파악할 수 있게 된다.

주성분분석이란 예를 들면 변수 1, 변수 2, 변수 3에 대해서 다음과 같은 느낌을 말한다.

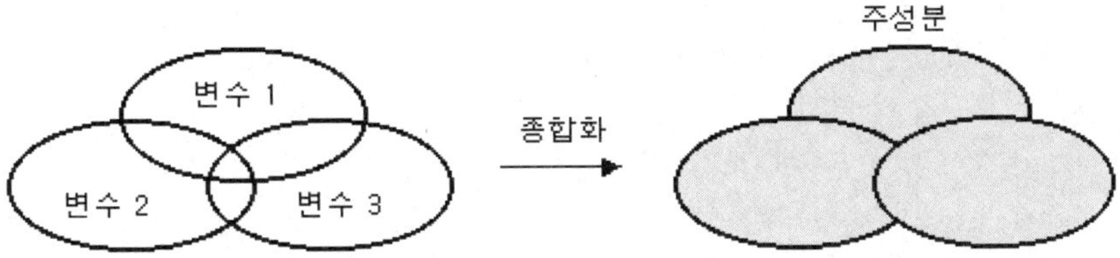

종합화된 주성분을 다음과 같이 표현하면,

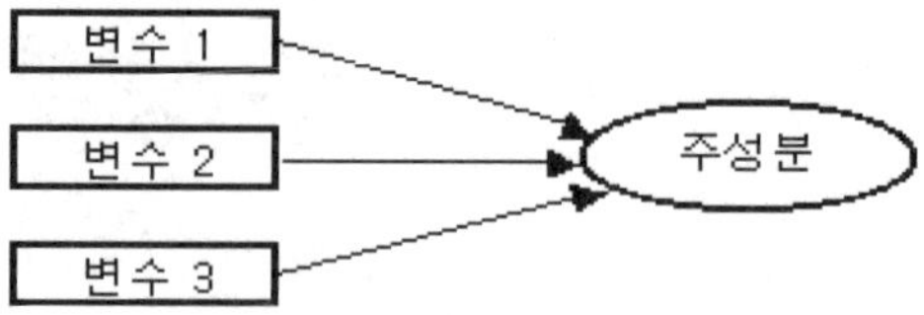

이것이 바로 주성분분석의 이미지라고 할 수 있다. 각각의 변수가 갖는 가중치를 a_1, a_2, a_3라고 하면,

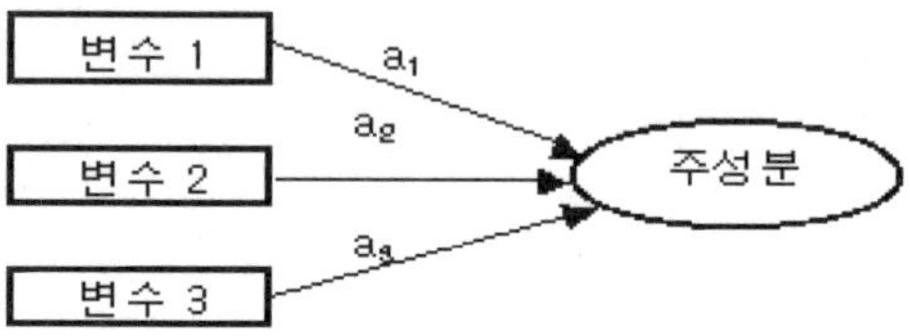

과 같이 된다.

▶ 주성분분석의 목적

주성분분석은 다음과 같은 목적으로 이용된다.

(1) 다수의 지표를 통합한 종합적인 지표를 작성한다.

(2) 관측대상을 몇 개의 그룹으로 나눈다.

(3) 중회귀분석이나 판별분석을 위한 데이터를 다른 관점에서 음미한다.

▶ 변수의 통합과 주성분분석

다음의 산포도(산점도)는 성인 20명의 신장과 체중의 데이터를 기초로 작성한 것이다.

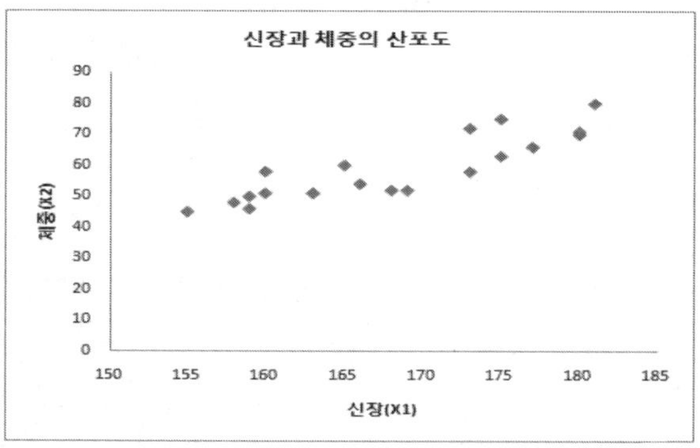

| 그림 10-1 | **신장과 체중의 산포도**

그런데 이 산포도를 다음 <그림 10-2>의 (그림 A)와 같이 4개의 영역으로 구분해 보자. 산포도의 제1상한에 위치하는 사람은 신장이 크고 체중도 무거운 「몸집이 큰」 사람이다. 역으로 제3상한에 위치하는 사람은 「몸집이 작은」 사람이다.

또 제4상한에 위치하는 사람은 신장이 큰 데 비해 체중이 가벼우므로 「마른」 사람이고, 제2상한의 사람은 「살찐」 사람이다.

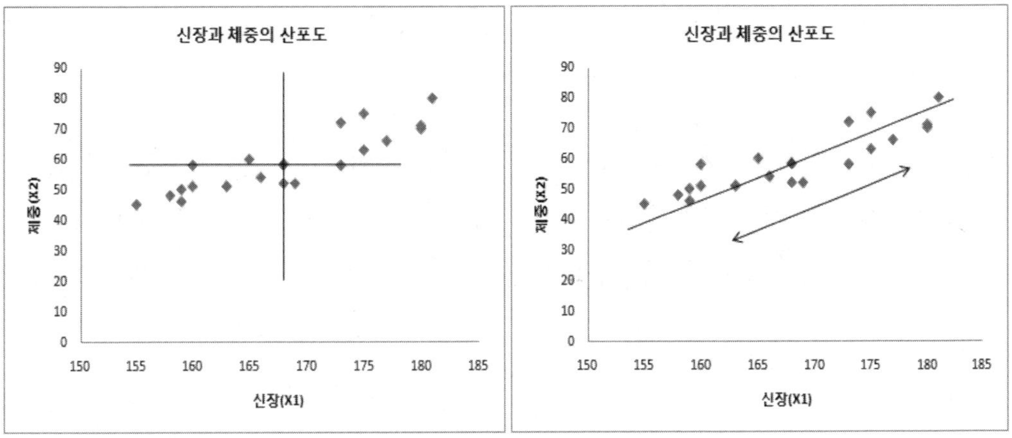

〈그림 A〉 〈그림 B〉

| 그림 10-2 | 종합적인 변수

여기에서 산포도상에 (그림 B)와 같은 직선을 그어 본다(회귀직선은 아니다). 이 직선을 축으로 생각하고 눈금을 넣으면, 이 축은 몸집이 크냐 작으냐를 나타내는 것이라고 생각할 수 있을 것이다.

주성분분석은 이와 같은 축을 구하기 위한 수법으로, x_1과 x_2의 데이터를 통합해서 새로운 종합적인 변수를 만들어 내는 것을 목적으로 하고 있다.

▶ 주성분분석의 계산

주성분분석은 수집한 다변량 데이터로부터 새로운 변수를 만들어 내는 것을 목적으로 한 수법으로, 중회귀분석이나 판별분석의 경우와 같은 목적변수와 설명변수라고 하는 구별은 없다. 이제 변수의 수가 p개(x_1, x_2, $\cdots$, x_p), 관측대상의 수가 n개인 다변량 데이터가 있다고 한다.

관측대상	x_1	x_2	x_3	$\cdots$	x_p
1					
2					
·					
·			데 이 터		
·					
·					
·					
·					
n					

이 데이터를 기초로 p개보다 적은 m개의 새로운 변수 z_1, z_2, $\cdots$, z_m을 만들어 내는 것을 생각한다. 새로운 변수 z_1, z_2, $\cdots$, z_m은 원래의 변수 x_1, x_2, $\cdots$, x_p를 결합한 변수로, 다음과 같은 식으로 나타낼 수 있도록 하고 싶다.

$$
\begin{aligned}
z_1 &= a_{11}x_1 + a_{21}x_2 + \cdots + a_{1p}x_p \\
z_2 &= a_{21}x_1 + a_{22}x_2 + \cdots + a_{2p}x_p \\
&\cdots\cdots\cdots\cdots\cdots \\
z_m &= a_{m1}x_1 + a_{m2}x_2 + \cdots + a_{mp}x_p
\end{aligned}
$$

계산에 의해서 구하고 싶은 것은 x_1, x_2, $\cdots$, x_p의 각 계수 a_{11}, a_{12}, $\cdots$, a_{mp}이다. 여기에서 새로운 변수는 다음과 같은 성질을 갖는 것으로 하고 싶다.

(1) z_1은 x_1에서 x_p까지의 정보가 최대한 집약되도록 한다.
(p개의 변수가 갖고 있는 정보를 하나의 변수 z_1에 집약하고자 하는 것이므로, 정보의 손실이 생긴다. 이 손실을 최소한으로 억제하고자 한다)

(2) z_2는 x_1, x_2, $\cdots$, x_p의 정보가 z_1의 다음에 가능한 한 많이 집약되도록 한다. 게다가 z_1과는 독립이 되도록 한다.

(3) z_3는 x_1, x_2, $\cdots$, x_p의 정보가 z_1과 z_2의 다음에 가능한 한 많이 집약되도록 한다. 게다가 z_1 및 z_2와는 독립이 되도록 한다.

(4) 이하 z_4에서 z_m까지 마찬가지로 생각한다.

이와 같은 성질을 충족시키도록 a_{11}, a_{12}, $\cdots$, a_{mp}를 산출하고자 하는 것이 주성분분석의 계산이다. 결국 주성분분석이란 많은 변수의 값에 다른 가중치를 부여하여 서로 독립적인 합성변수를 구하는 기법이라고 할 수 있다.

그런데 (1)은 z_1의 분산이 최대가 되도록 하는 것과 같은 의미를 갖는다. 그러나 그러기 위해서는 a_{11}, a_{12}, ⋯, a_{1p}를 한없이 크게 하면 되는데, 그렇게 해서는 z_1이 정해지지 않는다.

그래서

$$a_{11}^2 + a_{12}^2 + \cdots + a_{1p}^2 = 1$$

이라고 하는 조건을 붙인다.

(2)는 z_1과는 독립이고 또한 분산이 최대가 되도록 하는 것과 같은 의미를 갖는다. 이 경우도,

$$a_{21}^2 + a_{22}^2 + \cdots + a_{2p}^2 = 1$$

이라고 하는 조건을 붙인다.

(3)과 (4)도 마찬가지로 생각한다.

이와 같은 조건 하에서 a_{11}, a_{12}, ⋯, a_{mp}를 구하는 것은, x_1, x_2, ⋯, x_p의 분산공분산행렬(각 변수의 분산과 공분산을 요소로 하는 행렬)의 고유치(eigenvalue)와 고유벡터(eigenvector)를 계산하는 것에 귀착하고, a_{11}, a_{12}, ⋯, a_{mp}는 바로 고유벡터가 되는 것이다.

이상의 사실로부터 주성분분석을 실시하는 데는 행렬의 고유치와 고유벡터를 계산하지 않으면 안 된다.

그런데 새로운 변수 z_1, z_2, ⋯, z_m의 식이 구해지면 그 식에 x_1, x_2, ⋯, x_p의 구체적인 수치를 대입함으로써 관측대상마다 새로운 변수의 값을 구할 수 있다.

이 수치를 **주성분득점** 혹은 **주성분 스코어**라고 부르고 있다.

관측대상	z_1	z_2	z_3	⋯	z_m
1 2 · · · · · · · n	주성분득점				

▶ 주성분분석의 효용

새로운 변수 z_1, z_2, …, z_m이 구해지면 p개의 변수를 m개로 집약할 수 있게 된다. 이러한 사실은 어떠한 장점을 가져오는 것일까?

이제 6개의 변수로 이루어지는 다변량 데이터가 있다고 하자. 이들 변수의 관계를 파악하기 위해서 산포도를 이용하기로 하면, 두 변수마다 15매의 산포도를 관찰하지 않으면 안 된다. 주성분분석에 의해서, 예를 들면 이 데이터를 두 개의 새로운 변수로 집약할 수 있다고 하면 6변수의 정보를 1매의 산포도에 표현할 수 있어 정보의 이해가 훨씬 용이해진다. 또 이 산포도상에서 관측대상을 몇 개의 그룹으로 나눌 수 있다고 하는 효용가치가 있다.

▶ 데이터의 표준화

다변량 데이터는 각 변수가 같은 단위로 측정되어 있는 경우와 변수의 단위가 다른 경우가 있다. 변수의 단위가 다르다고 하는 것은, 신장이라고 하는 변수는 cm의 단위로 측정되고 체중이라고 하는 변수는 kg의 단위로 측정되어 있는 경우 등을 말한다.

이와 같은 경우에는 변수마다 데이터를 표준화하고 나서 주성분분석을 적용하는 것이 좋다. 왜냐하면 주성분분석은 측정단위를 어떻게 취하느냐에 따라서 영향을 받기 때문이다. 물건의 길이를 나타내는 변수이더라도 cm의 단위로 기술된 데이터와 m의 단위로 기술된 데이터에서는 주성분분석의 결과가 달라지므로, 데이터는 표준화해 놓은 편이 무난하다.

데이터의 표준화란,

각 데이터로부터 평균을 빼고 표준편차로 나눈다

는 것으로 표준화된 데이터는 평균 0, 표준편차 1이 된다. 변수마다 데이터를 표준화함으로써 변수 간 단위의 상위를 소거할 수 있다.

▶ 분산공분산행렬

이제 세 개의 설명변수 x_1, x_2, x_3로 이루어지는 다변량 데이터가 있다고 한다. 이것들을 기초로 변수마다의 분산(variance)과 두 변수마다의 공분산(covariance)을 계산하여 다음과 같은 형태로 정리한 행렬을 **분산공분산행렬**이라고 한다.

	x_1	x_2	x_3
x_1	x_1의 분산	x_1과 x_2의 공분산	x_1과 x_3의 공분산
x_2	x_1과 x_2의 공분산	x_2의 분산	x_2와 x_3의 공분산
x_3	x_1과 x_3의 공분산	x_2와 x_3의 공분산	x_3의 분산

▶ 주성분분석의 종류

데이터를 표준화하지 않고 직접 생 데이터에 대해서 주성분분석을 적용하는 방법을 「분산공분산행렬로부터 출발하는 주성분분석」이라 하고, 표준화한 데이터에 대해서 주성분분석을 적용하는 방법을 「상관행렬로부터 출발하는 주성분분석」이라고 한다.

어느 쪽의 행렬로부터 출발하느냐의 판단기준은 다음과 같이 생각할 수 있다.

(1) 각 변수의 측정단위가 다르다 → 상관행렬

(2) 각 변수의 산포도(散布度) 차이를 반영시키고 싶다 → 분산공분산행렬

(3) 각 변수의 산포도 차이를 반영시키고 싶지 않다 → 상관행렬

(4) 그 외 → 양쪽 적용

2. 제1주성분

다음의 데이터는 전술한 성인 20명의 신장(cm)과 체중(kg)을 측정한 데이터이다.

No.	신장(x_1)	체중(x_2)	No.	신장(x_1)	체중(x_2)
1	165	60	11	177	66
2	160	58	12	180	71
3	173	58	13	181	80
4	175	63	14	175	75
5	180	70	15	173	72
6	160	51	16	168	52
7	158	48	17	159	46
8	163	51	18	163	51
9	169	52	19	166	54
10	155	45	20	159	50

전술한 바와 같이 주성분분석은 두 변수 x_1(신장), x_2(체중)의 데이터를 통합해서 새로운 종합변수를 만들고자 하는 것이 목적이다.

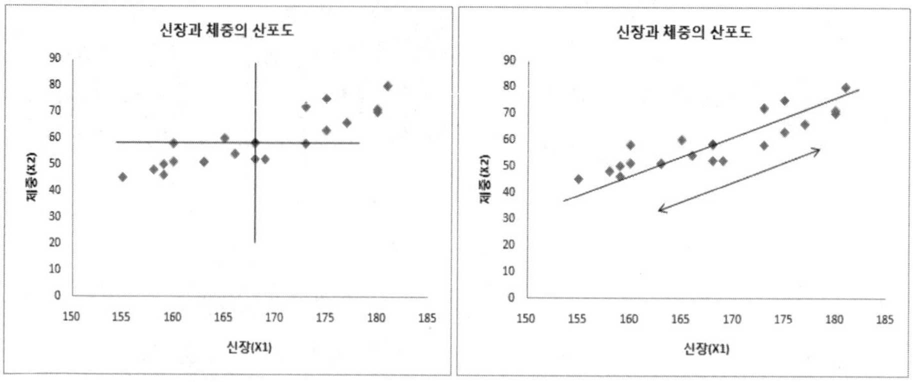

〈그림 A〉 〈그림 B〉

| 표 10-3 | **제1주성분**

두 개의 변수에 각각 계수 a_1, a_2를 곱해서

$$z_1 = a_1 x_1 + a_2 x_2$$

로 한다. 이것이 제1주성분인 것이다. 이 계수 a_1, a_2는 <그림 10−3>의 (그림 B)에서와 같이 어떤 방향을 나타내고 있는데, 이 방향이 주성분 축의 방향비(方向比)이다.

그런데

계수 a_1, a_2가 나타내는 방향의 축 = 제1주성분

은 새로 만들어진 좌표축이므로, 이 축에는 아직 이름이 정해져 있지 않다.

따라서 주성분분석이란,

(1) 계수 a_1, a_2를 구하고

(2) a_1, a_2가 나타내는 방향의 축에 이름을 붙인다

고 하는 것을 말한다.

그러면 계수 a_1, a_2의 방향비를 구해 보도록 하자. <그림 10−3>의 (그림 B)에서 변수를 '종합화한다'고 하는 것은 데이터를 '제1주성분의 축 위에서 생각한다'고 하는 것이다. 즉, 각 데이터로부터 제1주성분에 수직선(垂直線)을 내려서 생각한다고 하는 것이다. 달리 표현을 하자면 데이터가 가지고 있는 주요 성분을 찾아낸다고도 할 수 있다.

그렇다면 제1주성분을 어떻게 취하면 각 데이터를 가장 잘 표현할 수 있겠는가? 이 a_1, a_2의 방향은

$$a_1x_1 + a_2x_2$$

의 분산이 최대가 되는 방향인 것이다. 즉, 데이터를 가장 잘 표현하는 축은 분산이 최대가 되는 축인 것이다.

이 분산을 식으로 나타내면

$$Var(a_1x_1 + a_2x_2) = {a_1}^2 Var(x_1) + {a_2}^2 Var(x_2) + 2a_1a_2 Cov(x_1, x_2)$$

이 된다. 데이터로부터 분산과 공분산을 계산하면,

$$Var(x_1) = 65.4475$$
$$Var(x_2) = 103.9275$$
$$Cov(x_1, x_2) = 72.6825$$

가 되므로 결국

$$Q(a_1, a_2) = 65.4475{a_1}^2 + 103.9275{a_2}^2 + 2 \times 72.6825a_1a_2$$

가 최대로 되는 a_1, a_2를 구하면 되는 것이다.

그런데 유감스럽게도 이대로는 a_1, a_2를 구할 수 없다. 다음과 같이 식을 약간 변형할 필요가 있다.

$$\begin{aligned} F(a_1, a_2) &= Q(a_1, a_2) - \lambda({a_1}^2 + {a_2}^2 - 1) \\ &= 65.4475{a_1}^2 + 103.9275{a_2}^2 + 2 \times 72.6825a_1a_2 - \lambda{a_1}^2 - \lambda{a_2}^2 + \lambda \end{aligned}$$

가 최대로 되는 a_1, a_2를 구하는 것이다. 그렇다면 이제부터는 간단하다. $F(a_1, a_2)$를 a_1, a_2로 편미분해서 0으로 놓으면 되는 것이다.

a_1으로 편미분하면,

$$\frac{\partial}{\partial a_1}F(a_1, a_2) = 2(65.4475a_1 + 72.6825a_2 - \lambda a_1) = 0$$

이 된다. 그리고 a_2로 편미분하면,

$$\frac{\partial}{\partial a_2}F(a_1,a_2)=2(72.6825a_1+103.9275a_2-\lambda a_2)=0$$

이 된다. 따라서

$$65.4475a_1+\ 72.6825a_2-\lambda a_1=0$$
$$72.6825a_1+103.9275a_2-\lambda a_2=0$$

$$65.4475a_1+\ 72.6825a_2=\lambda a_1$$
$$72.6825a_1+103.9275a_2=\lambda a_2$$

이 식을 행렬로 나타내면,

$$\begin{bmatrix}65.4475 & 72.6825\\ 72.6825 & 103.9275\end{bmatrix}\begin{bmatrix}a_1\\ a_2\end{bmatrix}=\lambda\begin{bmatrix}a_1\\ a_2\end{bmatrix}$$

이 된다. 이것은 바로 고유치문제에 해당된다. 이 때,

$$\lambda=\text{고유치},\qquad \begin{bmatrix}a_1\\ a_2\end{bmatrix}=\text{고유벡터}$$

이다. 즉, a_1, a_2를 구한다고 하는 것은

$$\text{분산공분산행렬}=\begin{bmatrix}65.4475 & 72.6825\\ 72.6825 & 103.9275\end{bmatrix}$$

의 고유치·고유벡터를 구하는 것이다.

그런데 주성분분석에서는 고유벡터의 크기를 1로 제한해 놓기로 한다. 따라서

$$a_1{}^2+a_2{}^2=1$$

이라고 하는 조건이 붙는다.

제2절 주성분분석의 계산원리

1. 제1주성분의 산출

▶ Excel에 의한 해법

순서 1 ▸▸▸ 데이터의 입력

B열에 신장, C열에 체중에 관한 데이터를 입력한다.

	A	B	C	D	E	F	G	H	I
1	No.	신장(x_1)	체중(x_2)						
2	1	165	60						
3	2	160	58						
4	3	173	58						
5	4	175	63						
6	5	180	70						
7	6	160	51						
8	7	158	48						
9	8	163	51						
10	9	169	52						
11	10	155	45						
12	11	177	66						
13	12	180	71						
14	13	181	80						
15	14	175	75						
16	15	173	72						
17	16	168	52						
18	17	159	46						
19	18	163	51						
20	19	166	54						
21	20	159	50						

Sheet1 / Sheet2 / Sheet3

순서 2 ▸▸▸ 분산공분산행렬 구하기

(1) 메뉴에서 [데이터]-[데이터 분석]을 선택한다.

(2) [통계 데이터 분석] 대화상자가 나타나면 [공분산분석]을 선택하고, [확인] 버튼을 클릭한다.

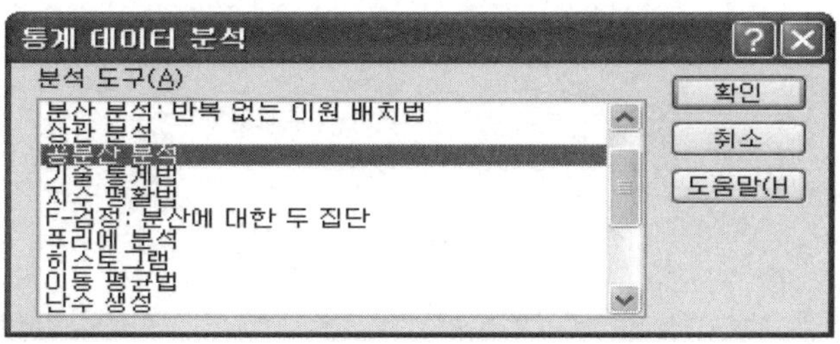

(3) [공분산분석] 대화상자가 나타나면, 다음과 같이 입력하고 [확인] 버튼을 클릭 한다.

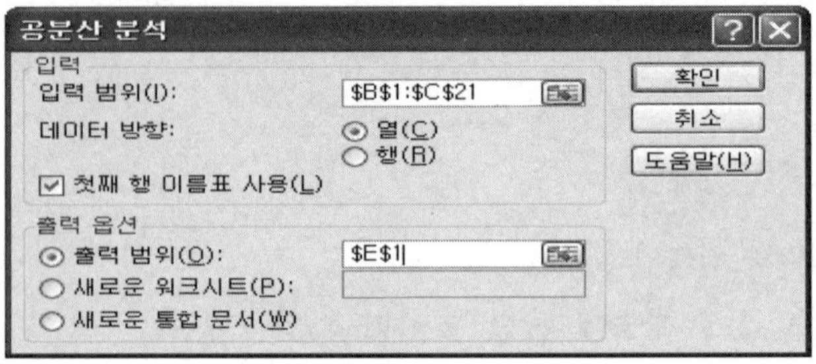

(4) 분산공분산행렬이 출력된다.

분산공분산행렬이 셀 E1 이하에 출력된다. 이 때의 분산은 전체 모집단의 분산을 구하고 있음에 유의해야 한다.

셀 F2의 입력내용; =VARP(Sheet1!$B$2:$B$21)

	E	F	G	H	I
1		신장(x1)	체중(x2)		
2	신장(x1)	65.4475			
3	체중(x2)	72.6825	103.9275		
4					
5					

순서 3 ››› 첫 번째 행렬의 곱셈

(1) 준비

셀 F3의 값을 복사하여 셀 G2에 붙여 넣는다. 배열 I2:I3에 1, 0을 입력해 놓는다.

	A	B	C	D	E	F	G	H	I	J	K
1	No.	신장(x_1)	체중(x_2)			신장(x1)	체중(x2)				
2	1	165	60		신장(x1)	65.4475	72.6825		1		
3	2	160	58		체중(x2)	72.6825	103.9275		0		
4	3	173	58								
5	4	175	63								
6	5	180	70								
7	6	160	51								
8	7	158	48								
9	8	163	51								
10	9	169	52								
11	10	155	45								
12	11	177	66								
13	12	180	71								
14	13	181	80								
15	14	175	75								
16	15	173	72								
17	16	168	52								
18	17	159	46								
19	18	163	51								
20	19	166	54								
21	20	159	50								
22											
23											
24											
25											
26											

Sheet1 / Sheet2 / Sheet3 / Sheet4

(2) 셀 D10:D11 영역을 지정하고 메뉴에서 [함수 마법사]를 클릭한다.

(3) [함수 마법사] 대화상자에서 '수학/삼각'의 'MMULT'를 선택한다.

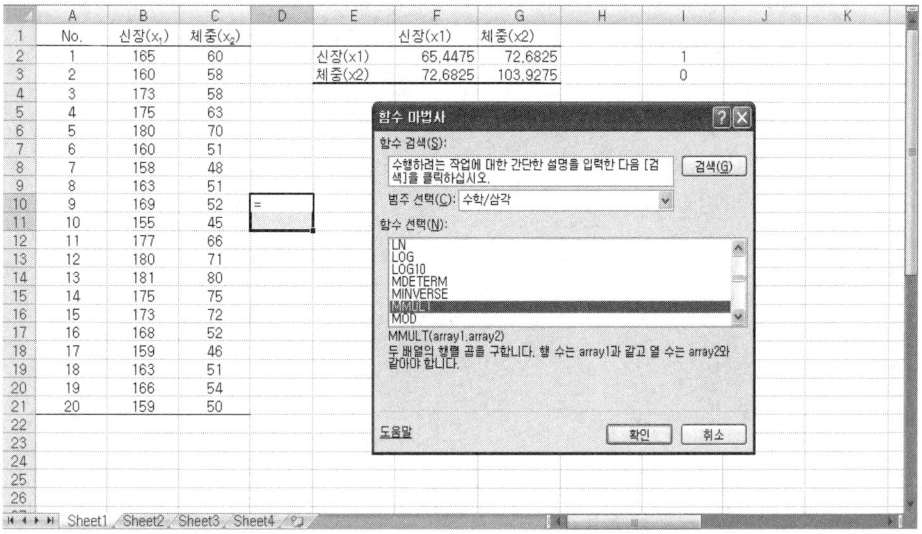

(4) [확인] 버튼을 클릭한다.

(5) MMULT 함수 입력상자에서,

Array1 : F2:G3

Array2 : I2:I3

를 입력하고 Ctrl + Shift + Enter↵ 키를 동시에 누른다.

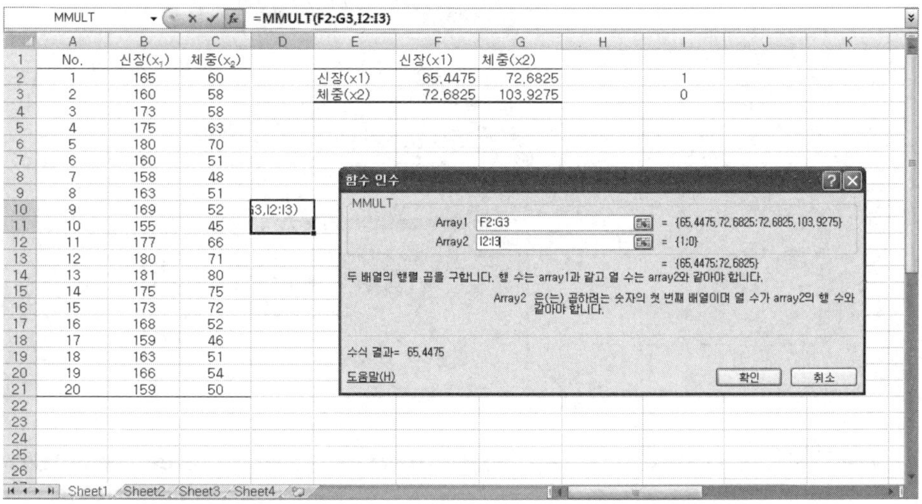

(6) 셀 D10:D11 영역에 곱셈의 결과가 출력된다. 배열 D10:D11의 크기에 대한 제곱값을 구하기 위해 먼저 셀 D12를 클릭한다.

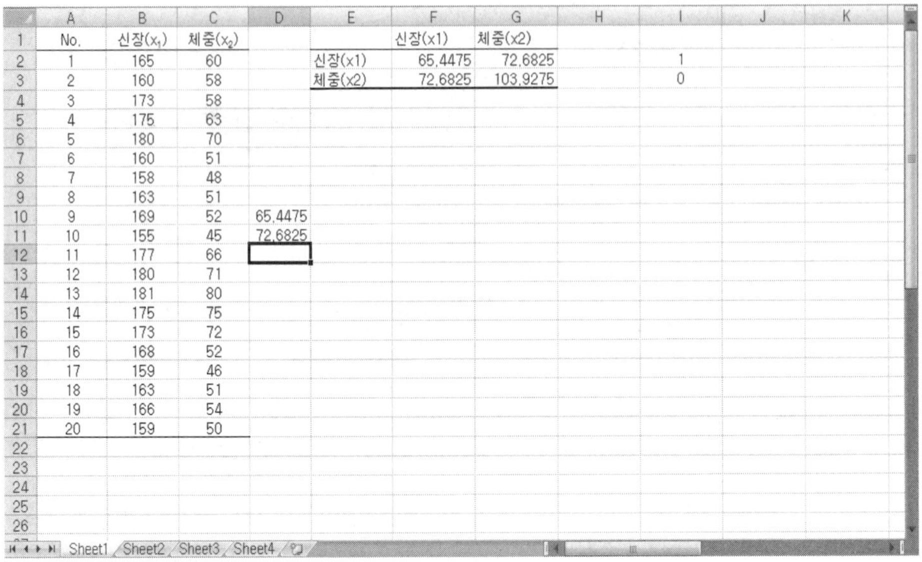

	A	B	C	D	E	F	G	H	I
1	No.	신장(x_1)	체중(x_2)			신장(x1)	체중(x2)		
2	1	165	60		신장(x1)	65.4475	72.6825		1
3	2	160	58		체중(x2)	72.6825	103.9275		0
4	3	173	58						
5	4	175	63						
6	5	180	70						
7	6	160	51						
8	7	158	48						
9	8	163	51						
10	9	169	52	65.4475					
11	10	155	45	72.6825					
12	11	177	66						
13	12	180	71						
14	13	181	80						
15	14	175	75						
16	15	173	72						
17	16	168	52						
18	17	159	46						
19	18	163	51						
20	19	166	54						
21	20	159	50						

(7) 메뉴에서 [함수 마법사]를 클릭한다. [함수 마법사] 대화상자에서 '수학/삼각'의 'SUMSQ'를 선택한다.

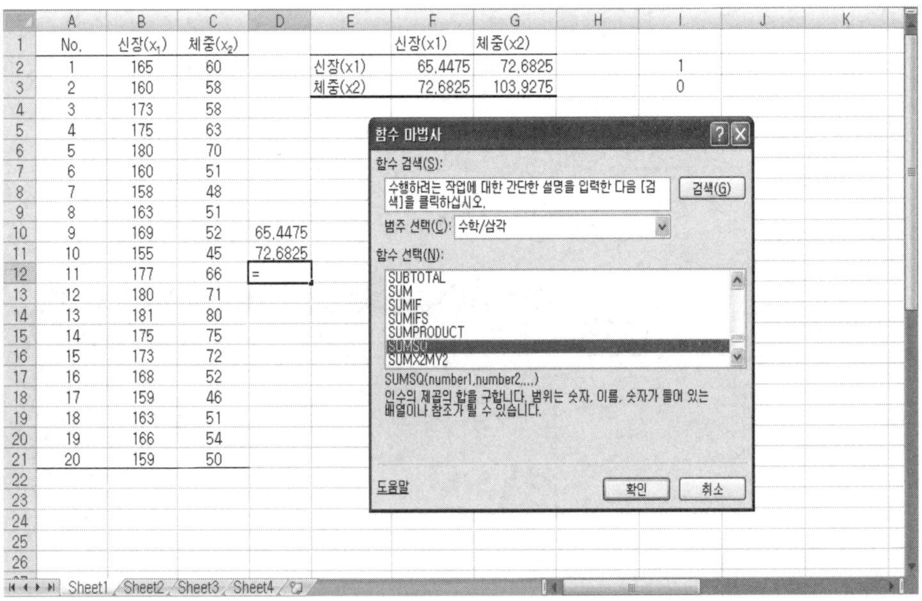

(8) SUMSQ 함수 입력상자가 나타나면, 범위 D10:D11를 입력하고 [확인] 버튼을 클릭한다.

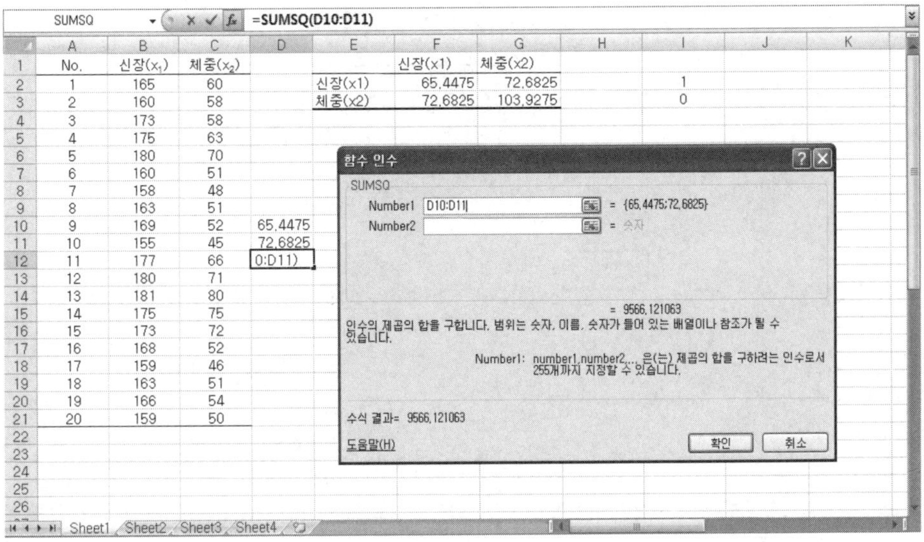

(9) 셀 D12에 벡터 크기의 제곱 $(64.4475)^2 + (72.6825)^2$이 출력된다.

(10) 배열 D10:D11에서 구한 벡터의 크기를 1로 하기 위해서 배열 D10:D11을 $\sqrt{D12}$, 즉 $\sqrt{9566.1211}$로 나누어야 한다.

(11) 그러기 위해서 먼저 셀 D14:D15 영역을 범위 지정한다.

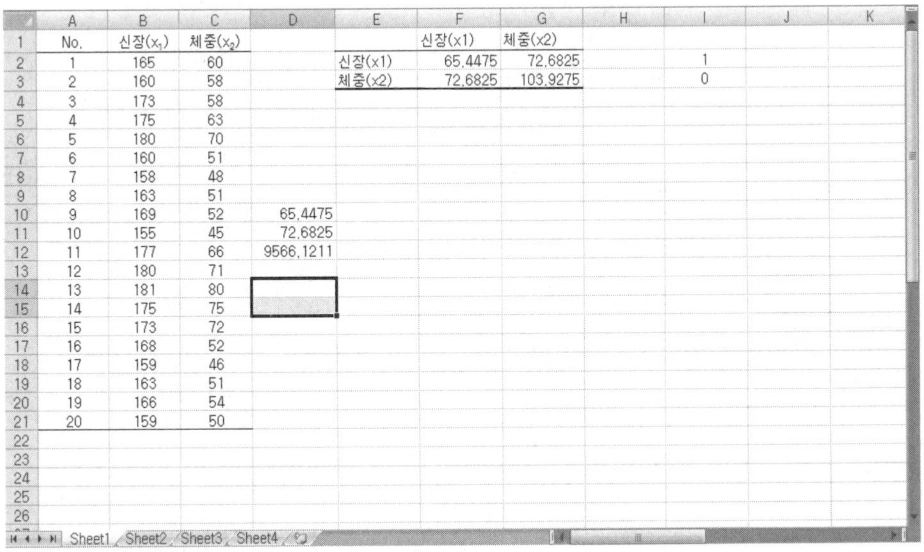

(12) 수식 ‘=D10:D11/D12^0.5’를 입력한다.

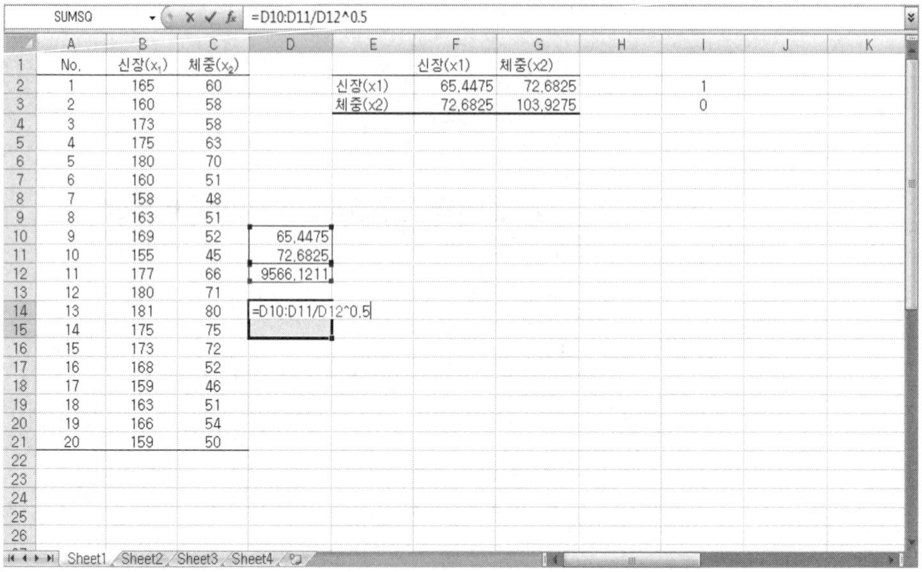

(13) [Ctrl] + [Shift] + [Enter↵] 키를 동시에 누른다. 배열 D14:D15의 벡터는 크기가 1로 되었다.

즉, $(0.6692)^2 + (0.7431)^2 = 1$

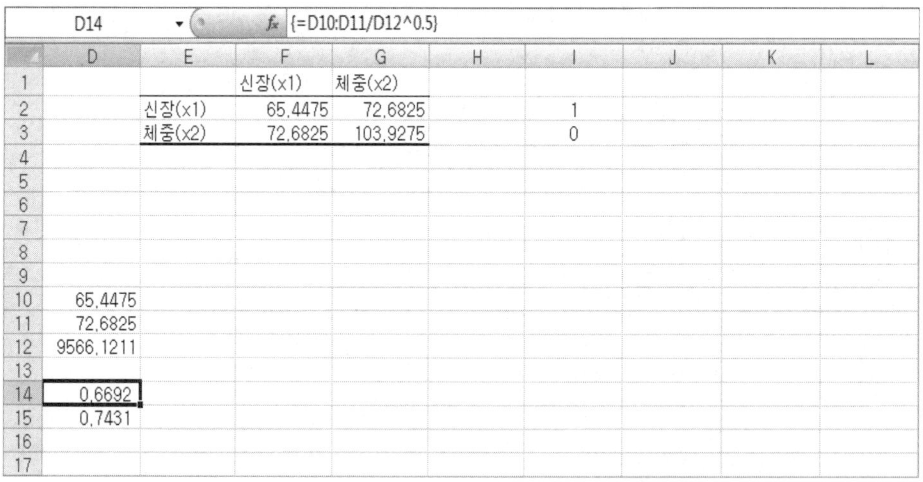

순서 4 ▸▸▸ 두 번째 이후 행렬의 곱셈

(1) 배열 F2:G3와 배열 D14:D15를 곱하여 E10:E11에 출력한다.

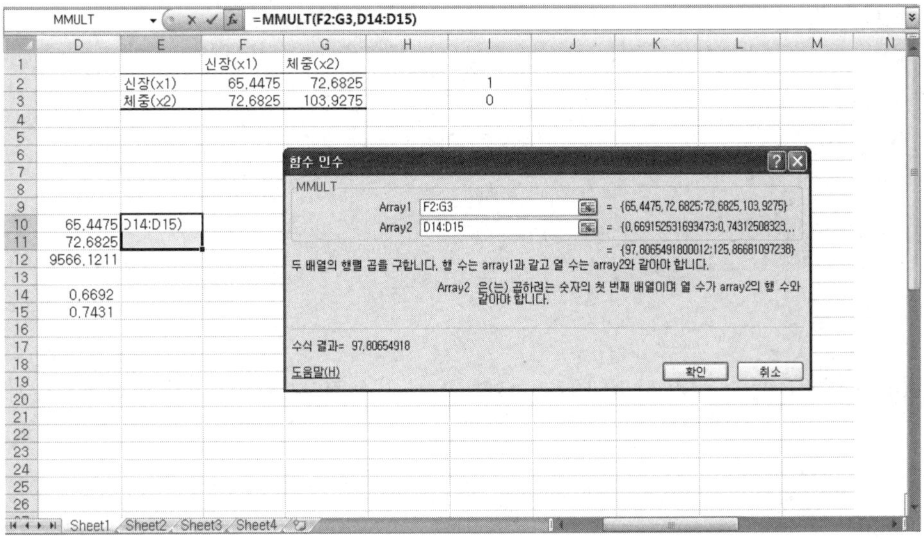

즉, 위와 같이 입력하고 Ctrl + Shift + Enter↵ 키를 동시에 누른다.

(2) 배열 E10:E11의 크기에 대한 제곱값을 구하기 위해서 전술한 [순서 3]의 (6)~(8)을 반복하면 된다. 셀 D12의 계산결과를 E12에 끌어서 복사하면 간단히 구할 수도 있다.

(3) 셀 E12에 벡터 크기의 제곱 $(97.8065)^2 + (125.8668)^2$이 출력된다.

(4) 배열 E10:E11에서 구한 벡터의 크기를 1로 하기 위해서 배열 E10:E11을 $\sqrt{E12}$, 즉 $\sqrt{25408.5752}$로 나누어야 한다.

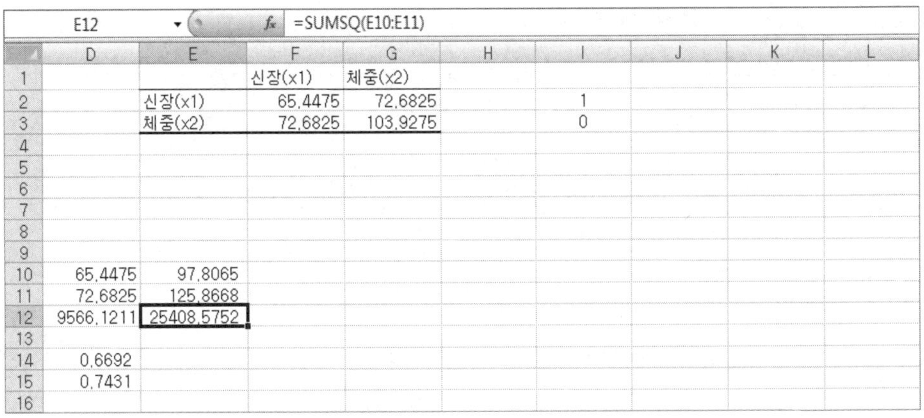

(5) [순서 3]의 (11)~(13)을 반복하면 된다.

E14 {=E10:E11/E12^0.5}

	D	E	F	G	H	I	J	K	L
1			신장(x1)	체중(x2)					
2		신장(x1)	65,4475	72,6825		1			
3		체중(x2)	72,6825	103,9275		0			
4									
5									
6									
7									
8									
9									
10	65,4475	97,8065							
11	72,6825	125,8668							
12	9566,1211	25408,5752							
13									
14	0,6692	0,6136							
15	0,7431	0,7896							
16									
17									

(6) 이상을 반복 실시하여 14행 · 15행에서 이웃하는 배열의 값이 거의 같을 때에 멈춘다.

	D	E	F	G	H	I	J	K
1			신장(x1)	체중(x2)				
2		신장(x1)	65,4475	72,6825		1		
3		체중(x2)	72,6825	103,9275		0		
4								
5								
6								
7								
8								
9								
10	65,4475000	97,8065492	97,5498292	97,5183553	97,5164275	97,5163127	97,5163059	
11	72,6825000	125,8668110	126,6609914	126,6873344	126,6888257	126,6889141	126,6889194	
12	9566,1210625	25408,5751669	25558,9759101	25559,5103143	25559,5122020	25559,5122086	25559,5122087	
13								
14	0,6691525	0,6135893	0,6101755	0,6099723	0,6099602	0,6099595	0,6099594	
15	0,7431251	0,7896253	0,7922663	0,7924227	0,7924320	0,7924326	0,7924326	
16								
17								
18								

순서 5 ▸▸▸ 고유치 · 고유벡터의 산출

(1) 배열 I14:I15와 배열 J14:J15의 값이 거의 같게 되었다.
이것이 구하고자 하는 고유벡터이다.

$$\text{고유벡터} = \begin{bmatrix} 0.6099594 \\ 0.7924326 \end{bmatrix}$$

(2) 이 때의 고유치는

$$\text{고유치} = \sqrt{25559.5122}$$
$$= 159.8734$$

이다.

이상으로부터

$$\begin{bmatrix} 65.4475 & 72.6825 \\ 72.6825 & 103.9275 \end{bmatrix} \begin{bmatrix} a_1 \\ a_2 \end{bmatrix} = \lambda \begin{bmatrix} a_1 \\ a_2 \end{bmatrix}$$

을 만족하는 값은 다음과 같다.

$$\lambda = 159.8734, \qquad \begin{bmatrix} a_1 \\ a_2 \end{bmatrix} = \begin{bmatrix} 0.6099594 \\ 0.7924326 \end{bmatrix}$$

따라서 제1주성분 z_1은

$$\begin{aligned} z_1 &= 0.6100x_1 + 0.7924x_2 \\ &= 0.6100 \times \text{신장} + 0.7924 \times \text{체중} \end{aligned}$$

이 된다. 다음은 제1주성분이 의미하는 종합적 특성을 간파하면 된다.

신장, 체중의 계수는 모두 플러스로 신장과 체중이 클수록 z_1의 값은 커지게 마련이다. 그렇다면 제1주성분 z_1의 종합적 특성을 '몸집의 크기'라고 이름 붙여도 무방할 것이다.

2. 주성분득점의 산출

위에서 제1주성분은 다음과 같이 되었다.

$$z_1 = 0.6100 \times \text{신장} + 0.7924 \times \text{체중}$$

그런데 1번과 3번 중에서 어느 쪽이 '몸집'이 크다고 할 수 있을까? 그것을 비교하기 위해서 주성분득점을 계산하기로 한다. 주성분득점이란 제1주성분

$$z_1 = 0.6100 \times \text{신장} + 0.7924 \times \text{체중} - 148.9238$$

의 각 변수 x_1(신장), x_2(체중)에 각 데이터의 값을 대입한 것이다.

예를 들면 1번의 경우,

신장 = 165, 체중 = 60

이므로 주성분득점은

$$z_1 = 0.6100 \times 165 + 0.7924 \times 60 - 148.9238 = -0.7298$$

이 된다.

단, 상수항 148.9238은 평균(167.95, 58.65)을 대입했을 때의 값이다.

$$z_1 = 0.6100 \times 167.95 + 0.7924 \times 58.65 = 148.9238$$

이것은 주성분득점의 평균을 0으로 하기 위한 것이다.

▶ Excel에 의한 해법

순서 1 ▸▸▸ 데이터의 입력 및 준비

	A	B	C	D	E	F	G	H	I	J
1	No.	신장(x_1)	체중(x_2)		주성분득점					
2	1	165	60							
3	2	160	58							
4	3	173	58							
5	4	175	63							
6	5	180	70							
7	6	160	51							
8	7	158	48							
9	8	163	51							
10	9	169	52							
11	10	155	45							
12	11	177	66							
13	12	180	71							
14	13	181	80							
15	14	175	75							
16	15	173	72							
17	16	168	52							
18	17	159	46							
19	18	163	51							
20	19	166	54							
21	20	159	50							
22										
23										

순서 2 ▸▸▸ 신장, 체중의 평균 산출

B23 =AVERAGE(B2:B21)

	A	B	C	D	E	F	G	H	I	J
1	No.	신장(x_1)	체중(x_2)		주성분득점					
2	1	165	60							
3	2	160	58							
4	3	173	58							
5	4	175	63							
6	5	180	70							
7	6	160	51							
8	7	158	48							
9	8	163	51							
10	9	169	52							
11	10	155	45							
12	11	177	66							
13	12	180	71							
14	13	181	80							
15	14	175	75							
16	15	173	72							
17	16	168	52							
18	17	159	46							
19	18	163	51							
20	19	166	54							
21	20	159	50							
22										
23	평균	167.95	58.65							
24										

[셀의 입력내용]

B23; =AVERAGE(B2:B21)

C23; =AVERAGE(C2:C21)

순서 3 ▸▸▸ 주성분득점의 산출

(1) 셀 E2를 클릭하고 다음의 수식을 입력한다.

E2; =0.6100*B2+0.7924*C2−(0.6100*167.95+0.7924*58.65)

E2 | =0.61*B2+0.7924*C2-(0.61*167.95+0.7924*58.65)

	A	B	C	D	E	F	G	H	I	J
1	No.	신장(x_1)	체중(x_2)		주성분득점					
2	1	165	60		-0.7298					
3	2	160	58							
4	3	173	58							
5	4	175	63							
6	5	180	70							
7	6	160	51							
8	7	158	48							
9	8	163	51							
10	9	169	52							
11	10	155	45							
12	11	177	66							
13	12	180	71							
14	13	181	80							
15	14	175	75							
16	15	173	72							
17	16	168	52							
18	17	159	46							
19	18	163	51							
20	19	166	54							
21	20	159	50							
22										
23	평균	167.95	58.65							
24										

(2) 셀 E2를 E3에서 E21까지 복사한다.

E4 | =0.61*B4+0.7924*C4-(0.61*167.95+0.7924*58.65)

	A	B	C	D	E	F	G	H	I	J
1	No.	신장(x_1)	체중(x_2)		주성분득점					
2	1	165	60		-0.7298					
3	2	160	58		-5.3646					
4	3	173	58		2.5654					
5	4	175	63		7.7474					
6	5	180	70		16.3442					
7	6	160	51		-10.9114					
8	7	158	48		-14.5086					
9	8	163	51		-9.0814					
10	9	169	52		-4.6290					
11	10	155	45		-18.7158					
12	11	177	66		11.3446					
13	12	180	71		17.1366					
14	13	181	80		24.8782					
15	14	175	75		17.2562					
16	15	173	72		13.6590					
17	16	168	52		-5.2390					
18	17	159	46		-15.4834					
19	18	163	51		-9.0814					
20	19	166	54		-4.8742					
21	20	159	50		-12.3138					
22										
23	평균	167.95	58.65							
24										

이 출력결과를 보면,

$$1\text{번의 주성분득점} = -0.7298$$
$$3\text{번의 주성분득점} = 2.5654$$

이므로 3번이 1번보다 몸집이 더 크다고 할 수 있다.

제3절 주성분분석의 실제

1. 주성분분석의 적용예

<표 10-1>의 데이터는 어느 중학교 1학년생 30명에 대한 신체검사를 실시하여 신장(cm), 체중(kg), 가슴둘레(cm), 앉은 키(cm)의 측정결과를 나타낸 것이다.

| 표 10-1 | **신체검사 결과표**

No.	신장(x_1)	체중(x_2)	가슴둘레(x_3)	앉은키(x_4)
1	148	41	72	78
2	160	49	77	86
3	159	45	80	86
4	153	43	76	83
5	151	42	77	80
6	140	29	64	74
7	158	49	78	83
8	137	31	66	73
9	149	47	82	79
10	160	47	74	87
11	151	42	73	82
12	157	39	68	80
13	157	48	80	88
14	144	36	68	76
15	139	32	68	73
16	139	34	71	76
17	149	36	67	79
18	142	31	66	76
19	150	43	77	79
20	139	31	68	74
21	161	47	78	84
22	140	33	67	77
23	152	35	73	79
24	145	35	70	77
25	156	44	78	85
26	147	38	73	78
27	147	30	65	75
28	151	36	74	80
29	141	30	67	76
30	148	38	70	78

예제 10-1

<표 10-1>의 데이터를 이용해서, Excel을 활용하여 주성분분석을 실시한다. 주성분분석은 전술한 바와 같이 고유치와 고유벡터를 구하는 고유치 문제로 귀착이 되므로, 본절에서는 고유치와 고유벡터를 Excel의 매크로 프로그램을 활용하여 구하기로 한다.

▶ Excel에 의한 해법

순서 1 ▸▸▸ 데이터의 입력

셀 B2:E31에 주어진 데이터를 입력한다.

	A	B	C	D	E	F	G	H
1	NO.	x_1	x_2	x_3	x_4			
2	1	148	41	72	78			
3	2	160	49	77	86			
4	3	159	45	80	86			
5	4	153	43	76	83			
6	5	151	42	77	80			
7	6	140	29	64	74			
8	7	158	49	78	83			
9	8	137	31	66	73			
10	9	149	47	82	79			
11	10	160	47	74	87			
12	11	151	42	73	82			
13	12	157	39	68	80			
14	13	157	48	80	88			
15	14	144	36	68	76			
16	15	139	32	68	73			
17	16	139	34	71	76			
18	17	149	36	67	79			
19	18	142	31	66	76			
20	19	150	43	77	79			
21	20	139	31	68	74			
22	21	161	47	78	84			
23	22	140	33	67	77			
24	23	152	35	73	79			
25	24	145	35	70	77			
26	25	156	44	78	85			
27	26	147	38	73	78			
28	27	147	30	65	75			
29	28	151	36	74	80			
30	29	141	30	67	76			
31	30	148	38	70	78			

Sheet1 / Sheet3 / Sheet2 / Sheet4 / Sheet5 / Sheet6 / Sheet7

순서 2 ▸▸▸ 각 변수마다 평균과 표준편차를 산출한다.

	A	B	C	D	E	F	G
33	평균	149.000	38.700	72.233	79.367		
34	표준편차	7.316	6.460	5.151	4.271		
35							
36							

[셀의 입력내용]

B33;=AVERAGE(B2:B31) (B33을 C33에서 E33까지 복사한다)

B34;=STDEV(B2:B31) (B34를 C34에서 E34까지 복사한다)

순서 3 ▸▸▸ 데이터의 표준화

변수마다 데이터를 표준화한다. 셀 H2:K31에 표준화를 위한 계산식을 입력한다. 데이터의 표준화는 각 데이터로부터 평균을 빼고 표준편차로 나누는 것으로, 표준화된 데이터는 평균이 0, 표준편차가 1이 된다. 즉, 표준화 변환 공식은 다음과 같다.

$$U_i = \frac{x_i - \bar{x}}{s}$$

따라서 표준화된 변수 U_i는 변수 간 단위의 상위를 소거할 수 있다.

H2 =STANDARDIZE(B2,B$33,B$34)

	G	H	I	J	K
1	No.	U1	U2	U3	U4
2	1	-0.1367	0.3560	-0.0453	-0.3200
3	2	1.5036	1.5944	0.9254	1.5532
4	3	1.3670	0.9752	1.5079	1.5532
5	4	0.5468	0.6656	0.7313	0.8507
6	5	0.2734	0.5108	0.9254	0.1483
7	6	-1.2303	-1.5015	-1.5985	-1.2566
8	7	1.2303	1.5944	1.1196	0.8507
9	8	-1.6403	-1.1919	-1.2102	-1.4907
10	9	0.0000	1.2848	1.8962	-0.0859
11	10	1.5036	1.2848	0.3430	1.7873
12	11	0.2734	0.5108	0.1488	0.6166
13	12	1.0936	0.0464	-0.8219	0.1483
14	13	1.0936	1.4396	1.5079	2.0215
15	14	-0.6835	-0.4179	-0.8219	-0.7883
16	15	-1.3670	-1.0371	-0.8219	-1.4907
17	16	-1.3670	-0.7275	-0.2394	-0.7883
18	17	0.0000	-0.4179	-1.0160	-0.0859
19	18	-0.9569	-1.1919	-1.2102	-0.7883
20	19	0.1367	0.6656	0.9254	-0.0859
21	20	-1.3670	-1.1919	-0.8219	-1.2566
22	21	1.6403	1.2848	1.1196	1.0849
23	22	-1.2303	-0.8823	-1.0160	-0.5541
24	23	0.4101	-0.5727	0.1488	-0.0859
25	24	-0.5468	-0.5727	-0.4336	-0.5541
26	25	0.9569	0.8204	1.1196	1.3190
27	26	-0.2734	-0.1084	0.1488	-0.3200
28	27	-0.2734	-1.3467	-1.4043	-1.0224
29	28	0.2734	-0.4179	0.3430	0.1483
30	29	-1.0936	-1.3467	-1.0160	-0.7883
31	30	-0.1367	-0.1084	-0.4336	-0.3200

Sheet1 Sheet3 Sheet2 Sheet4 Sheet5 Sheet6 Sheet7

[셀의 입력내용]

H2;=STANDARDIZE(B2,B$33,B$34) (H2를 H2에서 K31가지 복사한다)

순서 4 ▸▸▸ 상관행렬의 산출

(1) 분석도구를 사용해서 상관행렬을 산출한다.

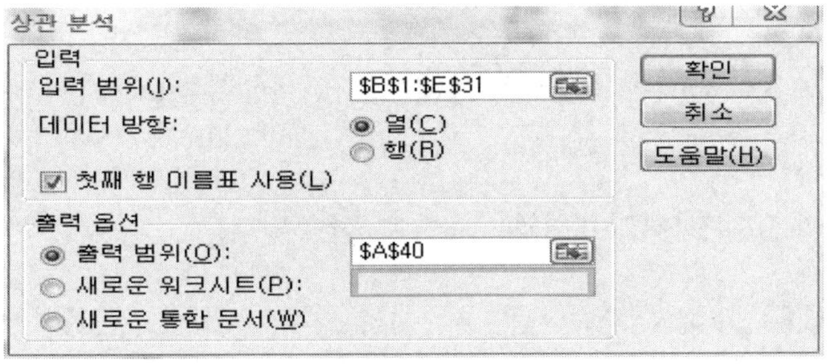

(2) 다음과 같은 상관행렬이 출력된다.

	A	B	C	D	E	F	G
40		x1	x2	x3	x4		
41	x1	1.000					
42	x2	0.863	1.000				
43	x3	0.732	0.897	1.000			
44	x4	0.920	0.883	0.783	1.000		
45							
46							

순서 5 ▸▸▸ 고유치와 고유벡터의 산출

고유치와 고유벡터는 매크로를 사용하기 때문에 매크로 프로그램(첨부하는 CD 제10장에 수록되어 있고 프로그램 자체는 본장의 끝에 제시되어 있음)이 입력되어 있는 파일을 호출하여 처리한다.

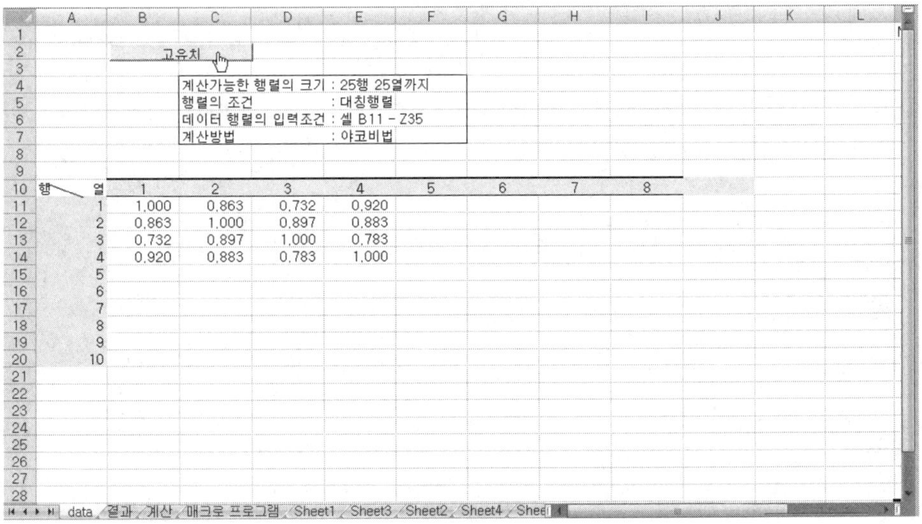

(1) [data] 시트의 셀 B11:E14에 [순서 4]에서 구한 상관행렬을 좌우대칭으로 채워서 입력한다.

(2) [고유치] 버튼을 클릭함으로써 매크로를 실행시킨다.

(주) 매크로 프로그램의 입력방법이나 등록방법, 실행방법 등은 Excel의 매뉴얼을 참고하기 바란다.

(3) 매크로 실행결과

고유치와 고유벡터가 [결과] 시트에 산출된다.

	A	B	C	D	E	F	G	H	I	J	K	L
1												
2		고유치		1	2	3	4					
3				3.541	0.313	0.079	0.066					
4		고유벡터										
5			1	0.497	-0.543	0.450	-0.506					
6			2	0.515	0.210	0.462	0.691					
7			3	0.481	0.725	-0.175	-0.461					
8			4	0.507	-0.368	-0.744	0.232					

data / 결과 / 계산 / 매크로 프로그램 / Sheet1 / Sheet3 / Sheet2 / Sheet4 / Shee

(4) 이 결과를 최초에 데이터를 입력한 파일 시트의 셀 A48 이후에 복사한다(셀 C51에 최대 고유치의 값이 오도록 해 놓는다).

	A	B	C	D	E	F	G
50	고유치		1	2	3	4	
51			3.541	0.313	0.079	0.066	
52	고유벡터						
53		1	0.497	-0.543	0.450	-0.506	
54		2	0.515	0.210	0.462	0.691	
55		3	0.481	0.725	-0.175	-0.461	
56		4	0.507	-0.368	-0.744	0.232	
57							

순서 6 ▸▸▸ 누적기여율과 인자부하량의 산출

	A	B	C	D	E	F	G
50	고유치		1	2	3	4	
51			3.541	0.313	0.079	0.066	
52	고유벡터						
53		1	0.497	−0.543	0.450	−0.506	
54		2	0.515	0.210	0.462	0.691	
55		3	0.481	0.725	−0.175	−0.461	
56		4	0.507	−0.368	−0.744	0.232	
57							
58	고유치의 제곱근		1.882	0.560	0.282	0.257	
59	누적기여율		0.885	0.964	0.983	1.000	
60							
61	인자부하량		Z1	Z2	Z3	Z4	
62		X1	0.935	−0.304	0.127	−0.130	
63		X2	0.968	0.118	0.130	0.178	
64		X3	0.905	0.406	−0.049	−0.119	
65		X4	0.954	−0.206	−0.210	0.060	
66							

[셀의 입력내용]

C58;=SQRT(C51) (C58을 D58에서 F58까지 복사한다)

C59;=C51/($C$51+$D$51+$E$51+$F$51)

D59;=(C51+D51)/($C$51+$D$51+$E$51+$F$51)

E59;=(C51+D51+E51)/($C$51+$D$51+$E$51+$F$51)

F59;=(C51+D51+E51+F51)/($C$51+$D$51+$E$51+$F$51)

C62;=C$58*C53 (C62를 C62에서 F65까지 복사한다)

순서 7 ▸▸▸ 주성분 스코어의 산출

주성분 스코어를 산출하기 위한 계산식을 셀 N2:Q31에 입력한다.

N2 =MMULT($H2:$K2,C$53:C$56)

	M	N	O	P	Q	R	S	T
1	No.	Z1	Z2	Z3	Z4			
2	1	−0.0687	0.2341	0.3491	0.2616			
3	2	2.8001	−0.3830	0.0957	0.2748			
4	3	2.6936	−0.0169	−0.3541	−0.3526			
5	4	1.3972	0.0595	−0.2074	0.0435			
6	5	0.9189	0.5749	0.0867	−0.1780			
7	6	−2.7897	−0.3429	−0.0325	0.0306			
8	7	2.4015	0.1649	0.4613	0.1602			
9	8	−2.7662	0.3126	0.0324	0.2183			
10	9	1.5295	1.6757	0.3257	−0.0074			
11	10	2.4794	−0.9564	−0.1196	0.3841			
12	11	0.7829	−0.1603	−0.1257	0.2892			
13	12	0.2473	−1.2344	0.5468	−0.1072			
14	13	3.0341	0.0568	−0.6107	0.2153			
15	14	−1.3496	−0.0218	0.2299	0.2531			
16	15	−2.3639	0.4780	0.1588	0.0078			
17	16	−1.5685	0.7064	−0.3226	0.1161			
18	17	−0.7472	−0.7925	0.0486	0.1602			
19	18	−2.0704	−0.3174	−0.1829	0.0358			
20	19	0.8120	0.7679	0.2709	−0.0563			
21	20	−2.3249	0.3592	−0.0869	−0.0448			
22	21	2.5647	−0.2092	0.3284	−0.2066			
23	22	−1.8349	−0.0494	−0.3709	0.3528			
24	23	−0.0629	−0.2037	−0.0426	−0.6917			
25	24	−1.0559	0.0665	−0.0225	−0.0478			
26	25	2.1047	−0.0218	−0.3678	−0.1274			
27	26	−0.2823	0.3514	0.0390	−0.0796			
28	27	−2.0225	−0.7757	0.2611	−0.3816			
29	28	0.1609	−0.0425	−0.2407	−0.5508			
30	29	−2.1247	−0.1350	−0.3499	−0.0916			
31	30	−0.4944	−0.1449	0.2024	0.1200			

Sheet1 / Sheet3 / Sheet2 / Sheet4 / Sheet5 / Sheet6 / Sheet7

[셀의 입력내용]

N2;=MMULT($H2:$K2,C$53:C$56)　　(N2를 N2에서 Q31까지 복사한다)

순서 8 ▸▸▸ 주성분 스코어의 산점도 작성

주성분 스코어의 Z1과 Z2를 각각 가로축과 세로축으로 하는 산점도를 작성한다.

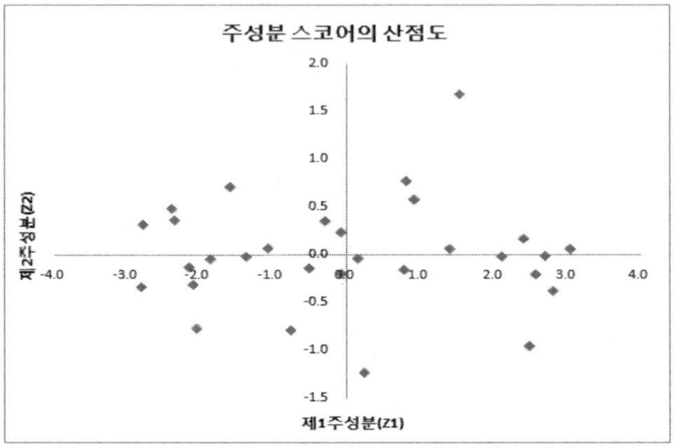

■ 매크로 프로그램

고유치와 고유벡터를 계산할 수 있는 매크로 프로그램을 게재해 놓았으므로 참고하기 바란다(프로그램은 첨부 CD에 수록되어 있음).

```
Sub 고유치()
' 고유치 Macro
 노 형 진이 '10-01-16에 작성한 매크로 프로그램
'
    Dim A(25, 25) As Double
    Dim B(25, 25) As Double
    Dim U(25, 25) As Double
    Dim V(25, 25) As Double
    Dim E(25) As Double
    Sheets("data").Select: Range("A1").Select
    Sheets("계산").Select: Cells.Select: Selection.Clear: Range("A1").Select
    Sheets("data").Select: Range("B11:Z35").Select: Selection.Copy
    Sheets("계산").Select: Range("A1").Select: ActiveSheet.Paste
    Range("Z1").Select: ActiveCell.FormulaR1C1 = "크기"
    Range("Z2").Select
    ActiveCell.FormulaR1C1 = "=Count(R[-1]C[-25]:R[23]C[-25])"
    Range("A1").Select
    N = Cells(2, 26)
    Sheets("결과").Select: Cells.Select: Selection.Clear
    Range("B4").Select: ActiveCell.FormulaR1C1 = "고유벡터"
    Range("B2").Select: ActiveCell.FormulaR1C1 = "고유치"
    For I = 1 To N: Cells(I + 4, 3) = I: Next I
    For J = 1 To N: Cells(2, 3 + J) = J: Next J
    Sheets("data").Select: Range("A1").Select
 '야코비
    Sheets("계산").Select
    N = Cells(2, 26): N2 = Cells(2, 26)
    For I = 1 To N: For J = 1 To N
    B(I, J) = Cells(I, J)
    Next J: Next I
    For I = 1 To N: For J = 1 To N
    A(I, J) = B(I, J)
    Next J: Next I
500 For I = 1 To N2: For J = 1 To N2: U(I, J) = 0: Next J: Next I
```

data / 결과 / 계산 / 매크로 프로그램 / Sheet1 / Sheet3 / Sheet2 / Sheet

```
    For I = 1 To N2: U(I, I) = 1: A(I, 0) = Sqr(A(I, I)): Next I
530 M = Abs(A(2, 1)): I = 2: J = 1
    For P = 2 To N2
    For Q = 1 To P - 1
    If M >= Abs(A(P, Q)) Then GoTo 580
    M = Abs(A(P, Q)): I = P: J = Q
580 Next Q
    Next P
    If Abs(A(I, J)) < 0.000001 Then M = MO: GoTo 102
    F = A(I, I): G = A(J, J): H = A(I, J): L = 0.5 * (F - G) / H
    M = -1: If L < 0 Then GoTo 660
    M = 1
660 M = M * Sqr(L * L + 1) + L: O = 1 / Sqr(1 / M / M + 1): P = O / M
    For K = 1 To N2
    Q = U(K, I): R = U(K, J)
    U(K, I) = Q * O + R * P: U(K, J) = -Q * P + R * O
    If K = I Or K = J Then GoTo 740
    S = A(K, I): T = A(J, K)
    A(I, K) = S * O + T * P: A(K, J) = -S * P + T * O
    A(K, I) = A(I, K): A(J, K) = A(K, J)
740 Next K
    M = 2 * H * P * O: A(I, I) = F * O * O + G * P * P + M
    A(J, J) = F * P * P + G * O * O - M
    A(I, J) = 0: A(J, I) = 0: GoTo 530
102 For I = 1 To N2 - 1
    Max = A(I, I): K = I
    For J = I + 1 To N2
    If Max < A(J, J) Then K = J: Max = A(J, J)
    Next J
    T = A(I, I): A(I, I) = A(K, K): A(K, K) = T
    For J = 1 To N2
    T = U(J, I): U(J, I) = U(J, K): U(J, K) = T
    Next J
    Next I
```

data 결과 계산 매크로 프로그램 Sheet1 Sheet3 Sheet2 Sheet

```
    For J = 1 To N
    E(J) = A(J, J)
    For I = 1 To N
    V(I, J) = U(I, J)
    Next I
    Next J
    For I = 1 To N: For J = 1 To N
    Cells(1, J + 27) = E(J)
    Cells(2 + I, J + 27) = V(I, J)
    Next J: Next I
    Range("aa1").Select
'결과정리
    ActiveCell.Offset(0, 1).Range("A1:B1").Select
    Selection.Copy
    Sheets("결과").Select
    Application.CutCopyMode = False
    Sheets("계산").Select
    ActiveCell.Range("A1:Y1").Select
    Selection.Copy
    Sheets("결과").Select
    ActiveCell.Offset(1, 2).Range("A1").Select
    ActiveSheet.Paste
    Sheets("계산").Select
    ActiveCell.Offset(2, 0).Range("A1:Y25").Select
    Application.CutCopyMode = False
    Selection.Copy
    Sheets("결과").Select
    ActiveCell.Offset(2, 0).Range("A1").Select
    ActiveSheet.Paste
    ActiveCell.Offset(-4, -3).Range("A1").Select
    Application.CutCopyMode = False

End Sub
```

data 결과 계산 매크로 프로그램 Sheet1 Sheet3 Sheet2 Sheet

2. 주성분분석의 결과해석

네 개의 변수 x_1, x_2, x_3, x_4 사이의 상관행렬을 구하면 다음과 같다.

	x_1	x_2	x_3	x_4
x_1	1.0000	0.8632	0.7321	0.9205
x_2	0.8632	1.0000	0.8965	0.8827
x_3	0.7321	0.8965	1.0000	0.7829
x_4	0.9205	0.8827	0.7829	1.0000

x_1, x_2, x_3, x_4 사이의 상관계수가 비교적 모두 크고, 특히 x_1과 x_4, x_2와 x_3 사이의 상관계수가 큰 것을 알 수 있다.

상관행렬로부터 출발하는 주성분분석을 실시하기 위해서, 상관행렬의 고유치와 고유벡터를 구하면 다음과 같다.

고유치

λ_1	λ_2	λ_3	λ_4
3.5411	0.3134	0.0794	0.0661

고유벡터

1	0.4970	-0.5432	0.4496	-0.5057
2	0.5146	0.2102	0.4623	0.6908
3	0.4809	0.7246	-0.1752	-0.4615
4	0.5069	-0.3683	-0.7439	0.2323

고유벡터로부터 다음과 같은 네 개의 주성분이 얻어진다.

제1주성분 $Z_1 = 0.4970\,U_1 + 0.5146\,U_2 + 0.4809\,U_3 + 0.5069\,U_4$

제2주성분 $Z_2 = -0.5432\,U_1 + 0.2102\,U_2 + 0.7246\,U_3 - 0.3683\,U_4$

제3주성분 $Z_3 = 0.4496\,U_1 + 0.4623\,U_2 - 0.1752\,U_3 - 0.7439\,U_4$

제4주성분 $Z_4 = -0.5057\,U_1 + 0.6908\,U_2 - 0.4615\,U_3 + 0.2323\,U_4$

고유치는 각 주성분의 분산과 일치한다고 하는 수학적 성질이 있다. 가장 값이 큰 고유치가 제1주성분의 분산, 두 번째로 큰 고유치가 제2주성분의 분산, 세 번째로 큰 고유치가 제3주성분의 분산, 네 번째로 큰 고유치가 제4주성분의 분산이 된다.

하나의 주성분이 원래의 모든 변수가 가지고 있는 정보의 몇 퍼센트를 설명할 수 있는가를 나타내는 지표가 기여율이며, 제1주성분으로부터 제m주성분까지의 기여율의 합계를 누적기여율이라고 한다. 이 값으로부터, 제m주성분까지 채택했을 때에, 제$(m+1)$주성분 이하를 무시함에 따르는 정보의 손실이 어느 정도인지를 알 수 있다.

$$\text{제}m\text{주성분의 기여율} = \frac{\lambda_m}{\sum_{j=1}^{p} \lambda_j}$$

$$\text{제}m\text{주성분까지의 누적기여율} = \frac{\sum_{j=1}^{m} \lambda_j}{\sum_{j=1}^{p} \lambda_j}$$

$$\text{정보의 손실도} = 1 - \text{누적기여율}$$

이 예제에서는 다음과 같은 누적기여율이 된다.

C59 =C51/($C$51+$D$51+$E$51+$F$51)

	A	B	C	D	E	F	G
50	고유치		1	2	3	4	
51			3.541	0.313	0.079	0.066	
52	고유벡터						
53		1	0.497	-0.543	0.450	-0.506	
54		2	0.515	0.210	0.462	0.691	
55		3	0.481	0.725	-0.175	-0.461	
56		4	0.507	-0.368	-0.744	0.232	
57							
58	고유치의 제곱근		1.8818	0.5598	0.2818	0.2571	
59	누적기여율		0.8853	0.9636	0.9835	1.0000	
60							

제1주성분과 제2주성분으로 원래의 모든 변수가 가지고 있는 정보의 96.36%를 설명할 수 있다는 것을 알 수 있다. 따라서 원래의 네 변수를 두 개의 새로운 변수(Z_1, Z_2)로 집약했을 때, 정보의 손실은 3.6%(=100% - 96.36%)이다.

원래의 각 변수와 각 주성분의 상관계수를 **인자부하량**(factor loading)이라고 한다. 이 값은 각 주성분이 원래의 각 변수와 어느 정도 강한 관계가 있는가를 나타내는 것이기 때문에, 주성분의 의미부여에 도움이 되는 것이다.

상관행렬로부터 출발하는 주성분분석일 때에는, 인자부하량은 다음 식으로 구해진다.

$$\sqrt{\lambda_j} \times a_{ij}$$

이 예에서는 다음과 같이 된다.

인자부하량

	제1주성분	제2주성분	제3주성분	제4주성분
x_1	0.9352	-0.3041	0.1267	-0.1300
x_2	0.9683	0.1177	0.1303	0.1776
x_3	0.9049	0.4056	-0.0494	-0.1187
x_4	0.9539	-0.2062	-0.2096	0.0597

다음에 관측대상마다의 주성분 스코어는 다음과 같이 계산된다.

$$Z = U \times V$$

여기에서

Z : 주성분 스코어의 행렬

U : 표준화 데이터 행렬

V : 고유벡터 행렬

제1주성분과 제2주성분의 산점도를 작성하면 다음과 같다.

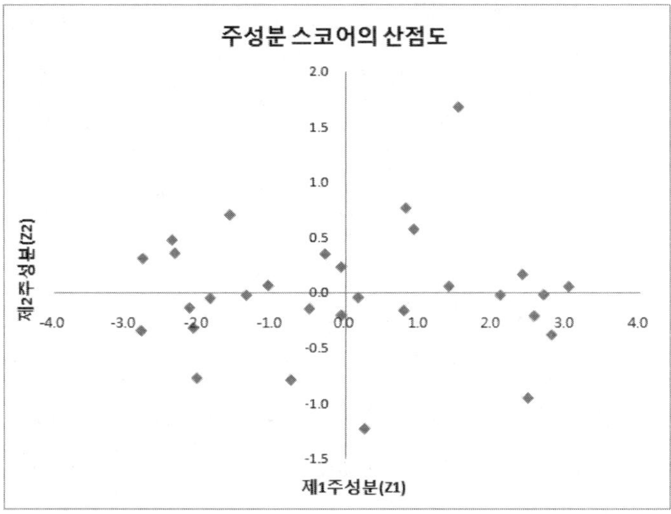

한편, 주성분석을 실시하면 네 개 변량의 데이터인 경우에는 네 개의 주성분(p변량 데이터라면 p개의 주성분)이 얻어진다. 따라서 네 개의 주성분을 모두 사용하면 원래의 정보 손실은 0이 된다. 그러나 그렇게 되면 차원의 축소는 되지 않는다.

주성분을 몇 개까지 채택할 것인가 하는 기준에 대해서 이론적으로 정해진 것은 없지만 기준으로서는,

① 누적기여율이 70~80% 이상일 것

② 고유치가 1 이상일 것(상관행렬의 고유치인 경우)

이라는 기준이 자주 쓰이고 있다.

마지막으로 채택한 주성분에 대해서는 그 주성분이 무엇을 나타내는 지표인지, 그 의미부여가 가능하면 유용하다. 의미부여는 주관적으로 행해지지만 다음 사항을 참

고로 한다.

① 주성분을 구성하고 있는 각 변수의 계수(고유벡터)의 크기나 부호

② 인자부하량의 크기나 부호

이 예의 제1주성분과 제2주성분에 어떠한 의미부여가 가능할 것인가?

$$\text{제1주성분} = 0.4970 \times \text{신장} + 0.5146 \times \text{체중} + 0.4809 \times \text{가슴둘레} + 0.5069 \times \text{앉은키}$$
$$\text{제2주성분} = -0.5432 \times \text{신장} + 0.2102 \times \text{체중} + 0.7246 \times \text{가슴둘레} - 0.3683 \times \text{앉은키}$$

제1주성분의 계수는 모두 플러스(+)로 0.5 전후의 값으로 되어 있다. 즉, 표준화 변량의 합에 가까운 형태이고, 어느 변량이 커져도 이 주성분의 값은 커지는 성질을 갖는다. 따라서 제1주성분은 전체적인 크기를 나타내는 주성분으로 해석할 수 있다. 이와 같은 성질을 갖는 인자는 **크기의 인자**(size factor)라 불린다.

제2주성분의 계수는 체중과 가슴둘레에서 플러스, 신장과 앉은키에서 마이너스(-)이므로, 살찌고 뚱뚱한 사람에게는 큰 값이, 바짝 마른 사람에게는 작은 값이 나온다. 따라서 제2주성분은 살이 쪘는가 야위었는가를 나타내는 주성분으로 해석된다. 이와 같은 인자는 앞의 '크기의 인자'에 비하여 **형태의 인자**(shape factor)라 불린다.

요인분석 11

제1절 요인분석의 기초지식

▶ 요인분석

두 개의 변수간에 상관이 있는 경우, 그들 변수는 무엇인가 공통적인 것을 측정하고 있다고 생각할 수 있다. 예를 들면 대학생에 대해서 컴퓨터를 다루는 것을 좋아하는 정도와 수학을 좋아하는 정도 사이에는 어느 정도 양의 상관관계가 있을 것인데, 그것은 컴퓨터를 좋아하게 되는 것과 수학을 좋아하게 되는 것에 무엇인가 공통점이 있기 때문일 것이다. 그 공통점은 가령 논리적인 문제해결을 좋아하는 것 등을 들 수 있다. 물론 완전한 상관이 아닌 한, 그러한 공통적인 것 이외에 각각의 변수에 고유한 부분도 있을 것이다. 위의 예에서 컴퓨터를 좋아하는 것에 대해서는 일반적으로 기계조작이나 장난감 놀이를 좋아하는지 어떤지 하는 것 등이 수학을 좋아하는 것과는 관계가 없는 독자적인 요인이라고 할 수 있다.

많은 변수가 서로 복잡하게 상관하고 있는 경우에도 그들의 상관관계를 설명할 수 있는 몇 가지의 공통적인 성분을 생각하여, 개개의 변수를 그러한 공통적인 성분을 반영하는 부분과 각각의 변수에 독자적인 부분으로 나누어서 생각할 수 있다. **요인분석**(factor analysis)에서는 공통적인 성분을 **공통요인**(common factor) 또는 단지 요인(factor)이라 부르고, 독자적인 성분을 **독자요인**(unique factor)이라고 부른다.

요인분석의 목적은 변수간의 상관행렬로부터 공통요인을 끄집어 내고 그 공통요인을 이용해서 변수간의 상관관계를 설명하고, 공통요인과의 관계에 의해서 각 변수의 성질을 간결한 형태로 기술하는 것이다. 또 요인분석의 결과를 변수나 관측대상의 분류를 위해서 이용하는 경우도 많다.

요인분석이란 예를 들면 세 개의 요인에 대해서 다음과 같은 느낌을 말한다.

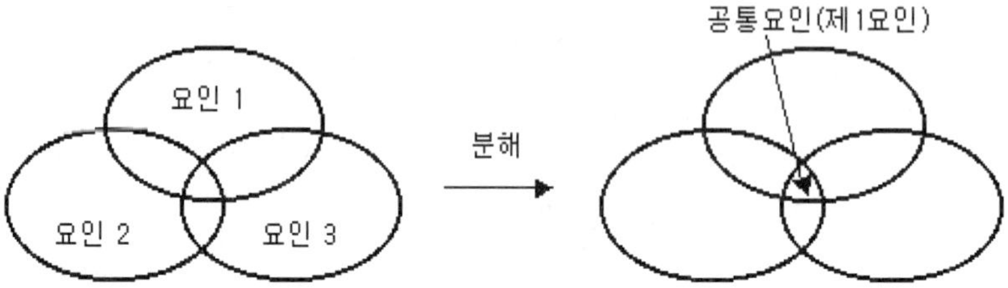

공통요인을 다음과 같이 표현한다면,

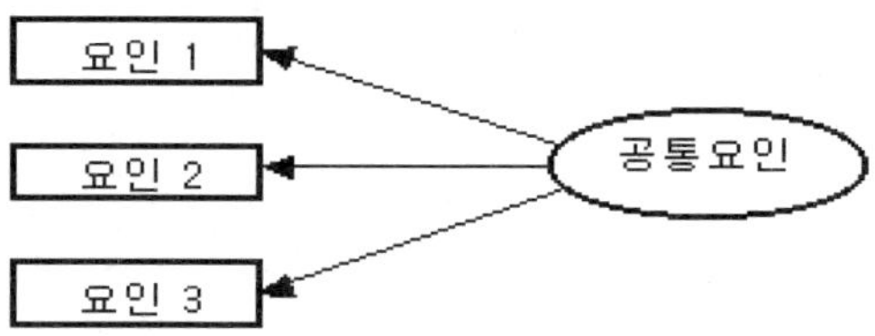

이것이 바로 요인분석의 이미지라고 할 수 있다.

식으로 나타내면,

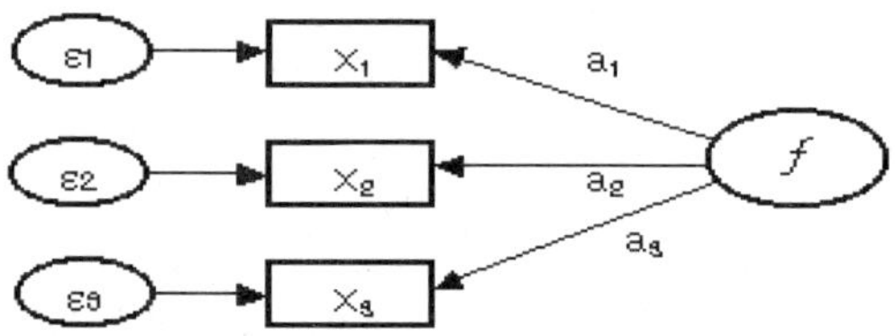

와 같이 되므로 요인분석의 모델 식은

$$x_1 = a_1 f + \varepsilon_1$$

$$x_2 = a_2 f + \varepsilon_2$$

$$x_3 = a_3 f + \varepsilon_3$$

이 된다.

그런데 요인분석을 할 때에는 통상 변수 x_1, x_2, x_3를 표준화해 놓는다. 즉,

$$x_1,\ x_2,\ x_3 \overset{\text{표준화}}{\Rightarrow} z_1,\ z_2,\ z_3$$

$$z_i = \frac{x_i - \bar{x}}{s}$$

으로 변환한다. 따라서 요인분석의 모델 식도 표준화한 z_1, z_2, z_3 쪽으로 생각한다.

$$z_1 = a_1 f + \varepsilon_1$$

$$z_2 = a_2 f + \varepsilon_2$$

$$z_3 = a_3 f + \varepsilon_3$$

이 a_1, a_2, a_3가 공통요인 f의 **요인부하량**(factor loading)이다.

표준화하면 분산공분산행렬은 상관행렬이 되므로

$$z_1, z_2, z_3\text{의 분산공분산행렬} = x_1, x_2, x_3\text{의 상관행렬}$$

이 된다.

▶ 공통요인에 의한 상관의 설명

요인분석의 기본적인 개념을 설명하기 위해서 변수가 다섯 개만 있는 인공적인 데이터를 예로서 들기로 한다.

| 표 11-1 | **상관행렬**

	X_1	X_2	X_3	X_4	X_5
X_1 : 문장이해	1.00	0.60	0.50	0.44	0.24
X_2 : 대화	0.60	1.00	0.44	0.40	0.23
X_3 : 작문	0.50	0.44	1.00	0.30	0.14
X_4 : 수학의 응용문제	0.44	0.40	0.30	1.00	0.52
X_5 : 수학의 계산문제	0.24	0.23	0.14	0.52	1.00

위의 표에는 다섯 가지 테스트 득점간의 상관계수가 표시되어 있다. 이 표를 보면 문장이해의 득점 X_1과 대화의 득점 X_2 사이의 상관계수가 0.60으로 가장 높고, 작문

의 득점 X_3도 이들 두 가지 테스트의 득점과 0.50, 0.44라고 하는 비교적 높은 상관계수를 갖고 있다. 한편 수학의 응용문제 득점 X_4는 이들 세 가지 테스트의 득점과도 어느 정도의 상관이 있지만 그보다도 수학의 계산문제 득점 X_5와의 상관 쪽이 0.52로 더 높게 되어 있다.

이들의 상관관계에 의거해서 다섯 가지의 변수를 대략적으로 분류한다면 <그림 11－1>과 같이 중복이 있는 두 개의 군(群)이 만들어진다.

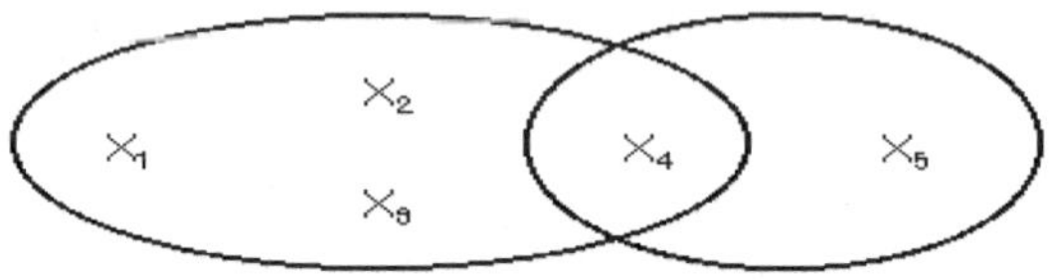

| 그림 11-1 | **다섯 가지 변수의 분류**

또 앞에서 말한 바와 같이 상관의 설명으로서 공통요인이라고 하는 것을 생각하면, 이와 같은 관계는 <그림 11－2>와 같이 나타낼 수도 있다. 다시 말하면 X_1, X_2, X_3가 공통적으로 갖고 있고 또한 X_4에도 약간 반영되어 있는 요인1과, X_4와 X_5의 상관을 만들어 내고 있는 요인2라고 하는 두 가지의 공통요인을 생각하면 <표 11－1>의 상관관계에 대한 설명이 가능하다.

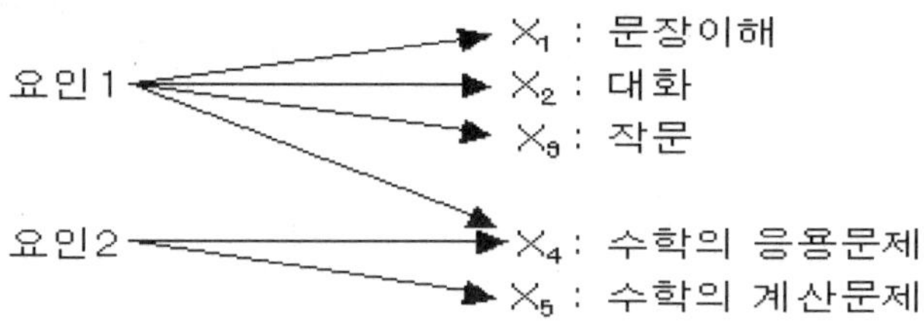

| 그림 11-2 | **공통요인에 의한 상관관계의 설명**

그렇다면 <그림 11－2>에 나타내 보인 두 가지의 요인은 어떠한 변수인가를 생각해 보기로 한다. 요인1은 문장이해, 대화, 작문이라고 하는 테스트에 공통적으로 포함되고 수학의 응용문제 득점과도 어느 정도 관계가 있는 변수이기 때문에 언어적인 능력을 나타내는 것이라고 일단 생각할 수 있다. 한편 요인2는 두 가지의 수학 테스트에 공통적으로 포함되어 있으므로 수학적인 능력을 나타내는 요인이라고 간주해도 좋을 것이다.

이와 같이 요인이 구체적으로 어떤 변수인가 하는 것은 그 요인을 반영하고 있는 변수에 공통적으로 존재하는 특징으로부터 추측된다. 이러한 것을 **요인의 해석**이라고 한다.

▶ 요인분석의 용도

요인분석이 회귀분석이나 판별분석 등의 다른 다변량분석법과 다른 점은 설명변수와 목적변수가 지정되지 않고 변수들간의 상호작용을 분석하는 데 있다. 요인분석은 주로 다음과 같은 경우에 사용된다.

(1) 데이터의 양을 줄여 정보를 요약하는 경우
(2) 변수들 내부에 존재하는 구조를 발견하고자 하는 경우
(3) 요인으로 묶이지 않는 중요도가 낮은 변수를 제거하고자 하는 경우
(4) 같은 개념을 측정하는 변수들이 동일한 요인으로 묶이는지를 확인(측정도구의 타당성 검정)하고자 하는 경우
(5) 요인분석을 통하여 얻어진 요인들을 회귀분석이나 판별분석에서 설명변수로 활용하고자 하는 경우

▶ 요인의 회전

요인분석의 목적은 특정변수간의 상호관련을 통해서 잠재적인 구조를 탐색하는 데 있다. 이 목적을 위해서 요인부하량행렬이나 요인구조행렬의 추정치 등으로부터 요인의 해석이 실시된다. 그런데 직교해(orthogonal solution)에 한해서 보더라도 요인부하량행렬은 일의적으로는 정해지지 않는다.

변수들이 여러 요인에 대하여 비슷한 요인부하량을 나타낼 경우에 변수들이 어느 요인에 속하는지를 분류하기가 어렵다. 따라서 변수들의 요인부하량이 어느 한 요인에 높게 나타나도록 하기 위해서 요인축을 회전시킨다. 회전방식은 몇 가지가 있는데 크게 **직각회전**(orthogonal rotation)과 **사각회전**(oblique rotation)으로 나누어진다.

(1) 직각회전방식

회전축이 직각을 유지하며 회전하므로 요인들간의 상관계수가 0이 된다. 따라서 요인들간의 관계가 상호 독립적이어야 한다거나 상호 독립적이라고 간주할 수 있는 경

우에 사용된다. 또는 요인점수를 이용하여 회귀분석이나 판별분석을 추가적으로 실시하고자 할 때 다중공선성(多重共線性)을 피하기 위한 경우 등에 유용하게 사용된다. 그러나 사회과학 분야에 있어서는 서로 다른 두 개의 요인(개념)이 완전히 독립적인 경우는 극히 드물기 때문에 사각회전방식(斜角回轉方式)이 이용된다. 직각회전방식에는 Varimax, Quartimax, Equimax 등이 있는데 이 중에서 Varimax 방식이 가장 널리 이용된다. Varimax 방식은 요인분석의 목적이 각 변수들의 분산구조보다 각 요인의 특성을 알고자 하는 데 더 유용하다.

(2) 사각회전방식

대부분의 사회과학 분야에서는 요인들간에 독립적인 경우는 매우 드물고 어느 정도의 상관관계는 항상 존재하기 마련이다. 사각회전방식은 요인을 회전시킬 때 요인들이 서로 직각을 유지하지 않으므로 직각회전방식에 비해서 높은 요인부하량은 더 높아지고, 낮은 요인부하량은 더 낮아지도록 요인을 회전시키는 방법이다. 비직각회전방식에는 Oblimin(=Oblique), Covarimin, Quartimin, Biquartimin, Promax 등이 있는데 이 중에서 주로 Oblimin, Promax 방식이 많이 이용되고 있다.

▶ 요인분석과 주성분분석의 차이

요인분석은 모든 변수가 동일한 보조로 나타나는 경우에 적합한 변수지향형 기법이라고 하는 점에서 주성분분석과 다소 비슷한 목적을 가지고 있다. 이러한 사고방식은 잘 하면 데이터의 보다 좋은 이해를 돕는 요인이라고 불리는 새로운 변수를 이끌어 내고자 하는 것이다. 그러나 주성분분석이 기초가 되는 모형에 의존하지 않는 변수의 직교변환을 찾아내기 위한 기법인 데 반해서, 요인분석은 완전한 통계적 모형에 의거해서 변수의 분산에 대한 설명보다도 그것들의 공분산구조의 설명을 주제로 하고 있다. 공통요인으로는 설명되지 않는 분산은 잔차항으로 설명할 수 있다.

요인분석 모형을 구성하려면 다수의 가정을 두지 않으면 안 된다. 이들 가정은 응용상 반드시 현실적인 것은 아니다. 요인분석 모형에서는 요인의 존재라고 하는 중요한 가정을 두고 있다. 한 조(組)의 배후에 있는 관측불능의 변수라고 하는 개념은 특히 심리학적 연구와 같은 몇 가지 연구분야에서는 타당하지만 그 이외의 많은 연구영역에서는 현실감이 부족하다. 또한 요인분석 모형에서는 요인의 수 m을 알고 있는 것으로 가정하고 있다. 실제로는 m이 미지인 경우가 많지만 $m=1$을 출발점으로 해서 축차적으로 다른 값이 검토된다. 그러나 m의 정확한 값을 고르는 것은 용이하지 않다. 검정의 수단이 없는 것은 아니지만 그 검정은 상당히 복잡하고 모형의 가정에 구속되므로, 외적 조건을 생각해서 m의 값을 고르는 경우가 많다. 요인의 형태가 m의 변화에 의해서 완전히 변해 버린다고 하는 점은 상당히 불안하다. 대조적으로 주성분분석에 의해서 이끌어 내지는 성분은 일의적(一意的)이어서 고려할 가치가 있다고 생각되는 성분수가 바뀌어도 그것들의 성분은 불변이다.

일반적으로 주성분분석에 비해서 요인분석에 의한 사후검토분석(follow-up analysis)은 보다 어려운 것으로 되어 있다. 따라서 많은 학자들은 주성분분석이 요인분석보다 더 선호되고 있다고 결론짓고 있다.

제2절 요인분석의 실제

예제 11-1

다음은 K대학교 학생회에서 학교 구내식당에 대한 학생들의 반응을 조사하기 위해서 작성한 설문내용이다.

[설문 1] 귀하는 구내식당을 이용할 때 다음의 항목들을 어느 정도 중요하게 생각하십니까?

	중요도						
	1	2	3	4	5	6	7
1. 청결상태(x_1)	: ——	: ——	: ——	: ——	: ——	: ——	:
2. 음식량(x_2)	: ——	: ——	: ——	: ——	: ——	: ——	:
3. 대기시간(x_3)	: ——	: ——	: ——	: ——	: ——	: ——	:
4. 음식맛(x_4)	: ——	: ——	: ——	: ——	: ——	: ——	:
5. 친절(x_5)	: ——	: ——	: ——	: ——	: ——	: ——	:

다음의 데이터표는 학생 25명에 대한 설문결과를 정리한 것이다. 이 데이터에 대해 요인분석을 실시하라.

No.	X_1	X_2	X_3	X_4	X_5
1	6	4	7	6	5
2	5	7	5	6	6
3	5	3	4	5	6
4	3	3	2	3	4
5	4	3	3	3	2
6	2	6	2	4	3
7	1	3	3	3	2
8	3	5	3	4	2
9	7	3	6	5	5
10	6	4	3	4	4
11	6	6	2	6	4
12	3	2	2	4	2
13	5	7	6	5	2
14	6	3	5	5	7
15	3	4	4	3	2
16	2	7	5	5	4
17	3	5	2	7	2
18	6	4	5	5	7
19	7	4	6	3	5
20	5	6	6	3	4
21	2	3	3	4	3
22	3	4	2	3	4
23	3	6	3	5	3
24	6	5	7	5	5
25	7	6	5	4	6

▶ Excel에 의한 해법

순서 1 ▸▸▸ 데이터의 입력

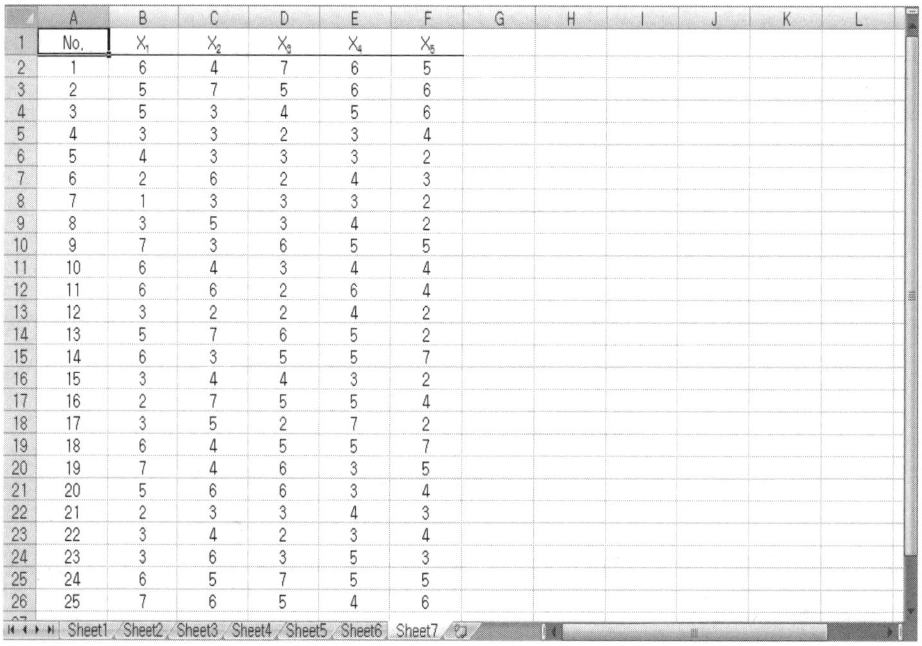

	A	B	C	D	E	F
1	No.	X_1	X_2	X_3	X_4	X_5
2	1	6	4	7	6	5
3	2	5	7	5	6	6
4	3	5	3	4	5	6
5	4	3	3	2	3	4
6	5	4	3	3	3	2
7	6	2	6	2	4	3
8	7	1	3	3	3	2
9	8	3	5	3	4	2
10	9	7	3	6	5	5
11	10	6	4	3	4	4
12	11	6	6	2	6	4
13	12	3	2	2	4	2
14	13	5	7	6	5	2
15	14	6	3	5	5	7
16	15	3	4	4	3	2
17	16	2	7	5	5	4
18	17	3	5	2	7	2
19	18	6	4	5	5	7
20	19	7	4	6	3	5
21	20	5	6	6	3	4
22	21	2	3	3	4	3
23	22	3	4	2	3	4
24	23	3	6	3	5	3
25	24	6	5	7	5	5
26	25	7	6	5	4	6

순서 2 ▸▸▸ 상관행렬 구하기

(1) 메뉴에서 [데이터]-[데이터 분석]을 선택한다.

(2) [통계 데이터 분석] 대화상자에서 [상관분석]을 선택하고 [확인] 버튼을 클릭한다.

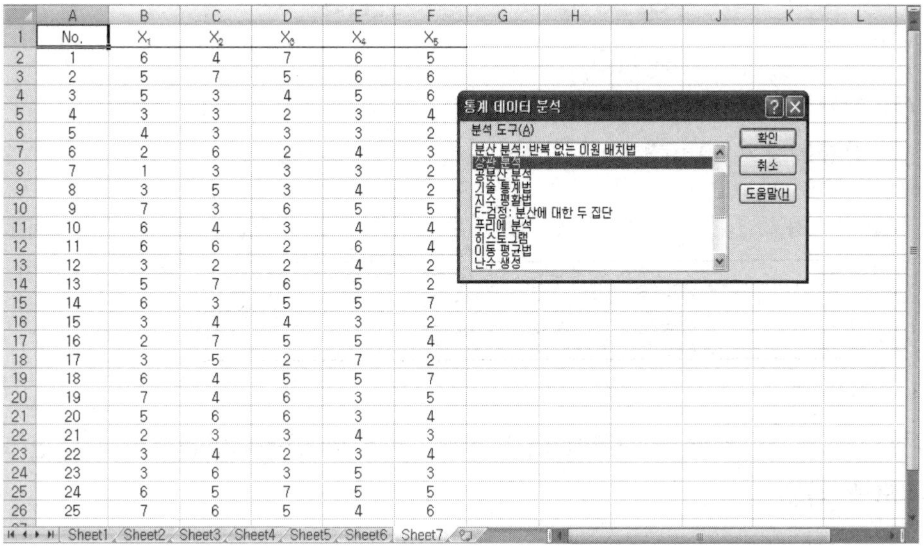

No.	X_1	X_2	X_3	X_4	X_5
1	6	4	7	6	5
2	5	7	5	6	6
3	5	3	4	5	6
4	3	3	2	3	4
5	4	3	3	3	2
6	2	6	2	4	3
7	1	3	3	3	2
8	3	5	3	4	2
9	7	3	6	5	5
10	6	4	3	4	4
11	6	6	2	6	4
12	3	2	2	4	2
13	5	7	6	5	2
14	6	3	5	5	7
15	3	4	4	3	2
16	2	7	5	5	4
17	3	5	2	7	2
18	6	4	5	5	7
19	7	4	6	3	5
20	5	6	6	3	4
21	2	3	3	4	3
22	3	4	2	3	4
23	3	6	3	5	3
24	6	5	7	5	5
25	7	6	5	4	6

(3) [상관분석] 대화상자에서 다음과 같이 입력하고 [확인] 버튼을 클릭한다.

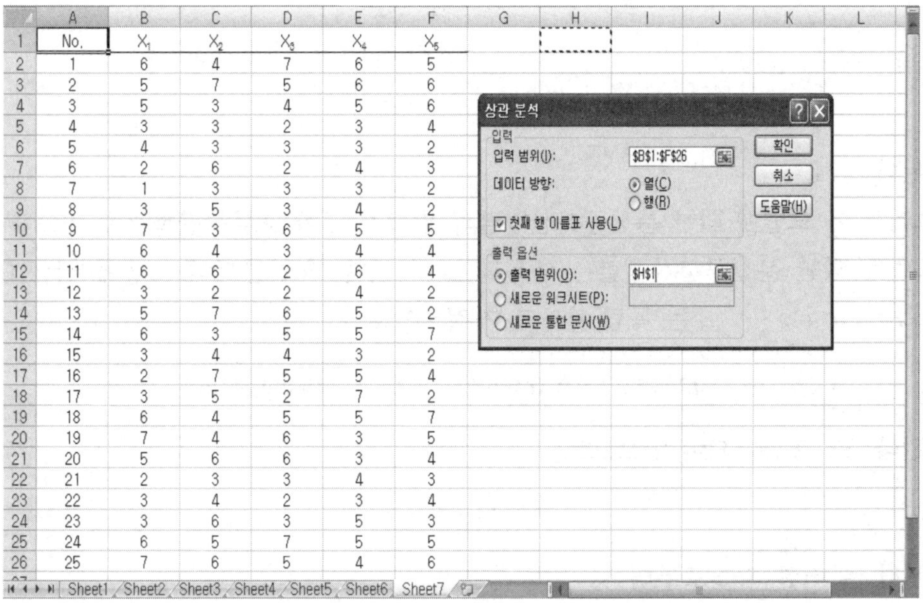

No.	X_1	X_2	X_3	X_4	X_5
1	6	4	7	6	5
2	5	7	5	6	6
3	5	3	4	5	6
4	3	3	2	3	4
5	4	3	3	3	2
6	2	6	2	4	3
7	1	3	3	3	2
8	3	5	3	4	2
9	7	3	6	5	5
10	6	4	3	4	4
11	6	6	2	6	4
12	3	2	2	4	2
13	5	7	6	5	2
14	6	3	5	5	7
15	3	4	4	3	2
16	2	7	5	5	4
17	3	5	2	7	2
18	6	4	5	5	7
19	7	4	6	3	5
20	5	6	6	3	4
21	2	3	3	4	3
22	3	4	2	3	4
23	3	6	3	5	3
24	6	5	7	5	5
25	7	6	5	4	6

(4) 상관행렬의 출력

	H	I	J	K	L	M	N	O
1		X1	X2	X3	X4	X5		
2	X1	1						
3	X2	0.050476	1					
4	X3	0.628879	0.22041	1				
5	X4	0.265239	0.355244	0.183073	1			
6	X5	0.68574	0.00876	0.50859	0.271972	1		
7								

(5) 상관행렬의 빈칸 메우기

상관행렬은 내칭행렬이므로 복사해서 빈칸을 메운다.

	H	I	J	K	L	M	N	O
1		X1	X2	X3	X4	X5		
2	X1	1	0.05048	0.62888	0.26524	0.68574		
3	X2	0.05048	1	0.22041	0.35524	0.00876		
4	X3	0.62888	0.22041	1	0.18307	0.50859		
5	X4	0.26524	0.35524	0.18307	1	0.27197		
6	X5	0.68574	0.00876	0.50859	0.27197	1		
7								

그런데 $x_1, x_2, \cdots, x_5$를 표준화한 변수 $z_1, z_2, \cdots, z_5$의 공통요인을 f라고 하면 요인분석의 모델 식은,

$$z_1 = a_1 f + \varepsilon_1$$

$$z_2 = a_2 f + \varepsilon_2$$

$$z_3 = a_3 f + \varepsilon_3$$

$$z_4 = a_4 f + \varepsilon_4$$

$$z_5 = a_5 f + \varepsilon_5$$

이 된다.

그래서 이 모델에 의한 분산공분산행렬과 위에서 구한 표본상관행렬을 비교해 보자.

모델에 의한 분산공분산행렬은 다음과 같이 된다. 요인분석의 모델에서는 '요인 f와 오차 ε_1, ε_2, $\cdots$, ε_5는 독립'이라고 가정하므로

$$Cov(f, \varepsilon_1) = 0,\ Cov(f, \varepsilon_2) = 0,\ \cdots,\ Cov(f, \varepsilon_5) = 0$$

이 된다. 또 표준화되어 있으므로

$$Var(f) = 1$$

이 된다. 이러한 사실로부터

$$
\begin{aligned}
Var(z_1) &= Var(a_1 f + \varepsilon_1) \\
&= {a_1}^2 Var(f) + Var(\varepsilon_1) + 2a_1 Cov(f, \varepsilon_1) \\
&= {a_1}^2 + Var(\varepsilon_1) \\
Cov(z_1,\ z_2) &= Cov(a_1 f + \varepsilon_1,\ a_2 f + \varepsilon_2) \\
&= a_1 a_2 Cov(f, f) + a_1 Cov(f, \varepsilon_2) + a_2 Cov(\varepsilon_1, f) + Cov(\varepsilon_1, \varepsilon_2) \\
&= a_1 a_2
\end{aligned}
$$

따라서 두 행렬은 다음과 같이 된다.

표본상관행렬

$$
\begin{bmatrix}
1 & 0.05048 & 0.62888 & 0.26524 & 0.68574 \\
0.05048 & 1 & 0.22041 & 0.35524 & 0.00867 \\
0.62888 & 0.22041 & 1 & 0.18307 & 0.50859 \\
0.26524 & 0.35524 & 0.18307 & 1 & 0.27197 \\
0.68574 & 0.00876 & 0.50859 & 0.27197 & 1
\end{bmatrix}
$$

$$\Updownarrow$$

모델에 의한 분산공분산행렬

$$
\begin{bmatrix}
a_1^2 + Var(\varepsilon_1) & a_1 a_2 & a_1 a_3 & a_1 a_4 & a_1 a_5 \\
a_2 a_1 & a_2^2 + Var(\varepsilon_2) & a_2 a_3 & a_2 a_4 & a_2 a_5 \\
a_3 a_1 & a_3 a_2 & a_3^2 + Var(\varepsilon_3) & a_3 a_4 & a_3 a_5 \\
a_4 a_1 & a_4 a_2 & a_4 a_3 & a_4^2 + Var(\varepsilon_4) & a_4 a_5 \\
a_5 a_1 & a_5 a_2 & a_5 a_3 & a_5 a_4 & a_5^2 + Var(\varepsilon_5)
\end{bmatrix}
$$

요인분석의 모델이 데이터에 적합하다면 이 두 행렬은 일치할 것이다. 즉,

$$
\begin{bmatrix}
1 & 0.05048 & 0.62888 & 0.26524 & 0.68574 \\
0.05048 & 1 & 0.22041 & 0.35524 & 0.00867 \\
0.62888 & 0.22041 & 1 & 0.18307 & 0.50859 \\
0.26524 & 0.35524 & 0.18307 & 1 & 0.27197 \\
0.68574 & 0.00876 & 0.50859 & 0.27197 & 1
\end{bmatrix}
$$

$$
= \begin{bmatrix}
a_1^2 + Var(\varepsilon_1) & a_1 a_2 & a_1 a_3 & a_1 a_4 & a_1 a_5 \\
a_2 a_1 & a_2^2 + Var(\varepsilon_2) & a_2 a_3 & a_2 a_4 & a_2 a_5 \\
a_3 a_1 & a_3 a_2 & a_3^2 + Var(\varepsilon_3) & a_3 a_4 & a_3 a_5 \\
a_4 a_1 & a_4 a_2 & a_4 a_3 & a_4^2 + Var(\varepsilon_4) & a_4 a_5 \\
a_5 a_1 & a_5 a_2 & a_5 a_3 & a_5 a_4 & a_5^2 + Var(\varepsilon_5)
\end{bmatrix}
$$

이 성립할 것이다. 그렇다면 이 식으로부터

요인부하량 $a_1,\ a_2,\ \cdots,\ a_5$

가 구해질 것인가? 다음과 같이 변형해 보자.

$$\begin{bmatrix} 1 & 0.05048 & 0.62888 & 0.26524 & 0.68574 \\ 0.05048 & 1 & 0.22041 & 0.35524 & 0.00867 \\ 0.62888 & 0.22041 & 1 & 0.18307 & 0.50859 \\ 0.26524 & 0.35524 & 0.18307 & 1 & 0.27197 \\ 0.68574 & 0.00876 & 0.50859 & 0.27197 & 1 \end{bmatrix}$$

$$= \begin{bmatrix} {a_1}^2 & a_1a_2 & a_1a_3 & a_1a_4 & a_1a_5 \\ a_2a_1 & {a_2}^2 & a_2a_3 & a_2a_4 & a_2a_5 \\ a_3a_1 & a_3a_2 & {a_3}^2 & a_3a_4 & a_3a_5 \\ a_4a_1 & a_4a_2 & a_4a_3 & {a_4}^2 & a_4a_5 \\ a_5a_1 & a_5a_2 & a_5a_3 & a_5a_4 & {a_5}^2 \end{bmatrix} + \begin{bmatrix} Var(\varepsilon_1) & 0 & 0 & 0 & 0 \\ 0 & Var(\varepsilon_2) & 0 & 0 & 0 \\ 0 & 0 & Var(\varepsilon_3) & 0 & 0 \\ 0 & 02 & 0 & Var(\varepsilon_4) & 0 \\ 0 & 0 & 0 & 0 & Var(\varepsilon_5) \end{bmatrix}$$

$$\Rightarrow \begin{bmatrix} 1 & 0.05048 & 0.62888 & 0.26524 & 0.68574 \\ 0.05048 & 1 & 0.22041 & 0.35524 & 0.00867 \\ 0.62888 & 0.22041 & 1 & 0.18307 & 0.50859 \\ 0.26524 & 0.35524 & 0.18307 & 1 & 0.27197 \\ 0.68574 & 0.00876 & 0.50859 & 0.27197 & 1 \end{bmatrix}$$

$$- \begin{bmatrix} Var(\varepsilon_1) & 0 & 0 & 0 & 0 \\ 0 & Var(\varepsilon_2) & 0 & 0 & 0 \\ 0 & 0 & Var(\varepsilon_3) & 0 & 0 \\ 0 & 02 & 0 & Var(\varepsilon_4) & 0 \\ 0 & 0 & 0 & 0 & Var(\varepsilon_5) \end{bmatrix} = \begin{bmatrix} {a_1}^2 & a_1a_2 & a_1a_3 & a_1a_4 & a_1a_5 \\ a_2a_1 & {a_2}^2 & a_2a_3 & a_2a_4 & a_2a_5 \\ a_3a_1 & a_3a_2 & {a_3}^2 & a_3a_4 & a_3a_5 \\ a_4a_1 & a_4a_2 & a_4a_3 & {a_4}^2 & a_4a_5 \\ a_5a_1 & a_5a_2 & a_5a_3 & a_5a_4 & {a_5}^2 \end{bmatrix}$$

$$\Rightarrow \begin{bmatrix} 1 & 0.05048 & 0.62888 & 0.26524 & 0.68574 \\ 0.05048 & 1 & 0.22041 & 0.35524 & 0.00867 \\ 0.62888 & 0.22041 & 1 & 0.18307 & 0.50859 \\ 0.26524 & 0.35524 & 0.18307 & 1 & 0.27197 \\ 0.68574 & 0.00876 & 0.50859 & 0.27197 & 1 \end{bmatrix}$$

$$- \begin{bmatrix} Var(\varepsilon_1) & 0 & 0 & 0 & 0 \\ 0 & Var(\varepsilon_2) & 0 & 0 & 0 \\ 0 & 0 & Var(\varepsilon_3) & 0 & 0 \\ 0 & 02 & 0 & Var(\varepsilon_4) & 0 \\ 0 & 0 & 0 & 0 & Var(\varepsilon_5) \end{bmatrix} = \begin{bmatrix} a_1 \\ a_2 \\ a_3 \\ a_4 \\ a_5 \end{bmatrix} \begin{bmatrix} a_1 & a_2 & a_3 & a_4 & a_5 \end{bmatrix}$$

$$\Rightarrow \begin{bmatrix} 1-Var(\varepsilon_1) & 0.05048 & 0.62888 & 0.26524 & 0.68574 \\ 0.05048 & 1-Var(\varepsilon_2) & 0.22041 & 0.35524 & 0.00867 \\ 0.62888 & 0.22041 & 1-Var(\varepsilon_3) & 0.18307 & 0.50859 \\ 0.26524 & 0.35524 & 0.18307 & 1-Var(\varepsilon_4) & 0.27197 \\ 0.68574 & 0.00876 & 0.50859 & 0.27197 & 1-Var(\varepsilon_5) \end{bmatrix}$$

$$= \begin{bmatrix} a_1 \\ a_2 \\ a_3 \\ a_4 \\ a_5 \end{bmatrix} \begin{bmatrix} a_1 & a_2 & a_3 & a_4 & a_5 \end{bmatrix} \qquad (\bigstar)$$

여기에서 좌변 행렬의 5개 고유치·고유벡터를

$$(\text{가})\quad \text{고유치}=\lambda_1 \qquad \text{고유벡터}=\begin{bmatrix} p_1 \\ p_2 \\ p_3 \\ p_4 \\ p_5 \end{bmatrix}$$

$$(\text{나})\quad \text{고유치}=\lambda_2 \qquad \text{고유벡터}=\begin{bmatrix} q_1 \\ q_2 \\ q_3 \\ q_4 \\ q_5 \end{bmatrix}$$

$$(\text{다})\quad \text{고유치}=\lambda_3 \qquad \text{고유벡터}=\begin{bmatrix} r_1 \\ r_2 \\ r_3 \\ r_4 \\ r_5 \end{bmatrix}$$

$$(\text{라})\quad \text{고유치}=\lambda_4 \qquad \text{고유벡터}=\begin{bmatrix} s_1 \\ s_2 \\ s_3 \\ s_4 \\ s_5 \end{bmatrix}$$

$$(\text{마})\quad \text{고유치}=\lambda_5 \qquad \text{고유벡터}=\begin{bmatrix} t_1 \\ t_2 \\ t_3 \\ t_4 \\ t_5 \end{bmatrix}$$

라고 하면, 각각 다음과 같다.

$$\begin{bmatrix} 1-Var(\varepsilon_1) & 0.05048 & 0.62888 & 0.26524 & 0.68574 \\ 0.05048 & 1-Var(\varepsilon_2) & 0.22041 & 0.35524 & 0.00867 \\ 0.62888 & 0.22041 & 1-Var(\varepsilon_3) & 0.18307 & 0.50859 \\ 0.26524 & 0.35524 & 0.18307 & 1-Var(\varepsilon_4) & 0.27197 \\ 0.68574 & 0.00876 & 0.50859 & 0.27197 & 1-Var(\varepsilon_5) \end{bmatrix} \begin{bmatrix} p_1 \\ p_2 \\ p_3 \\ p_4 \\ p_5 \end{bmatrix} = \lambda_1 \begin{bmatrix} p_1 \\ p_2 \\ p_3 \\ p_4 \\ p_5 \end{bmatrix}$$

$$\begin{bmatrix} 1-Var(\varepsilon_1) & 0.05048 & 0.62888 & 0.26524 & 0.68574 \\ 0.05048 & 1-Var(\varepsilon_2) & 0.22041 & 0.35524 & 0.00867 \\ 0.62888 & 0.22041 & 1-Var(\varepsilon_3) & 0.18307 & 0.50859 \\ 0.26524 & 0.35524 & 0.18307 & 1-Var(\varepsilon_4) & 0.27197 \\ 0.68574 & 0.00876 & 0.50859 & 0.27197 & 1-Var(\varepsilon_5) \end{bmatrix} \begin{bmatrix} q_1 \\ q_2 \\ q_3 \\ q_4 \\ q_5 \end{bmatrix} = \lambda_2 \begin{bmatrix} q_1 \\ q_2 \\ q_3 \\ q_4 \\ q_5 \end{bmatrix}$$

$$\begin{bmatrix} 1-Var(\varepsilon_1) & 0.05048 & 0.62888 & 0.26524 & 0.68574 \\ 0.05048 & 1-Var(\varepsilon_2) & 0.22041 & 0.35524 & 0.00867 \\ 0.62888 & 0.22041 & 1-Var(\varepsilon_3) & 0.18307 & 0.50859 \\ 0.26524 & 0.35524 & 0.18307 & 1-Var(\varepsilon_4) & 0.27197 \\ 0.68574 & 0.00876 & 0.50859 & 0.27197 & 1-Var(\varepsilon_5) \end{bmatrix} \begin{bmatrix} r_1 \\ r_2 \\ r_3 \\ r_4 \\ r_5 \end{bmatrix} = \lambda_3 \begin{bmatrix} r_1 \\ r_2 \\ r_3 \\ r_4 \\ r_5 \end{bmatrix}$$

$$\begin{bmatrix} 1-Var(\varepsilon_1) & 0.05048 & 0.62888 & 0.26524 & 0.68574 \\ 0.05048 & 1-Var(\varepsilon_2) & 0.22041 & 0.35524 & 0.00867 \\ 0.62888 & 0.22041 & 1-Var(\varepsilon_3) & 0.18307 & 0.50859 \\ 0.26524 & 0.35524 & 0.18307 & 1-Var(\varepsilon_4) & 0.27197 \\ 0.68574 & 0.00876 & 0.50859 & 0.27197 & 1-Var(\varepsilon_5) \end{bmatrix} \begin{bmatrix} s_1 \\ s_2 \\ s_3 \\ s_4 \\ s_5 \end{bmatrix} = \lambda_4 \begin{bmatrix} s_1 \\ s_2 \\ s_3 \\ s_4 \\ s_5 \end{bmatrix}$$

$$\begin{bmatrix} 1-Var(\varepsilon_1) & 0.05048 & 0.62888 & 0.26524 & 0.68574 \\ 0.05048 & 1-Var(\varepsilon_2) & 0.22041 & 0.35524 & 0.00867 \\ 0.62888 & 0.22041 & 1-Var(\varepsilon_3) & 0.18307 & 0.50859 \\ 0.26524 & 0.35524 & 0.18307 & 1-Var(\varepsilon_4) & 0.27197 \\ 0.68574 & 0.00876 & 0.50859 & 0.27197 & 1-Var(\varepsilon_5) \end{bmatrix} \begin{bmatrix} t_1 \\ t_2 \\ t_3 \\ t_4 \\ t_5 \end{bmatrix} = \lambda_5 \begin{bmatrix} t_1 \\ t_2 \\ t_3 \\ t_4 \\ t_5 \end{bmatrix}$$

이 다섯 개의 식을 하나로 합치면,

$$\begin{bmatrix} 1-Var(\varepsilon_1) & 0.05048 & 0.62888 & 0.26524 & 0.68574 \\ 0.05048 & 1-Var(\varepsilon_2) & 0.22041 & 0.35524 & 0.00867 \\ 0.62888 & 0.22041 & 1-Var(\varepsilon_3) & 0.18307 & 0.50859 \\ 0.26524 & 0.35524 & 0.18307 & 1-Var(\varepsilon_4) & 0.27197 \\ 0.68574 & 0.00876 & 0.50859 & 0.27197 & 1-Var(\varepsilon_5) \end{bmatrix} \begin{bmatrix} p_1 & q_1 & r_1 & s_1 & t_1 \\ p_2 & q_2 & r_2 & s_2 & t_2 \\ p_3 & q_3 & r_3 & s_3 & t_3 \\ p_4 & q_4 & r_4 & s_4 & t_4 \\ p_5 & q_5 & r_5 & s_5 & t_5 \end{bmatrix}$$
$$= \begin{bmatrix} \lambda_1 p_1 & \lambda_2 q_1 & \lambda_3 r_1 & \lambda_4 s_1 & \lambda_5 t_1 \\ \lambda_1 p_2 & \lambda_2 q_2 & \lambda_3 r_2 & \lambda_4 s_2 & \lambda_5 t_2 \\ \lambda_1 p_3 & \lambda_2 q_3 & \lambda_3 r_3 & \lambda_4 s_3 & \lambda_5 t_3 \\ \lambda_1 p_4 & \lambda_2 q_4 & \lambda_3 r_4 & \lambda_4 s_4 & \lambda_5 t_4 \\ \lambda_1 p_5 & \lambda_2 q_5 & \lambda_3 r_5 & \lambda_4 s_5 & \lambda_5 t_5 \end{bmatrix}$$

이 된다. 그런데 여기가 중요한 곳이다. 실은 고유벡터로 되는 행렬

$$\begin{bmatrix} p_1 & q_1 & r_1 & s_1 & t_1 \\ p_2 & q_2 & r_2 & s_2 & t_2 \\ p_3 & q_3 & r_3 & s_3 & t_3 \\ p_4 & q_4 & r_4 & s_4 & t_4 \\ p_5 & q_5 & r_5 & s_5 & t_5 \end{bmatrix}$$

은 직교행렬로 되어 있으므로

$$\begin{bmatrix} p_1 & q_1 & r_1 & s_1 & t_1 \\ p_2 & q_2 & r_2 & s_2 & t_2 \\ p_3 & q_3 & r_3 & s_3 & t_3 \\ p_4 & q_4 & r_4 & s_4 & t_4 \\ p_5 & q_5 & r_5 & s_5 & t_5 \end{bmatrix} \begin{bmatrix} p_1 & p_2 & p_3 & p_4 & p_5 \\ q_1 & q_2 & q_3 & q_4 & q_5 \\ r_1 & r_2 & r_3 & r_4 & r_5 \\ s_1 & s_2 & s_3 & s_4 & s_5 \\ t_1 & t_2 & t_3 & t_4 & t_5 \end{bmatrix} = \begin{bmatrix} 1 & 0 & 0 & 0 & 0 \\ 0 & 1 & 0 & 0 & 0 \\ 0 & 0 & 1 & 0 & 0 \\ 0 & 0 & 0 & 1 & 0 \\ 0 & 0 & 0 & 0 & 1 \end{bmatrix}$$

이 된다. 따라서

$$\begin{bmatrix} 1-Var(\varepsilon_1) & 0.05048 & 0.62888 & 0.26524 & 0.68574 \\ 0.05048 & 1-Var(\varepsilon_2) & 0.22041 & 0.35524 & 0.00867 \\ 0.62888 & 0.22041 & 1-Var(\varepsilon_3) & 0.18307 & 0.50859 \\ 0.26524 & 0.35524 & 0.18307 & 1-Var(\varepsilon_4) & 0.27197 \\ 0.68574 & 0.00876 & 0.50859 & 0.27197 & 1-Var(\varepsilon_5) \end{bmatrix} \begin{bmatrix} p_1\, q_1\, r_1\, s_1\, t_1 \\ p_2\, q_2\, r_2\, s_2\, t_2 \\ p_3\, q_3\, r_3\, s_3\, t_3 \\ p_4\, q_4\, r_4\, s_4\, t_4 \\ p_5\, q_5\, r_5\, s_5\, t_5 \end{bmatrix}$$

$$\times \begin{bmatrix} p_1\, p_2\, p_3\, p_4\, p_5 \\ q_1\, q_2\, q_3\, q_4\, q_5 \\ r_1\, r_2\, r_3\, r_4\, r_5 \\ s_1\, s_2\, s_3\, s_4\, s_5 \\ t_1\, t_2\, t_3\, t_4\, t_5 \end{bmatrix} = \begin{bmatrix} \lambda_1 p_1\, \lambda_2 q_1\, \lambda_3 r_1\, \lambda_4 s_1\, \lambda_5 t_1 \\ \lambda_1 p_2\, \lambda_2 q_2\, \lambda_3 r_2\, \lambda_4 s_2\, \lambda_5 t_2 \\ \lambda_1 p_3\, \lambda_2 q_3\, \lambda_3 r_3\, \lambda_4 s_3\, \lambda_5 t_3 \\ \lambda_1 p_4\, \lambda_2 q_4\, \lambda_3 r_4\, \lambda_4 s_4\, \lambda_5 t_4 \\ \lambda_1 p_5\, \lambda_2 q_5\, \lambda_3 r_5\, \lambda_4 s_5\, \lambda_5 t_5 \end{bmatrix} \begin{bmatrix} p_1\, p_2\, p_3\, p_4\, p_5 \\ q_1\, q_2\, q_3\, q_4\, q_5 \\ r_1\, r_2\, r_3\, r_4\, r_5 \\ s_1\, s_2\, s_3\, s_4\, s_5 \\ t_1\, t_2\, t_3\, t_4\, t_5 \end{bmatrix}$$

$$\Rightarrow \begin{bmatrix} 1-Var(\varepsilon_1) & 0.05048 & 0.62888 & 0.26524 & 0.68574 \\ 0.05048 & 1-Var(\varepsilon_2) & 0.22041 & 0.35524 & 0.00867 \\ 0.62888 & 0.22041 & 1-Var(\varepsilon_3) & 0.18307 & 0.50859 \\ 0.26524 & 0.35524 & 0.18307 & 1-Var(\varepsilon_4) & 0.27197 \\ 0.68574 & 0.00876 & 0.50859 & 0.27197 & 1-Var(\varepsilon_5) \end{bmatrix}$$

$$= \begin{bmatrix} \lambda_1 p_1\, \lambda_2 q_1\, \lambda_3 r_1\, \lambda_4 s_1\, \lambda_5 t_1 \\ \lambda_1 p_2\, \lambda_2 q_2\, \lambda_3 r_2\, \lambda_4 s_2\, \lambda_5 t_2 \\ \lambda_1 p_3\, \lambda_2 q_3\, \lambda_3 r_3\, \lambda_4 s_3\, \lambda_5 t_3 \\ \lambda_1 p_4\, \lambda_2 q_4\, \lambda_3 r_4\, \lambda_4 s_4\, \lambda_5 t_4 \\ \lambda_1 p_5\, \lambda_2 q_5\, \lambda_3 r_5\, \lambda_4 s_5\, \lambda_5 t_5 \end{bmatrix} \begin{bmatrix} p_1\, p_2\, p_3\, p_4\, p_5 \\ q_1\, q_2\, q_3\, q_4\, q_5 \\ r_1\, r_2\, r_3\, r_4\, r_5 \\ s_1\, s_2\, s_3\, s_4\, s_5 \\ t_1\, t_2\, t_3\, t_4\, t_5 \end{bmatrix}$$

$$\Rightarrow \begin{bmatrix} 1-Var(\varepsilon_1) & 0.05048 & 0.62888 & 0.26524 & 0.68574 \\ 0.05048 & 1-Var(\varepsilon_2) & 0.22041 & 0.35524 & 0.00867 \\ 0.62888 & 0.22041 & 1-Var(\varepsilon_3) & 0.18307 & 0.50859 \\ 0.26524 & 0.35524 & 0.18307 & 1-Var(\varepsilon_4) & 0.27197 \\ 0.68574 & 0.00876 & 0.50859 & 0.27197 & 1-Var(\varepsilon_5) \end{bmatrix}$$

$$= \lambda_1 \begin{bmatrix} p_1 \\ p_2 \\ p_3 \\ p_4 \\ p_5 \end{bmatrix} \begin{bmatrix} p_1\, p_2\, p_3\, p_4\, p_5 \end{bmatrix} + \lambda_2 \begin{bmatrix} q_1 \\ q_2 \\ q_3 \\ q_4 \\ q_5 \end{bmatrix} \begin{bmatrix} q_1\, q_2\, q_3\, q_4\, q_5 \end{bmatrix}$$

$$+ \lambda_3 \begin{bmatrix} r_1 \\ r_2 \\ r_3 \\ r_4 \\ r_5 \end{bmatrix} \begin{bmatrix} r_1\, r_2\, r_3\, r_4\, r_5 \end{bmatrix} + \lambda_4 \begin{bmatrix} s_1 \\ s_2 \\ s_3 \\ s_4 \\ s_5 \end{bmatrix} \begin{bmatrix} s_1\, s_2\, s_3\, s_4\, s_5 \end{bmatrix}$$

$$= \lambda_5 \begin{bmatrix} t_1 \\ t_2 \\ t_3 \\ t_4 \\ t_5 \end{bmatrix} \begin{bmatrix} t_1\, t_2\, t_3\, t_4\, t_5 \end{bmatrix}$$

여기에서 전술한 (★) 식을 상기하면 결국 다음과 같이 된다.

$$\lambda_1 \begin{bmatrix} p_1 \\ p_2 \\ p_3 \\ p_4 \\ p_5 \end{bmatrix} [p_1\, p_2\, p_3\, p_4\, p_5] + \lambda_2 \begin{bmatrix} q_1 \\ q_2 \\ q_3 \\ q_4 \\ q_5 \end{bmatrix} [q_1\, q_2\, q_3\, q_4\, q_5]$$

$$+ \lambda_3 \begin{bmatrix} r_1 \\ r_2 \\ r_3 \\ r_4 \\ r_5 \end{bmatrix} [r_1\, r_2\, r_3\, r_4\, r_5] + \lambda_4 \begin{bmatrix} s_1 \\ s_2 \\ s_3 \\ s_4 \\ s_5 \end{bmatrix} [s_1\, s_2\, s_3\, s_4\, s_5]$$

$$= \lambda_5 \begin{bmatrix} t_1 \\ t_2 \\ t_3 \\ t_4 \\ t_5 \end{bmatrix} [t_1\, t_2\, t_3\, t_4\, t_5] = \begin{bmatrix} a_1 \\ a_2 \\ a_3 \\ a_4 \\ a_5 \end{bmatrix} [a_1\, a_2\, a_3\, a_4\, a_5]$$

그래서 다섯 개의 고유치

$$\lambda_1 > \lambda_2 > \lambda_3 > \lambda_4 > \lambda_5 \geqq 0$$

중에서 λ_1이 λ_2, λ_3, λ_4, λ_5에 비해서 충분히 크다면

$$\lambda_1 \begin{bmatrix} p_1 \\ p_2 \\ p_3 \\ p_4 \\ p_5 \end{bmatrix} [p_1\, p_2\, p_3\, p_4\, p_5] \fallingdotseq \begin{bmatrix} a_1 \\ a_2 \\ a_3 \\ a_4 \\ a_5 \end{bmatrix} [a_1\, a_2\, a_3\, a_4\, a_5]$$

라고 생각할 수 있으므로, λ_1을 $\lambda_1 = \sqrt{\lambda_1}\sqrt{\lambda_1}$과 같이 두 개로 나누면

$$\begin{bmatrix} \sqrt{\lambda_1}\, p_1 \\ \sqrt{\lambda_1}\, p_2 \\ \sqrt{\lambda_1}\, p_3 \\ \sqrt{\lambda_1}\, p_4 \\ \sqrt{\lambda_1}\, p_5 \end{bmatrix} \left[\sqrt{\lambda_1}\, p_1\; \sqrt{\lambda_1}\, p_2\; \sqrt{\lambda_1}\, p_3\; \sqrt{\lambda_1}\, p_4\; \sqrt{\lambda_1}\, p_5 \right] \fallingdotseq \begin{bmatrix} a_1 \\ a_2 \\ a_3 \\ a_4 \\ a_5 \end{bmatrix} [a_1\, a_2\, a_3\, a_4\, a_5]$$

가 된다. 즉,

$$\sqrt{\lambda_1}\, p_1 = a_1,\ \sqrt{\lambda_2}\, p_2 = a_2,\ \sqrt{\lambda_3}\, p_3 = a_3,\ \sqrt{\lambda_4}\, p_4 = a_4,\ \sqrt{\lambda_5}\, p_5 = a_5$$

이다.

이상으로부터 요인부하량 a_1, a_2, a_3, a_4, a_5는

$$\text{고유치 } \lambda_1 \text{ , 고유벡터 } [p_1 \, p_2 \, p_3 \, p_4 \, p_5]$$

를 이용해서,

$$a_1 = \sqrt{\lambda_1}\, p_1,\ a_2 = \sqrt{\lambda_2}\, p_2,\ a_3 = \sqrt{\lambda_3}\, p_3,\ a_4 = \sqrt{\lambda_4}\, p_4,\ a_5 = \sqrt{\lambda_5}\, p_5$$

와 같이 구할 수 있을 것이다.

순서 3 ▸▸▸ 상관행렬의 고유치·고유벡터를 구한다.

전술한 방법에 의하여 고유치·고유벡터를 구한다.

	A	B	C	D	E	F	G	H	I	J	K	L
1			X1	X2	X3	X4	X5					
2		X1	1	0.05048	0.62888	0.26524	0.68574		1			
3		X2	0.05048	1	0.22041	0.35524	0.00876		0			
4		X3	0.62888	0.22041	1	0.18307	0.50859		0			
5		X4	0.26524	0.35524	0.18307	1	0.27197		0			
6		X5	0.68574	0.00876	0.50859	0.27197	1		0			
7												
8												
9												
10	1.0000	1.3923	1.3709	1.3575	1.3505	1.3467	1.3448	1.3437	1.3432	1.3429	1.3428	1.3427
11	0.0505	0.2440	0.3466	0.3980	0.4238	0.4367	0.4432	0.4465	0.4481	0.4490	0.4494	0.4496
12	0.6289	1.1967	1.2394	1.2418	1.2407	1.2396	1.2390	1.2386	1.2384	1.2383	1.2383	1.2383
13	0.2652	0.6105	0.7010	0.7401	0.7591	0.7685	0.7733	0.7756	0.7768	0.7775	0.7778	0.7779
14	0.6857	1.2669	1.2894	1.2801	1.2731	1.2690	1.2669	1.2658	1.2652	1.2649	1.2648	1.2647
15	1.9386	5.4079	5.6894	5.7297	5.7396	5.7422	5.7428	5.7430	5.7430	5.7431	5.7431	5.7431
16												
17	0.7182121	0.5987331	0.5747240	0.5671053	0.5637028	0.5620120	0.5611542	0.5607185	0.5604974	0.5603853	0.5603286	0.5602998
18	0.0362525	0.1049437	0.1453198	0.1662683	0.1768797	0.1822361	0.1849410	0.1863079	0.1869991	0.1873488	0.1875257	0.1876152
19	0.4516688	0.5145962	0.5196065	0.5187824	0.5178618	0.5173074	0.5170086	0.5168532	0.5167734	0.5167328	0.5167122	0.5167017
20	0.1904978	0.2625301	0.2938865	0.3091871	0.3168512	0.3207183	0.3226738	0.3236633	0.3241641	0.3244176	0.3245459	0.3246108
21	0.4925069	0.5447699	0.5405685	0.5348034	0.5313918	0.5295899	0.5286649	0.5281941	0.5279554	0.5278344	0.5277732	0.5277422
22												
23												
24												
25												

Sheet1 / Sheet2 / Sheet3

[셀의 입력내용]

A10; {=MMULT(C2:G6, I2:I6)} (A10에서 A14까지 동일한 내용)

A15; =SUMSQ(A10:A14)

A17; {=A10:A14/A15^0.5} (A17에서 A21까지 동일한 내용)

B10; {=MMULT(C2:G6, A17:A21)} (B10에서 B14까지 동일한 내용)

B15; =SUMSQ(B10:B14)

B17; {=B10:B14/B15^0.5} (B17에서 B21까지 동일한 내용)

이하 C열에서 L열까지는 B열의 계산방식을 반복한다.

이상으로부터

$$\text{고유치 } \lambda_1 = \sqrt{5.7431} = 2.39647$$

$$\text{고유벡터 } \begin{bmatrix} p_1 \\ p_2 \\ p_3 \\ p_4 \\ p_5 \end{bmatrix} = \begin{bmatrix} 0.5602998 \\ 0.1876152 \\ 0.5167017 \\ 0.3246108 \\ 0.5277422 \end{bmatrix}$$

이 구해졌다.

그렇다면 구하는 요인부하량 a_1, a_2, a_3, a_4, a_5는

$$a_1 = \sqrt{\lambda_1}\, p_1 = \sqrt{2.39647} \times 0.5602998$$
$$a_2 = \sqrt{\lambda_1}\, p_2 = \sqrt{2.39647} \times 0.1876152$$
$$a_3 = \sqrt{\lambda_1}\, p_3 = \sqrt{2.39647} \times 0.5167017$$
$$a_4 = \sqrt{\lambda_1}\, p_4 = \sqrt{2.39647} \times 0.3246108$$
$$a_5 = \sqrt{\lambda_1}\, p_5 = \sqrt{2.39647} \times 0.5277422$$

일까?

유감스럽게도 이 a_1, a_2, a_3, a_4, a_5는 올바른 요인부하량이 아니다. 이 고유치·고유벡터는 다음 행렬의 고유치·고유벡터인 것이다.

$$\begin{bmatrix} 1 & 0.05048 & 0.62888 & 0.26524 & 0.68574 \\ 0.05048 & 1 & 0.22041 & 0.35524 & 0.00867 \\ 0.62888 & 0.22041 & 1 & 0.18307 & 0.50859 \\ 0.26524 & 0.35524 & 0.18307 & 1 & 0.27197 \\ 0.68574 & 0.00876 & 0.50859 & 0.27197 & 1 \end{bmatrix} \begin{bmatrix} p_1 \\ p_2 \\ p_3 \\ p_4 \\ p_5 \end{bmatrix} = \lambda_1 \begin{bmatrix} p_1 \\ p_2 \\ p_3 \\ p_4 \\ p_5 \end{bmatrix}$$

구하고자 하는 고유치·고유벡터는 다음과 같은 행렬의 고유치·고유벡터인 것이다.

$$\begin{bmatrix} 1-Var(\varepsilon_1) & 0.05048 & 0.62888 & 0.26524 & 0.68574 \\ 0.05048 & 1-Var(\varepsilon_2) & 0.22041 & 0.35524 & 0.00867 \\ 0.62888 & 0.22041 & 1-Var(\varepsilon_3) & 0.18307 & 0.50859 \\ 0.26524 & 0.35524 & 0.18307 & 1-Var(\varepsilon_4) & 0.27197 \\ 0.68574 & 0.00876 & 0.50859 & 0.27197 & 1-Var(\varepsilon_5) \end{bmatrix} \begin{bmatrix} p_1 \\ p_2 \\ p_3 \\ p_4 \\ p_5 \end{bmatrix} = \lambda_1 \begin{bmatrix} p_1 \\ p_2 \\ p_3 \\ p_4 \\ p_5 \end{bmatrix}$$

자세히 보면 대각선상의 요소만 다를 뿐이다. 그래서 대각요인의 값에 근접시키기 위해 다음과 같은 조작을 한다.

앞에서 구한 고유치·고유벡터를 사용해서 우선 다음과 같이 a_1, a_2, a_3, a_4, a_5를 계산한다.

$$a_1 = \sqrt{\lambda_1}\,p_1 = \sqrt{2.39647} \times 0.5602998 = 0.8673740$$

$$a_2 = \sqrt{\lambda_1}\,p_2 = \sqrt{2.39647} \times 0.1876152 = 0.2904383$$

$$a_3 = \sqrt{\lambda_1}\,p_3 = \sqrt{2.39647} \times 0.5167017 = 0.7998818$$

$$a_4 = \sqrt{\lambda_1}\,p_4 = \sqrt{2.39647} \times 0.3246108 = 0.5025148$$

$$a_5 = \sqrt{\lambda_1}\,p_5 = \sqrt{2.39647} \times 0.5277422 = 0.8169730$$

그리고 이 값의 제곱을 상관행렬의 대각요소에 대입한다. 그러면

$$\text{상관행렬} \Rightarrow \begin{bmatrix} (0.86737)^2 & 0.05048 & 0.62888 & 0.26524 & 0.68574 \\ 0.05048 & (0.29044)^2 & 0.22041 & 0.35524 & 0.00867 \\ 0.62888 & 0.22041 & (0.79988)^2 & 0.18307 & 0.50859 \\ 0.26524 & 0.35524 & 0.18307 & (0.50251)^2 & 0.27197 \\ 0.68574 & 0.00876 & 0.50859 & 0.27197 & (0.81697)^2 \end{bmatrix}$$

$$= \begin{bmatrix} 0.75234 & 0.05048 & 0.62888 & 0.26524 & 0.68574 \\ 0.05048 & 0.08435 & 0.22041 & 0.35524 & 0.00867 \\ 0.62888 & 0.22041 & 0.63981 & 0.18307 & 0.50859 \\ 0.26524 & 0.35524 & 0.18307 & 0.25252 & 0.27197 \\ 0.68574 & 0.00876 & 0.50859 & 0.27197 & 0.66744 \end{bmatrix}$$

가 된다.

순서 4 ▸▸▸ 위의 행렬에 대한 고유치·고유벡터를 구한다(2단계).

(1) 대각요소에 대입할 값을 구하기 위해 셀 M17:M21 영역을 범위 지정하고

(2) 수식 '=L17:L21*L15^(1/4)'을 입력한다.

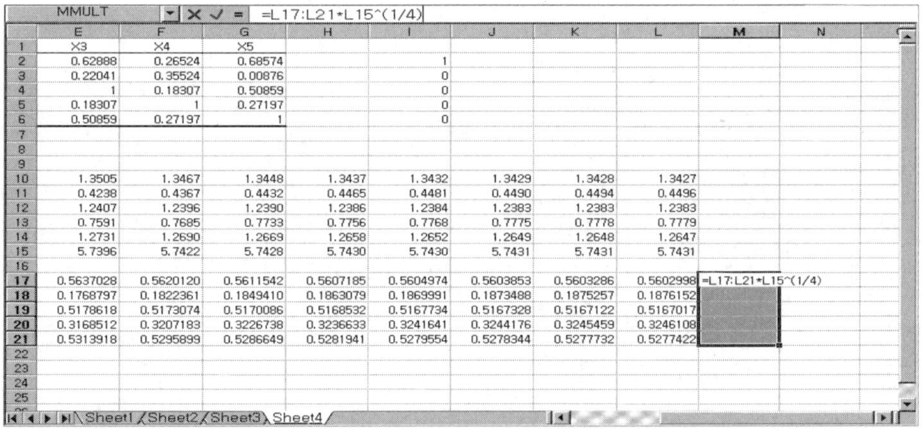
MMULT =L17:L21*L15^(1/4)

	E	F	G	H	I	J	K	L	M	N
1	X3	X4	X5							
2	0.62888	0.26524	0.68574		1					
3	0.22041	0.35524	0.00876		0					
4	1	0.18307	0.50859		0					
5	0.18307	1	0.27197		0					
6	0.50859	0.27197	1		0					
7										
8										
9										
10	1.3505	1.3467	1.3448	1.3437	1.3432	1.3429	1.3428	1.3427		
11	0.4238	0.4367	0.4432	0.4465	0.4481	0.4490	0.4494	0.4496		
12	1.2407	1.2396	1.2390	1.2386	1.2384	1.2383	1.2383	1.2383		
13	0.7591	0.7685	0.7733	0.7756	0.7768	0.7775	0.7778	0.7779		
14	1.2731	1.2690	1.2669	1.2658	1.2652	1.2649	1.2648	1.2647		
15	5.7396	5.7422	5.7428	5.7430	5.7430	5.7431	5.7431	5.7431		
16										
17	0.5637028	0.5620120	0.5611542	0.5607185	0.5604974	0.5603853	0.5603286	0.5602998	=L17:L21*L15^(1/4)	
18	0.1768797	0.1822361	0.1849410	0.1863079	0.1869991	0.1873488	0.1875257	0.1876152		
19	0.5178618	0.5173074	0.5170086	0.5168532	0.5167734	0.5167328	0.5167122	0.5167017		
20	0.3168512	0.3207183	0.3226738	0.3236633	0.3241641	0.3244176	0.3245459	0.3246108		
21	0.5313918	0.5295899	0.5286649	0.5281941	0.5279554	0.5278344	0.5277732	0.5277422		

(3) Ctrl + Shift + Enter↵ 키를 동시에 누른다.

M17 = {=L17:L21*L15^(1/4)}

	I	J	K	L	M	N
1						
2	1					
3	0					
4	0					
5	0					
6	0					
7						
8						
9						
10	1.3432	1.3429	1.3428	1.3427		
11	0.4481	0.4490	0.4494	0.4496		
12	1.2384	1.2383	1.2383	1.2383		
13	0.7768	0.7775	0.7778	0.7779		
14	1.2652	1.2649	1.2648	1.2647		
15	5.7430	5.7431	5.7431	5.7431		
16						
17	0.5604974	0.5603853	0.5603286	0.5602998	0.8673740	
18	0.1869991	0.1873488	0.1875257	0.1876152	0.2904383	
19	0.5167734	0.5167328	0.5167122	0.5167017	0.7998818	
20	0.3241641	0.3244176	0.3245459	0.3246108	0.5025148	
21	0.5279554	0.5278344	0.5277732	0.5277422	0.8169730	
22						

이 값이 a_1, a_2, a_3, a_4, a_5이다.

(4) 이어서 셀 N17에 수식 '=M15^2'를 입력한다.

(5) N17을 N18에서 N21까지 복사한다.

N17 = =M17^2

	J	K	L	M	N	O
1						
2						
3						
4						
5						
6						
7						
8						
9						
10	1.3429	1.3428	1.3427			
11	0.4490	0.4494	0.4496			
12	1.2383	1.2383	1.2383			
13	0.7775	0.7778	0.7779			
14	1.2649	1.2648	1.2647			
15	5.7431	5.7431	5.7431			
16						
17	0.5603853	0.5603286	0.5602998	0.8673740	0.7523377	
18	0.1873488	0.1875257	0.1876152	0.2904383	0.0843544	
19	0.5167328	0.5167122	0.5167017	0.7998818	0.6398109	
20	0.3244176	0.3245459	0.3246108	0.5025148	0.2525211	
21	0.5278344	0.5277732	0.5277422	0.8169730	0.6674449	
22						

이 값은 a_1^2, a_2^2, a_3^2, a_4^2, a_5^2이다. 이 값이 바로 상관행렬의 대각요소에 대입할 값이다.

(6) 상관행렬의 대각요소에 N17:N21 영역의 값을 복사해서 붙여넣기를 하지 말고 그대로 수치를 입력한다. 그러면 계산이 자동적으로 실행된다.

	A	B	C	D	E	F	G	H	I	J	K	L
1			X1	X2	X3	X4	X5					
2		X1	0.75234	0.05048	0.62888	0.26524	0.68574		1			
3		X2	0.05048	0.08435	0.22041	0.35524	0.00876		0			
4		X3	0.62888	0.22041	0.63981	0.18307	0.50859		0			
5		X4	0.26524	0.35524	0.18307	0.25252	0.27197		0			
6		X5	0.68574	0.00876	0.50859	0.27197	0.66744		0			
7												
8												
9												
10	0.7523	1.2266	1.2231	1.2221	1.2218	1.2217	1.2217	1.2217	1.2217	1.2217	1.2217	1.2217
11	0.0505	0.2291	0.2421	0.2472	0.2479	0.2481	0.2481	0.2482	0.2482	0.2482	0.2482	0.2482
12	0.6289	1.0467	1.0568	1.0572	1.0574	1.0574	1.0574	1.0574	1.0574	1.0574	1.0574	1.0574
13	0.2652	0.4778	0.5034	0.5066	0.5075	0.5077	0.5078	0.5078	0.5078	0.5078	0.5078	0.5078
14	0.6857	1.1136	1.1077	1.1065	1.1061	1.1060	1.1060	1.1060	1.1060	1.1060	1.1060	1.1060
15	1.5046	4.1212	4.1520	4.1533	4.1533	4.1533	4.1533	4.1533	4.1533	4.1533	4.1533	4.1533
16												
17	0.6133344	0.6042320	0.6002702	0.5996625	0.5994998	0.5994695	0.5994624	0.5994610	0.5994607	0.5994606	0.5994606	0.5994606
18	0.0411499	0.1128740	0.1188042	0.1212785	0.1216433	0.1217422	0.1217605	0.1217648	0.1217656	0.1217658	0.1217659	0.1217659
19	0.5126849	0.5156017	0.5186569	0.5187712	0.5188504	0.5188587	0.5188615	0.5188619	0.5188620	0.5188620	0.5188621	0.5188621
20	0.2162322	0.2353618	0.2470423	0.2485847	0.2490448	0.2491261	0.2491457	0.2491496	0.2491504	0.2491506	0.2491507	0.2491507
21	0.5590398	0.5485644	0.5436234	0.5429351	0.5427466	0.5427127	0.5427047	0.5427031	0.5427027	0.5427027	0.5427026	0.5427026
22												
23												
24												
25												

Sheet1 / Sheet2 / Sheet3 / Sheet4

(7) 앞에서 계산했던 M열에 새로운 행렬의 a_1, a_2, a_3, a_4, a_5가 출력된다.

(8) 같은 방법으로 N열에 a_1^2, a_2^2, a_3^2, a_4^2, a_5^2이 출력된다.

M17 = {=L17:L21*L15^(1/4)}

	J	K	L	M	N	O
1						
2						
3						
4						
5						
6						
7						
8						
9						
10	1.2217	1.2217	1.2217			
11	0.2482	0.2482	0.2482			
12	1.0574	1.0574	1.0574			
13	0.5078	0.5078	0.5078			
14	1.1060	1.1060	1.1060			
15	4.1533	4.1533	4.1533			
16						
17	0.5994606	0.5994606	0.5994606	0.8557752	0.7323512	
18	0.1217658	0.1217659	0.1217659	0.1738300	0.0302169	
19	0.5188620	0.5188621	0.5188621	0.7407147	0.5486582	
20	0.2491506	0.2491507	0.2491507	0.3556813	0.1265092	
21	0.5427027	0.5427026	0.5427026	0.7747489	0.6002359	
22						

순서 5 ▸▸▸ 새로운 행렬에 대한 고유치·고유벡터를 구한다(3단계).

(1) 위에서 구한 $a_1{}^2$, $a_2{}^2$, $a_3{}^2$, $a_4{}^2$, $a_5{}^2$ 값을 다시 상관행렬의 대각요소에 대입한다. 그러면 계산이 자동적으로 실행된다.

	A	B	C	D	E	F	G	H	I	J	K	L
1			X1	X2	X3	X4	X5					
2		X1	0.73235	0.05048	0.62888	0.26524	0.68574		1			
3		X2	0.05048	0.03022	0.22041	0.35524	0.00876		0			
4		X3	0.62888	0.22041	0.54866	0.18307	0.50859		0			
5		X4	0.26524	0.35524	0.18307	0.12651	0.27197		0			
6		X5	0.68574	0.00876	0.50859	0.27197	0.60024		0			
7												
8												
9												
10	0.7324	1.2145	1.2107	1.2103	1.2101	1.2100	1.2100	1.2100	1.2100	1.2100	1.2100	1.2100
11	0.0505	0.2284	0.2324	0.2370	0.2371	0.2373	0.2373	0.2373	0.2373	0.2373	0.2373	0.2373
12	0.6289	0.9996	1.0105	1.0103	1.0105	1.0105	1.0105	1.0105	1.0105	1.0105	1.0105	1.0105
13	0.2652	0.4507	0.4747	0.4752	0.4759	0.4759	0.4759	0.4759	0.4759	0.4759	0.4759	0.4759
14	0.6857	1.0755	1.0710	1.0707	1.0705	1.0705	1.0704	1.0704	1.0704	1.0704	1.0704	1.0704
15	1.4750	3.8863	3.9133	3.9140	3.9141	3.9141	3.9141	3.9141	3.9141	3.9141	3.9141	3.9141
16												
17	0.6030146	0.6160575	0.6120091	0.6117562	0.6116383	0.6116299	0.6116262	0.6116259	0.6116258	0.6116258	0.6116258	0.6116258
18	0.0415618	0.1158361	0.1174595	0.1198038	0.1198563	0.1199306	0.1199323	0.1199347	0.1199347	0.1199348	0.1199348	0.1199348
19	0.5178172	0.5070775	0.5108202	0.5106790	0.5107899	0.5107855	0.5107890	0.5107889	0.5107890	0.5107890	0.5107890	0.5107890
20	0.2183969	0.2286222	0.2399614	0.2401846	0.2405455	0.2405527	0.2405642	0.2405644	0.2405648	0.2405648	0.2405648	0.2405648
21	0.5646362	0.5455818	0.5414142	0.5412206	0.5410772	0.5410712	0.5410666	0.5410664	0.5410663	0.5410663	0.5410663	0.5410663
22												
23												
24												
25												

Sheet1 / Sheet2 / Sheet3 / Sheet4 / Sheet5

(2) 앞에서 계산했던 M열에 새로운 행렬의 a_1, a_2, a_3, a_4, a_5가 출력된다.

(3) 같은 방법으로 N열에 $a_1{}^2$, $a_2{}^2$, $a_3{}^2$, $a_4{}^2$, $a_5{}^2$이 출력된다.

M17 = {=L17:L21*L15^(1/4)}

	J	K	L	M	N	O
1						
2						
3						
4						
5						
6						
7						
8						
9						
10	1.2100	1.2100	1.2100			
11	0.2373	0.2373	0.2373			
12	1.0105	1.0105	1.0105			
13	0.4759	0.4759	0.4759			
14	1.0704	1.0704	1.0704			
15	3.9141	3.9141	3.9141			
16						
17	0.6116258	0.6116258	0.6116258	0.8602860	0.7400921	
18	0.1199348	0.1199348	0.1199348	0.1686951	0.0284580	
19	0.5107890	0.5107890	0.5107890	0.7184534	0.5161753	
20	0.2405648	0.2405648	0.2405648	0.3383679	0.1144928	
21	0.5410663	0.5410663	0.5410663	0.7610401	0.5791821	
22						

순서 6 ▸▸▸ 새로운 행렬에 대한 고유치·고유벡터를 구한다(4단계).

(1) 위에서 구한 $a_1{}^2$, $a_2{}^2$, $a_3{}^2$, $a_4{}^2$, $a_5{}^2$ 값을 다시 상관행렬의 대각요소에 대입한다. 그러면 계산이 자동적으로 실행된다.

	A	B	C	D	E	F	G	H	I	J	K	L
1			X1	X2	X3	X4	X5					
2		X1	0.74009	0.05048	0.62888	0.26524	0.68574		1			
3		X2	0.05048	0.02846	0.22041	0.35524	0.00876		0			
4		X3	0.62888	0.22041	0.51618	0.18307	0.50859		0			
5		X4	0.26524	0.35524	0.18307	0.11449	0.27197		0			
6		X5	0.68574	0.00876	0.50859	0.27197	0.57918		0			
7												
8												
9												
10	0.7401	1.2192	1.2152	1.2148	1.2146	1.2146	1.2146	1.2146	1.2146	1.2146	1.2146	1.2146
11	0.0505	0.2277	0.2313	0.2361	0.2361	0.2363	0.2363	0.2363	0.2363	0.2363	0.2363	0.2363
12	0.6289	0.9830	0.9942	0.9939	0.9941	0.9941	0.9941	0.9941	0.9941	0.9941	0.9941	0.9941
13	0.2652	0.4480	0.4721	0.4725	0.4732	0.4732	0.4732	0.4732	0.4732	0.4732	0.4732	0.4732
14	0.6857	1.0639	1.0598	1.0597	1.0594	1.0594	1.0594	1.0594	1.0594	1.0594	1.0594	1.0594
15	1.4864	3.8373	3.8647	3.8654	3.8654	3.8654	3.8654	3.8654	3.8654	3.8654	3.8654	3.8654
16												
17	0.6070470	0.6223743	0.6181391	0.6179010	0.6177811	0.6177738	0.6177700	0.6177698	0.6177697	0.6177697	0.6177697	0.6177697
18	0.0414022	0.1162529	0.1176792	0.1200652	0.1200942	0.1201709	0.1201713	0.1201738	0.1201738	0.1201739	0.1201739	0.1201739
19	0.5158282	0.5018343	0.5057089	0.5055067	0.5056239	0.5056167	0.5056206	0.5056203	0.5056204	0.5056204	0.5056204	0.5056204
20	0.2175580	0.2287201	0.2401729	0.2403065	0.2406767	0.2406783	0.2406902	0.2406902	0.2406905	0.2406905	0.2406906	0.2406906
21	0.5624674	0.5431252	0.5391022	0.5389791	0.5388349	0.5388322	0.5388275	0.5388275	0.5388273	0.5388273	0.5388273	0.5388273
22												
23												
24												
25												

Sheet1 / Sheet2 / Sheet3 / Sheet4 / Sheet5 / Sheet6

(2) 앞에서 계산했던 M열에 새로운 행렬의 a_1, a_2, a_3, a_4, a_5가 출력된다.

(3) 같은 방법으로 N열에 $a_1{}^2$, $a_2{}^2$, $a_3{}^2$, $a_4{}^2$, $a_5{}^2$이 출력된다.

M17 fx {=L17:L21*L15^(1/4)}

	J	K	L	M	N	O	P	Q	R	S
5										
6										
7										
8										
9										
10	1.2146	1.2146	1.2146							
11	0.2363	0.2363	0.2363							
12	0.9941	0.9941	0.9941							
13	0.4732	0.4732	0.4732							
14	1.0594	1.0594	1.0594							
15	3.8654	3.8654	3.8654							
16										
17	0.6177697	0.6177697	0.6177697	0.8662168	0.75033					
18	0.1201739	0.1201739	0.1201739	0.1685039	0.02839					
19	0.5056204	0.5056204	0.5056204	0.7089647	0.50263					
20	0.2406905	0.2406906	0.2406906	0.3374886	0.11390					
21	0.5388273	0.5388273	0.5388273	0.7555264	0.57082					
22										

지금까지 구한 a_1, a_2, a_3, a_4, a_5를 비교해 보자.

$$
\begin{array}{llll}
a_1 = 0.8673740 & a_1 = 0.8557752 & a_1 = 0.8602860 & a_1 = 0.8662168 \\
a_2 = 0.2904383 & a_2 = 0.1738300 & a_2 = 0.1686951 & a_2 = 0.1685039 \\
a_3 = 0.7998818 \Rightarrow & a_3 = 0.7407147 \Rightarrow & a_3 = 0.7184534 \Rightarrow & a_3 = 0.7089647 \\
a_4 = 0.5025148 & a_4 = 0.3556813 & a_4 = 0.3383679 & a_4 = 0.3374886 \\
a_5 = 0.8169730 & a_5 = 0.7747489 & a_5 = 0.7610401 & a_5 = 0.7555264
\end{array}
$$

점차로 수치가 비슷해져 가는 것을 알 수 있다.

이것을 몇 번이고 반복하면 a_1, a_2, a_3, a_4, a_5의 값은 거의 일정한 값에 근접해 간다. 그러면 그 값이 구하는 요인부하량 a_1, a_2, a_3, a_4, a_5인 것이다.

그러면 이 요인부하량은 무엇을 의미하고 있을까?

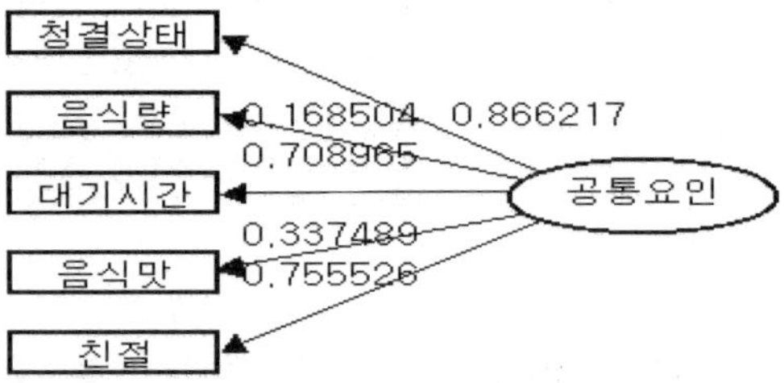

요인부하량을 보면 청결상태, 대기시간, 친절에는 0.5 이상의 높은 값이 작용하고 있고 음식량과 음식맛에는 낮은 값이 작용하고 있다. 그러므로 제1요인은 구내식당의 '환경요인'이라고 표현할 수 있을 것이다.

통상의 다변량분석을 위해서는 통계분석용 소프트웨어인 SPSS나 SAS를 사용하는 것이 편리하다. 위의 예에서는 제1요인밖에 구하고 있지 않지만, 제2요인 정도까지 구함으로써 보다 더 의미 있는 결과를 얻을 수 있을지 모른다. 뿐만 아니라 요인분석에서는 요인을 회전시킴으로써 요인구분이 보다 더 명료해진다. 그러나 Excel에서는 이러한 작업이 거의 불가능하다.[1)]

1) 노형진, 「SPSS에 의한 다변량분석 기초에서 응용까지」 (한올출판사, 2008), pp. 115~146.

컨조인트분석 12

제1절 서론

팔리는 제품을 개발하려면, 소비자의 선호가 최대가 되도록 콘셉트를 선택하는 것이 이상이다. 그 콘셉트를 발견하는 데 도움이 되는 것이 **컨조인트분석**(conjoint analysis)이다. 컨조인트분석에서는 소비자의 제품에 대한 선호를 속성마다 분해하여 소비자가 갖고 있는 선호구조를 포착한다.

최근의 마케팅 업계에서는 "소비자 자신이 어떠한 제품을 원하고 있는지 알 수 없게 되고 있다"라고 일컬어진다. 요컨대, 소비자에게 제품의 선택 이유를 물어도 일반적인 회답을 할 뿐이지 본심의 회답은 좀처럼 얻어지지 않는다. 본심은 '바겐 상품'을 빈번하게 구매하고 있어도, "성능이 우수하다"라든가 "신뢰할 수 있는 브랜드다"라고 하는 일반적인 회답밖에 얻을 수 없는 경우가 많이 있다. 따라서 소비자의 의견에 의거해서 신제품개발의 콘셉트를 정하는 것이 아니라, 소비자의 선택행동 배후에 있는 감성에 의거해서 콘셉트를 결정하는 것이 중요하게 된다. 그와 같은 경우에 활용되는 것이 컨조인트분석이다.

예를 들면, 액정 텔레비전을 살 때, 소비자는 가격, 화면 크기 등 여러 가지 상품 속성의 편성을 비교·검토해서 구입할 제품을 선택하고 있다. 그러나 그때에는 자신의 요구(needs)만이 아니라 자신의 감성에 의거해서 보다 매력적인 제품을 선택하고 있다. 제품을 개발할 때에는 소비자의 감성에 꼭 맞는 매력적인 콘셉트를 갖는 제품을 개발하는 것이 중요하다. 컨조인트분석을 이용하면, 제품에 대한 선호로부터 상품 속성의 중요도가 분명해져서 소비자에게 있어서의 최적 상품 콘셉트에 대한 해명이 가능하다.

컨조인트분석의 실행방법에는 몇 가지의 종류가 있다. 그것은 비선형계획법에 의거한 방법, 최소자승법에 의거한 방법, 최우법(最尤法)에 의거한 방법 등이다. 최우법에 의한 방법은 확률선택문제의 구조와 같은 방법으로 컨조인트분석을 실행할 수 있다.

최소자승법에 의한 방법은 간편하며 간단히 분석을 실행할 수 있다. 그러나 최소자승법에 의한 방법에서는, 데이터에 따라서는 적절한 결과가 얻어지지 않을 위험성이 존재한다. 단, 비선형계획법에 의거한 방법은 쉽게는 실행되지 않는다. 또한 실무계에 있어서는 최우법을 이용한 확률선택문제의 구조에 의한 추정방법의 적용이 많다. 이것은 해의 안정성과 실행의 용이성에 의한다고 생각된다. 특히 방대한 데이터를 집계해서 분석을 실시할 때에 많이 이용되고 있다. 단, 그때에는 데이터를 집계하는 것이 개인마다 효용치를 추정한다고 하는 컨조인트분석 원래의 정신에 반할 가능성이 있다고 하는 데에 주의가 필요하다.

이상으로부터 본장에서는 실무의 데이터에 대한 응용이라고 하는 것을 생각해서, 해의 안정성과 실행의 용이성이라고 하는 관점에서 최우법에 의거한 방법인 랭크 로짓 모델에 의한 컨조인트분석의 방법에 대해서 해설한다.

Excel에서 최우법에 의거한 랭크 로짓 모델로 컨조인트분석을 실행하려면, 해 찾기나 Excel의 함수계산 등의 기능을 이용하지 않으면 안 된다. 본장에서는 판매할 맨션의 입지를 신제품의 개발 콘셉트로 생각하고, 최적의 맨션 입지를 컨조인트분석에 의해 예측하는 방법을 문제삼는다. 또한 컨조인트분석의 사고방식과 구조에 대해서 단계적으로 해설한다.

제2절 컨조인트분석의 개념

컨조인트분석은 계량심리학에 있어서 발전해온 이론체계를 기초로, 소비자 선호의 측정에 응용되는 등 마케팅 과제로의 응용이 널리 실행되고 있다. 컨조인트분석은 '제품 전체를 개개로 분해하는 어프로치'에 의해 소비자의 행동을 설명하고자 하는 모델이다. 컨조인트분석은 선택후보가 될 제품의 집합이 미리 주어진 다음에 제품의 선호를 분석한다[1]. 그 때문에 컨조인트분석에서는 소비자의 제품에 대한 선호를 속성마다 분해하여 소비자가 가지고 있는 선호구조를 포착하는 것이 가능케 된다.

컨조인트분석에서는 제품의 설계 명세서를 나타내는 변수를 '속성'이라고 부르며, 그 속성의 구체적인 수치를 '수준'이라고 부른다. 그리하여 '속성'과 '수준'을 편성해서 표현하는 콘셉트를 '속성 프로파일'이라고 부른다.

컨조인트분석을 이용해서 제품 콘셉트를 개발할 때에는, 먼저 속성마다의 수준을 편성해서 가상의 상품 콘셉트를 작성한다. 그리하여 그 가상의 상품 콘셉트를 소비자에게 순위매김하도록 한다. 그 순위매김된 데이터를 컨조인트분석에 의해 분석하고, 각 속성과 각 수준의 효용을 산출함으로써 최적의 상품 콘셉트를 분명히 한다.

<그림 12-1>에 맨션 판매에 있어서의 콘셉트의 한 예를 들고 있다.

속성	수준
가장 가까운 역으로부터의 편리함	도보 5분
오피스 거리까지의 시간	30분
주위의 환경	숲이 많은 한적한 주택가
주차장	한 가구에 한 대
건물의 높이	5층 건물

| 그림 12-1 | 맨션 콘셉트의 한 예

컨조인트분석을 실시하기 전에는 피험자에게 제시할 대상(프로파일)을 결정하고, 앙케트 표의 작성, 피험자에 대한 앙케트 조사, 데이터 분석 등을 실시하는 것이 필요하다. 이들 절차를 밟아서 얻어진 데이터를 컨조인트분석에 의해 분석하고, 최종적으로는 소비자의 선호가 최대가 되도록 하는 제품 콘셉트의 확립이나 그 제품의 시장점유율의 예측을 실시한다.

컨조인트분석을 이용해서 제품 콘셉트를 개발하기 위한 절차는 다음과 같다.

① 물리적 특성, 기술적 특성, 제품기능, 용도·용법, 사용가치, 편익, 목표가 되는 소비자 등의 특성을 기초로 몇 개의 콘셉트를 작성한다.

② 작성한 각각의 콘셉트를 기초로 해서 콘셉트 안(案)을 정리한다.

③ 각 콘셉트 안을 평가(순위매김)한다.

---

1) 컨조인트분석과 상반되는 개념으로서 다속성 태도 어프로치라고 불리는 방법이 있다. 다속성 태도 어프로치는 제품을 선택할 때 "개개의 이유를 전체로서 쌓아 올려 합성한다"는 것으로 소비자의 행동을 설명하는 방법이다. 다속성 태도 어프로치에서는 14를 3배해서 52를 구한다, 라고 하는 소박한 곱셈에 상당하는데, 컨조인트분석의 이론은 42를 2, 3, 7로 분해하는 소인수분해(素因數分解)에 상당한다.

④ 각 콘셉트 안의 평가결과를 분석하고, 얻어진 결과로부터 구체적인 제품사용을 결정한다.

특히 본장에서는 ④의 스텝에 대한 컨조인트분석의 활용법에 역점을 두고 해설한다.

상술한 절차에 있어서 여러 개 있는 콘셉트 안의 우열을 평가하기 위해서는, 피험자를 모아서 조사를 실시한다. 그러나 이 단계에서는 구체적으로 제품을 제시하는 것은 불가능하다. 그래서 많은 경우는 콘셉트 보드나 프로파일 카드를 이용해서 대용한다.

콘셉트 보드는 각 콘셉트 항목에 몇 개의 수준을 설정해서, 그것들을 편성하여 프로파일을 표현한 카드의 편성이다. 가령 맨션을 판매하는 경우에 있어서 네 개의 프로파일이 존재한다면, A부터 D까지의 네 개의 카드를 준비한다. 그리고 A 카드에는 '역으로부터 도보 10분, 오피스 거리까지의 시간 30분, 숲이 많은 한적한 주택가', B 카드에는 '역으로부터 도보 10분, 오피스 거리까지의 시간 60분, 상점가에 가까워 다소 소음이 있다', C 카드에는 '버스 10분 도보 5분, 오피스 거리까지의 시간 30분, 상점가에 가까워 다소 소음이 있다', D 카드에는 '버스 10분 도보 5분, 오피스 거리까지의 시간 60분, 숲이 많은 한적한 주택가'라고 하는 식으로 할당한다.

또한 이때 수준의 편성을 정하지 않으면 안 된다. 이 편성은 콘셉트 항목이나 수준이 늘어나면 지수적(指數的)으로 증가한다. 편성 수를 줄여서 소수로 치우침이 없는 프로파일을 작성하기 위해서는, 실험계획법의 분야에서 연구되고 있는 직교배열이 널리 이용된다. 직교배열은 문제삼는 콘셉트 항목(속성)의 수나 수준의 수에 의해서 여러 가지 타입이 있다.

맨션을 판매하는 경우의 예를 생각해 보자. 맨션의 세 가지 콘셉트에 대해서 두 개의 수준이 있다면, 수준 수가 모두 '2'이고 콘셉트의 항목이 '3' 이하이므로 $L_4(2^3)$의 직교표(<표 12-1> 참조)를 이용한다. 이때, L은 직교표를 나타내는 기호다. $L_a(b^c)$는 a가 프로파일 수로서 4, b가 수준 수로 2, c가 열 수로 3이 된다. 각 열에 콘셉트 항목(속성)을 할당해서, 표의 각 요소가 콘셉트 항목의 수준을 나타낸다.

| 표 12-1 | $L_4(2^3)$의 직교표

		속성		
		1	2	3
프	1	1	1	1
로	2	1	2	1
파	3	2	1	2
일	4	2	2	1

$L_4(2^3)$의 직교표에서는 표의 각 요소가 속성의 수준을 보이고 있다. $L_4(2^3)$의 직교표에서는 어느 열도 수준 1과 수준 2가 같은 수(두 개)만큼씩 존재한다. 직교표(直交表)라고 불리는 것은 각 열을 벡터라고 생각하면 임의의 2열의 내적은 0이 되기 때문이다.

속성이 3종류인 경우는 $L_4(2^3)$의 직교표를 이용한다. 그 이상의 경우(7속성까지)일 때는 $L_8(2^7)$의 직교표를 이용한다. $L_8(2^7)$의 직교표는 <표 12-2>와 같이 된다. $L_8(2^7)$의 직교표를 이용하면, 7속성의 경우, 수준의 모든 편성에서는 $2^7 = 128$개의 프로파일이 필요하지만, 불과 8개의 프로파일에 의해서 치우침이 없는 실험을 실시할 수 있다.

또한, 만일 속성 수가 5개인 경우는 $L_8(2^7)$의 직교표 임의의 열에 5개의 속성을 할당해서 프로파일을 작성한다.

| 표 12-2 | $L_8(2^7)$의 직교표

		속성						
		1	2	3	4	5	6	7
프로파일	1	1	1	1	1	1	1	1
	2	1	1	1	2	2	2	2
	3	1	2	2	1	1	2	2
	4	1	2	2	2	2	1	1
	5	2	1	2	1	2	1	2
	6	2	1	2	2	1	2	1
	7	2	2	1	1	2	2	1
	8	2	2	1	2	1	1	2

실제로 위와 같이 해서 작성한 콘셉트 보드나 프로파일 카드를 제시해서 피험자에게 콘셉트를 평가하도록 한다. 이때는 의견을 묻는 것이 아니라, 행동을 측정하는 것이 중요하다. 선호순위가 아니라 구입순위로 판단을 실시하는 편이 좋다. 주된 평가 방법에는 '풀 프로파일법(전개념법)', '평정척도법', '일대비교법(一對比較法)' 등이 있다.

'풀 프로파일법'은 제품(서비스)의 사양 등 필요한 콘셉트 항목을 모두 기술한 카드를 제시해서 순위를 매기도록 하는 평가법이다.

'평정척도법'에서는 피험자에게 각 상품에 대한 구입의향을 5단계 내지 7단계의 간격척도 등으로 회답해 받는다.

'일대비교법'에서는 다수의 프로파일 중에서 두 개씩 피험자에게 제시해서 어느 쪽을 구입하고 싶은지를 평가하도록 한다.

이들 방법에 있어서 '풀 프로파일법'이 정보량을 많이 취할 수 있기 때문에 이용되는 빈도가 높다. 이때 피험자에게 '연령, 성별, 생활의식' 등의 구입의향 배경에 숨어 있을 듯한 요인에 대해서도 질문을 해 두면 좋다. 이러한 정보를 수집해 놓으면 콘셉트를 평가할 때에, 회답결과를 이용해서 피험자를 몇 개의 타입으로 분류하고 콘셉트 안에 대한 피험자의 평가결과와 비교할 수 있다. 또한 콘셉트 안을 종합적으로 판단할 때에 도움이 된다.

그 후, 콘셉트 안을 평가하도록 한 데이터를 이용해서 컨조인트 분석을 실시하고, 소비자가 원하는 물리적 특성이나 제품기능의 레벨을 분명히 한다. 그리고 분석에 즈음해서는, 속성으로서는 가격과 같은 양적 데이터나 기능 유무와 같은 질적 데이터를 각각 상정할 수 있는데, 양적 데이터의 경우는 수치를 그대로 이용하고, 질적 데이터의 경우는 더미변수로 변환해서 분석을 실시한다. 그리고 최종적으로는 컨조인트 분석에 의해 얻어진 식견을 기초로 해서, 소비자가 원하는 물리적 특성이나 제품기능의 레벨, 기술이나 제조 코스트의 각 측면을 종합적으로 고려해서 구체적인 제품사양을 결정한다.

컨조인트 분석의 흐름은 다음과 같다. 이들 일련의 절차를 실시함으로써 컨조인트 분석을 실행할 수 있다.

◆ 컨조인트 분석의 흐름

① 데이터의 확인을 하여 질적 데이터는 더미변수로 변화하고, 양적 데이터의 경우는 수치를 그대로 분석에 이용한다(예제 12-1 참조).

② 각 속성의 중요도를 조사한다(예제 12-2 참조).

제3절 컨조인트 분석의 적용예

맨션을 판매할 때의 맨션의 입지를 신제품개발 콘셉트로 생각할 때에, 각 피험자의 순위매김 데이터를 이용해서 맨션의 입지에 관하여 세 가지 속성 '가장 가까운 역으로부터의 편리함', '오피스 거리까지의 시간', '주위의 환경'의 중요도를 컨조인트 분석에 의해 분명히 한다.

컨조인트 분석에서는 속성마다의 수준을 편성해서 가상의 제품 콘셉트를 작성하고, 소비자에게 직접 그들 제품을 순위매김하도록 한다. 그 순위매김의 결과로부터 각 속성과 각 수준의 효용을 산출하고, 최적의 상품 콘셉트를 분명히 한다. 예를 들면, 맨션의 입지를 신제품개발 콘셉트로 생각할 때에, <표 12-3>과 같은 '속성'과 '수준'이 유망한 콘셉트의 후보로서 편성되어 있다고 한다.

| 표 12-3 | 맨션의 입지에 대한 프로파일의 데이터

프로파일	가장 가까운 역으로부터의 편리함 x_1	오피스 거리까지의 시간 x_2	주위의 환경 x_3
1	도보 10분 x_{11}	30분 x_{21}	숲이 많은 한적한 주택가 x_{31}
2	도보 10분 x_{11}	60분 x_{22}	상점가에 가까워 다소 소음이 있다 x_{32}
3	버스 10분 도보 5분 x_{12}	30분 x_{21}	상점가에 가까워 다소 소음이 있다 x_{32}
4	버스 10분 도보 5분 x_{12}	60분 x_{22}	숲이 많은 한적한 주택가 x_{31}

그리하여 각 피험자의 프로파일에 대한 순위매김의 데이터가 <표 12-4>와 같이 얻어져 있는 것으로 한다.

비교하고자 하고 있는 각 프로파일에는 '가장 가까운 역으로부터의 편리함', '오피스 거리까지의 시간', '주위의 환경'의 세 가지 속성이 있다. 각각을 순번으로 속성1, 속성2, 속성3이라고 부르기로 한다. 그리하여 '가장 가까운 역으로부터의 편리함'에서는 '도보 10분', '버스 10분 도보 5분'의 두 개 수준이 있어 각각을 순번으로 수준1, 수준2라고 부른다. 마찬가지로 '오피스 거리까지의 시간'에서는 '30분', '60분'의 두 개의 수준, '주위의 환경'에서는 '숲이 많은 한적한 주택가', '상점가에 가까워 다소 소음이 있다'의 두 개 수준이 있어 각각 순번으로 수준1, 수준2라고 부른다.

| 표 12-4 | 맨션의 입지에 대한 프로파일에 관한 순위매김의 데이터

피험자	1번째	2번째	3번째	4번째
1	1	4	3	2
2	1	4	2	3
3	2	1	4	3
4	1	3	4	2
5	2	1	4	3
6	1	2	3	4
7	1	4	3	2
8	1	4	2	3
9	1	2	4	3
10	1	2	3	4
11	1	3	2	4
12	1	4	2	3
13	1	3	2	4
14	1	2	4	3
15	1	2	4	3
16	1	3	4	2
17	1	2	3	4
18	1	2	4	3
19	1	2	4	3
20	1	2	4	3

이때, 속성1의 수준1('가장 가까운 역으로부터의 편리함'이 '도보 10분')이 갖는 부분효용을 x_{11}으로서 나타내고, 마찬가지로 속성1 수준2의 부분효용을 x_{12}, 속성2 수준1의 부분효용을 x_{21}, …, 속성3 수준2의 부분효용을 x_{32}로 한다. 대상의 효용은 각각의 속성이 갖는 부분효용의 합에 의해 표현되어, 속성1의 수준이 1이며 속성2의 수준이 1이고 속성3의 수준이 1인 대상의 효용 a_{111}은,

$$a_{111} = x_{11} + x_{21} + x_{31}$$

으로 정의된다. 또 속성1 수준1, 속성2 수준1, 속성3 수준2인 대상의 효용 a_{112}는,

$$a_{112} = x_{11} + x_{21} + x_{32}$$

와 같이 세 개의 부분효용의 합으로 표현된다. 부분효용의 합에서는 마이너스의 부분효용도 그대로 더한 합으로 표현된다. 또 대상의 효용을 각 속성이 갖는 부분효용의 대수적인 합으로 표현하는 것은, 속성 간에 교호작용이 없다는 것을 전제로 하고 있다. 두 개 속성 사이의 특정 수준의 편성이 그 수준의 부분효용의 합보다 큰 효용을 가져온다거나, 그 수준의 부분효용의 합보다 효용을 작게 한다거나 하는 경우는 없다. 속성1의 어떤 수준과 속성2의 어떤 수준이 편성되었을 때에, 그들 부분효용의 합보다도 큰 효용이 생기는 경우에는 속성1과 속성2의 사이에 교호작용이 존재하게 된다.

따라서 컨조인트 분석에서는 속성 사이에 교호작용이 생기지 않도록 부분효용의 값을 결정하지 않으면 안 된다. 구체적으로는 선호도가 큰 대상일수록 부분효용의 합으로 표현되는 대상의 효용이 커지도록 개개 속성의 각 수준의 부분효용을 결정한다.

그리고 <표 12-4>의 데이터를 컨조인트 분석으로 분석하기 위해서는, 맨션의 입지에 대한 세 가지 속성 데이터는 질적 데이터이기 때문에 더미변수로 변환하지 않으면 안 된다.

▶ 더미변수화의 절차

Excel을 이용해서 데이터를 더미변수화하기 위한 구체적인 절차는 다음과 같다.

예제 12-1

<표 12-4>의 데이터를 이용해서 컨조인트 분석을 실시할 수 있도록, 맨션의 입지에 관해서 세 개의 속성 '가장 가까운 역으로부터의 편리함', '오피스 거리까지의 시간', '주위의 환경'의 명목척도 데이터를 더미변수화한다.

순서 1 ▸▸▸ '가장 가까운 역으로부터의 편리함'의 데이터를 더미변수화하기 위해서 셀 B23:B27과 셀 C23:C27 사이에 1열만 열을 삽입한다.

	A	B	C	D	E
23	프로파일	가장 가까운 역으로 부터의 편리함 x_1		오피스 거리까지의 시간 x_2	주위의 환경 x_8
24	1	도보 10분 x_{11}		30분 x_{21}	숲이 많은 한적한 주택가 x_{81}
25	2	도보 10분 x_{11}		60분 x_{22}	상점가에 가까워 다소 소음이 있다 x_{82}
26	3	버스 10분 도보 5분 x_{12}		30분 x_{21}	상점가에 가까워 다소 소음이 있다 x_{82}
27	4	버스 10분 도보 5분 x_{12}		60분 x_{22}	숲이 많은 한적한 주택가 x_{81}

순서 2 ▸▸▸ 새로 삽입된 셀 C23:C27에 B23:B27의 내용을 복사한다.

	A	B	C	D	E
23	프로파일	가장 가까운 역으로 부터의 편리함 x_1	가장 가까운 역으로 부터의 편리함 x_1	오피스 거리까지의 시간 x_2	주위의 환경 x_8
24	1	도보 10분 x_{11}	도보 10분 x_{11}	30분 x_{21}	숲이 많은 한적한 주택가 x_{81}
25	2	도보 10분 x_{11}	도보 10분 x_{11}	60분 x_{22}	상점가에 가까워 다소 소음이 있다 x_{82}
26	3	버스 10분 도보 5분 x_{12}	버스 10분 도보 5분 x_{12}	30분 x_{21}	상점가에 가까워 다소 소음이 있다 x_{82}
27	4	버스 10분 도보 5분 x_{12}	버스 10분 도보 5분 x_{12}	60분 x_{22}	숲이 많은 한적한 주택가 x_{81}

순서 3 ▸▸▸ '도보 10분'의 더미변수를 셀 B24:B27에 작성하고, '버스 10분 도보 5분'의 더미변수를 셀 C24:C27에 작성한다.

(1) 변화하는 데이터가 적으므로, Excel의 치환 기능 등은 이용하지 않고 각각의 '1'과 '0'을 그대로 입력한다.

(2) '도보 10분'의 더미변수에서는 '도보 10분 x_{11}'을 '1', '버스 10분 도보 5분 x_{12}'를 '0'으로 입력한다. 또 변수명을 '도보 10분 x_{11}'으로 변경한다.

(3) '버스 10분 도보 5분'의 더미변수에서는 '도보 10분 x_{11}'을 '0', '버스 10분 도보 5분 x_{12}'를 '1'로 입력한다. 또 변수명을 '버스 10분 도보 5분 x_{12}'로 변경한다.

	A	B	C	D	E
23	프로파일	도보 10분 x_{11}	버스 10분 도보 5분 x_{12}	오피스 거리까지의 시간 x_2	주위의 환경 x_8
24	1	1	0	30분 x_{21}	숲이 많은 한적한 주택가 x_{81}
25	2	1	0	60분 x_{22}	상점가에 가까워 다소 소음이 있다 x_{82}
26	3	0	1	30분 x_{21}	상점가에 가까워 다소 소음이 있다 x_{82}
27	4	0	1	60분 x_{22}	숲이 많은 한적한 주택가 x_{81}

순서 4 ▸▸▸ '오피스 거리까지의 시간'과 '주위의 환경'의 데이터에 대해서도 같은 절차로 더미변수화한다.

(1) '오피스 거리까지의 시간'에서는 다음과 같이 더미변수화한다.

① '30분'의 더미변수에서는 '30분 x_{21}'을 '1', '60분 x_{22}'를 '0'으로 입력한다. 변수명을 '30분 x_{21}'으로 변경한다.

② '60분'의 더미변수에서는 '30분 x_{21}'을 '0', '60분 x_{22}'를 '1'로 입력한다. 변수명을 '60분 x_{22}'로 변경한다.

(2) '주위의 환경'에서는 다음과 같이 더미변수화한다.

① '숲이 많은 한적한 주택가'의 더미변수에서는 '숲이 많은 한적한 주택가 x_{31}'을 '1', '상점가에 가까워 다소 소음이 있다 x_{32}'를 '0'으로 입력한다. 또 변수명을 '숲이 많은 한적한 주택가 x_{31}'로 변경한다.

② '상점가에 가까워 다소 소음이 있다'의 더미변수에서는 '숲이 많은 한적한 주택가 x_{31}'을 '0', '상점가에 가까워 다소 소음이 있다 x_{32}'를 '1'로 입력한다. 또 변수명을 '상점가에 가까워 다소 소음이 있다 x_{32}'로 변경한다.

	A	B	C	D	E	F	G
23	프로파일	도보 10분 x_{11}	버스 10분 도보 5분 x_{12}	30분 x_{21}	60분 x_{22}	숲이 많은 한적한 주택가 x_{31}	상점가에 가까워 다소 소음이 있다 x_{32}
24	1	1	0	1	0	1	0
25	2	1	0	0	1	0	1
26	3	0	1	1	0	0	1
27	4	0	1	0	1	1	0

후술할 절차에 의해 '가장 가까운 역으로부터의 편리함', '오피스 거리까지의 시간', '주위의 환경'의 각 속성의 데이터를 더미변수화한 데이터에 컨조인트 분석을 적용하면, '가장 가까운 역으로부터의 편리함'에서는 '도보 10분'의 수준에 대한 효용이 커서, '버스 10분 도보 5분'의 효용과의 차가 다른 속성과 비교해서 크게 되어 있다는 것을 알 수 있다. '주위의 환경'은 '가장 가까운 역으로부터의 편리함'과 비교하면 효용의 최대치인 '숲이 많은 한적한 주택가'와 최소치인 '상점가에 가까워 다소 소음이 있다'와의 차는 작지만, '오피스 거리까지의 시간'과 비교하면 그 차는 크게 되어 있다. '오피스 거리까지의 시간'은 다른 속성과 비교하면 효용의 최대치 '30분'과 최소치 '60분'의 차가 가장 작다.

따라서 맨션의 입지에 관해서 세 개의 속성은 '가장 가까운 역으로부터의 편리함', '주위의 환경', '오피스 거리까지의 시간'의 순으로 큰 영향을 가진다는 것을 알 수 있다.

제4절 Excel에 의한 컨조인트 분석의 실행

제품을 개발하려면 소비자의 선호가 최대가 되도록 하는 개발 콘셉트를 선택하는 것이 이상적이다. 제품을 개발할 때에는 소비자의 감성에 꼭 맞는 매력적인 콘셉트를 갖는 제품을 개발하지 않으면 안 된다. 그것을 위해서는 제품에 대한 선호로부터 상품속성의 중요도를 분명히 해서, 소비자에게 있어서 최적의 상품 콘셉트를 해명하는 것이 중요하다. 그를 위해 도움이 되는 것이 컨조인트 분석이라고 할 수 있다.

컨조인트 분석을 실행하기 위한 방법에는, 몇 가지의 종류가 존재한다. 그것은 비선형계획법에 의거한 방법, 최소자승법에 의거한 방법, 최우법(最尤法)에 의거한 방법 등이다. 최우법에 의거한 방법은 확률선택문제의 구조와 같은 방법이다.

최우법을 이용하면 우도(尤度)를 최대로 하는 부분효용을 구함으로써 컨조인트 분석을 실행할 수 있다.

본절에서는 최우법에 의거한 방법인 랭크 로짓 모델에 의한 컨조인트 분석의 실행 절차에 대해서 해설한다. Excel에서 최우법에 의거한 랭크 로짓 모델로 컨조인트 분석을 실행하려면, 해 찾기나 Excel의 함수계산 등의 기능을 이용하지 않으면 안 된다.

여기에서는 판매할 맨션의 입지를 신제품개발 콘셉트로 생각하고, 최적의 맨션 입지를 컨조인트 분석에 의해 예측하는 방법을 문제삼는다. 또 컨조인트 분석의 사고방식과 구조에 대해서, Excel의 해 찾기와 함수계산을 이용해서 단계적으로 해설한다.

최우법에 의거한 방법인 랭크 로짓 모델에서는, 확률선택문제의 구조에 의해 컨조인트 분석을 실시할 수 있다. 요컨대, 우도를 최대화하는 부분효용을 최우법에 의해서 구한다.

랭크 로짓 모델에서는 프로파일의 순위매김을 기초로, 어떤 순위의 프로파일은 그 프로파일의 순위 이하의 프로파일 집합 중에서 선택될 확률을 우도의 대상으로 한다. 구체적으로는,

- 1위의 프로파일에서는 모든 프로파일 중에서 선택될 확률
- 2위의 프로파일에서는 2위 이하의 프로파일 중에서 선택될 확률

  ⋮

- i위의 프로파일에서는 i위 이하의 프로파일 중에서 선택될 확률

을 각각 생각하여, 이들 모두를 동시에 만족하는 확률을 우도(尤度)로 한다. 그리하여 이 우도를 최대화하는 부분효용을 계산한다.

▶ 해 찾기에 의한 최우법에 의거한 컨조인트 분석의 절차

Excel의 해 찾기에 의한 최우법에 의거해서 컨조인트 분석을 실시하기 위한 구체적인 절차는 다음과 같다.

예제 12-2

<표 12-4>의 데이터를 이용해서 컨조인트 분석을 실시하여, 맨션 입지에 관해서 세 개의 속성 '가장 가까운 역으로부터의 편리함', '오피스 거리까지의 시간', '주위의 환경'의 중요도를 분명히 한다.

순서 1 ››› 각 속성 내에서 평균이 0이 되도록 하여, 부분선호의 초기치를 설정한다.

(1) '도보 10분'의 부분선호를 셀 B30에 '1', '버스 10분 도보 5분'의 부분선호를 셀 C30에 '−1'이라고 초기치를 입력한다.

(2) '30분'의 부분선호를 셀 D30에 '1', '60분'의 부분선호를 셀 E30에 '−1'이라고 초기치를 입력한다.

(3) '숲이 많은 한적한 주택가'의 부분선호를 셀 F30에 '1', '상점가에 가까워 다소 소음이 있다'의 부분선호를 셀 G30에 '−1'이라고 초기치를 입력한다.

	A	B	C	D	E	F	G
29		도보 10분 x_{11}	버스 10분 도보 5분 x_{12}	30분 x_{21}	60분 x_{22}	숲이 많은 한적한 주택가 x_{31}	상점가에 가까워 다소 소음이 있다 x_{32}
30	부분선호	1.000	-1.000	1.000	-1.000	1.000	-1.000
31	평균	0.000		0.000		0.000	

[셀의 입력내용]

B31;=(B30+C30)/2

D31;=(D30+E30)/2

F31;=(F30+G30)/2

순서 2 ‣‣‣ 각 프로파일의 선호도를 각 프로파일의 부분선호도의 합에 의해 구한다.

H24 ▾ fx {=MMULT(B24:G24, TRANSPOSE($B$30:$G$30))}

	A	B	C	D	E	F	G	H
23	프로파일	도보 10분 x_{11}	버스 10분 도보 5분 x_{12}	30분 x_{21}	60분 x_{22}	숲이 많은 한적한 주택가 x_{31}	상점가에 가까워 다소 소음이 있다 x_{32}	선호도
24	1	1	0	1	0	1	0	3
25	2	1	0	0	1	0	1	-1
26	3	0	1	1	0	0	1	-1
27	4	0	1	0	1	1	0	-1
28								
29		도보 10분 x_{11}	버스 10분 도보 5분 x_{12}	30분 x_{21}	60분 x_{22}	숲이 많은 한적한 주택가 x_{31}	상점가에 가까워 다소 소음이 있다 x_{32}	
30	부분선호	1.000	-1.000	1.000	-1.000	1.000	-1.000	
31	평균	0.000		0.000		0.000		

[셀의 입력내용]

H24;=MMULT(B24:G24, TRANSPOSE($B$30:$G$30))

Ctrl + Shift + Enter↵ 키를 동시에 누른다.

(H24를 H25에서 H27까지 복사한다)

순서 3 ‣‣‣ 피험자마다 각 순위에 있어서의 선호도를 각 프로파일의 순위매김 데이터를 각 프로파일의 선호도에 의해 치환해서 작성한다.

피험자 i의 j번째 순위에서의 프로파일의 선호도는 VLOOKUP 함수로 구해진다.

B35 =VLOOKUP(B2, $A$24:$H$27, 8)

	A	B	C	D	E
33	피험자	선호도			
34		1번째	2번째	3번째	4번째
35	1	3.000	-1.000	-1.000	-1.000
36	2	3.000	-1.000	-1.000	-1.000
37	3	-1.000	3.000	-1.000	-1.000
38	4	3.000	-1.000	-1.000	-1.000
39	5	-1.000	3.000	-1.000	-1.000
40	6	3.000	-1.000	-1.000	-1.000
41	7	3.000	-1.000	-1.000	-1.000
42	8	3.000	-1.000	-1.000	-1.000
43	9	3.000	-1.000	-1.000	-1.000
44	10	3.000	-1.000	-1.000	-1.000
45	11	3.000	-1.000	-1.000	-1.000
46	12	3.000	-1.000	-1.000	-1.000
47	13	3.000	-1.000	-1.000	-1.000
48	14	3.000	-1.000	-1.000	-1.000
49	15	3.000	-1.000	-1.000	-1.000
50	16	3.000	-1.000	-1.000	-1.000
51	17	3.000	-1.000	-1.000	-1.000
52	18	3.000	-1.000	-1.000	-1.000
53	19	3.000	-1.000	-1.000	-1.000
54	20	3.000	-1.000	-1.000	-1.000

[셀의 입력내용]

B35;=VLOOKUP(B2, $A$24:$H$27, 8) (B35를 C35에서 E35까지 복사한다)

(B35:E35를 B36:E54까지 복사한다)

순서 4 ▸▸▸ 해당하는 프로파일이 각각의 순위로 각 피험자에게 선택될 확률인 선택확률을 각 프로파일의 선호도로부터 작성한다.

F35 {=EXP(B35)/SUM(EXP(B35:$E35))}

	A	B	C	D	E	F	G	H	I
33	피험자	선호도				선택확률			
34		1번째	2번째	3번째	4번째	1번째	2번째	3번째	4번째
35	1	3.000	-1.000	-1.000	-1.000	0.948	0.333	0.500	1.000
36	2	3.000	-1.000	-1.000	-1.000	0.948	0.333	0.500	1.000
37	3	-1.000	3.000	-1.000	-1.000	0.017	0.965	0.500	1.000
38	4	3.000	-1.000	-1.000	-1.000	0.948	0.333	0.500	1.000
39	5	-1.000	3.000	-1.000	-1.000	0.017	0.965	0.500	1.000
40	6	3.000	-1.000	-1.000	-1.000	0.948	0.333	0.500	1.000
41	7	3.000	-1.000	-1.000	-1.000	0.948	0.333	0.500	1.000
42	8	3.000	-1.000	-1.000	-1.000	0.948	0.333	0.500	1.000
43	9	3.000	-1.000	-1.000	-1.000	0.948	0.333	0.500	1.000
44	10	3.000	-1.000	-1.000	-1.000	0.948	0.333	0.500	1.000
45	11	3.000	-1.000	-1.000	-1.000	0.948	0.333	0.500	1.000
46	12	3.000	-1.000	-1.000	-1.000	0.948	0.333	0.500	1.000
47	13	3.000	-1.000	-1.000	-1.000	0.948	0.333	0.500	1.000
48	14	3.000	-1.000	-1.000	-1.000	0.948	0.333	0.500	1.000
49	15	3.000	-1.000	-1.000	-1.000	0.948	0.333	0.500	1.000
50	16	3.000	-1.000	-1.000	-1.000	0.948	0.333	0.500	1.000
51	17	3.000	-1.000	-1.000	-1.000	0.948	0.333	0.500	1.000
52	18	3.000	-1.000	-1.000	-1.000	0.948	0.333	0.500	1.000
53	19	3.000	-1.000	-1.000	-1.000	0.948	0.333	0.500	1.000
54	20	3.000	-1.000	-1.000	-1.000	0.948	0.333	0.500	1.000

[셀의 입력내용]

F35;=EXP(B35)/SUM(EXP(B35:$E35)) Ctrl + Shift + Enter↵ 키를 동시에 누른다.
(F35를 G35에서 I35까지 복사한다)
(F35:I35를 F36:I54까지 복사한다)

순서 5 ▸▸▸ 데이터 발생확률을 각 표본 데이터가 발생할 확률의 대수치(對數値)로서 산출하고, 데이터 발생률의 합을 구하여 대수우도(對數尤度)를 계산한다.

J55 =SUM(J35:J54)

	C	D	E	F	G	H	I	J
33	선호도			선택확률				데이터
34	2번째	3번째	4번째	1번째	2번째	3번째	4번째	발생확률
35	-1.000	-1.000	-1.000	0.948	0.333	0.500	1.000	-1.845
36	-1.000	-1.000	-1.000	0.948	0.333	0.500	1.000	-1.845
37	3.000	-1.000	-1.000	0.017	0.965	0.500	1.000	-4.783
38	-1.000	-1.000	-1.000	0.948	0.333	0.500	1.000	-1.845
39	3.000	-1.000	-1.000	0.017	0.965	0.500	1.000	-4.783
40	-1.000	-1.000	-1.000	0.948	0.333	0.500	1.000	-1.845
41	-1.000	-1.000	-1.000	0.948	0.333	0.500	1.000	-1.845
42	-1.000	-1.000	-1.000	0.948	0.333	0.500	1.000	-1.845
43	-1.000	-1.000	-1.000	0.948	0.333	0.500	1.000	-1.845
44	-1.000	-1.000	-1.000	0.948	0.333	0.500	1.000	-1.845
45	-1.000	-1.000	-1.000	0.948	0.333	0.500	1.000	-1.845
46	-1.000	-1.000	-1.000	0.948	0.333	0.500	1.000	-1.845
47	-1.000	-1.000	-1.000	0.948	0.333	0.500	1.000	-1.845
48	-1.000	-1.000	-1.000	0.948	0.333	0.500	1.000	-1.845
49	-1.000	-1.000	-1.000	0.948	0.333	0.500	1.000	-1.845
50	-1.000	-1.000	-1.000	0.948	0.333	0.500	1.000	-1.845
51	-1.000	-1.000	-1.000	0.948	0.333	0.500	1.000	-1.845
52	-1.000	-1.000	-1.000	0.948	0.333	0.500	1.000	-1.845
53	-1.000	-1.000	-1.000	0.948	0.333	0.500	1.000	-1.845
54	-1.000	-1.000	-1.000	0.948	0.333	0.500	1.000	-1.845
55							대수우도	-42.780

Sheet1 / Sheet2 / Sheet3

[셀의 입력내용]

J35;=LN(PRODUCT(F35:I35)) (J35을 J36에서 J54까지 복사한다)

J55;=SUM(J35:J54)

순서 6 ▸▸▸ 탭의 [데이터]를 선택하고 [분석] 리본 내의 [해 찾기]를 선택한다.

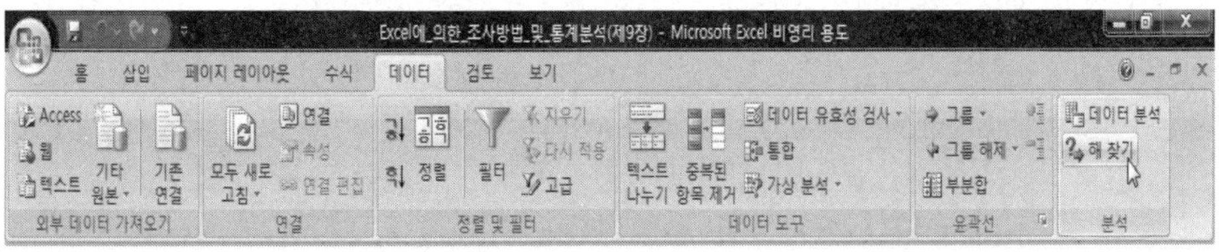

순서 7 ▸▸▸ 해 찾기 모델 설정

(1) [목표 셀]에 '대수우도가 계산되어 있는 셀'의 어드레스를 지정한다.

(2) [해의 조건]에 [최대값]을 선택한다.

(3) [값을 바꿀 셀]에 '부분선호의 초기치가 입력되어 있는 셀'의 어드레스를 지정한다.

(4) [추가]를 클릭하여 속성 내에서 부분선호의 평균이 '0'이라고 하는 제한조건을 추가한다.

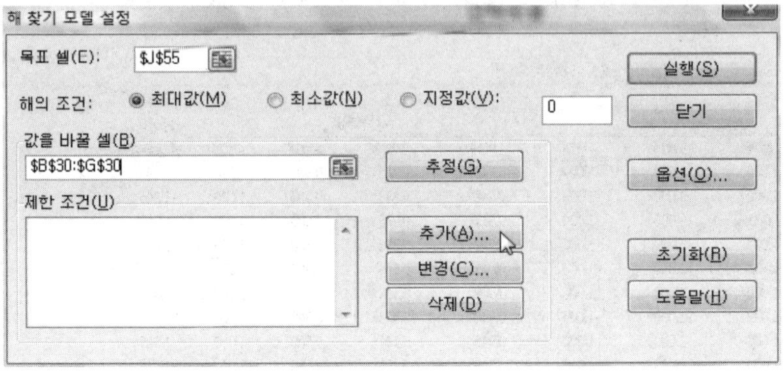

순서 8 ▸▸▸ 속성 내에서 부분선호의 평균이'0'이라고 하는 제한조건을 추가한다.

(1) 'B31=0'라고 하는 제한조건을 추가한다.

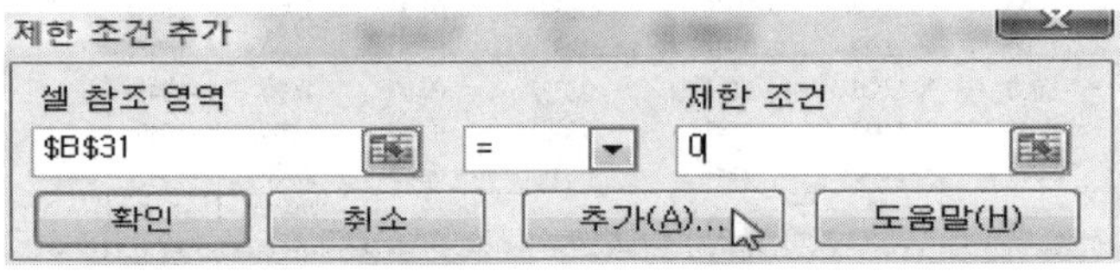

(2) 'D31=0'라고 하는 제한조건을 추가한다.

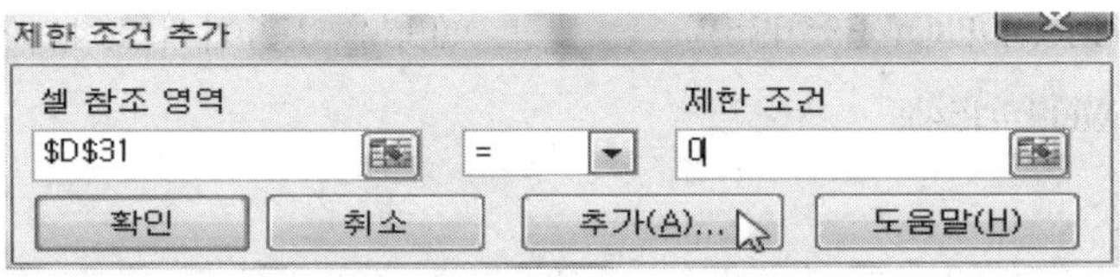

(3) 'F31=0'라고 하는 제한조건을 추가한다.

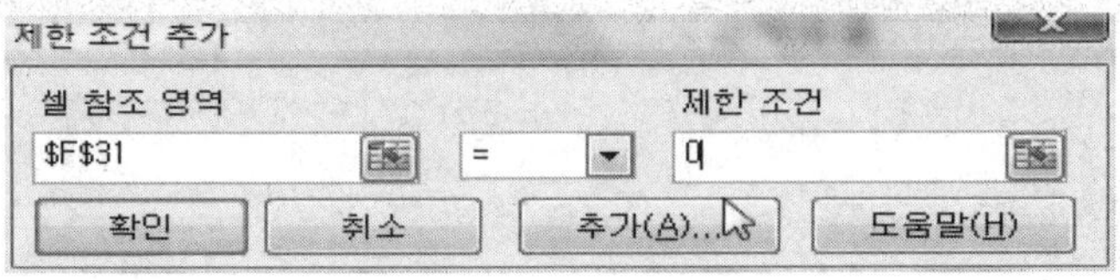

순서 9 ▸▸▸ 제한조건의 변경화면에서 [취소]를 클릭하면 [해 찾기 모델 설정] 화면으로 되돌아가므로, [실행]을 클릭하여 분석을 실행한다.

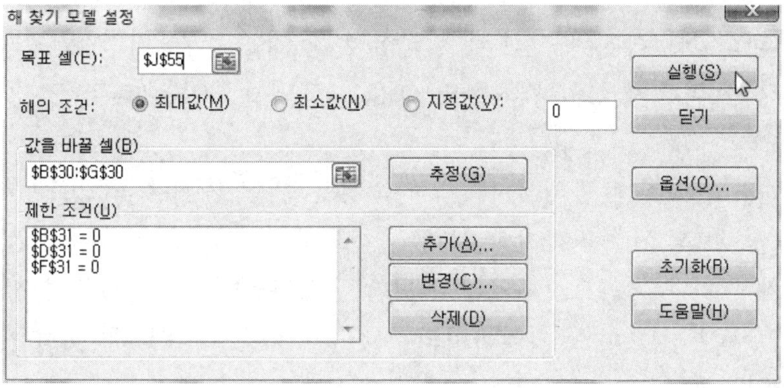

순서 10 ▸▸▸ [해 찾기 결과] 대화상자가 나타나면 다음과 같이 선택하고 [확인]을 클릭한다.

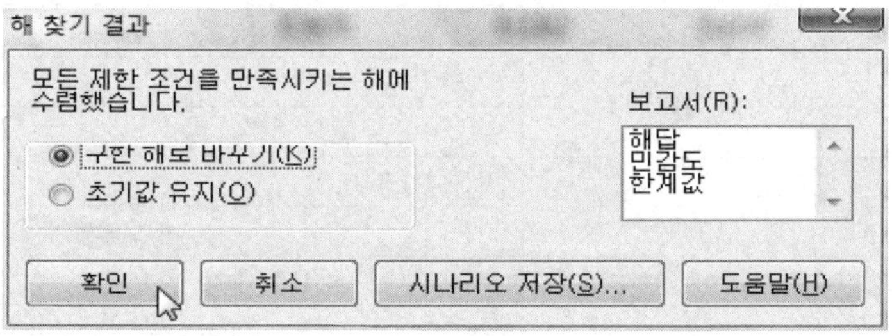

순서 11 ▸▸▸ 다음과 같은 우도를 최대화하는 부분선호가 구해진다.

	A	B	C	D	E	F	G
29		도보 10분 x_{11}	버스 10분 도보 5분 x_{12}	30분 x_{21}	60분 x_{22}	숲이 많은 한적한	상점가에 가까워 다소
30	부분선호	1.100	-1.100	0.597	-0.597	0.878	-0.878
31	평균	0.000		0.000		0.000	

■ 분석결과

컨조인트 분석의 결과를 <표 12-5>에 보인다. 우도를 최대화하는 부분선호를 구하면, '가장 가까운 역으로부터의 편리함'에서는 '도보 10분' 수준의 효용이 커서, '버스 10분 도보 5분'과의 효용의 차가 다른 속성과 비교해서 크게 되어 있다는 것을 알 수 있다.

'주위의 환경'은 '가장 가까운 역으로부터의 편리함'과 비교하면 효용의 최대치인 '숲이 많은 한적한 주택가'와 최소치인 '상점가에 가까워 다소 소음이 있다'의 차는 작지만, '오피스 거리까지의 시간'과 비교하면 그 차는 크게 되어 있다. '오피스 거리까지의 시간'은 다른 속성과 비교하면 효용의 최대치 '30분'과 최소치 '60분'의 차가 가장 작다.

따라서 맨션의 입지에 관해서 세 개의 속성은 '가장 가까운 역으로부터의 편리함', '주위의 환경', '오피스 거리까지의 시간'의 순으로 큰 영향을 갖는다는 것을 알 수 있다. 특히 '가장 가까운 역으로부터의 편리함'이 '도보 10분', '주위의 환경'이 '숲이 많은 한적한 주택가', '오피스 거리까지의 시간'이 '30분'이라고 하는 점을 실현하도록 시도하면 좋다.

| 표 12-5 | 예제 12-1의 데이터에 대한 컨조인트 분석 결과

속 성	수 준	부분선호
가장 가까운 역으로부터의 편리함(x_1)	도보 10분(x_{11})	1.100
	버스 10분 도보 5분(x_{12})	-1.100
오피스 거리까지의 시간(x_2)	30분(x_{21})	0.597
	60분(x_{22})	-0.597
주위의 환경(x_3)	숲이 많은 한적한 주택가(x_{31})	0.878
	상점가에 가까워 다소 소음이 있다(x_{32})	-0.878

참고문헌

1. 노형진, Excel에 의한 조사방법 및 통계분석, 법문사, 1998.
2. 노형진, Excel에 의한 통계적 조사방법, 형설출판사, 2000.
3. 노형진, 엑셀로 배우는 경영수학, 한올출판사, 2008.
4. 노형진, Excel 2007에 의한 통계적 품질관리, 한올출판사, 2008.
5. 노형진, Excel 2007에 의한 경영과학, 한올출판사, 2008.
6. 노형진, Excel 및 SPSS를 활용한 다변량분석 원리와 실천, 한올출판사, 2010.
7. 橋本紀子·渡辺美智子·櫻井尙子(編著), Excelで始める經濟統計データの分析, 社團法人日本統計協會, 2003.
8. 木島正明·中川慶一·生田目崇(編著), マーケティング·データ解析, 朝倉書店, 2003.
9. 長澤伸也編著, 川榮聰史共著, Excelでできる統計的官能評價法 − 順位法, 一對比較法, 多變量解析からコンジョイント分析まで−, 日科技連出版社, 2008.
10. 長澤伸也監修, 中山厚穗著, Excelソルバー多變量解析 − 因果關係分析·豫測手法編 −, 日科技連出版社, 2009.
11. 竹內光悅·酒折文武, Excelで學ぶ理論と技術 多變量解析入門, ソフトバンククリエイティブ(株), 2006.
12. 酒井隆·酒井惠都子, マーケティングで使う多變量解析がわかる本, 日本能率協會マネジメントセンター, 2007.
13. Aczel, A. D., and J. Sounderpandian, *Complete Business Statistics*, 6th edition, Boston: Irwin/McGraw-Hill, 2006.
14. Anscombe, F. J., "Graphs in Statistical Analysis", *American Statistician*, No. 27, 1973, pp. 17-21.
15. Eliashberg, J.., and G. L. Lilien(Eds.), *Handbooks in Operations Research and Management Science*, Vol. 5, Marketing, North-Holland, Amsterdam, The Netherland:, Elsevier Science Publishers B. V., 1993.

찾아보기

(ㄱ)

각 아이템의 범위 259, 276
간격척도 46
개략적 추측치 13
결정계수 106, 145, 257
결정계수 산출의 절차 257
경험적 방법 13
계량척도 46
계수의 검정 203
계수의 검정 절차 204
계수척도 46
계통추출법 35
고객만족의 파악 82
고유벡터 305
고유치 305
공분산 306
공통요인 335
관찰조사법 7
광고계획의 검토 83
국세조사 33
군집분석 76
그래프의 사용 47
기준변수분석 77
꺾은선 그래프 48

(ㄷ)

다단추출법 36
다변량분석 75
다변량분석의 목적별 용도 85
다변량분석의 종류 77
다변량분석의 활용 80
다중회귀분석 89
다중회답방식 31
단순무작위추출법 35
단순집계의 방법 52
단순회귀분석 89
단일회답과 다중회답 30
단일회답방식 31
단회귀분석 89
단회귀분석의 적용 92
더미변수 86, 173
더미변수화의 절차 240, 366
도수분포표 57
독자요인 335
등급매김법 32
띠 그래프 49

(ㄹ)

랭크 로짓 모델 369
레이더 차트 49
로버스트 회귀분석 90, 120

(ㅁ)

마켓바스켓 방식 80
마하라노비스의 거리 185, 217
마하라노비스의 거리에 의거한 판별분석 217
마하라노비스의 거리에 의거한 판별분석의 흐름 186
막대 그래프 47
매크로 프로그램 323
면접조사법 4
면접조사법의 단점 5
면접조사법의 장점 5
명목척도 45
명목척도 데이터의 더미변수화 절차 177
명의척도 45
모집단 9
무작위추출 33, 34
무작위표본 33

(ㅂ)

바트렛 검정 296
바트렛 검정의 절차 297
배분법 32
배열형식의 복사방법 60
범주 64
변수선택법 159

변수선택의 절차 160
복수선택법 31
복원추출 38
부분순서척도 46
분산 306
분산공분산행렬 306
분산분석표 168
분석목적에 적합한 수법의 선택 85
분할표 64
비례척도 46
비복원추출 38
비율척도 46
비척도 46
비확률추출 33
비확률표본 33
비확률표본추출방법 34

(ㅅ)

사각회전 339
사후검토분석 341
산점도 51
상관비 183
상관비에 의거한 정준상관분석 285
상관비에 의거한 판별분석 199
상관비에 의거한 판별분석의 흐름 186
상관행렬 337
상호의존변수분석 79
서열척도 45
소매점감사법 8
수량화Ⅰ류 238
수량화Ⅰ류의 흐름 239
수량화Ⅱ류 261
수량화Ⅱ류의 흐름 261
수량화Ⅲ류 238
수량화Ⅳ류 238
수량화이론 238
수법의 적용에 따르는 시행착오 86
순서매김의 방법 31
순서척도 45
순위매김법 31
스테레오그램 49
스티븐스 45
시장성의 검토 81
시장세분화 76
시청률조사의 문제점 9
신상품 콘셉트의 선정 82

(ㅇ)

앙케트 3
양적척도 46
예측식에 의거한 예측 118
오디오미터 8
요인득점 76
요인부하량 337
요인분석 76, 335
요인분석과 주성분분석의 차이 340
요인분석의 실제 341
요인분석의 용도 339
요인의 해석 339
요인의 회전 339
우송조사법 5
우송조사법의 단점 6
우송조사법의 장점 6
원 그래프 48
유의선출법 37
유의선출법의 문제점 37
유효한 정준상관계수의 개수 결정 296
율의 연관계수 65
이상치 120
인자부하량 331
일대비교법 32
임의선택법 31

(ㅈ)

자계식(自計式) 조사 4
자유회답법 30
잔차분석 171
잔차의 검토 114
전수조사법 10
전수조사법의 문제점 11
전화조사법 6
전화조사법의 단점 7
전화조사법의 장점 7
정준변량 280
정준상관분석 279, 280
정준상관분석의 흐름 281

조사 3
조사단위 9
조사의 종류 4
조사표 설계의 순서 26
조사표 설계의 필요항목 27
조사표의 구성 26
조정된 결정계수 146
주성분 스코어 305
주성분득점 305
주성분득점의 산출 319
주성분분석 301
주성분분석의 결과해석 330
주성분분석의 계산 303
주성분분석의 계산원리 311
주성분분석의 목적 302
주성분분석의 실제 322
주성분분석의 효용 306
중회귀분석 75, 89
중회귀분석의 개요 133
중회귀분석의 적용 135
직각회전 339
직교배열 362
직교표 362
질문의 배열순서 28
질적척도 46
집락추출법 35

(ㅊ)

채점법 32
척도 45
척도의 성질 46
최소자승법 104
최우법 360
츄프로우의 연관계수 65
층별다단추출법 36
층별추출법 36

(ㅋ)

카테고리 수량의 기준화 246
카테고리 수량의 표준화 253
컨조인트 분석의 흐름 364
컨조인트분석 359
컨조인트분석의 개념 360
크레이머의 연관계수 65
크로스 집계의 방법 64
크로스 집계표 64

(ㅌ)

타계식(他計式) 조사 4
택일법 31

(ㅍ)

파레토도 50
판내가격의 검토 82
판매촉진책의 검토 83
판별분석 76, 183
판별분석의 개요 184
판별분석의 적용 187
판별적중률 199
편의 10
편회귀계수 166
편회귀계수 검정의 절차 151
편회귀계수의 검정 149
표본 10
표본오차 33
표본의 크기 결정방법 11
표본조사 33
표본조사법 9
표본조사법의 단점 10
표본조사법의 장점 10
표준편회귀계수 166
피벗 테이블의 활용 54
피어슨의 연관계수 65

(ㅎ)

할당법 37
해 찾기에 의한 수량화Ⅱ류의 절차 267
해 찾기에 의한 정준상관분석의 절차 286
확률추출 33
확률표본 33
확률표본추출방법 34
회귀계수의 검정 110
회답의 형식 28
히스토그램 50
히스토그램의 작성 61

(A)

allocating 32
Anscombe의 데이터 122

(B)

Bartlett's test 296
bias 10

(C)

canonical correlation analysis 279
category 64
census 33
cluster analysis 76
cluster sampling 35
common factor 335
complete survey 10
conjoint analysis 359
contingency table 64
covariance 306
Cramer's measure of association 65

(D)

discriminant analysis 76, 183

(E)

eigenvalue 305
eigenvector 305
Excel에 의한 단회귀분석의 실행 96
Excel의 '해 찾기'에 의한 상관비에 의거한 판별분석의 절차 192
Excel의 '해 찾기'에 의한 수량화 I 류의 절차 247
Excel의 '해 찾기'에 의한 중회귀분석의 절차 141
Excel의 '해 찾기'에 의한 해법 98

(F)

factor analysis 76, 335
factor loading 331, 337
factor score 76
follow-up analysis 341
frequency table 57

(H)

histogram 50

(I)

interval scale 46
interview survey 4

(M)

mail survey 5
market basket method 80
market segmentation 76
method of choice 31
method of free choice 31
method of multiple choice 31
multi-stage sampling 36
multiple answer 31
multiple regression analysis 75, 89
multivariate analysis 75

(N)

nominal scale 45

(O)

oblique rotation 339
ordinal scale 45
orthogonal rotation 339
outlier 120

(P)

paired comparison 32
partial ordinal scale 46
Pearson's coefficient of contingency 65
population 9
principal component analysis 301
purposive selection 37

(Q)

quota method 37

(R)

R^{*2} 146
R^2 145
random sampling 34
ranking 31
rating 32
ratio scale 46

robust regression analysis 90, 120
rough guess 13
rule of thumb 13

(S)

S. S. Stevens 45
sample 10
sample survey 9, 33
sampling error 33
sampling with replacement 38
sampling without replacement 38
scale 45
scaling 32
simple random sampling 35
simple regression analysis 89
single answer 31
stereogram 49
stratified sampling 36
systematic sampling 35

(T)

telephone survey 6
Tschuprow's measure of association 65
TV 프로 시청률조사 8

(U)

unique factor 335
unit of analysis 9

(V)

variance 306

(W)

Wilks의 Λ 203

(Y)

Yule's coefficient of association 65

(기타)

2가변수 173

저자약력

노형진

- 서울대학교 공과대학 졸업(공학사)
- 고려대학교 대학원 수료(경영학박사)
- 일본 쓰쿠바대학 대학원 수료(경영공학 박사과정)
- 일본 문부성 통계수리연구소 객원연구원
- 일본 동경대학 사회과학연구소 객원교수
- 러시아 극동대학교 한국학대학 교환교수
- 중국 중국해양대학 관리학원 객좌교수
- 국방과학연구소 연구원 역임
- 현재, 경기대학교 경영학과 교수
  전공, 품질경영 · 다변량분석(조사방법 및 통계분석)
- 중소기업청 Single-PPM 심의위원
- 한국표준협회 품질경영 심사위원 · 자문위원
- 대한상공회의소 심사위원 · 지도위원
- 한국 식스 시그마 연구회 운영위원
- Single-PPM 지도위원 · 심사위원
- Single-PPM 품질경영연구회 회장

■ 주요저서

- EXCEL로 배우는 경영수학(한올출판사)
- EXCEL 2007에 의한 경영통계학(한올출판사)
- EXCEL 2007에 의한 경영과학(한올출판사)
- SPSS에 의한 통계분석 입문(한올출판사)
- SPSS에 의한 다변량분석 기초에서 응용까지(한올출판사)
- SPSS에 의한 다변량 데이터의 통계분석(도서출판 효산)
- SPSS에 의한 범주형 데이터분석(도서출판 효산)
- SPSS/Excel에 의한 재미있는 시계열분석(도서출판 효산)

▶ e-mail address : hjno@kyonggi.ac.kr

EXCEL에 의한 조사방법 및 통계분석

2010년 4월 15일 초판1쇄 인쇄
2010년 4월 20일 초판1쇄 발행

저 자 노 형 진
펴낸이 임 순 재
펴낸곳 한올출판사

등록 제11-403호
121 - 849
주 소 서울시 마포구 성산동 133-3 한올빌딩 3층
전 화 (02)376-4298(대표)
팩 스 (02)302-8073
홈페이지 www.hanol.co.kr
e-메 일 hanol@hanol.co.kr
정 가 22,000원 (CD 포함)

■ ISBN 978-89-8325-700-0